Windows 11 跟我學
輕鬆操作
高效應用必備技

應用 **Copilot** 為生活與工作開外掛！

序
Preface

　　Windows 10 於 2015 年 7 月上市時，微軟曾經表示，這將是 Windows 作業系統的終極版本，因此，當微軟於 2021 年 6 月發佈 Windows 11 將接續 Windows 10 的訊息時，舉世譁然！從 Windows 11 上市至今已快 4 年，期間系統不斷的更新與改善，唯一美中不足的，是官方所發佈可以符合升級 Windows 11 電腦的門檻，讓許多舊電腦無法以推送方式更新系統。

　　Windows 11 推出的亮點除了全新的開始畫面之外，這幾年來的更新不斷，包括：將 Android 應用程式引入 Windows，透過串接亞馬遜應用程式商店，使用者可以直接在 Windows 11 下載、安裝並執行 Android 應用程式；檔案總管「分頁標籤」功能，酷炫的「即時字幕」功能，可以在觀看影片時顯示英文字幕，還可藉此訓練自己的英語發音呢（詳細操作參閱線上 PDF 電子書）。

　　2023 年，AI 助手 Copilot 初次登場，剛好趕上 AI 這股熱潮，經過一年多來的技術精進也脫胎換骨有了新面貌，可以說是 2024 年秋季更新的重頭戲，相信未來 Copilot 仍會繼續扮演重要的角色，在本書改版後的第八章有更深入的介紹。

　　為了讓剛入門的新手及正在使用 Windows 10 的讀者，能更容易進入 Windows 11 的新環境，筆者盡可能的將常用、好用的功能納入本書的範疇。全書完稿時已經 600 多頁了，礙於篇幅只得將部分內容以 PDF 電子書或教學影片的方式呈現，期望讀者能學習到更多與 Windows 11 作業系統相關的資訊。由於作業系統會一直不斷更新，即便本書持續改版，若內容仍無法同步還請讀者見諒！

　　編撰本書期間，感謝漢磊資訊總經理王瑞琦先生提供多款機器設備供測試，以及碁峰資訊出版企劃部同仁給予各方面的協助，非常感恩。最後，要誠摯的感謝購買本書的讀者，您的支持是鼓勵作者繼續堅持下去的動力，謝謝！

志凌資訊　郭姮劭
改版於 2025 年 5 月

Chapter 1 體驗全新的 Windows 11

1-1 與 Windows 11 的第一次接觸 1-2
- 1-1-1 新的開始功能表 1-2
- 1-1-2 小工具 1-6
- 1-1-3 通知中心與快速設定面板 1-10
- 1-1-4 搜尋 Windows 1-11
- 1-1-5 新的設定介面 1-14

1-2 有效率的操作方式 1-15
- 1-2-1 觸控 1-15
- 1-2-2 滑鼠右鍵 1-18
- 1-2-3 快速鍵組合 1-19
- 1-2-4 使用手寫筆 1-22

1-3 Microsoft 帳戶的重要性 1-23

1-4 離開 Windows 11 1-24
- 1-4-1 登入與鎖定 1-24
- 1-4-2 切換使用者與登出 1-25
- 1-4-3 待機與關機 1-26

Chapter 2 打造個人專屬的操作環境

2-1 設定個人化的桌面 2-2
- 2-1-1 桌面背景與視窗色彩 2-2
- 2-1-2 佈景主題 2-6
- 2-1-3 鎖定畫面 2-9

2-2 螢幕及視窗的功能設定 2-12
- 2-2-1 變更螢幕亮度與解析度 2-12
- 2-2-2 視窗的貼齊與布局 2-16
- 2-2-3 建立虛擬桌面 2-22
- 2-2-4 多螢幕的設定 2-26

2-3 自訂開始功能表與工作列 2-30
- 2-3-1 設定開始功能表 2-30
- 2-3-2 設定工作列 2-33

2-3-3 將常用程式釘選到開始畫面或工作列 2-36

2-3-4 通知中心 2-37

+ Chapter 3 電腦的設定與控制台

3-1 設定與控制台 3-2

3-1-1 認識「設定」... 3-2

3-1-2 使用控制台 3-4

3-2 電腦中常見的設定 3-6

3-2-1 新增輸入法 3-6

3-2-2 輸入法的喜好設定 3-7

3-2-3 新增語言 3-9

3-2-4 字型的安裝與移除 3-10

3-2-5 文字輸入方式 3-12

3-2-6 調整日期與時間 3-16

3-3 與系統和裝置有關的設定 3-20

3-3-1 檢視系統資訊 3-20

3-3-2 變更與解除安裝程式 3-22

3-3-3 指定預設應用程式 3-25

3-3-4 電源管理 3-29

3-3-5 檢視與新增裝置 3-32

3-4 隱私權與安全性設定 3-35

+ Chapter 4 設定與管理使用者帳戶

4-1 建立本機使用者帳戶 4-2

4-1-1 建立其他使用者的本機帳戶 4-2

4-1-2 本機帳戶的相關設定 4-6

4-2 建立 Microsoft 帳戶 4-12

4-2-1 新增 Microsoft 帳戶的使用者 4-12

4-2-2 新增 Microsoft 帳戶 4-15

4-2-3 切換至 Microsoft 帳戶 4-17

4-2-4 切換回本機帳戶 4-20
4-3 登入選項設定與變更 4-22
 4-3-1 建立 PIN 4-22
 4-3-2 自動鎖定的設定 4-24
 4-3-3 設定受指派存取權的帳戶 4-28
4-4 同步個人設定 4-31
 4-4-1 管理 Microsoft 帳戶 4-31
 4-4-2 同步設定 4-36

+ Chapter 5 更有效率的檔案總管

5-1 檔案總管的新介面 5-2
 5-1-1 檔案總管視窗介紹 5-2
 5-1-2 工具列的使用 5-4
 5-1-3 視窗的版面配置 5-6
5-2 檔案的檢視設定 5-7
 5-2-1 檢視與排序 5-7
 5-2-2 檔案的顯示與隱藏 5-10
 5-2-3 資料夾檢視選項的設定 5-12
5-3 常用的編輯動作 5-14
 5-3-1 選取 5-14
 5-3-2 複製 / 剪下與貼上 5-15
 5-3-3 新增與刪除 5-18
 5-3-4 檔案屬性的檢視與開啟 5-21
 5-3-5 檔案的壓縮與解壓縮 5-24
 5-3-6 常用與我的最愛 5-26
5-4 搜尋檔案 5-29
 5-4-1 於檔案總管搜尋 5-29
 5-4-2 以搜尋條件篩選檔案 5-30
5-5 雲端剪貼簿 5-32
 5-5-1 開啟剪貼簿歷程記錄 5-32
 5-5-2 啟用雲端剪貼簿 5-34

+ Chapter 6 內建生活化的應用程式

6-1 自黏便箋 6-2
6-2 Microsoft To Do 6-5
    6-2-1 新增待辦事項 6-5
    6-2-2 新增清單 / 建立新群組 6-10
    6-2-3 共用工作清單 6-11
    6-2-4 工作管理與設定 6-14
6-3 剪取工具 6-16

+ Chapter 7 多樣化的多媒體娛樂

7-1 Microsoft Store 7-2
    7-1-1 應用程式的分類與搜尋 7-2
    7-1-2 下載與安裝應用程式 7-5
    7-1-3 更新與移除 7-9
    7-1-4 帳戶與喜好設定 7-10
7-2 媒體播放器 7-14
    7-2-1 新增音樂到資料夾 7-15
    7-2-2 影片的播放 7-16
    7-2-3 建立播放清單 7-18
    7-2-4 媒體播放器的設定 7-19
7-3 相片 7-21
    7-3-1 匯入影像 7-21
    7-3-2 OneDrive 中的影像 7-26
    7-3-3 編輯影像 7-28
    7-3-4 個人化的設定 7-32

+ Chapter 8 高整合性的 Outlook 與 AI 助手

8-1 Outlook 中的郵件 8-2
    8-1-1 新增帳戶 8-2
    8-1-2 檢視與搜尋信件 8-4

8-1-3 撰寫與格式化郵件 8-7
　　　8-1-4 郵件的其他設定 8-10
8-2 Outlook 中的連絡人 8-12
8-3 Outlook 中的行事曆 8-15
　　　8-3-1 檢視行事曆 8-15
　　　8-3-2 新增、刪除與搜尋約會 8-17
　　　8-3-3 接受與拒絕約會邀請 8-21
　　　8-3-4 變更行事曆設定 8-23
8-4 AI 助手 Copilot 8-24
　　　8-4-1 認識 Copilot 8-24
　　　8-4-2 使用 Copilot 8-26
　　　8-4-3 Copilot 的其他功能 8-34
　　　8-4-4 如何有效率的使用 Copilot 8-38

Chapter 9 世界級效能的瀏覽器 Microsoft Edge

9-1 網頁的搜尋與閱覽 9-2
　　　9-1-1 從開始頁面搜尋 9-3
　　　9-1-2 新增索引標籤 9-6
　　　9-1-3 在頁面上尋找與縮放內容 9-8
　　　9-1-4 設定首頁的內容偏好 9-9
9-2 網頁瀏覽新體驗 9-12
　　　9-2-1 沉浸式閱讀檢視 9-12
　　　9-2-2 大聲朗讀 9-15
　　　9-2-3 網頁擷取與分享 9-16
9-3 更有效率的使用 Microsoft Edge 9-20
　　　9-3-1 Tab 動作功能表 9-20
　　　9-3-2 淡化睡眠索引標籤 9-23
　　　9-3-3 新增與管理我的最愛 9-24
　　　9-3-4 集錦 9-27
　　　9-3-5 網頁歷程與下載記錄 9-30
　　　9-3-6 將網站新增為應用程式 9-32

+ Chapter 10 電腦資源共用與雲端分享

10-1 設定網路與資源共用 10-2
    10-1-1 檢視網路設定 10-2
    10-1-2 網路位址的取得與更新 10-6
    10-1-3 開啟網路探索與共用 10-7
    10-1-4 網路和共用中心 10-9
10-2 資料夾與檔案的分享 10-11
    10-2-1 認識資料夾的種類 10-11
    10-2-2 將資料夾設定為共用 10-15
    10-2-3 鄰近分享 10-18
10-3 硬體資源的共用設定 10-22
    10-3-1 分享印表機 10-22
    10-3-2 連線網路磁碟機 10-24
    10-3-3 遠端桌面連線 10-27
10-4 免費的網路空間—OneDrive 10-32
    10-4-1 認識 OneDrive 10-32
    10-4-2 首次登入 OneDrive 10-33
    10-4-3 上傳檔案到 OneDrive 10-36
    10-4-4 中斷 OneDrive 的連線 10-42

+ Chapter 11 電腦更新與安全性設定

11-1 使用者帳戶的控制 11-2
11-2 Windows Update 11-6
    11-2-1 檢視更新狀態 11-6
    11-2-2 更新設定 11-9
    11-2-3 傳遞最佳化 11-12
11-3 隱私權與安全性 11-14
    11-3-1 開啟 Windows 安全性 11-14
    11-3-2 病毒與威脅的處理 11-17
    11-3-3 防護更新與設定 11-20
11-4 防火牆與網路保護 11-22

11-4-1 開啟或關閉防火牆 11-22
11-4-2 設定允許的程式 11-24

Chapter 12 系統修復與管理

12-1 系統還原 12-2
　　12-1-1 建立系統還原點 12-2
　　12-1-2 執行系統還原 12-5
12-2 系統映像備份與還原 12-8
　　12-2-1 建立系統映像 12-8
　　12-2-2 以系統映像修復電腦 12-11
　　12-2-3 建立系統修復光碟 12-15
　　12-2-4 建立 USB 修復磁碟機 12-16
12-3 檔案歷程記錄 12-20
　　12-3-1 啟用檔案歷程記錄 12-20
　　12-3-2 檢視版本歷程記錄並還原 12-25
12-4 重設 Windows 作業系統 12-29
　　12-4-1 使用疑難排解員 12-29
　　12-4-2 保留個人檔案重新整理電腦 12-31
　　12-4-3 還原為原始安裝的全新系統 12-35
　　12-4-4 Windows 的進階啟動選項 12-37

Chapter 13 探究 Windows 的虛擬世界

13-1 Windows 的虛擬光碟機 13-2
　　13-1-1 掛接虛擬光碟機 13-2
　　13-1-2 卸除虛擬光碟機 13-3
13-2 Windows 的虛擬硬碟 VHD 13-4
　　13-2-1 建立虛擬硬碟 13-4
　　13-2-2 掛載與卸除虛擬硬碟 13-10
13-3 使用 Windows Sandbox 13-14

為了提供讀者更豐富的內容，作者特別將部分主題的詳細說明以及較為進階的內容，集結成 PDF 電子書及教學影片，放在以下網址供讀者下載及觀看：

http://books.gotop.com.tw/download/ACA028100

其內容僅供合法持有本書的讀者使用，未經授權不得抄襲、轉載或任意散佈。

跟我學 Windows 11 超值電子書目錄

- ▶ 協助工具
- ▶ 即時輔助字幕
- ▶ 工具類型的應用程式
  - 小算盤
  - 專注工作階段
  - 相機
  - Windows 錄音機
  - Microsoft 的語音服務
  - 剪取工具之錄製功能
- ▶ 繪圖類型的應用程式
  - 小畫家
  - 小畫家 3D
- ▶ 您的手機
- ▶ Microsoft Edge 的進階設定
  - 外觀
  - 開始、首頁及新索引標籤
  - 替 PDF 文件加註
  - 工作區
  - 個人檔案與同步設定
  - 新增設定檔
  - 建立安全密碼
  - 密碼產生器
  - 隱私權與安全性設定
  - InPrivate 瀏覽模式
  - 使用延伸模組
- ▶ 快速助手
- ▶ 建立虛擬作業系統
  - 啟動虛擬機器（Hyper-V）
  - 設定 Hyper-V
  - 新增虛擬機器
  - 執行虛擬機器
- ▶ 升級至 Windows 11
  - 檢查電腦可否升級為 Windows 11
  - 下載 Windows 11 安裝小幫手
  - 建立 Windows 11 安裝媒體
  - 下載 Windows 11 磁碟映像（ISO）
  - 電腦不符合需求時的安裝
- ▶ 快速鍵彙整

X

Chapter 1

體驗全新的 Windows 11

新一代視窗作業系統 Windows 11 有了全新的設計，導入 Fluent Design 風格與圓角視窗設計介面，直覺的功能操作，以使用者為中心，提供簡化功能表導航的功能，將相關資訊放在最前面和中心位置，加上性能提升，讓整體操作體驗更流暢！

1-1. 與 Windows 11 的第一次接觸

首次進入 Windows 11 會給人耳目一新的感覺，介面設計非常的簡約、鮮明、又現代感十足。**小工具** 可以提供天氣、股票、新聞等資訊，**快速設定** 面板可以快速調整音量、開關 Wi Fi 和協助工具…等經常使用的裝置設定。Windows 11 優化了桌面空間，讓操作體驗更直覺與便利。

> **說明**
> 如何升級和安裝 Windows 11 的詳細操作，請參閱線上 PDF 電子書的介紹。

1-1-1 新的開始功能表

視窗作業系統最重要的元素就是 **開始** 鈕與 **開始** 功能表，它們是所有操作的起點，也是完成操作的終點。接下來讓我們進入 Windows 11，認識這個新的「開始」鈕和功能表：

STEP 1 開機後啟動 Windows 11，首先出現的是顯示日期與時間的螢幕 **鎖定畫面**。

鎖定畫面
網路圖示

STEP 2 在畫面上以滑鼠點選一下，或以手指由下往上滑動觸控螢幕，會顯示 **登入** 的畫面，輸入密碼按 **提交** 鈕。

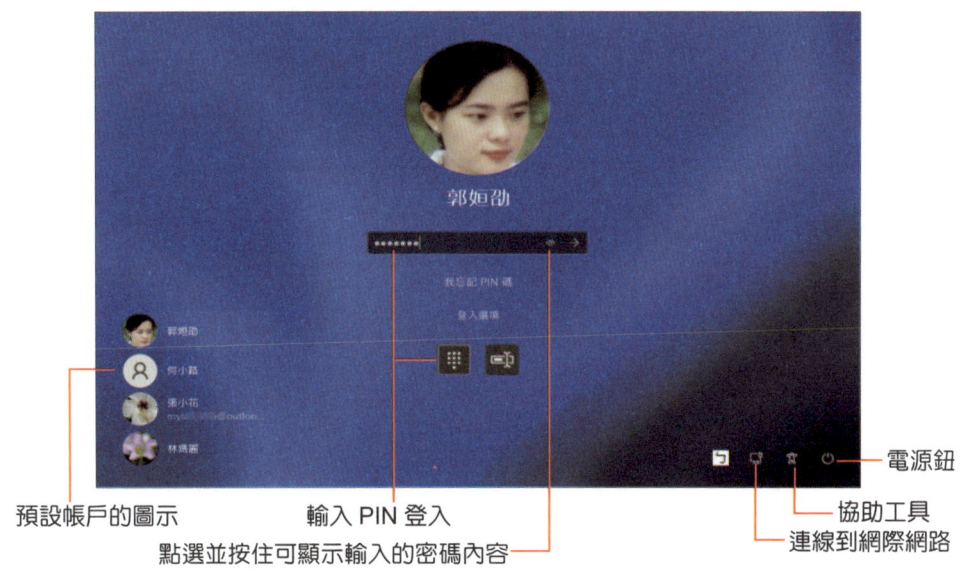

預設帳戶的圖示　　　輸入 PIN 登入　　　　　　　　　　協助工具　　電源鈕
　　　　　　　　點選並按住可顯示輸入的密碼內容　　連線到網際網路

STEP **3**　進入 桌面，預設的色彩模式為「淺色」，可視喜好改為「深色」，如何變更請參閱第 2 章。

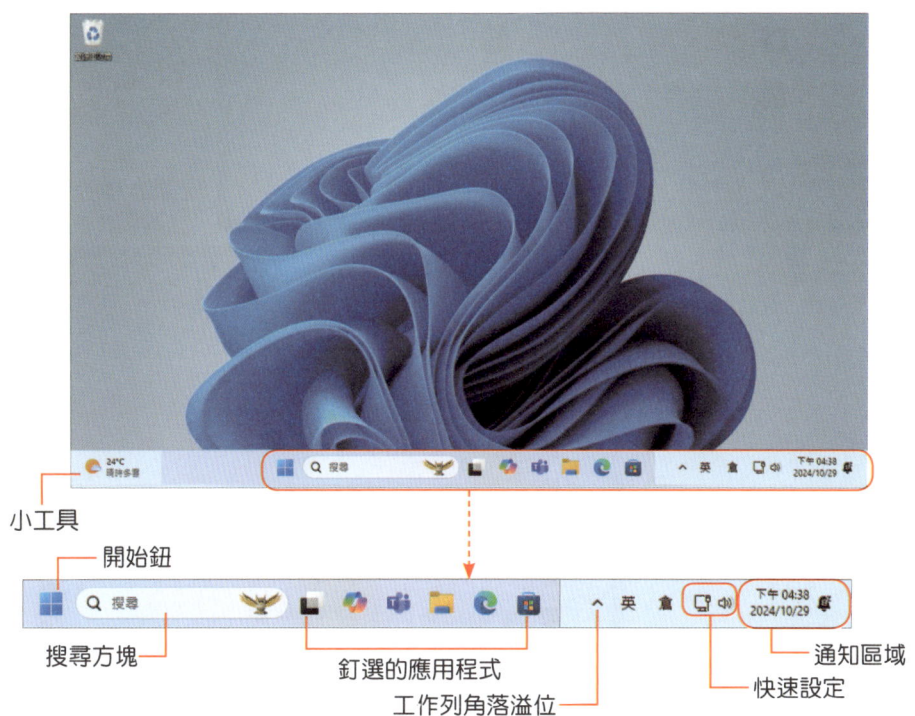

小工具
　　開始鈕
　　　搜尋方塊　　　　　　　釘選的應用程式　　　　　　　　　　通知區域
　　　　　　　　　　　　　工作列角落溢位　　　　快速設定

STEP4 點選 開始 ■ 鈕或按 ■ 鍵展開全新的功能表內容，視窗採用圓角設計，其中會顯示「已釘選」的應用程式、最近新增的應用程式、最近開啟的文件及搜尋列。

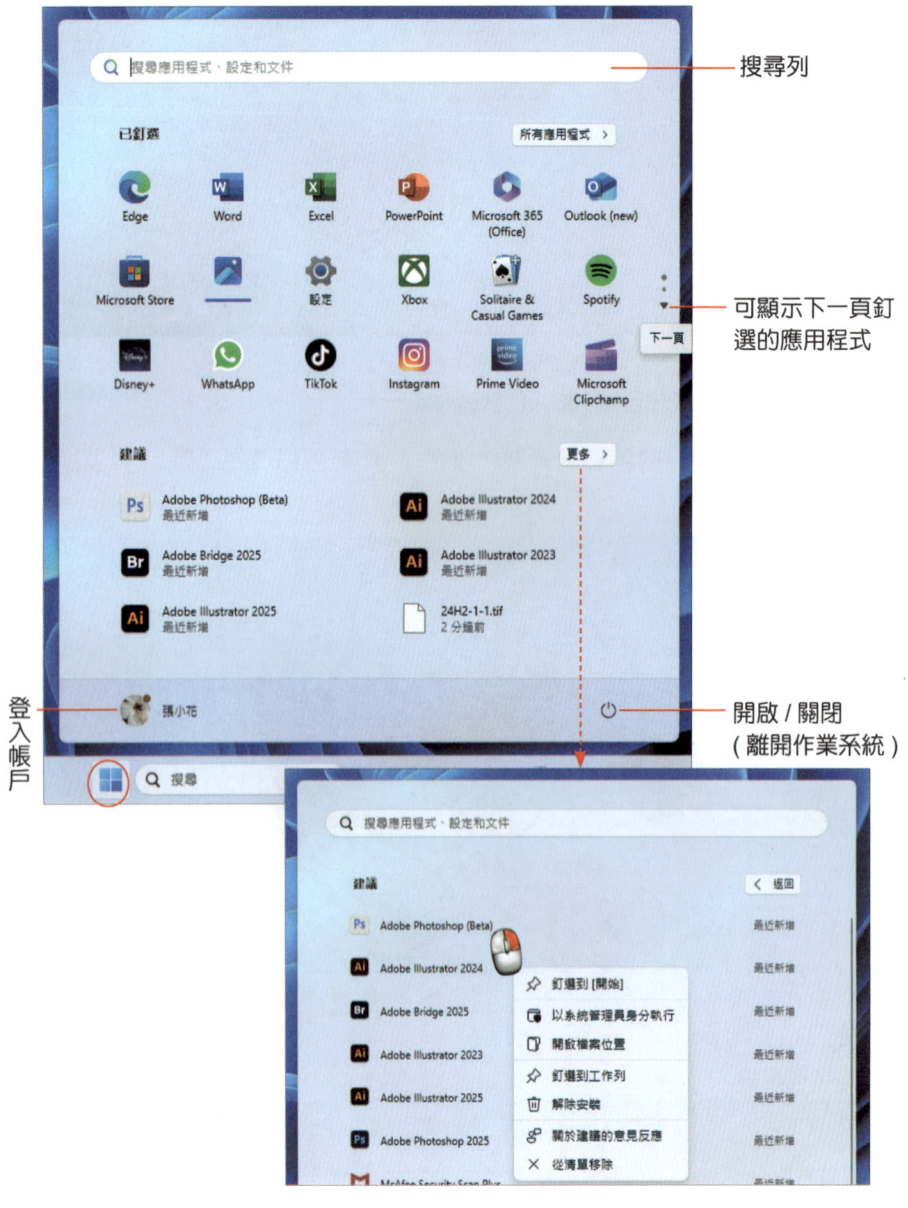

STEP5 在 建議 按下【更多】鈕，會展開最近新增的應用程式和更多最近編輯的檔案清單，可快速開啟檔案的所在位置，或將其從清單移除。

STEP 6 點選【所有應用程式 >】鈕展開 所有應用程式 頁面，上面會顯示 最常使用 的應用程式，接下來會以符號、字母和筆畫數遞增排序安裝的所有應用程式。

STEP 7 在應用程式清單上方的任一字母、筆畫數或符號上點選，會出現所有縮寫，可點選以顯示要使用的應用程式清單。

1-1-2 小工具

有些人喜歡在作業系統的 桌面 上放置一些小工具,例如:時鐘、天氣、新聞、CPU 效能…等,這些小工具又稱為「Widget」,「Widget」曾經在 Windows Vista 系統中曇花一現過,如今 Windows 11 則內建在 工作列 上。滑鼠移到 工作列 最左側的 小工具 圖示上或按下 ⊞ + W 快速鍵,即可從視窗左側向右滑出,預設會顯示各種資訊小卡片,內容包括您所在地區的天氣、股市行情、運動賽事、來自 OneDrive 中的相片、焦點新聞…等資訊,我們可以視為原 MSN 網站服務的延伸,內容也會隨時間而更新,您還可以依個人喜好新增和自訂項目並調整配置。

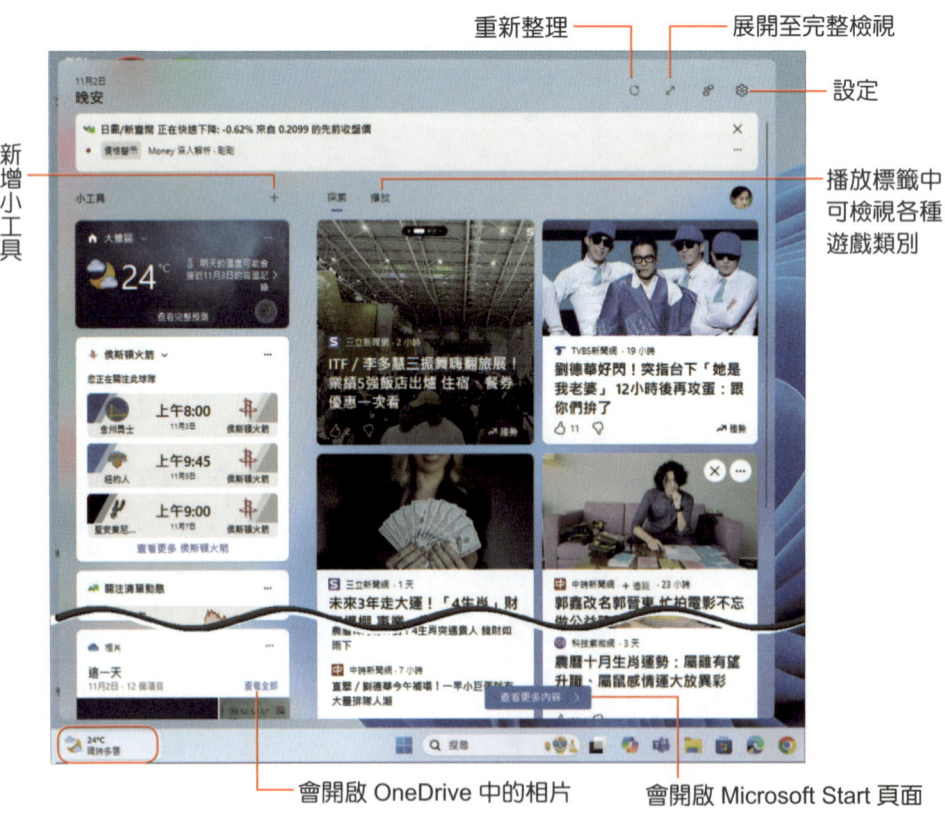

說明

小工具 是一項基於 AI 的個人化提示功能,標榜可以透過機器學習與人工挑選的方式,從全球的新聞來源中挑選使用者感興趣的內容,只要使用者持續使用此項服務,就可透過認知學習了解其偏好,進而推薦更多符合使用者想觀看的新聞內容。這項服務也會透過 Microsoft 帳戶連動,在不同裝置間登入相同帳戶下持續學習。事實上這個小工具的前身在 Windows 10 稱為「新聞和興趣」。

小工具 上的每張小卡片都是內容摘要，點選後會開啟預設的瀏覽器 Microsoft Edge，並顯示 **Microsoft Start** 頁面以檢視完整內容。點選最下方的 **查看更多內容** 或 **熱門故事** 中的標題內容，也會開啟 Microsoft Start 頁面，呈現更詳細的新聞資訊。

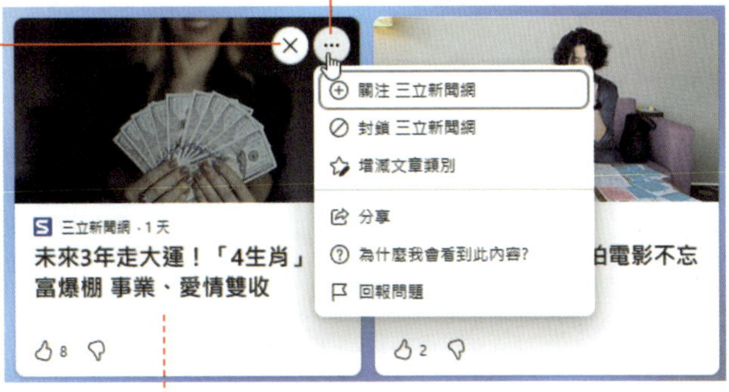

查看更多鈕

不感興趣的內容可按「x」隱藏

聆聽

分享

瀏覽頁面內容時，可以聆聽、分享、增加或減少這類的內容，選擇 **增減文章類別** 可新增感興趣的內容類別。

查看更多鈕

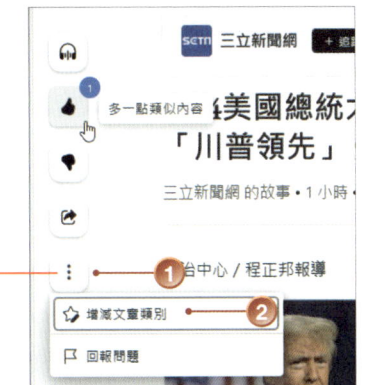

接下頁 ➡

■ 1-7

關注此主題

要新增更多的小工具,可按下 新增小工具 鈕,出現設定視窗,在你感興趣的清單上點選後按【釘選】鈕即可新增。

開啟 Microsoft Store

點選關注清單上的 其他選項 鈕,可以隱藏或釘選此工具,不再需要的小工具可取消釘選,還可調整卡片大小。執行 自訂小工具 指令,可針對該卡片進行設定,例如:顯示其他城市的溫度,或新增關注的熱門股。

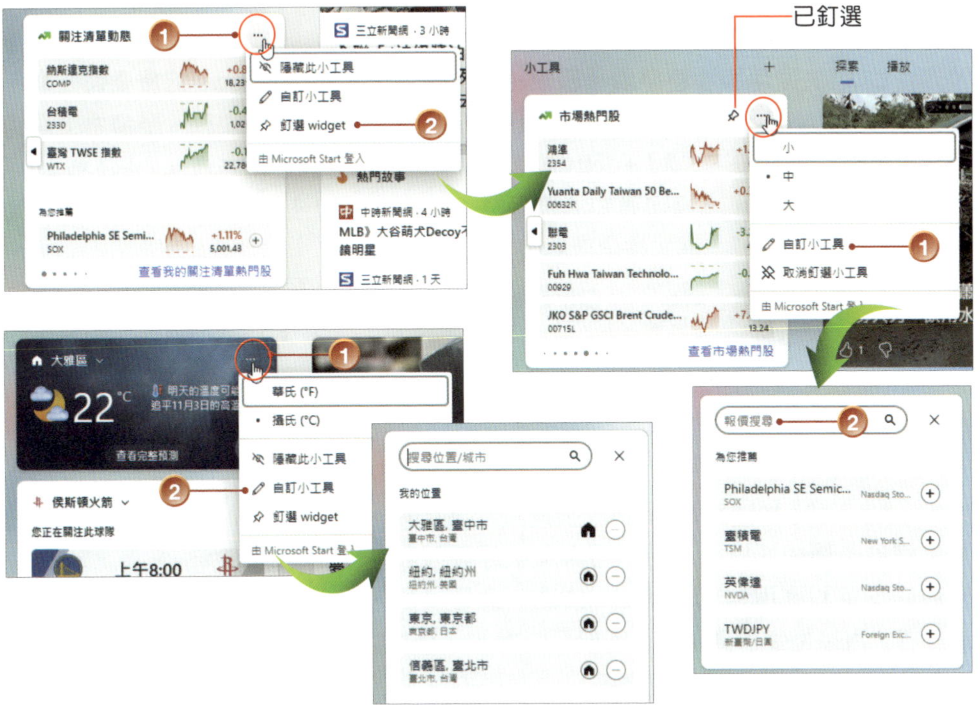

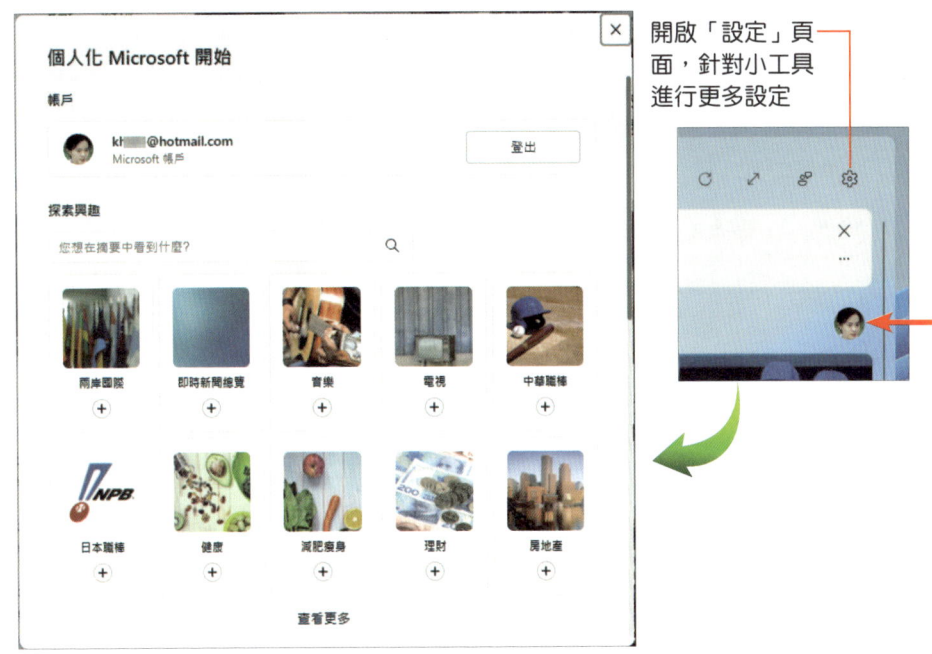

點選個人帳戶圖像,可 登出 帳戶或新增摘要項目,進行 Microsoft 開始頁面的個人化設定,此處的設定請參考第 9-1-5 小節的說明。

1-1-3 通知中心與快速設定面板

通知中心 可快速存取注意事項，它會將來自應用程式和 Windows 的重要通知顯示在 **工作列** 上，您不需開啟應用程式即可採取行動。每當有通知時，螢幕右下角會顯示訊息，點選或按下 ⊞ + N 快速鍵（平板裝置可由螢幕右邊向內撥動）即可展開面板檢視內容。瀏覽過通知的標題後，若不需採取任何動作，除了點選 **關閉**「X」外，觸控裝置可將通知往螢幕右邊拖曳將其清除。

按下 ⊞ + A 快速鍵則會開啟 **快速設定** 面板，其中包含各種快速控制項目，可讓您快速存取最常用的設定和應用程式，例如：網路、藍牙、音量…等，直接拖曳可調整項目的顯示位置。

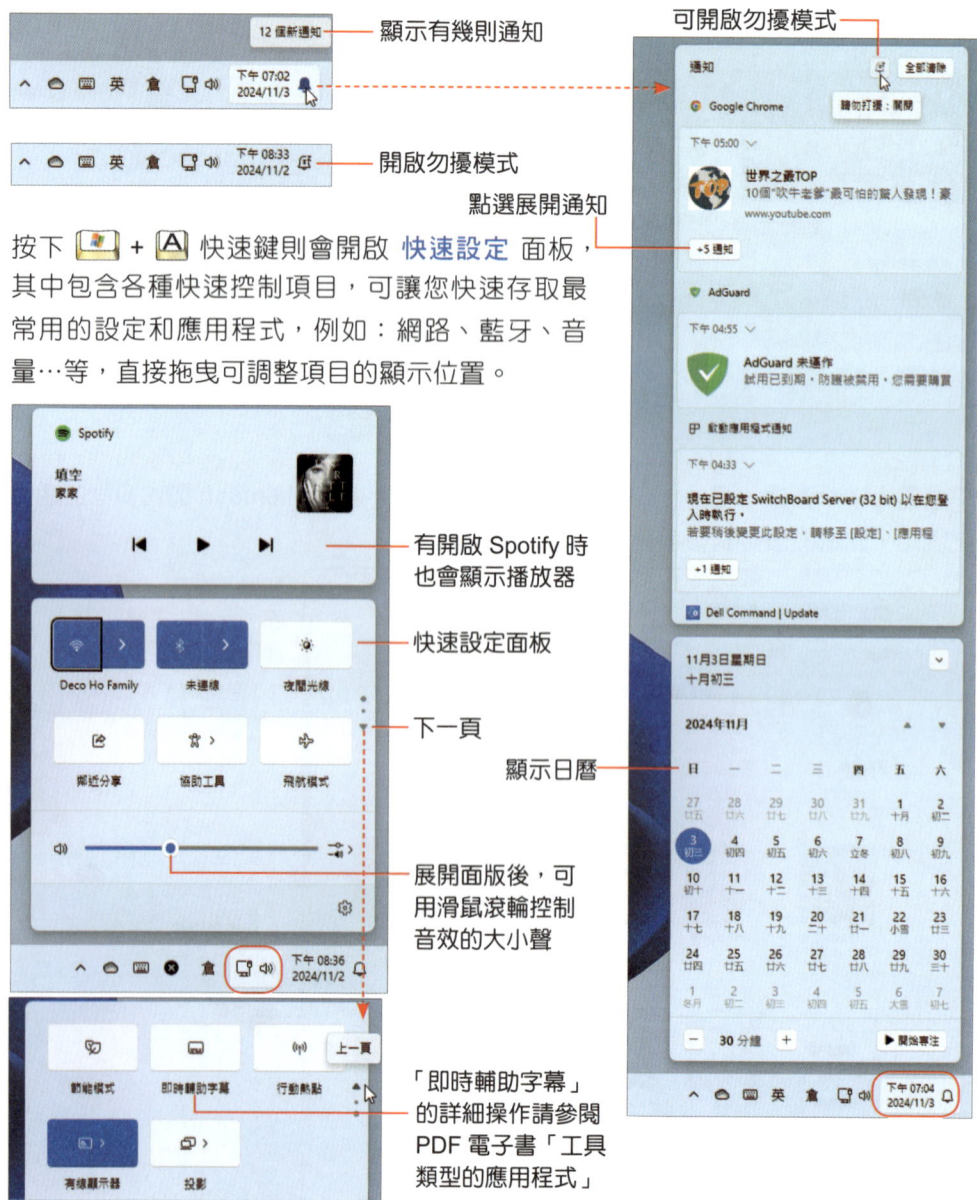

1-10

> **說明**
>
> 如何顯示哪些應用程式的通知請參考第 2 章的說明。

1-1-4 搜尋 Windows

在 Windows 11 中 **搜尋** 變得更加容易了，您可以在 **開始** 功能表或 **搜尋** 欄中輸入關鍵字，搜尋包括：應用程式、文件檔案、電腦設定、相片、影片、音樂和使用說明…等，不僅從電腦中尋找任何內容，也可從 OneDrive 及網際網路上進行搜尋。

STEP 1 按下 ⊞ + Q 快速鍵展開搜尋清單，預設會顯示 **最近** 清單，包括搜尋過的內容、功能、應用程式和設定。

顯示連接的 Microsoft 帳戶
可詢問 Copilot

STEP**2** 在搜尋方塊中鍵入想尋找的關鍵字，會立即顯示建議的清單，Windows 會根據您的使用記錄判斷，在 最佳比對 中顯示建議的項目。

STEP**3** 若搜尋到的內容很多，可篩選特定類別，例如點選 應用程式。

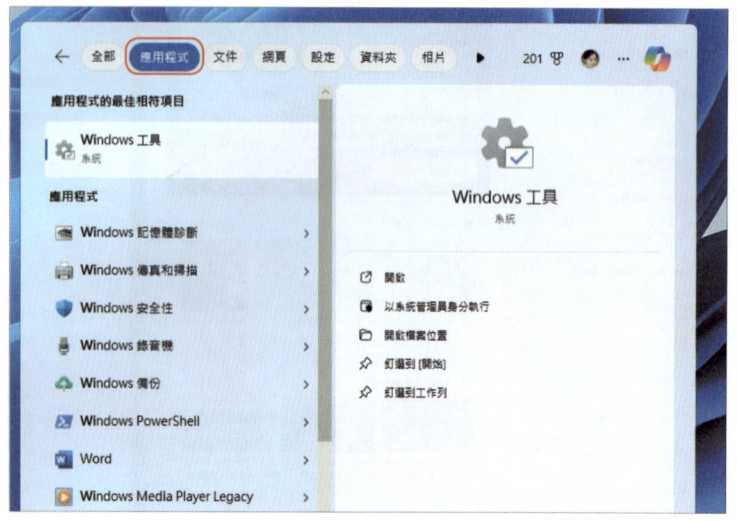

篩選應用程式

STEP4 可再依 文件、網頁、相片、資料夾…等來篩選內容。

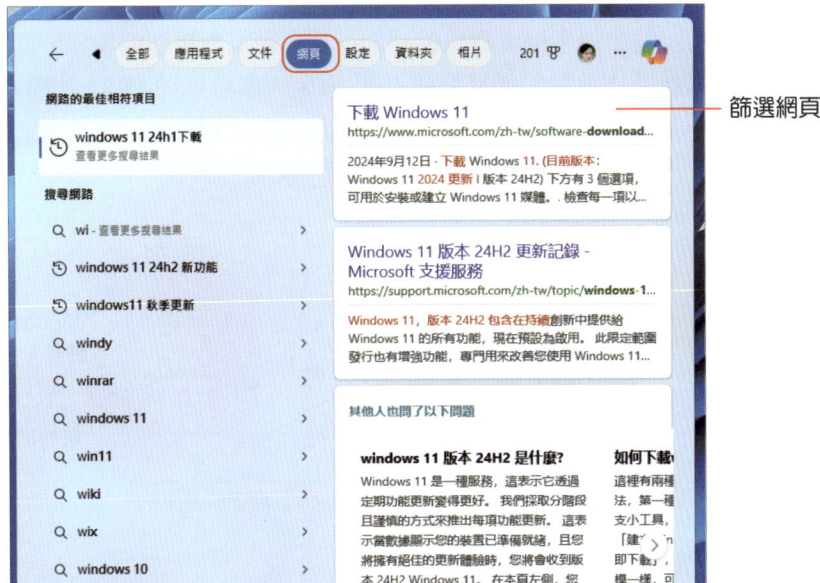

篩選網頁

說明

- 按 ⊞ 鍵後直接鍵入關鍵字即可進行搜尋。
- 若要變更裝置的搜尋來源、排除某些特定資料夾、不想搜尋雲端資料或是避免尋找到不適宜的網頁內容，可以從 選項 ⋯ 鈕中執行 搜尋設定，開啟 隱私權與安全性 頁面進行設定。

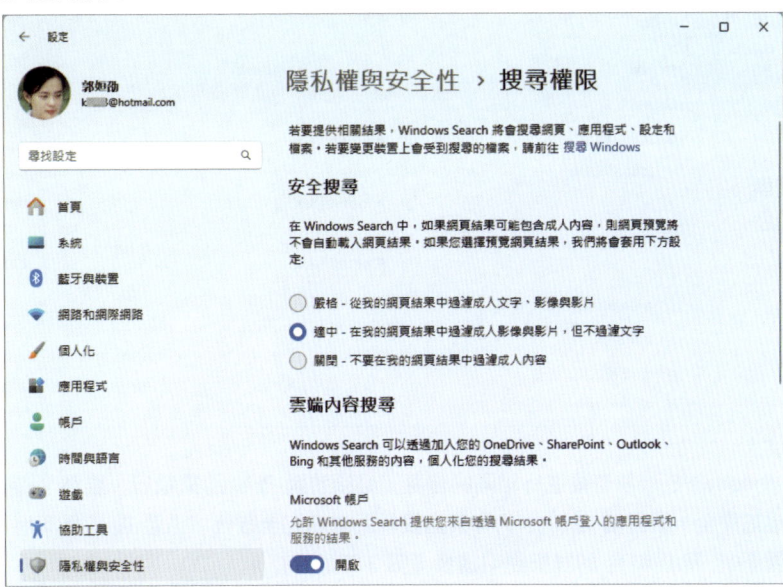

1-1-5 新的設定介面

Windows 中的 設定 就如同手機中提供的功能一樣,可以對電腦的操作介面進行調整,幾乎所有與電腦操作有關的作業都離不開 設定。您可以從 開始 功能表點選,或按 ⊞ + I 快速鍵將其開啟。Windows 11 中的 設定 畫面有了新的風貌,增加導航選單的功能,不會因為層層選單而迷失方向,加上可展開、收合選項的操作,縮短了設定介面的長度,更輕鬆找到所需的內容。

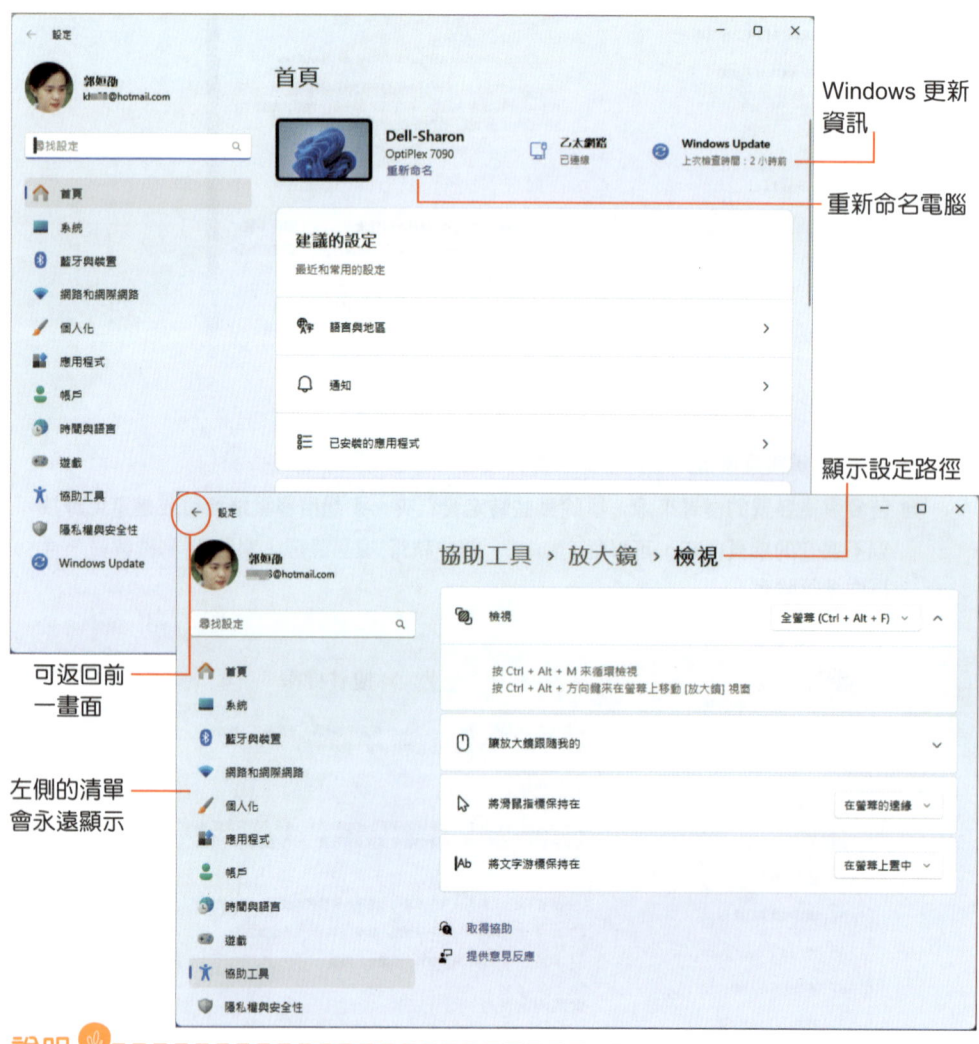

說明 💡

在 Windows 8 以前若要進行相同的變更,必須透過 控制台 來執行,雖然 設定 的功能已愈加齊全,但目前 控制台 仍有其重要性而未被完全取代,透過 搜尋 即可將其開啟。有關 設定 及 控制台 的詳細說明請參考第 3 章的介紹。

1-2. 有效率的操作方式

Windows 11 支援更多平板裝置的觸控操作，因此，熟悉觸控操作的各種手勢，對使用這類裝置的用戶尤其重要。由於使用者可以透過觸控、滑鼠、鍵盤和手寫筆來輸入，因此增加了操作的複雜度。使用者可以根據使用的裝置，熟記幾個常用的快速鍵或手勢，就能在各種裝置來去自如。

1-2-1 觸控

系統改善了平版電腦的操作手勢，更適合觸控使用，書寫及語音輸入也有所改進，準確度更高。使用 Windows 觸控功能，基本的操作方式與一般平板裝置或智慧型手機相同，例如：放大、縮小、旋轉或拖曳，尤其特別注重螢幕邊緣的手指滑動操作，也就是以「撥動」方式（快速在螢幕上滑過手指）取得所需資訊。當使用者在握住平板裝置時，兩手的大拇指通常會位在螢幕的左右兩側，因此微軟的研發團隊便衍生出「左右滑動」的使用方式。

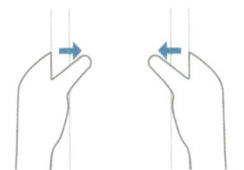

- 從螢幕右側往內滑動，可開啟 **通知中心**。
- 從螢幕左側向內撥動，會開啟 **小工具**。

如果有觸控板裝置，Windows 會自動偵測您的電腦是否已具備了多點觸控的硬體。當您的電腦已經具備觸控功能時，就會在 **設定 > 藍牙與裝置 > 觸控板** 畫面中看到相關的選項，可以進行設定。

接下頁

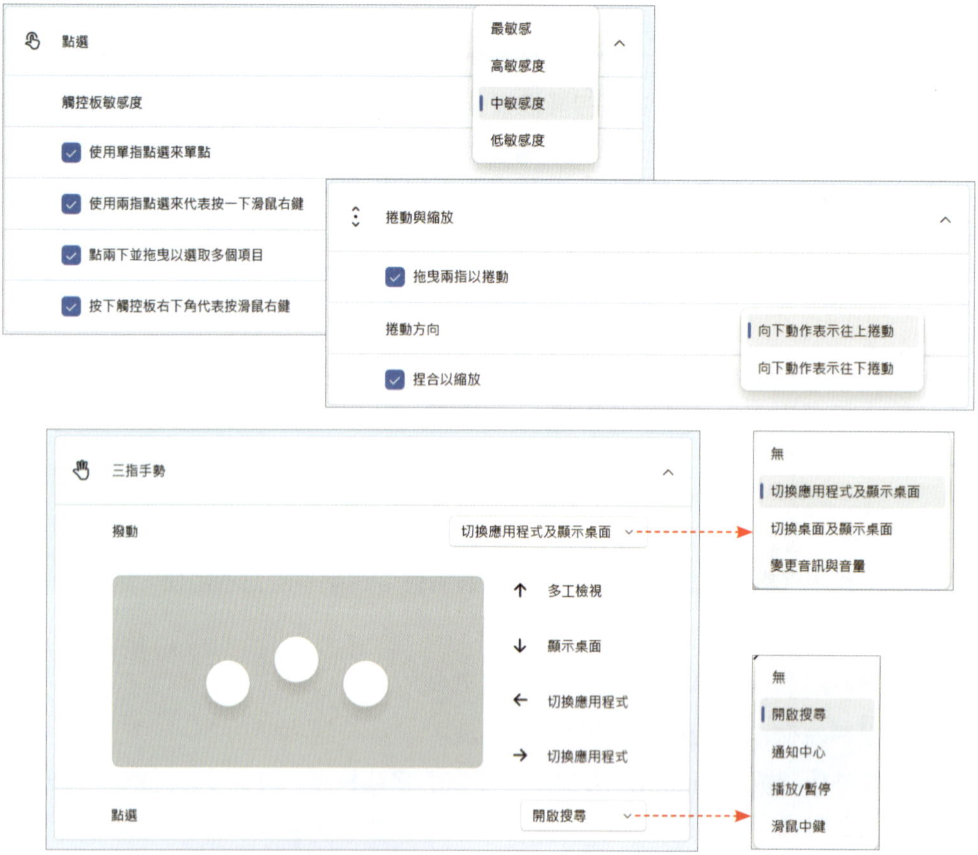

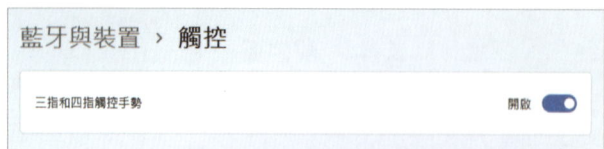

再切換到 設定 > 藍牙與裝置 > 觸控 頁面,確認已開啟 三指和四指觸控手勢。

◐ 向上滑動 3 指,開啟 多工檢視 並查看所有開啟的應用程式視窗。

- 向下滑動 3 指會顯示 桌面。
- 向左或向右滑動 3 指,可以在開啟的應用程式視窗之間切換,慢慢撥動以瀏覽所有開啟的應用程式,如下圖所示。

左右慢慢滑動以切換到開啟的應用程式

在 設定 > 藍牙與裝置 > 觸控板 頁面 相關設定 的 進階手勢 頁面中,可以將預設的三指手勢指定為所需的動作。

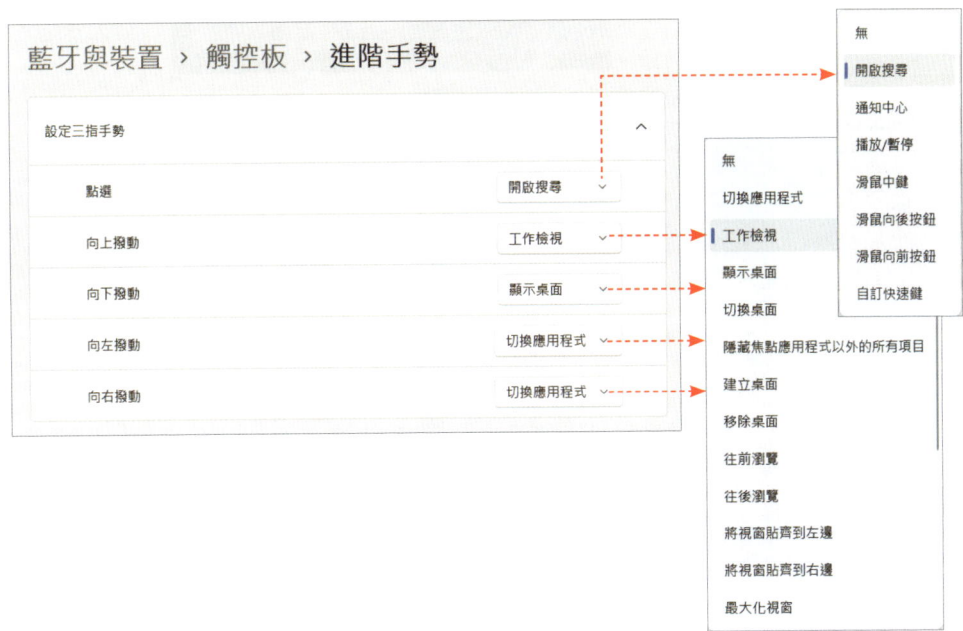

1-2-2 滑鼠右鍵

按滑鼠右鍵一向是 Windows 作業系統很重要的操作，如果是使用觸控裝置，以單指在平板螢幕上「按住不放」或以 2 指點選觸控板，就代表按右鍵的意思。在不同的環境或條件下按滑鼠右鍵，可執行的選單也不相同。例如：在 **桌面** 按右鍵，可以進行和桌面外觀有關的設定，包括桌面圖示的排列和檢視、新增資料夾或檔案、螢幕解析度調整、桌面背景變更…等。值得注意的是，這個出現的選單已經簡化，因此從前在舊版本中顯示的命令，必須再經過 **顯示其他選項** 指令才能完整顯示。

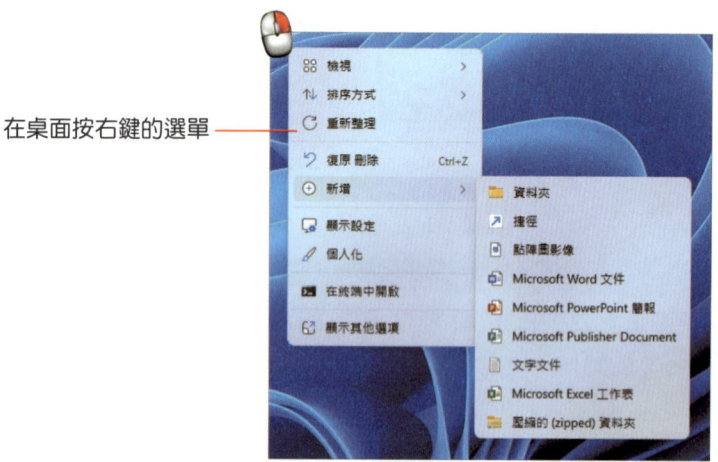

在桌面按右鍵的選單

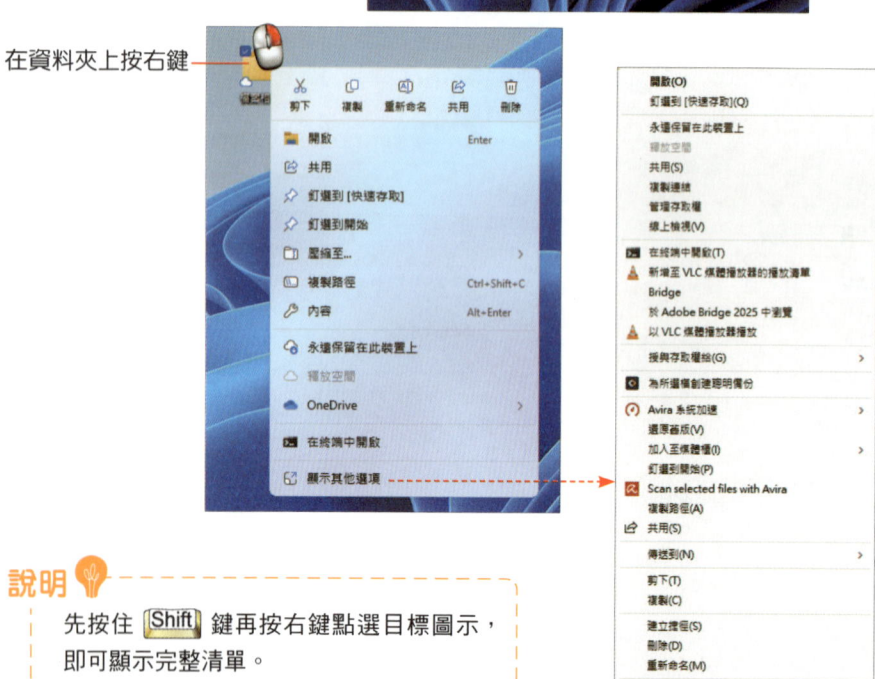

在資料夾上按右鍵

說明
先按住 Shift 鍵再按右鍵點選目標圖示，即可顯示完整清單。

1-2-3 快速鍵組合

使用快速鍵對熟悉 Windows 環境的讀者來說，一直是最有效率的操作捷徑。只要熟記幾個常用的按鍵組合，絕對可以讓您事半功倍，尤其是鍵盤上的微軟按鍵 ⊞ 格外重要。以下我們為讀者整理出可以增進使用效率的常用按鍵組合，要快速查閱組合鍵的使用，請參考線上 PDF 電子書中的「快速鍵彙整」。

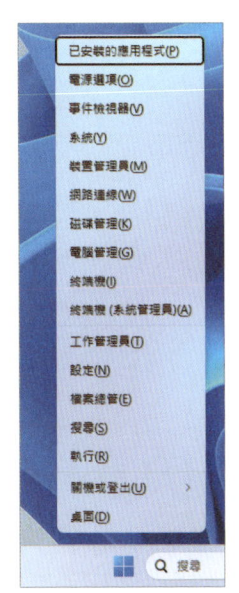

- ⊞ 鍵：**開始** 功能表的展開與收合。
- ⊞ + X 鍵：於 **開始** ⊞ 鈕上方出現功能表，可以執行一些與系統管理相關的操作，或開啟 **設定** 和 **檔案總管**，這個功能表也可以在 **開始** ⊞ 鈕上按滑鼠右鍵來顯示。
- ⊞ + A：開啟 **快速設定** 面板。
- ⊞ + N：開啟 **通知中心**。
- ⊞ + W：開啟 **小工具**。
- ⊞ + Z：在作用中視窗右上角顯示「視窗版面配置」，如何使用請參閱 2-2-2 小節。
- ⊞ + Ctrl + D 鍵：新增 **虛擬桌面**，如何新增桌面請參閱 2-2-3 小節。
- ⊞ + Ctrl + F4 鍵：關閉正使用的 **虛擬桌面**。
- ⊞ + Tab 鍵：開啟 **工作檢視** 模式，**桌面** 會並排顯示所有已開啟的應用程式視窗，可點選後切換應用程式。詳細的工作檢視操作請參閱第 2 章。
- ⊞ + I 鍵：開啟 **設定** 視窗。
- ⊞ + D 鍵：將所有開啟的視窗最小化只顯示 **桌面**，再執行一次可還原。
- ⊞ + E 鍵：開啟新的 **檔案總管** 視窗並顯示 **常用** 畫面。
- ⊞ + T 鍵：循環顯示 **工作列** 上的應用程式，若應用程式已開啟，會顯示視窗縮圖。

- ⊞ + L 鍵:進入開機後的 鎖定畫面。
- ⊞ + Q 鍵:展開 搜尋 清單,可進行各種搜尋作業。
- ⊞ + R 鍵:開啟 執行 視窗。

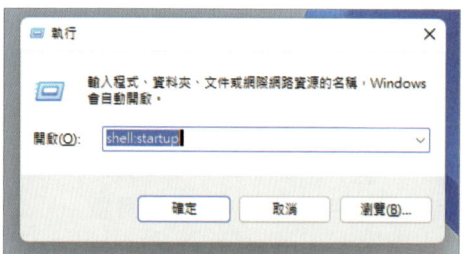

- ⊞ + PrtScr/SysRq 鍵:可擷取螢幕畫面,預設會將圖片儲存在個人資夾中 圖片 的 螢幕擷取畫面 資料夾下,該資料夾會自動產生。

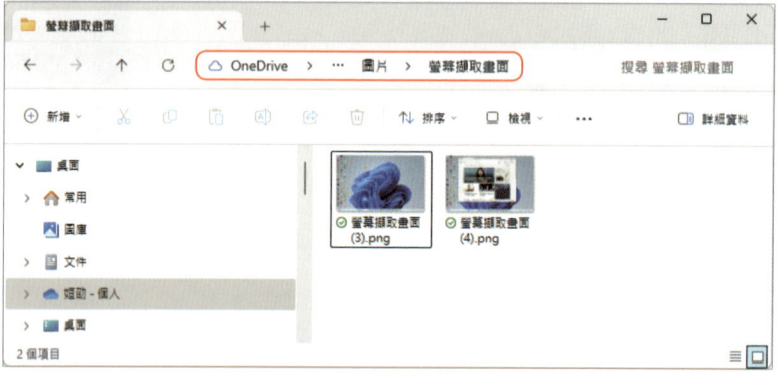

- Alt + F4 鍵:關閉開啟的應用程式,在 桌面 下執行會出現 關閉 Windows 的視窗,可選擇要執行的工作。

◯ Alt + Tab 鍵：執行時畫面中會出現應用程式縮圖預覽，可在開啟的應用程式間進行循環切換。

◯ Ctrl + Alt + Del 鍵：可快速 鎖定、切換使用者、登出、開啟 工作管理員 或 關機。

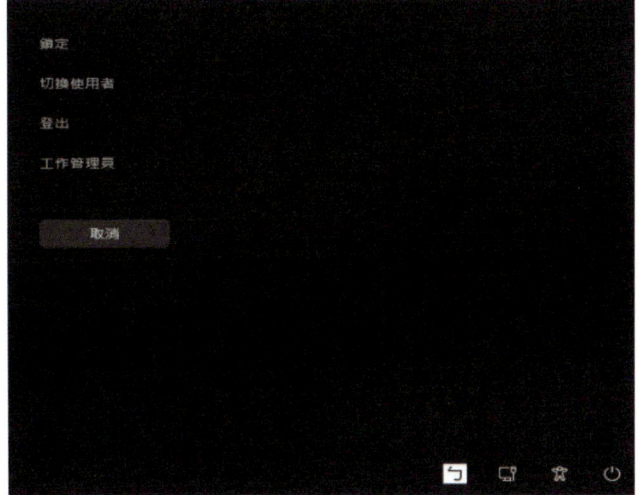

1-2-4 使用手寫筆

使用手寫筆可協助您執行更多動作，就像是在紙張上書寫一樣。執行 **設定 > 藍牙與裝置 > 手寫筆與 Windows Ink** 可切換慣用手。在 OneNote 或 Microsoft Edge 使用手寫筆，或搭配可隨處輸入的手寫板來使用。

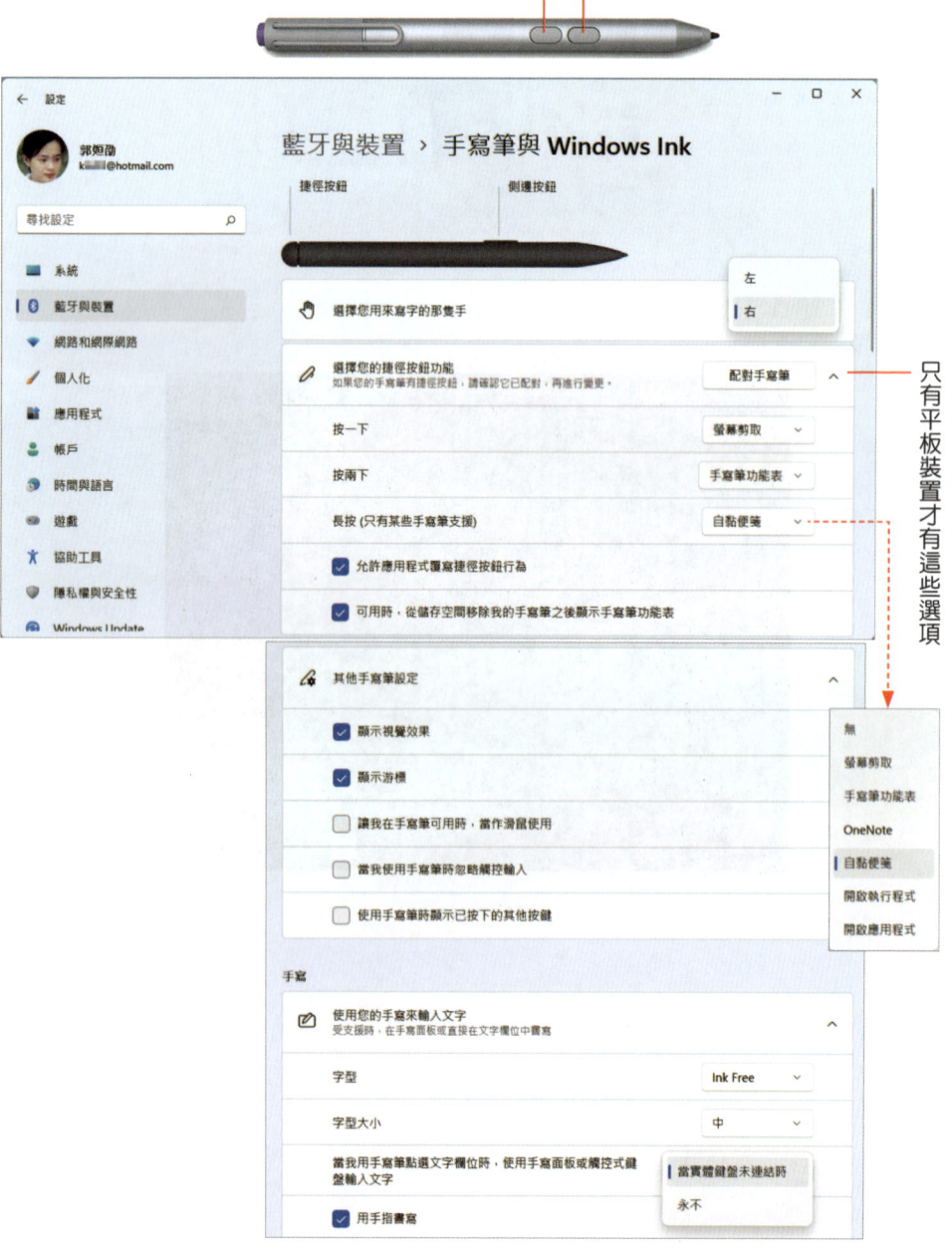

1-3. Microsoft 帳戶的重要性

在安裝 Windows 的過程中，會要求建立使用者帳戶，使用者帳戶分為二種：「本機帳戶」和「Microsoft 帳戶」。如果還不清楚這二種帳戶的區別，可先選擇建立「本機帳戶」做為 登入 之用，這時所建立的是「系統管理員」的帳戶。

如果您使用電子郵件地址、Skype ID 或手機號碼及密碼登入 Microsoft 服務（例如 Microsoft 365）、Xbox 主機或 Windows 電腦，就表示已經擁有 Microsoft 帳戶。用於 Microsoft 帳戶的電子郵件地址可以來自 Outlook.com、Hotmail.com、Hotmail、Windows Live、Xbox LIVE、Windows Phone、Gmail、Yahoo 或其他提供者，它是由一組「電子郵件地址」和「密碼」所組成。使用 Microsoft 帳戶讓您可以從 Microsoft Store 下載應用程式外，還可以線上同步設定，您不管登入哪部電腦（執行 Windows 8 以上）都能有專屬個人化的環境，包括：色彩和佈景主題、開始 功能表、瀏覽器中我的最愛網站、集錦和歷程記錄、應用程式中的內容、相片，甚至是語言和其他喜好設定…等。還可以存取儲存在 OneDrive 雲端的資料，因此 Microsoft 帳戶從 Windows 8 開始即扮演了非常重要的角色。

當您開啟某些內建的應用程式時，會被要求必須登入、驗證或切換到 Microsoft 帳戶，例如：郵件、行事曆、OneDrive…等，或是在 Microsoft Store 下載應用程式時（如下圖所示）。因此，如果您還沒有 Microsoft 帳戶，請務必新增，才能繼續使用這些應用程式，並享用微軟所打造的雲端服務。有關使用者帳戶的詳細說明請參考第 4 章的介紹。

需登入 Microsoft 帳戶才能下載

沒有 Microsoft 帳戶可點選建立。

1-4. 離開 Windows 11

操作電腦的過程中,經常會遭遇許多不確定的狀況,而必須暫時離開電腦,或是更換其他使用者使用。如何確保工作中的檔案不流失,或在下次回來操作時能最有效率…等,這些皆與選擇離開電腦的方式有關,執行正確的操作,可讓您達到省電又省時的目的。

1-4-1 登入與鎖定

第一次登入電腦時,只有一個使用者帳戶,因此畫面中只會有一個使用者圖示。當系統管理員根據需求新增多個使用者帳戶後,登入 畫面中就會出現如下圖中的多個使用者圖示,點選要登入的圖示,若有建立密碼,會出現要求輸入密碼的畫面,輸入後按 提交 鈕或 Enter 鍵即可登入。

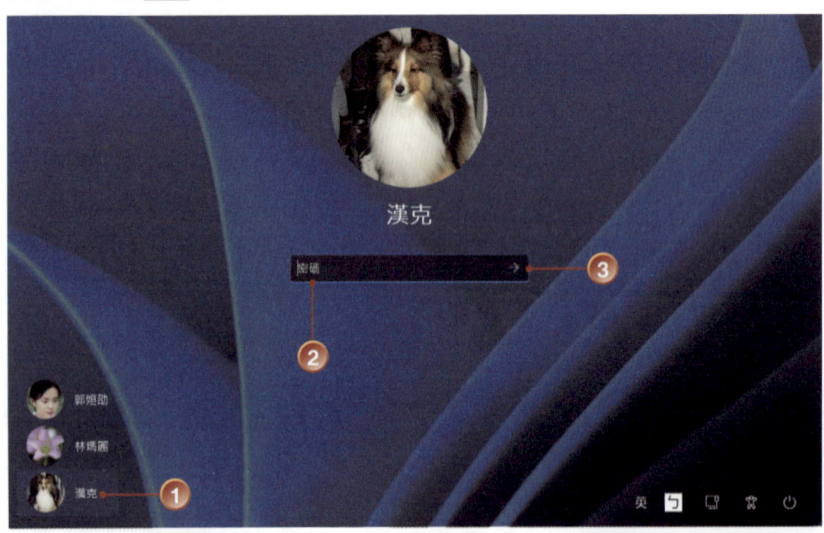

登入畫面

密碼輸入不正確,
會要求重新輸入

1-24

說明

有關新增使用者帳戶、建立帳戶密碼或變更帳戶圖片的操作，請參閱第 4 章。

如果使用者想暫時離開電腦，又不希望別人看到處理中的作業，可以進行「鎖定」。點選 開始 鈕展開功能表，再點選 開啟 / 關閉 鈕，從清單中選擇 鎖定。

畫面會出現登入前的螢幕 鎖定畫面，若有人動到電腦，會出現準備 登入 的畫面。當該使用者再回來時，只要輸入密碼即可回到離開前的工作狀態。一旦執行 鎖定，只有輸入正確密碼才能解除鎖定。不過，鎖定 功能只有對已經建立密碼的使用者帳戶有作用，如果未建立密碼，任何人都能任意登入。

1-4-2 切換使用者與登出

多人共用一部電腦時，系統管理員會先在該電腦建立多個使用者帳戶，以供不同的用戶登入使用。當某位使用者不再使用，或要暫時讓給其他用戶使用時，可以先 登出 電腦或進行切換使用者。例如：要將電腦讓給「林瑪麗」來使用：

STEP**1** 點選 開始 鈕展開功能表，點選帳戶圖示，再點選 更多選項 鈕，選擇「林瑪麗」。

STEP 2 出現「林瑪麗」的登入畫面，輸入密碼按 提交 鈕或 Enter 鍵即可登入（參考 1-24 頁的圖）。

> **說明**
> 執行切換使用者的動作時，使用者不需要中斷目前的工作，不過，由於 Windows 不會自動儲存已開啟的檔案，因此執行切換使用者的動作之前，最好先儲存所有使用中或開啟的檔案，以免被其他使用者關閉電腦。

STEP 3 若「林瑪麗」不再使用電腦，可以執行 登出，這時候系統會儲存「林瑪麗」的相關設定，並關閉正在執行中的工作項目。

顯示已登入

STEP 4 回到 登入 畫面，由其他已登入電腦的人接手使用，點選登入者的圖示並輸入密碼，即可回到原來的工作狀態。

1-4-3 待機與關機

「登出」與「切換使用者」的動作，都是未離開 Windows 作業系統，「離開」Windows 作業系統的操作與電源是否關閉有關。點選 開始 鈕展開功能表，點選 開啟 / 關閉 鈕展開清單選擇要執行的項目。

■ 1-26

- **重新啟動**：遇到特殊情況，例如：安裝軟、硬體或 Windows Update 時，系統通常會自動或要求使用者重新啟動電腦，執行時電腦會關機並關閉電源後再重新啟動。

- **關機**：可將電腦完全關閉，電源也會關閉，當您不再使用電腦時，請執行 關機 動作。

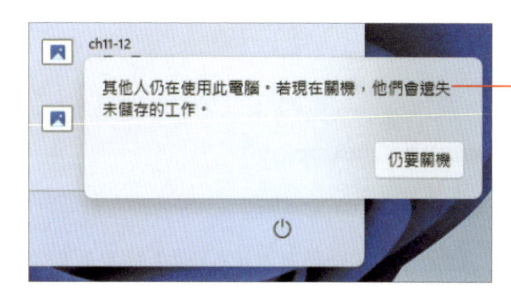

關閉電腦時若有其他人還在登入狀態，會出現此訊息

> **說明**
> 作業系統如果經過更新（Windows Update），可能需要重新啟動電腦，這時 開啟/關閉 鈕清單中會顯示 更新並關機 或 更新並重新啟動 指令。

- **睡眠**：睡眠 是一種省電設定，可以快速的關閉電腦，並將目前的工作狀態保留在記憶體中，此時的電腦會維持「開機」狀態，但使用較少的電源（注意觀察主機裝置，會發現仍有一個燈泡在閃爍著）。當要再次工作時，只要按下鍵盤的任意鍵或按一下滑鼠（平板裝置要按下電源鈕），即可喚醒電腦並進入 鎖定畫面，點選畫面立即回到離開時的狀態繼續作業。如果您使用的是桌上型電腦，那麼 睡眠 是很好的省電狀態選擇，也是最有效率的工作模式，可以省去開關機、開啟應用程式的等待時間。

- **休眠**：休眠 也是一種省電狀態，會關閉電腦並讓應用程式維持開啟狀態（開啟中的文件與程式會儲存至硬碟），此時的電源會關閉。當您下次要使用電腦時，必須按下 電源（Power）鈕才會進入 鎖定畫面，然後輸入密碼，電腦會在數秒內結束 休眠，並還原所有已儲存、開啟的文件與程式。如果您使用行動裝置，就很適合使用此種省電模式來離開 Windows，可以節省下次進入系統的時間。若 休眠 選項未出現在清單中，請參閱 3-3-4 節的操作將其開啟。

說明

- 執行 ⊞ + X 組合鍵開啟功能選單，也可執行 關機 或 登出。

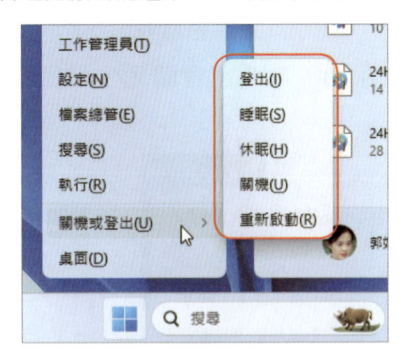

- 由於作業系統會不斷的線上更新（如何設定更新請參考第 11 章）並提供新的功能，因此您電腦中 Windows 11 作業系統的部分畫面（包含應用程式）和功能，可能與本書所介紹的內容有所差異，這點請讀者諒解。

Chapter 2

打造個人專屬的操作環境

每當作業系統完成安裝後，都會有預設的操作環境，包括：桌面、解析度、功能表、工作列…等。為了讓每位使用者擁有一個屬於自己的操作空間，Windows 作業系統總是貼心的提供極大的彈性，由您根據自己的使用習慣量身訂製！

2-1. 設定個人化的桌面

介面的改變是 Windows 11 的新亮點之一,新的 **桌面** 給人「Fluent」(流暢)的第一印象。承襲以往的 **桌面** 特性,您可以根據需求自訂有特色的個人化桌面。

2-1-1 桌面背景與視窗色彩

Windows 11 中提供豐富的桌面背景和視窗色彩,讓使用者可以更有彈性的自訂。

STEP 1 於 **桌面** 空白處按右鍵,從快顯功能表選擇 **個人化** 指令,進入 **設定 > 個人化** 視窗,會顯示目前設定的縮圖預覽,可以快速選取要套用的主題來變更。

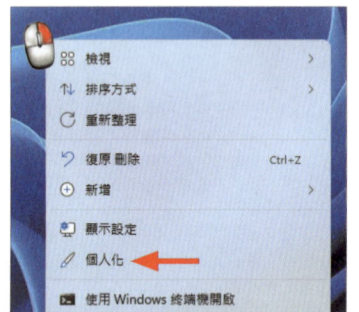

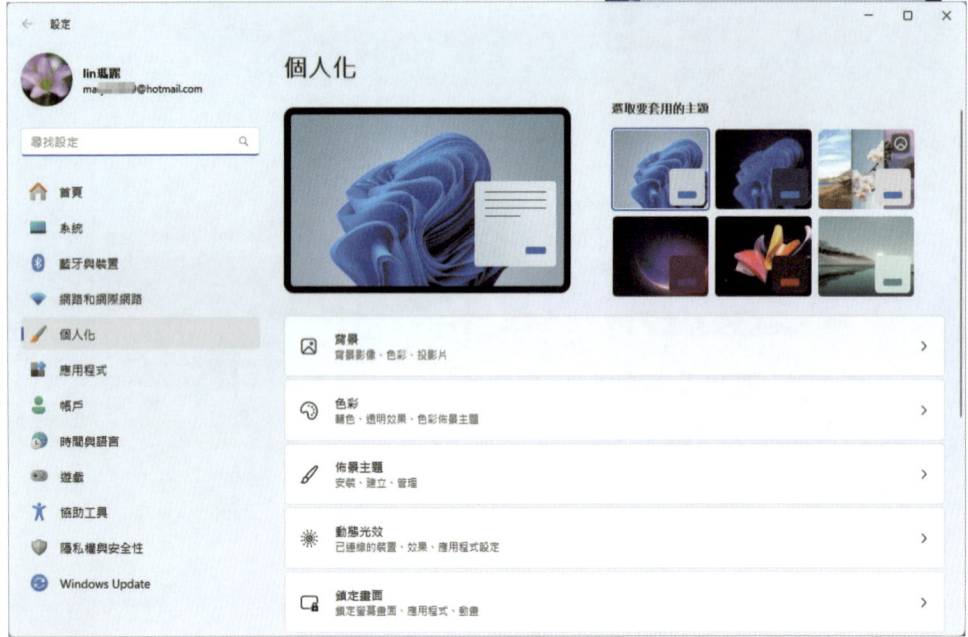

> **說明**
> 使用觸控裝置者,請以手指在螢幕上按久一點;若使用觸控板,請以兩根手指點選觸控板,也會出現快顯功能表。或是按 ⊞ + I 鍵,從 **設定** 視窗中點選 **個人化** 也可開啟 **個人化** 視窗。

2-2

STEP**2** 點選 **背景**，在 **個人化您的背景** 中預設的選項是 **圖片**，從下方 **最近的影像** 中點選預設的圖片更換，或按【瀏覽相片】鈕從本機中選擇影像。預設的圖片顯示方式為 **填滿**，可從清單選取後改變。**預覽** 中會顯示設定的效果。

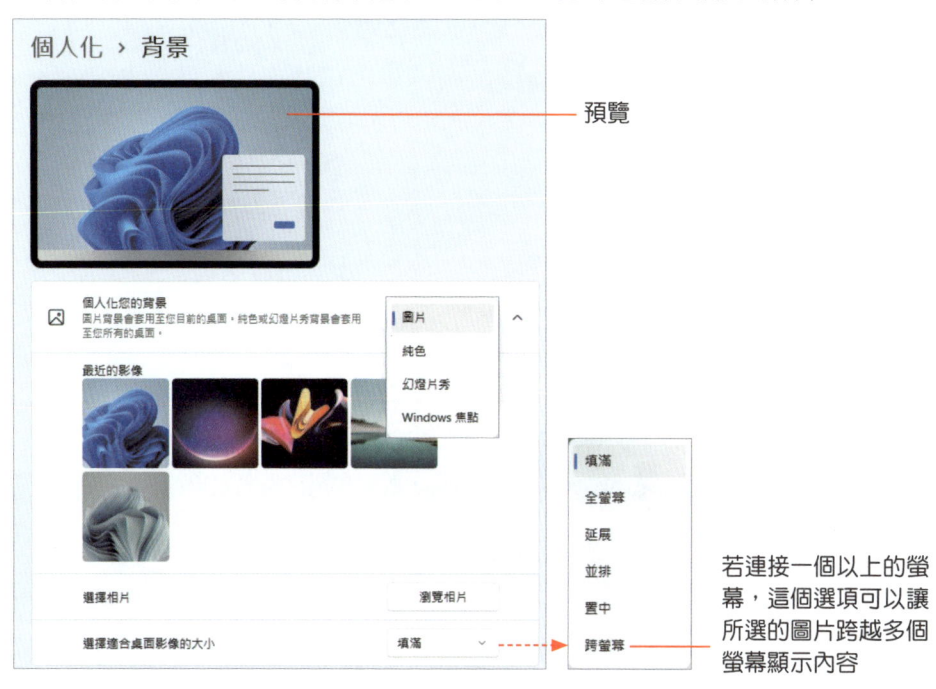

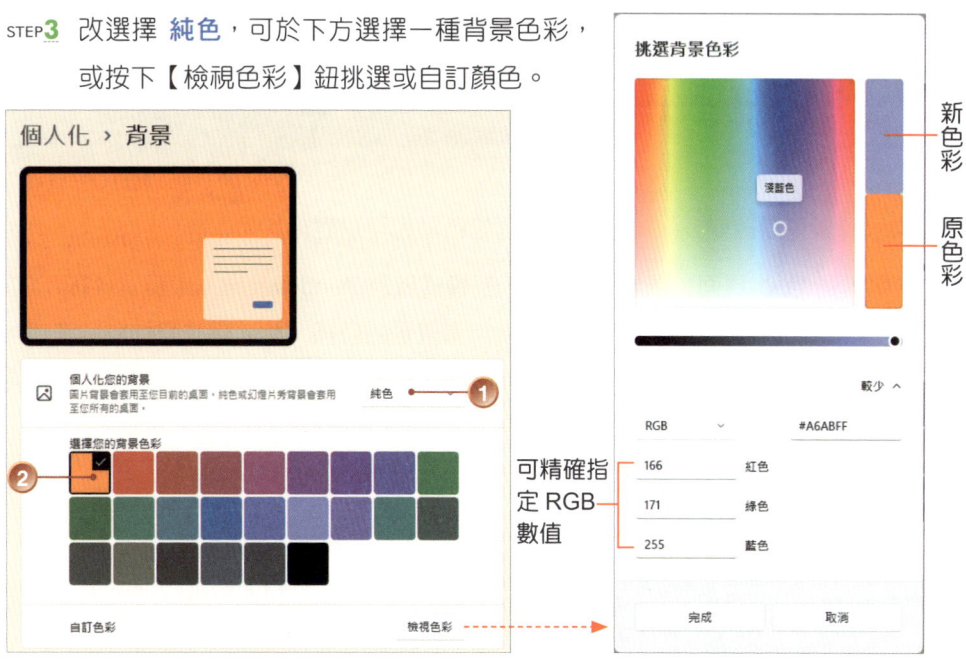

若連接一個以上的螢幕，這個選項可以讓所選的圖片跨越多個螢幕顯示內容

STEP**3** 改選擇 **純色**，可於下方選擇一種背景色彩，或按下【檢視色彩】鈕挑選或自訂顏色。

可精確指定 RGB 數值

新色彩

原色彩

2-3

打造個人專屬的操作環境

STEP 4 若選擇 幻燈片秀，可選擇要以投影片播放的相簿所在位置，設定圖片變更的時間間隔，是否隨機播放相簿中的圖片，再選擇顯示的方式。

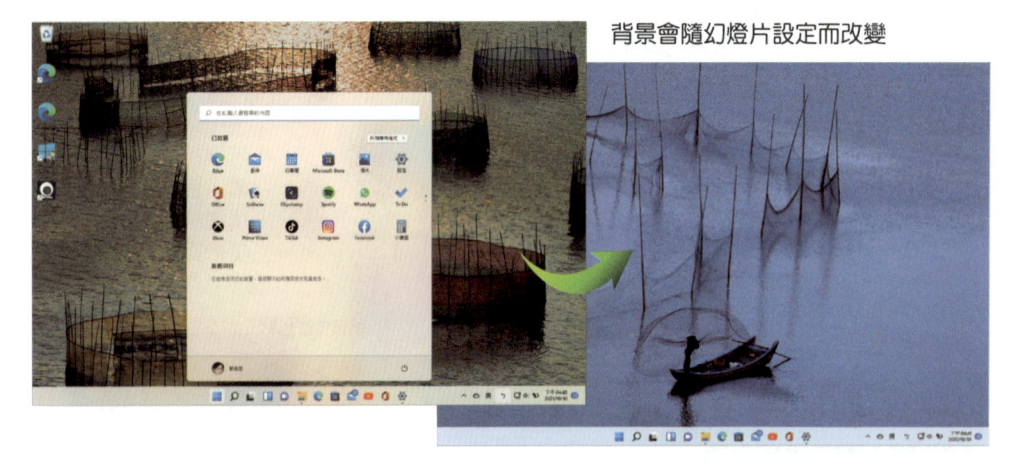

預設的資料夾為「圖片」

行動裝置中會有此項

背景會隨幻燈片設定而改變

除了桌面背景可以改變外，視窗或工作列的色彩也可以變化：

STEP 1 切換到 色彩 頁面，預設會採用 淺色 模式做為 Windows 和應用程式中顯示的色彩，深色 模式是近幾年來許多使用者喜愛的色調，給人專業又神秘的質感，適合在低光源的環境（例如：夜間或飛機上）工作。

預設會開啟透明效果

2-4

STEP 2 設定 深色 模式後，展開 輔色，可以選擇一種 輔色，開啟 在 [開始] 和工作列上顯示輔色 選項，使其呈現指定的色彩。

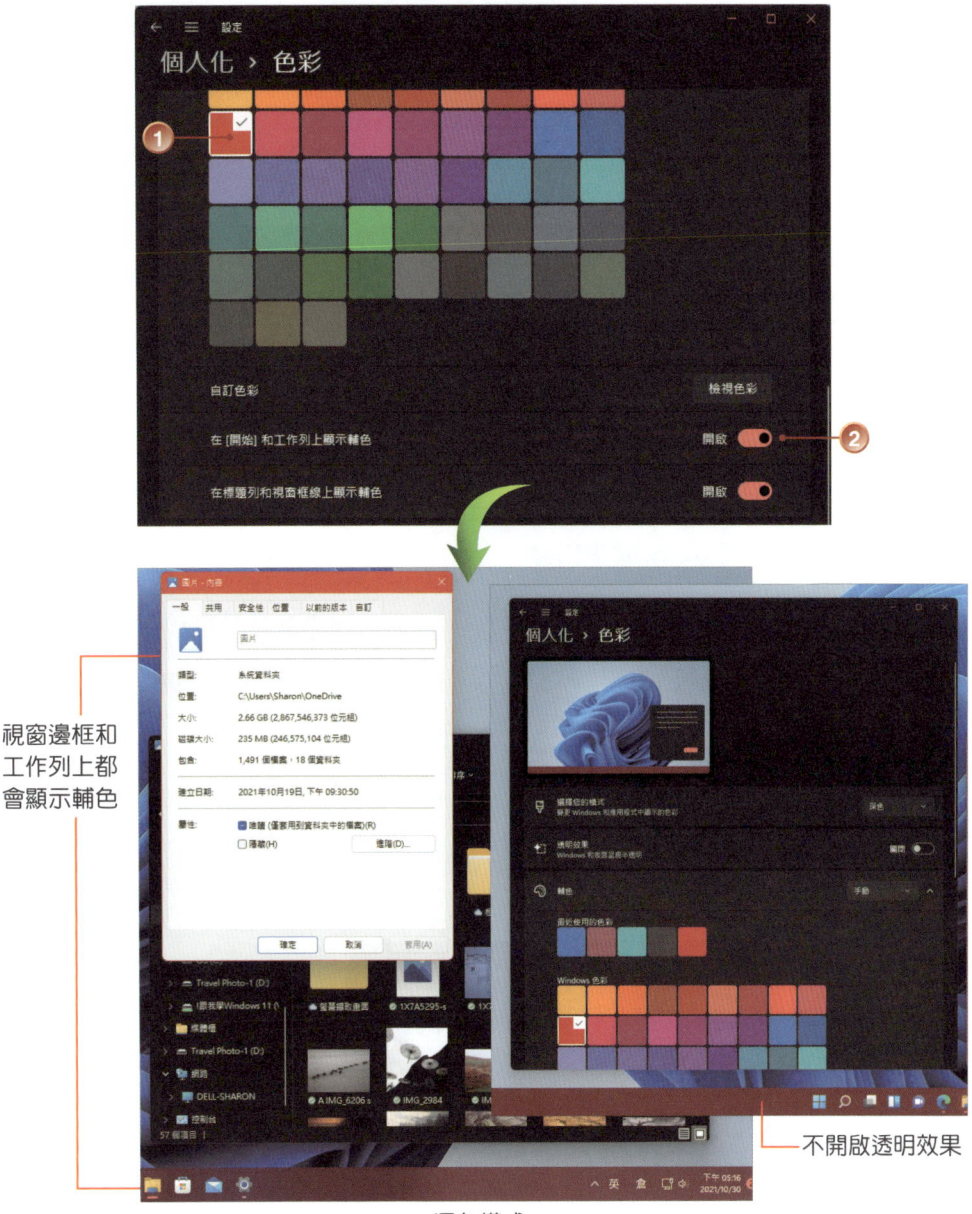

視窗邊框和工作列上都會顯示輔色

不開啟透明效果

深色模式

STEP 3 要快速恢復原設定值，請回到 個人化 頁面，選擇預設的主題套用，再於 色彩 頁面切換模式（淺、深）或關閉選項。

2-1-2 佈景主題

在尚未變更背景或色彩時，預設的佈景主題是「Windows(淡)」，從 Microsoft Store 中可以下載更多佈景主題套用。在 **個人化 > 佈景主題** 頁面中，可以依個人喜好設定桌面背景、色彩與音效外，還可進行滑鼠游標的設定，再將這些設定儲存做為個人的佈景主題，方便日後輕鬆變更。Windows 會記住您先前探索的主題，讓您輕鬆回復到適合心情的佈景主題。

滑鼠在預設的佈景主題上停留會顯示名稱

STEP 1 切換到 **佈景主題** 頁面，如果曾變更過 **背景** 圖片和 **色彩**（指定 **背景** 為「Windows 焦點」，**色彩** 為「紅色」），**目前的佈景主題** 會顯示為「自訂」。接著視需要設定 **音效** 或 **滑鼠指標**。

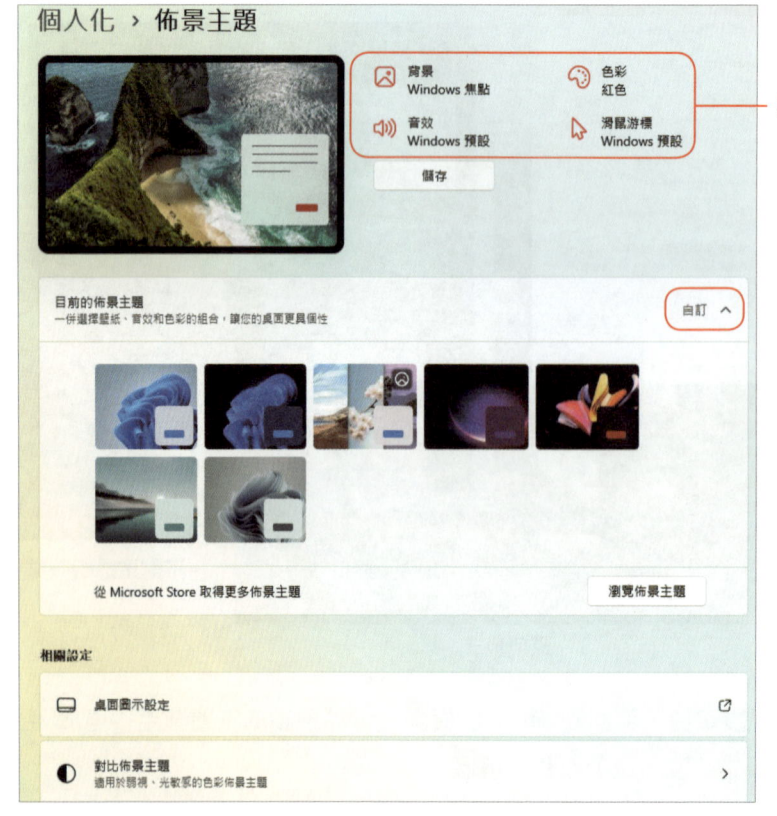

點選項目可進行設定

■ 2-6

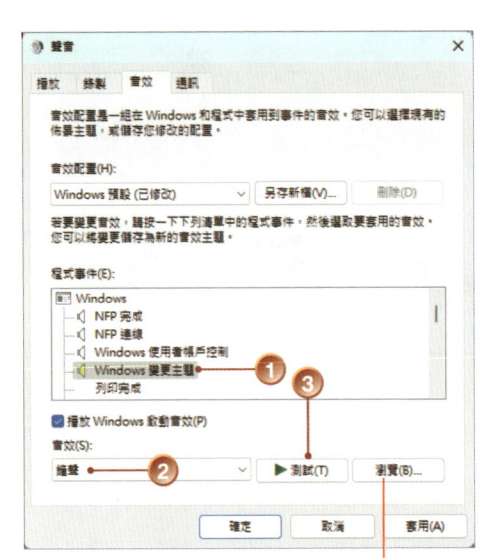

可另選一種音效測試　　可指定其他音效檔案　　視需要變更

- STEP**2** 設定完畢按下【儲存】鈕（參考步驟 1 的圖）。
- STEP**3** 鍵入自訂的佈景主題名稱，按【儲存】鈕。
- STEP**4** 清單中顯示自訂的主題，點選【瀏覽佈景主題】鈕，會開啟 Microsoft Store 並顯示可下載的主題（大多為免費），點選即可下載。

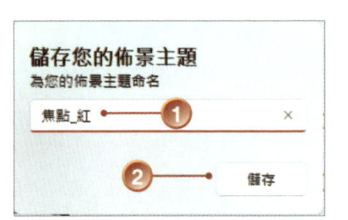

下載的主題

接下頁 ➡

說明

參考上一頁步驟 4 的圖，在 相關設定 點選 桌面圖示設定 開啟對話方塊，預設的 桌面圖示 只有「資源回收筒」，可於此勾選其他要出現的圖示。

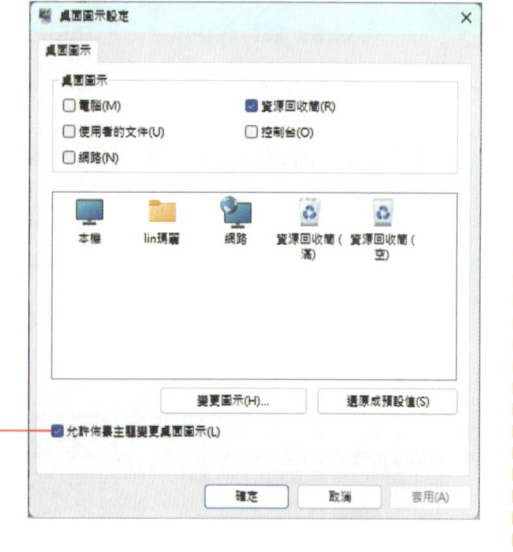

勾選可讓圖示隨佈景主題變更

您可以根據需求新增多個佈景主題並隨心情更換，對於不再使用的佈景主題，請在未套用的狀態下，於佈景主題上按右鍵選擇 刪除 予以移除。

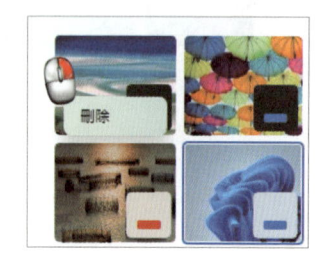

說明

在 Windows 11 中取消了以「Microsoft 帳戶」登入後，同步桌面的功能。

2-1-3 鎖定畫面

開機後進入 登入 畫面之前所顯示的內容就是 鎖定畫面，它的功能有點類似螢幕保護裝置，除了背景圖片外，還可以顯示日期、時間、行事曆、網路狀態和電池用量（行動裝置才有），您可以變更背景圖片並選擇要顯示哪些訊息。即使在鎖定狀態，若有通知（例如：Line 訊息）也會顯示，如果鎖定之前正在播放音樂，則進入 鎖定畫面 時會顯示音樂控制項，讓您的音樂播放不中斷。

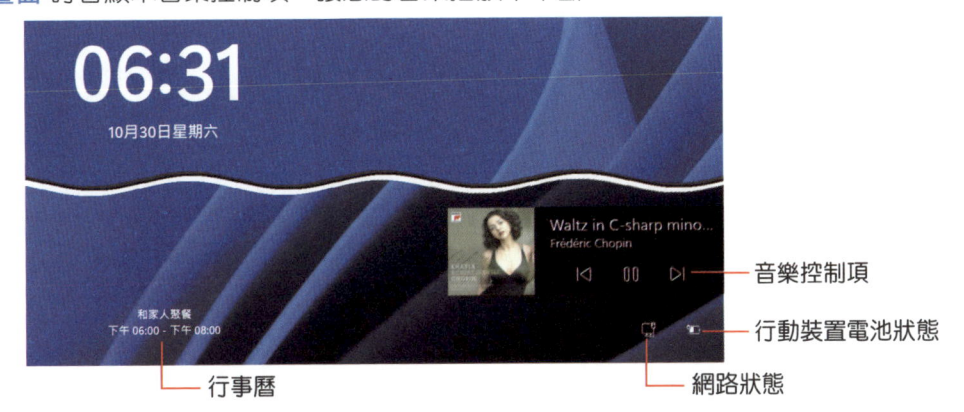

- 音樂控制項
- 行動裝置電池狀態
- 網路狀態
- 行事曆

STEP 1 切換到 鎖定畫面，可以選擇 Windows 焦點、圖片 或 幻燈片秀 做為鎖定畫面。選擇 圖片 時，可以更換一種預設的圖片，或按【瀏覽相片】鈕選擇，預覽 中會顯示變更的結果。

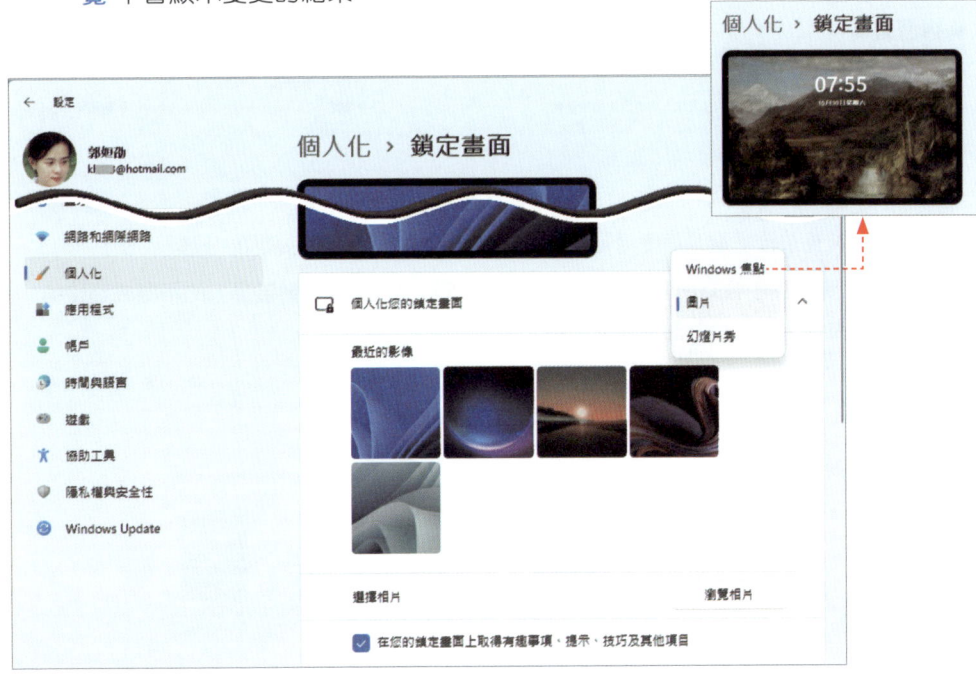

2-9

STEP**2** 選擇 **幻燈片秀** 會以播放幻燈片的方式,在 **鎖定畫面** 中輪播圖片,效果如同數位相框。相簿預設會使用 **本機 > 圖片** 中的影像,可按【瀏覽】鈕選擇其他來源。

← 點選可將相簿移除

STEP**3** 展開 **進階幻燈片秀設定**,若要使用本機中的 **手機相簿** 資料夾與 OneDrive 中的圖片,請將其開啟,系統會隨機播放其中的影像。可設定是否要在指定時間後關閉螢幕。

行動裝置才有這個選項

說明

- 行動裝置未接上電源而使用電池時,為了省電,會將幻燈片關閉,只顯示 **圖片**。
- **圖片** 資料夾中會有一個預設的 **手機相簿** 資料夾,透過行動裝置上的相機或連接的攝影裝備,所拍攝的影像會存放於此。

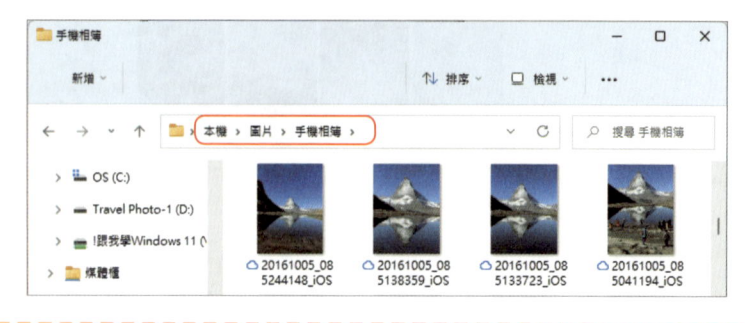

STEP **4** Windows 焦點 會在 鎖定畫面 上每天顯示不同的新影像（系統會持續下載），還會不定時的提供有趣的事項、秘訣和功能建議，尤其是使用者尚未嘗試過的 Windows 11 功能。

STEP **5** 向下捲動捲軸，可以指定進入 鎖定畫面 時，要顯示詳細狀態的應用程式，選擇 無 會移除該項目的顯示。

這 2 項設定與電源有關，請參閱第 3 章的介紹

幻燈片秀

行事曆的詳細狀態　鎖定狀態下仍可顯示通知

說明
有些應用程式（APP）必須進入程式中進行設定後，才會在 鎖定畫面 中顯示狀態和資訊，如何設定這些 APP 請參考後面各章節的介紹。

2-2. 螢幕及視窗的功能設定

為了方便平板裝置的使用者操作，Windows 11 中將應用程式視窗「貼齊」的操作升級為「Snap Layout/Snap Group」，可以快速將多個應用程式的視窗並列檢視和群組。從 Windows 10 開始的 新增桌面 功能，讓您依工作需求將作用中視窗分組以建立「虛擬桌面」。

2-2-1 變更螢幕亮度與解析度

通常螢幕的解析度，會根據所連接顯示器的尺寸而有預設的最佳比例，不同的顯示器尺寸可以控制的解析度也不一樣，一般來說，解析度設的愈高，畫面愈清晰，螢幕上可顯示的範圍愈大。您也可以在有限的解析度範圍下，變更螢幕文字大小的顯示比例，以營造一個適合自己瀏覽的作業環境。「夜間光線模式」以暖色調色彩取代顯示器的藍光，讓您疲憊的雙眼可以充分的休息，以獲得更好的睡眠品質。

STEP 1 在桌面按右鍵選擇 **顯示設定**，開啟 **設定 > 系統 > 顯示器** 畫面，開啟 **夜間光線** 選項，此時如果已是夜間，會進入夜間模式，螢幕色調會變暗；接著點選 **夜間光線**。

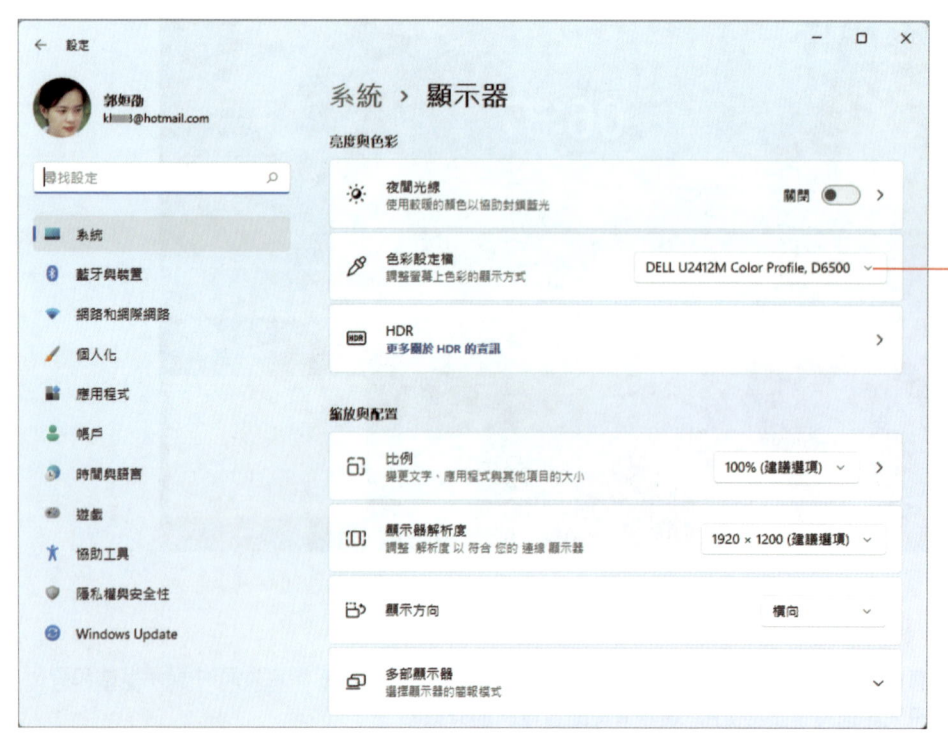

此處視您連接的顯示器而定

2-12

STEP**2** 拖曳滑桿調整 強度（夜間的色溫），若不希望顯示器顯示暖色調，可按【立即關閉】鈕關閉夜間模式，此處與 快速設定 面板的控制是連動的。

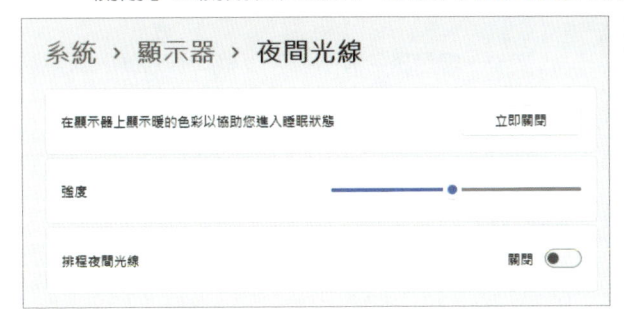

STEP**3** 開啟 排程夜間光線，預設的開啟時間為「日落到日出」（這段時間會隨當天的光線變化而變動），點選 設定時間 可以自行指定時段。

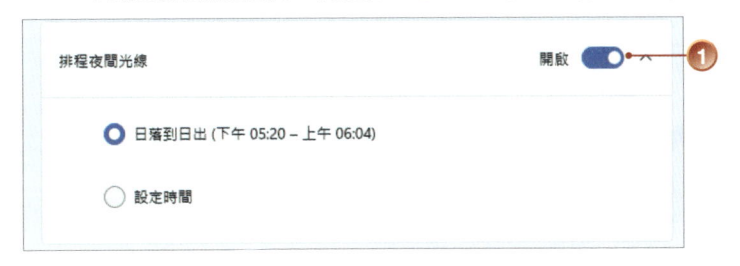

STEP**4** 如果您的顯示器支援 HDR，Windows 11 就可以提供相應的設定，讓您在瀏覽影片、應用程式或玩遊戲時，有更逼真的畫質體驗。此時請回到 系統 > 顯示器 頁面開啟 使用 HDR 並檢視各項功能設定。

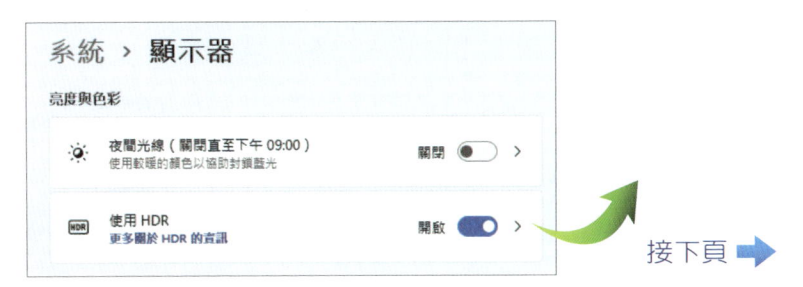

接下頁

2-13

系統 > 顯示器 > HDR

顯示器名稱

> **說明**
> HDR（High Dynamic Range，高動態範圍）是一種顯示技術，可以保留亮部、暗部的細節，讓影像不會看不到暗處的內容，也不會在亮處只看到白色一片，能將影像顏色還原到逼近人眼所見的真實畫質。

STEP **5** 回到 系統 > 顯示器 頁面，在 縮放與配置 下方可以變更文字、應用程式與其他項目的大小，請視需要變更顯示器的解析度和方向。

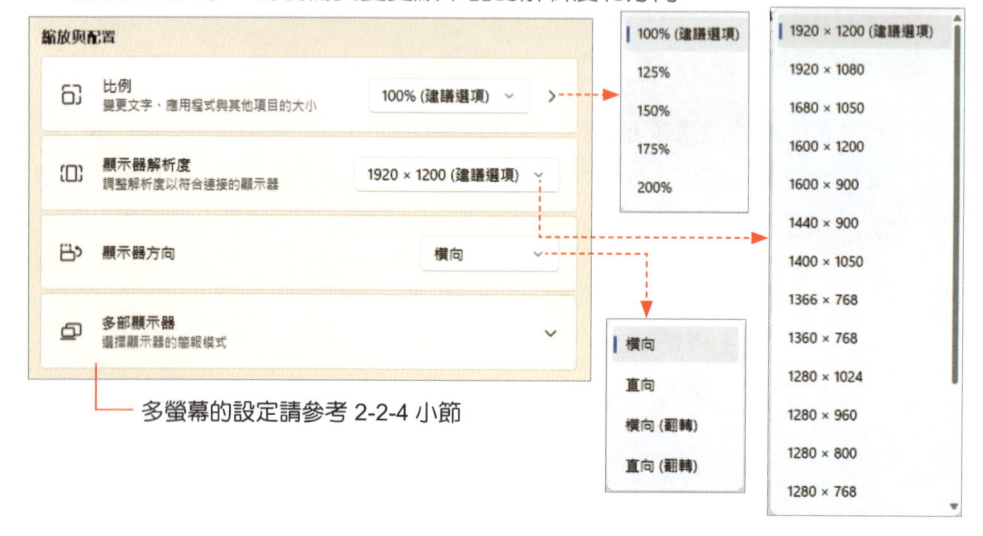

多螢幕的設定請參考 2-2-4 小節

2-14

說明 💡

雖然可以變更文字比例，但是除非必要，否則不應變更設定，因為可能會導致文字和應用程式無法讀取。建議只變更文字大小，此部分請參考線上電子書「協助工具」的說明。

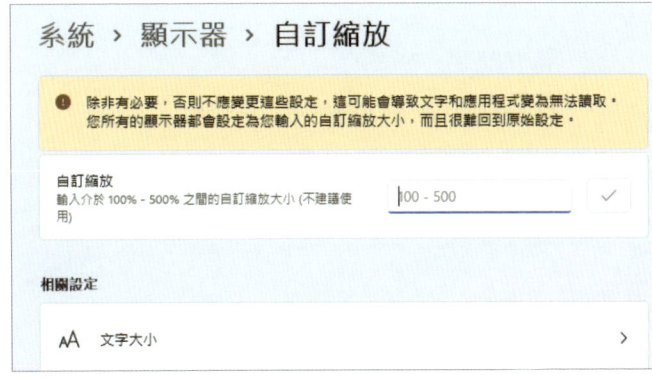

STEP 6 每一種顯示器會依尺寸而有建議的解析度，當變更解析度時會出現是否保留設定的訊息，按【保留變更】鈕即可變更完成。

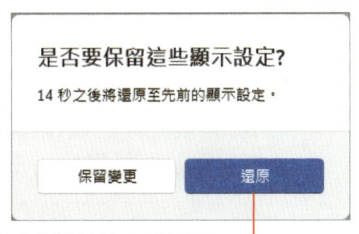

按此鈕還原或幾秒後自動還原

說明 💡

設定 > 系統 頁面中的項目和內容，會依裝置不同而異，行動裝置會有 電源 & 電池 選項可設定，還可調整顯示器的 亮度。

接下頁 ➡

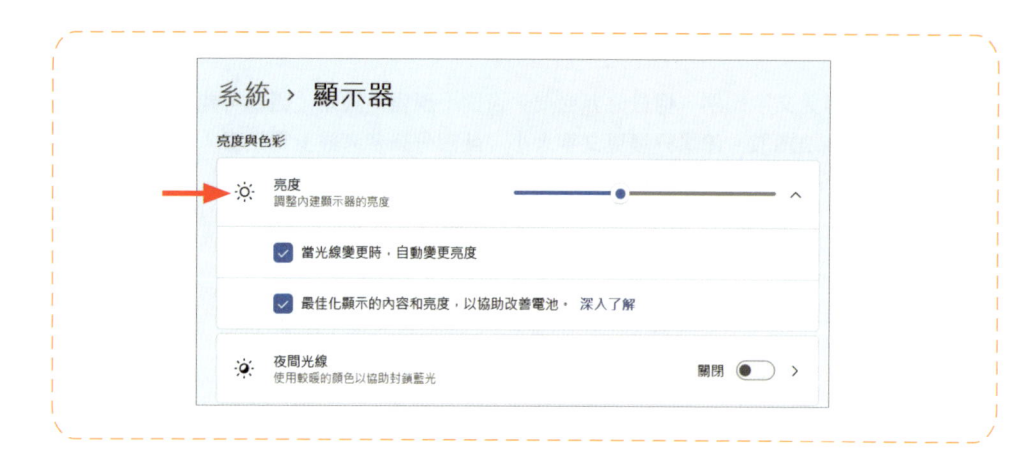

2-2-2 視窗的貼齊與布局

透過「Shake 晃動」及「Snap 貼齊」動作來進行視窗的安排與貼齊，是從 Windows 7 開始的操作，Windows 11 中新增的「Snap Layout 貼齊版面配置」功能，可以將開啟的多個視窗排列成指定的配置，並且記憶視窗與群組配置，方便多工操作。

STEP 1 由於有些動作的操作預設並未開啟，因此先進入 設定 > 系統 > 多工 頁面，將 標題列視窗搖動 開啟。

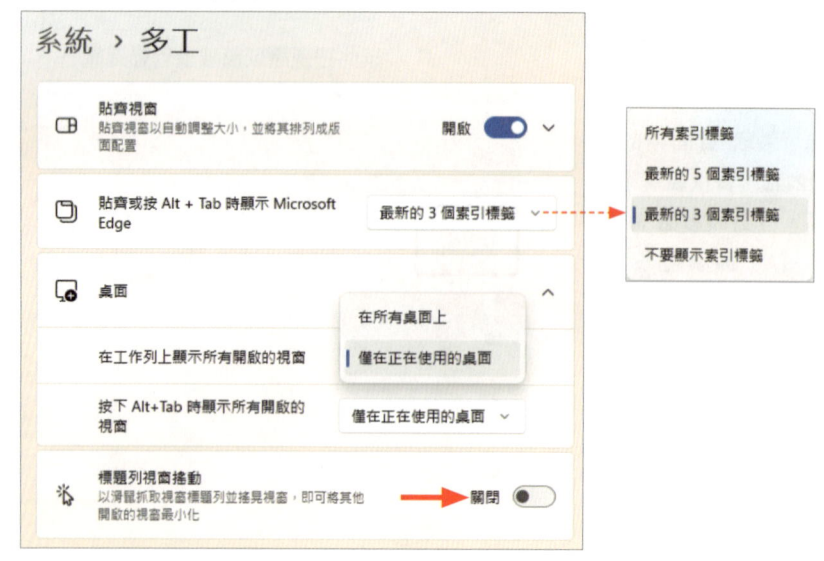

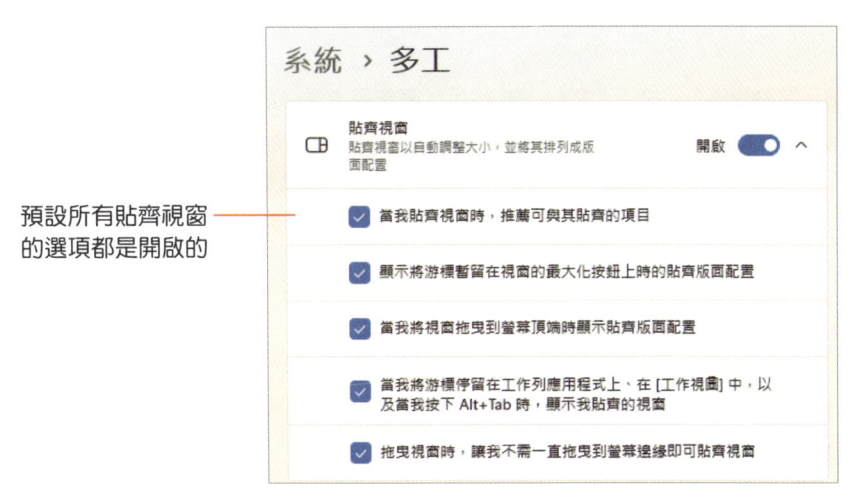

預設所有貼齊視窗的選項都是開啟的

STEP**2** 下圖的桌面中開啟了多個視窗，點選要保留的視窗標題列，例如：**檔案總管**，並快速左右拖曳（晃動）視窗。

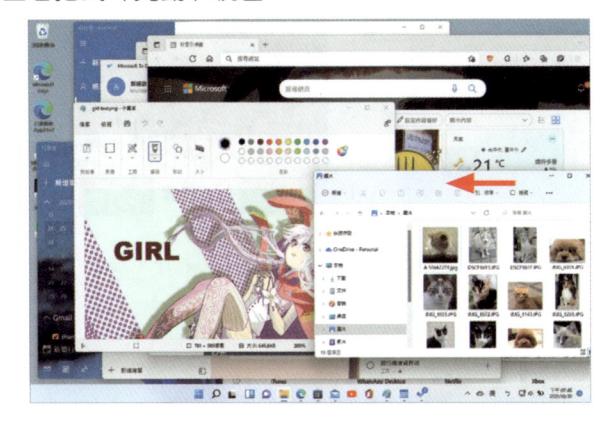

STEP**3** 其他的視窗皆會最小化，只要再晃動一次，最小化的視窗又可恢復到原先的狀態。

2 打造個人專屬的操作環境

2-17

> **說明**
> - 除了晃動視窗外，按下 ⊞ + Home 鍵可以將作用中視窗以外的所有視窗最小化。
> - 按下 ⊞ + 數字鍵（1、2、3…），可快速開啟或選取開啟的視窗，其順序是從 **工作列** 由左至右對應編號 1、2、3…，例如下圖中，選 3 會切換到 **檔案總管**。

STEP 4 快按二下作用視窗的標題列，或拖曳視窗標題列並移動至螢幕上邊緣，當滑鼠碰到邊緣後放開，視窗會最大化；拖曳視窗標題列往內移動即可恢復為原先的視窗大小。

STEP 5 拖曳視窗標題列移動至螢幕左、右邊緣，當滑鼠碰到邊緣後放開，視窗會貼齊成為螢幕的一半大小，另一半則顯示其他視窗的縮圖，可再點選要與其貼齊的視窗縮圖。

可關閉視窗

2-18

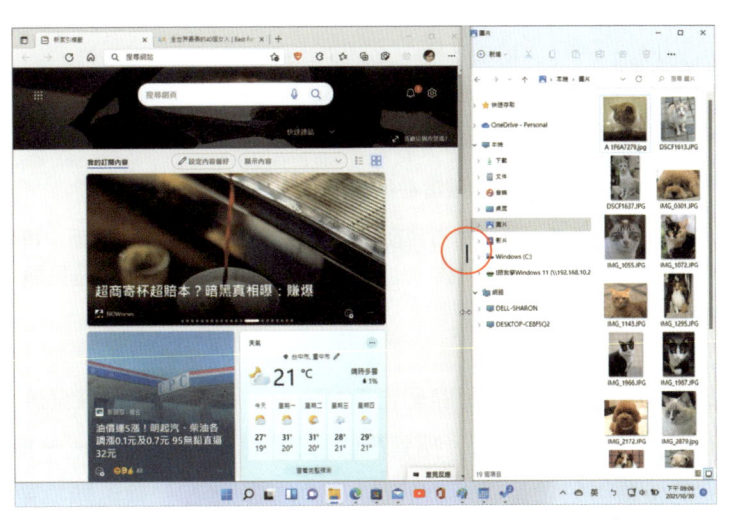

觸控裝置上會出現控制項，可調整視窗大小，當
調整任一視窗的寬度時，另一視窗也會隨之調整

STEP **6** 拖曳視窗標題列到螢幕的四個角落，可將視窗固定在螢幕約四分之一的位置，最多可以有 4 個視窗並列在畫面中，可一一指定要放置哪 4 個視窗（解析度愈大，操作起來愈有效益）。

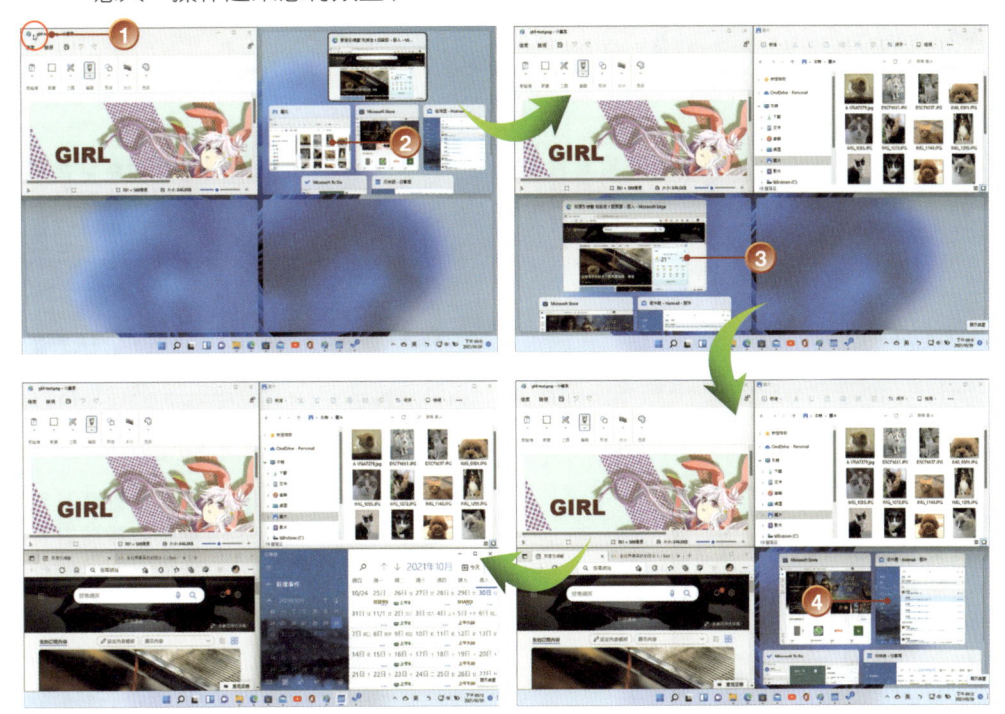

4 個視窗並列

2-19

打造個人專屬的操作環境

> **說明**
> - 執行 ⊞ + ↑ 鍵，作用中視窗會填滿螢幕。
> - 執行 ⊞ + ←、→ 鍵，作用中視窗可以左或右並排。
> - 執行 ⊞ + ↓ 鍵，作用中視窗會最小化。
> - 按 ⊞ + D 快速鍵，可將所有視窗最小化到工作列，只顯示 桌面；再執行一次可恢復原配置。Peek 預覽的功能，也可以快速將所有視窗最小化後只顯示桌面，如何操作請參考 2-3-2 小節。

STEP 7 若是要快速的將視窗依指定的配置排列好，可將滑鼠指到 視窗最大化 ▢ 按鈕上，會出現 貼齊版面配置，指到想使用的配置並點選，再一一指定應用程式要排列的位置。只要螢幕解析度夠，就可以同時在螢幕上顯示更多視窗和應用程式。

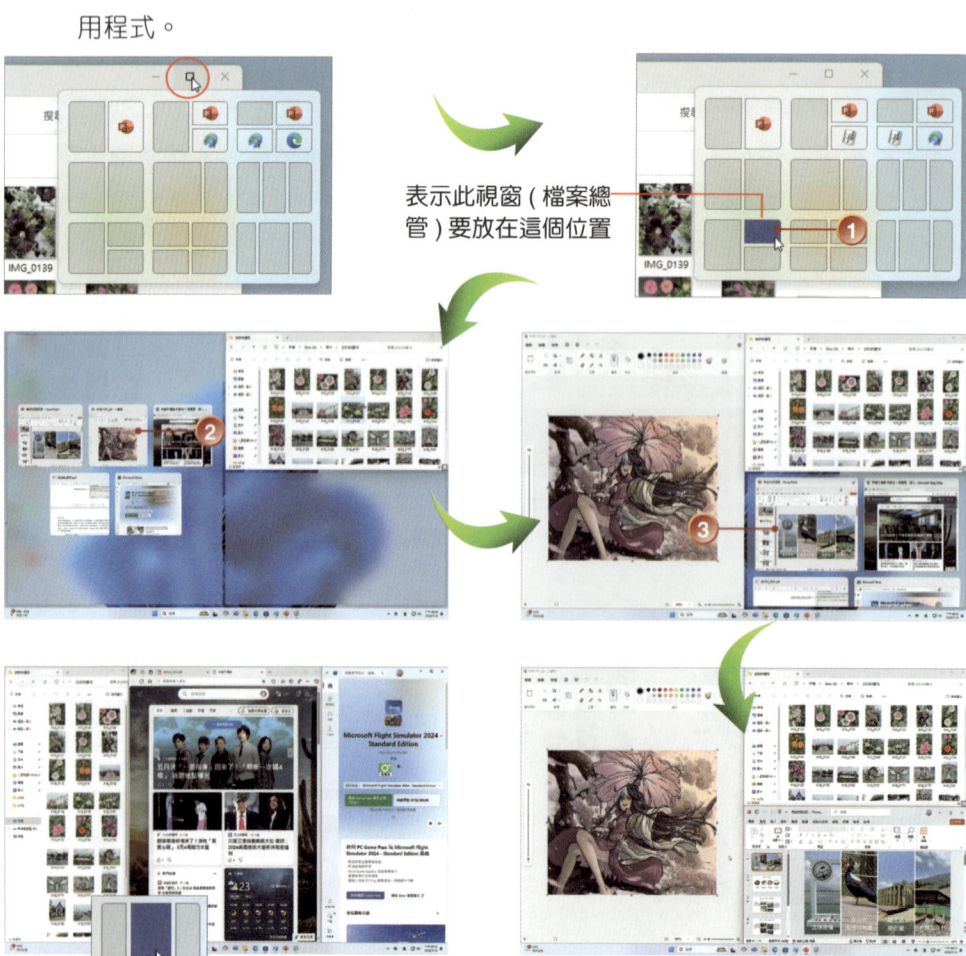

2-20

說明

- 按 ⊞ + Z 快速鍵也會出現 貼齊版面配置 並顯示數字,直接輸入數值可指定作用中視窗的放置位置。
- 貼齊版面配置 的功能也適用在 Microsoft Edge 瀏覽器的分頁標籤,當您開啟多個分頁標籤時,可透過這項功能將分頁以多視窗排列同時檢視內容。 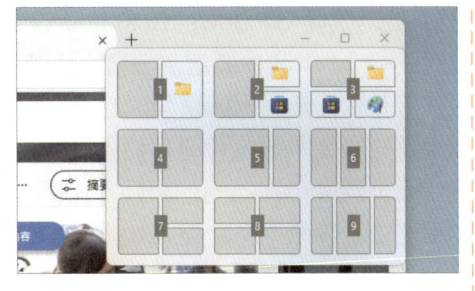
- 拖曳視窗往螢幕上方移動,即可觸發版面配置選項。

「Snap Layout」的另一種說法是「Snap Flyout & Snap Groups」(稱作「視窗布局與群組」),當應用程式依指定配置排列後,若切換到別的應用程式,只要將滑鼠移到 工作列 的程式圖示上,即可快速回到原群組的配置之中。當銜接或卸除外接螢幕時,系統也會記憶原視窗的排列,讓螢幕的切換不再是場惡夢。

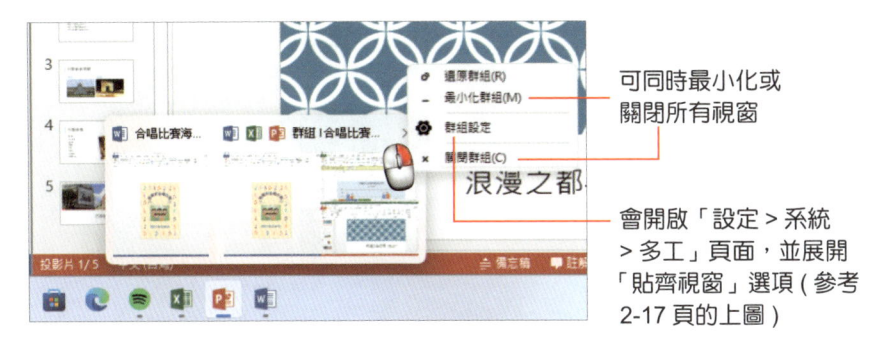

- 可同時最小化或關閉所有視窗
- 會開啟「設定 > 系統 > 多工」頁面,並展開「貼齊視窗」選項 (參考 2-17 頁的上圖)

2-2-3 建立虛擬桌面

虛擬桌面 是從 Windows 10 開始新增的功能,很類似 Mac OS 中的「新增桌面」,Windows 11 中改良並增加了個人化的設定,使這項功能更具吸引力。在預設的情形下只有一個桌面,如果開啟的應用程式很多,切換起來會不太方便,而且會顯得很複雜又零亂。這時候可以將多個應用程式,根據工作需要或不同情境予以分組,讓它們分別顯示在不同的桌面(桌面 1、桌面 2…)並命名,再適時的切換到不同的桌面檢視或執行應用程式,這樣操作起來比較有效率,而這些經過分組的桌面就稱為 **虛擬桌面**。建立的方式如下:

STEP 1 先在桌面開啟數個應用程式,點選 工作列 上的 工作檢視 🖵 鈕或按 🪟 + Tab 組合鍵。

❶ 已開啟多個應用程式

STEP 2 進入 工作檢視 模式,畫面出現開啟的應用程式視窗縮圖,點選畫面上的 新增桌面 或按 🪟 + Ctrl + D 組合鍵。

2-22

STEP 3 視窗下方出現 桌面 2，且目前為作用中桌面，在新的桌面下開啟所需的應用程式，可利用 貼齊版面配置 予以排列。

STEP 4 新增虛擬桌面後，也可從其他桌面中拖曳已開啟應用程式的縮圖到新桌面中（注意！請勿拖曳應用程式標題列）。

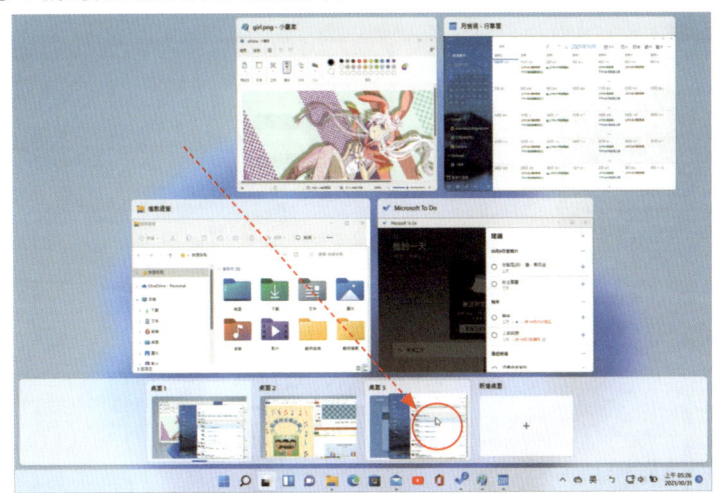

將桌面 1 中的「郵件」移動到桌面 3

STEP **5** 要在虛擬桌面之間切換，可按 ⊞ + Ctrl + ← 或 → 鍵移動，或是進入 **工作檢視** 模式後，於視窗上方的桌面縮圖點選後切換。有觸控裝置的用戶，使用四指在螢幕上向左或向右滑動即可切換桌面。

編輯虛擬桌面

新增虛擬桌面時會有預設的名稱，在虛擬桌面縮圖上按右鍵選擇 **重新命名**，可更名為易於辨識的名稱。執行 **選擇背景** 指令會開啟 **設定 > 個人化 > 背景** 頁面，可指定不同的影像做為桌面背景。

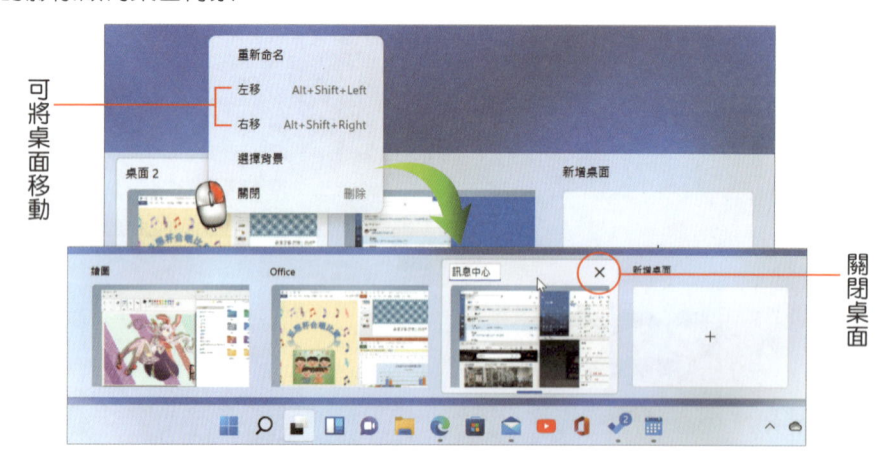

可將桌面移動

關閉桌面

要在虛擬桌面之間移動應用程式，除了在 **工作檢視** 模式中以拖曳方式進行外，也可在應用程式縮圖上按右鍵，選擇要 **移至** 哪個桌面；將應用程式縮圖拖曳到 **新增桌面** 可以產生新的虛擬桌面。

將 Microsoft Edge 移到其他桌面或新桌面

2-24

不再需要的虛擬桌面,請先切換為作用中,再按 ⊞ + Ctrl + F4 組合鍵關閉,或在桌面縮圖上按 關閉 鈕。關閉虛擬桌面後(例如:桌面 3),原開啟中的應用程式會移到前一個桌面中(桌面 2)。

說明

- 在預設的狀態下,「桌面 1」虛擬桌面的工作列上,只會顯示「桌面 1」中已開啟視窗的應用程式縮圖,並不會呈現「桌面 2」、「桌面 3」或其他桌面的視窗縮圖。

- 當某應用程式(例如:檔案總管)要在每個虛擬桌面使用時,執行 在所有桌面上顯示此視窗 指令,可以將該視窗「釘選」到所有桌面並呈現開啟的狀態,此時若在任一桌面關閉此視窗,也會同步關閉其他桌面中的 檔案總管。選擇 在所有桌面上顯示來自此應用程式的視窗 指令,也會將指定的應用程式視窗顯示在所有虛擬桌面,此時 在所有桌面上顯示此視窗 指令也會同步被勾選,如果不希望該視窗在其他桌面呈現開啟狀態,可將此指令取消勾選。與執行 在所有桌面上顯示此視窗 指令不同的是,關閉該應用程式後,一旦又在其他桌面開啟時,所有桌面也會同步開啟此應用程式,並顯示相同的視窗內容,再執行一次即可取消該指令。

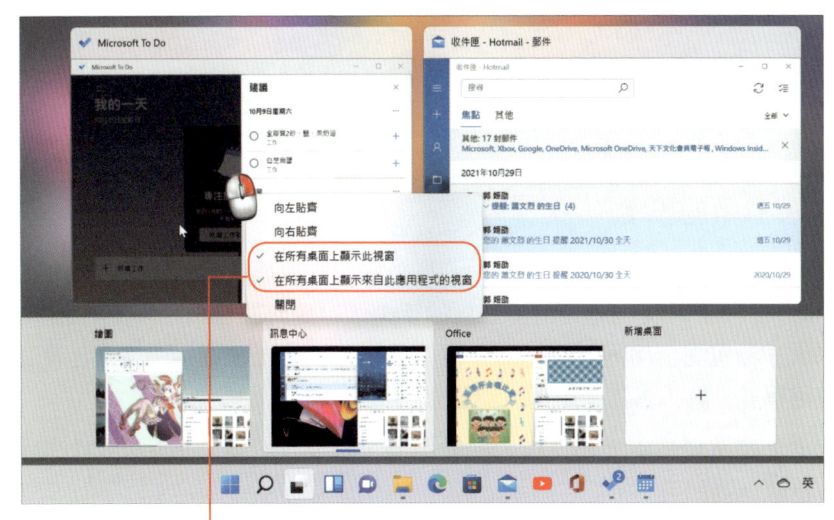

執行此項,上面的指令也會被執行

接下頁 ➡

2-25

- 按 [Alt] + [Tab] 組合鍵時,預設只會在螢幕上顯示目前桌面的已開啟視窗,若在 虛擬桌面 的設定中改為 在所有桌面上,則按 [Alt] + [Tab] 組合鍵時會顯示所有桌面的視窗縮圖,如下圖所示。

2-2-4 多螢幕的設定

根據微軟的調查,有愈來愈多的用戶,在多螢幕的環境下進行多工作業的操作,因此 Windows 作業系統一直強化多螢幕的支援,以提升跨螢幕使用應用程式的效率,更佳的「子母畫面」可同時顯示最多 4 個應用程式,還能在同一螢幕上開啟二個相同的應用程式,讓「多工」處理作業更加容易。

現在的桌上型電腦基本上都支援二部顯示器,只要在安裝 Windows 11 的電腦上再連接一台顯示器即可。

STEP 1 將第二台顯示器連接好之後,進入 設定 > 系統 > 顯示器 的畫面。

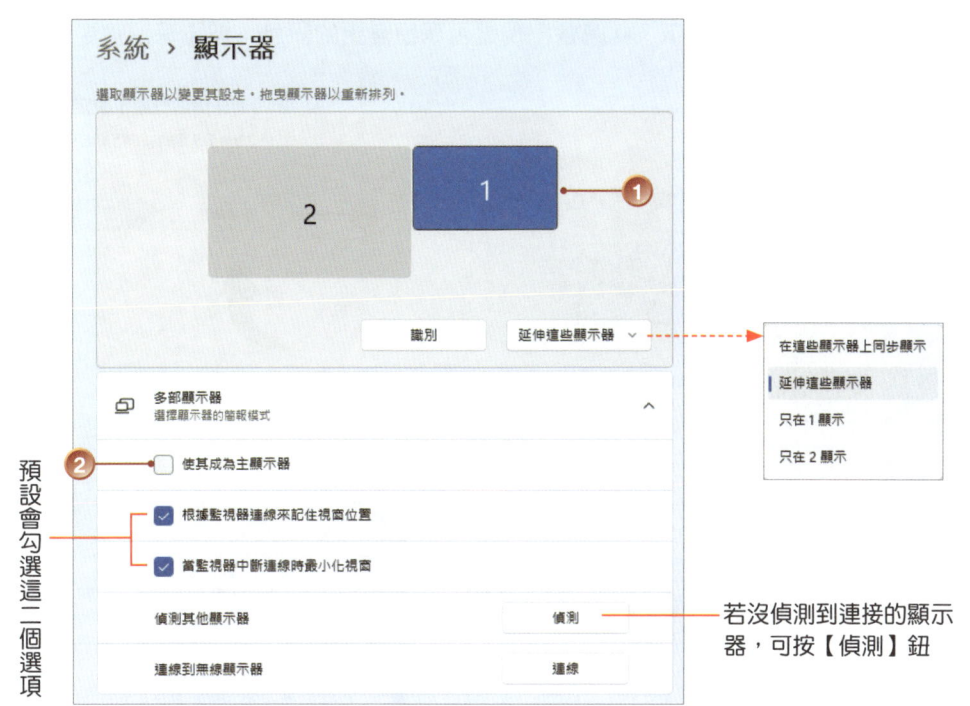

STEP 2 系統會自動偵測而出現 多部顯示器 的選項,要知道哪部顯示器為「1」或「2」,請按【識別】鈕,螢幕左下角會出現數字。

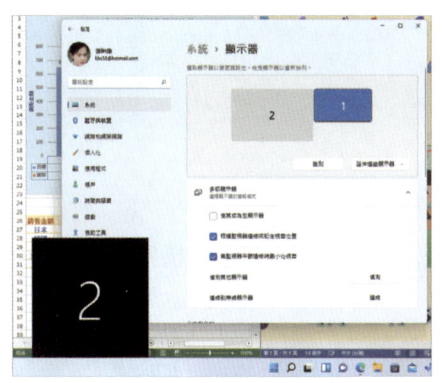

STEP 3 您可以指定哪個顯示器為主顯示器,本例中「2」為主顯示器,若要改選「1」,請點選「1」後,勾選下方的 使其成為主顯示器。

STEP 4 可再針對個別的顯示器,指定其縮放、解析度和方向。

2-27

STEP 5 預設的顯示模式為 **延伸這些顯示器**，請視需要指定不同的選項，例如：**在這些顯示器上同步顯示**，此時會出現是否保留變更的訊息，按【保留變更】鈕。

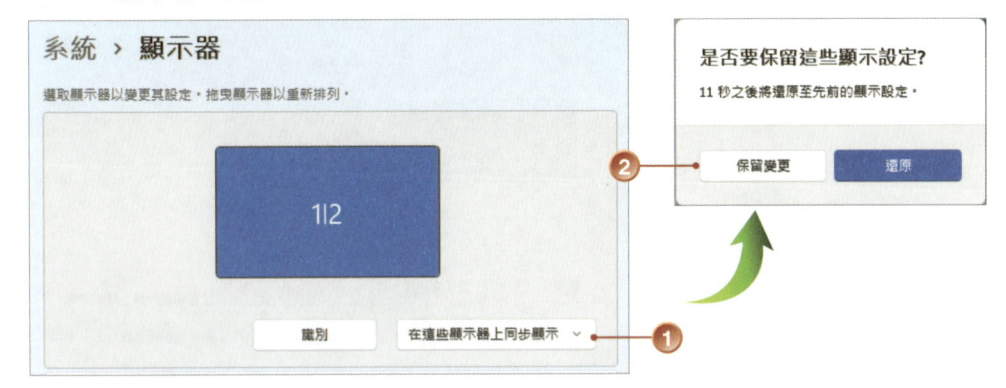

說明
- 選擇 只在 1 顯示 或 只在 2 顯示 只會在一部螢幕顯示內容
- 按 🪟 + P 快速鍵，螢幕右側會展開 投影 功能表，也可快速指定。

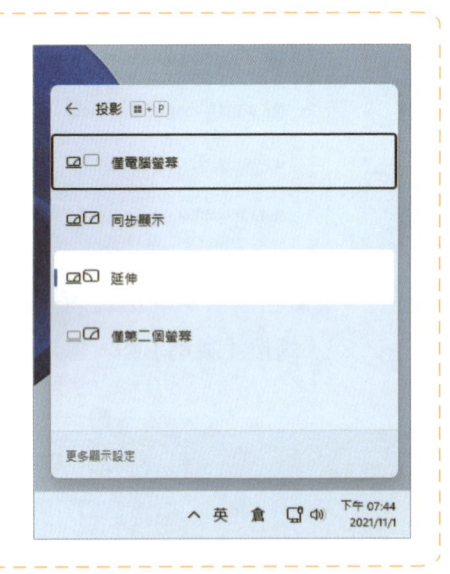

STEP 6 接著在 **設定 > 個人化 > 背景** 視窗中，指定 **跨螢幕** 的圖片顯示方式，結果如下圖所示。

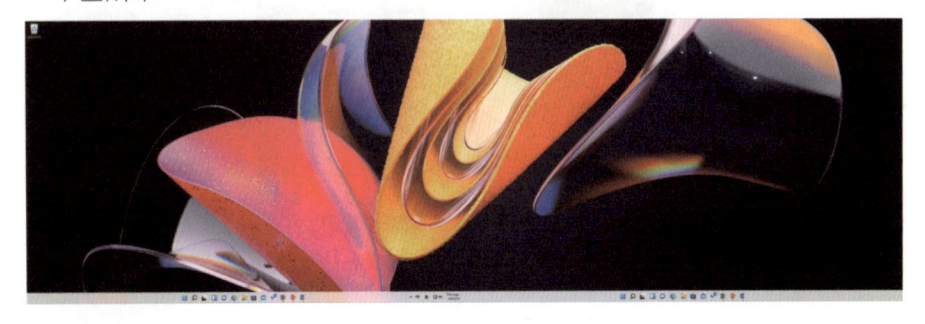

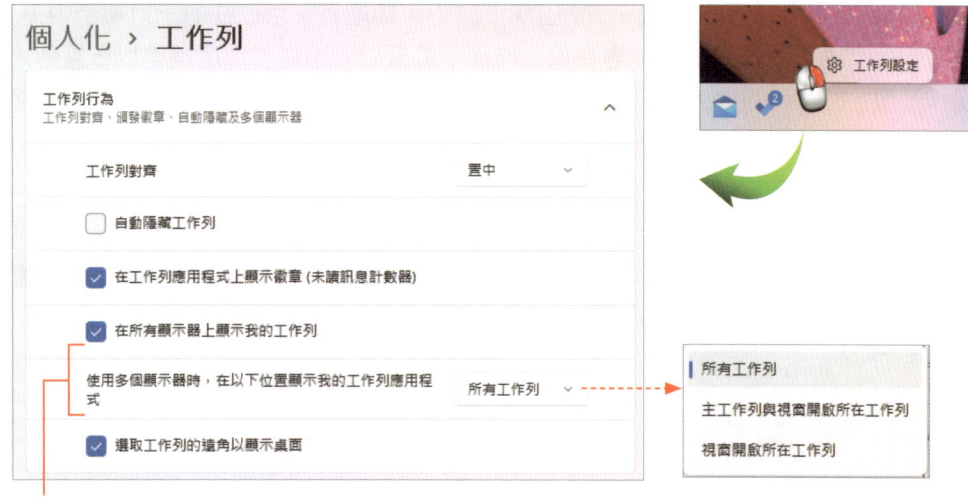

STEP **7** 在任一台顯示器畫面的 **工作列** 上按右鍵選擇 **工作列設定** 指令，開啟 **設定 > 個人化 > 工作列** 頁面，展開 **工作列行為**，可進行多部顯示器的相關設定。

只有連接多台顯示器時此區域才有作用

- **主工作列與視窗開啟所在工作列**：不管在哪個顯示器開啟程式，都會在主顯示器的 **工作列** 上顯示所有開啟的應用程式圖示（左側為主顯示器）。

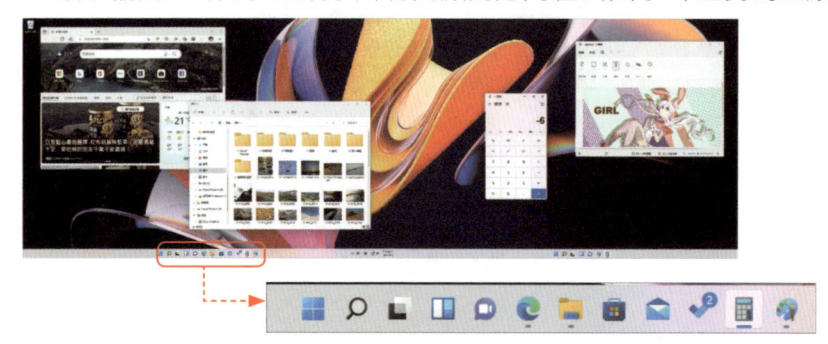

- **視窗開啟所在工作列**：各自在顯示器的 **工作列** 上顯示所開啟的應用程式圖示。

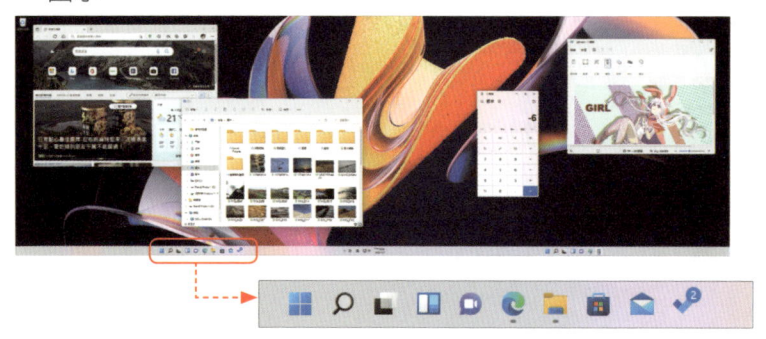

2-29

2-3. 自訂開始功能表與工作列

Windows 11 中最大的亮點之一就是全新的 開始 功能表，由以往的左方移至中央，簡潔的新介面，讓使用者能更專注於工作而不會分心。不過，您還是可以根據個人操作習慣，將常用的應用程式「釘選」在 工作列 和 開始 功能表，也可以指定要顯示在「通知區域」的系統圖示。

2-3-1 設定開始功能表

展開 開始 功能表時，會有系統內建 已釘選 的應用程式，如果有新增的應用程式會顯示在 建議 並出現 最近新增 的提示，這些應用程式可以直接拖曳調整顯示位置。

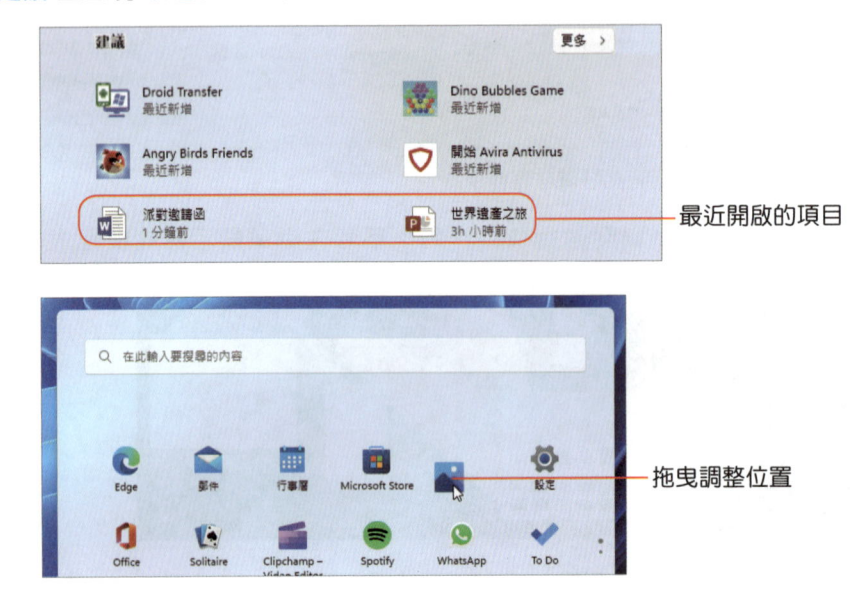

您可以依據需求，將部分應用程式群組在相同資料夾中，方便日後執行。只要將應用程式拖曳到另一個應用程式上，會自動產生群組，可再重新命名。

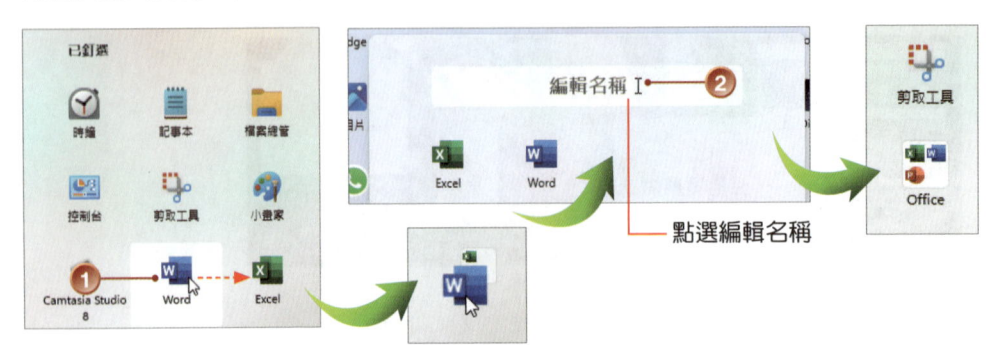

在 開始 功能表空白處按右鍵選擇 開始設定，開啟 設定 > 個人化 > 開始 頁面，可以改變功能表的配置（顯示較多釘選項目或更多建議），也可視需要開啟各種選項。開啟 顯示常用應用程式，則展開 所有應用程式 時會出現 最常使用 清單。

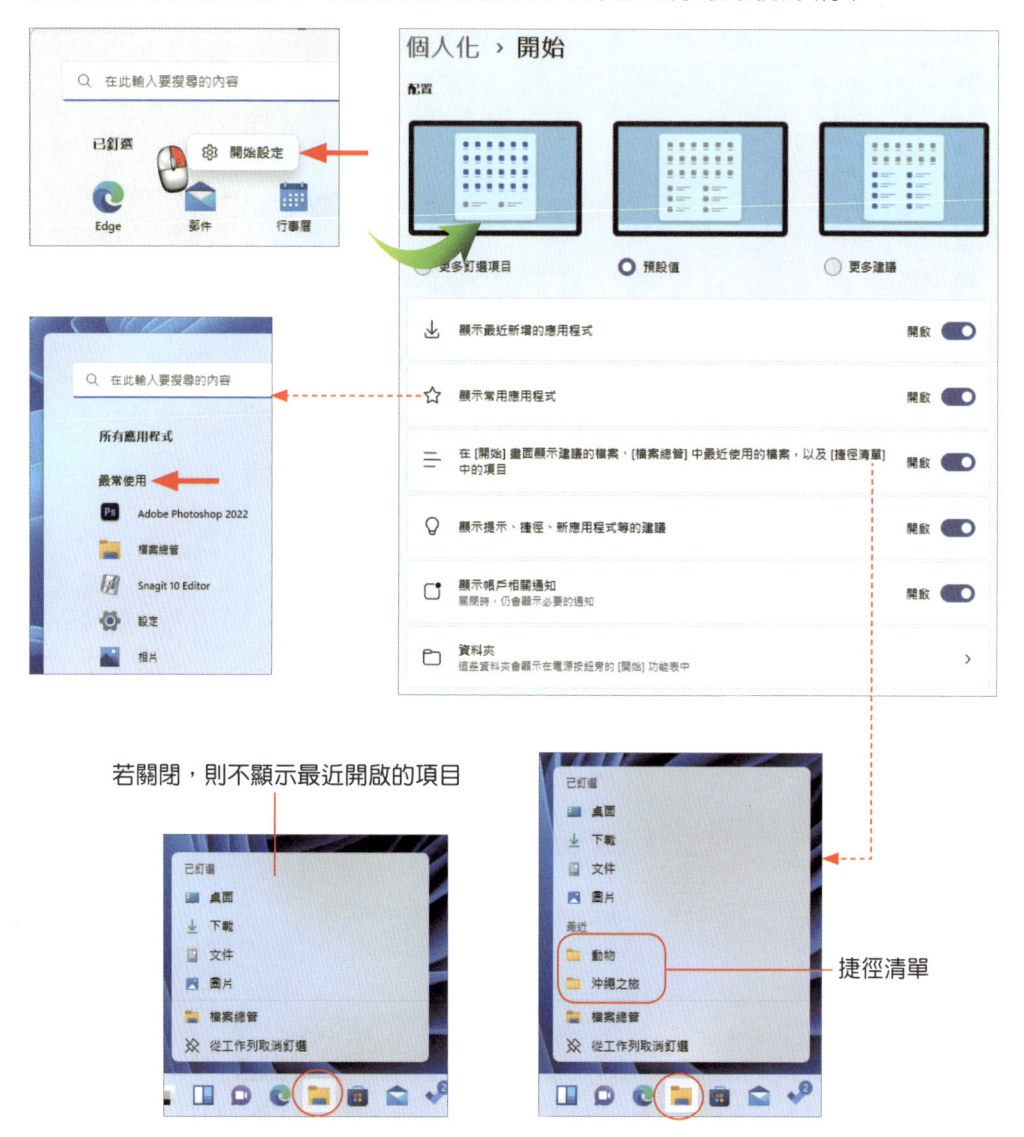

若關閉，則不顯示最近開啟的項目

捷徑清單

要從 **最常使用** 或 **最近新增** 清單中移除應用程式，可在圖示上按右鍵（觸控裝置則按久一點）選擇 **不要在此清單中顯示** 或 **從清單移除**。

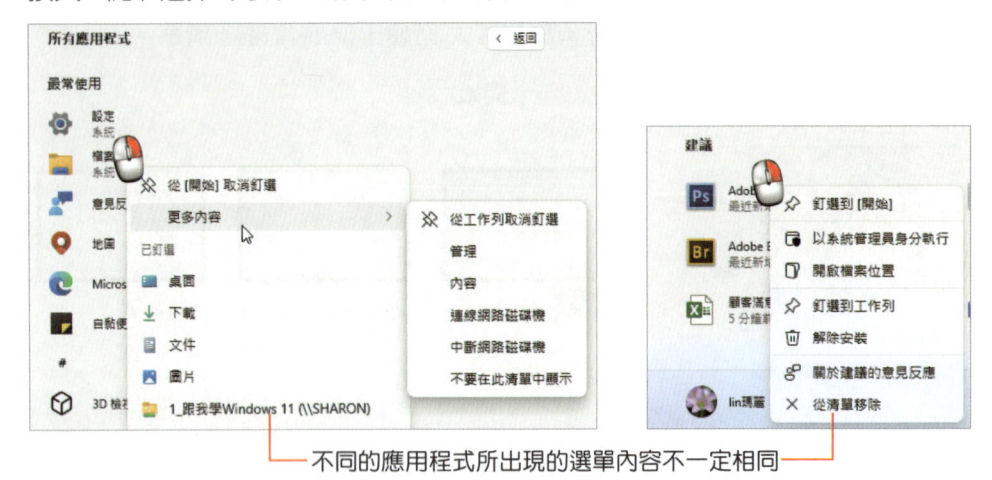

不同的應用程式所出現的選單內容不一定相同

點選 **設定 > 個人化 > 開始** 頁面的 **資料夾**，可以選擇要在「電源」按鈕旁顯示哪些選項，方便您一展開 **開始** 功能表時就能點選執行。

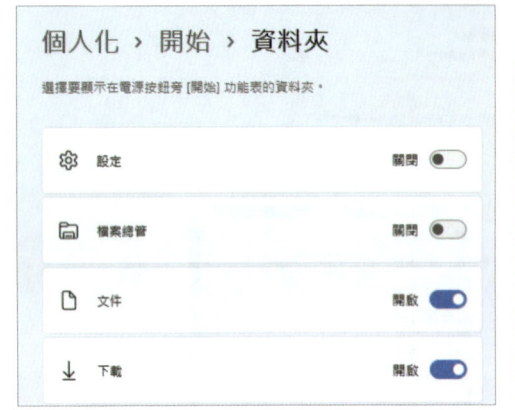

開啟這些項目

2-3-2 設定工作列

Windows 11 中預設的 **工作列** 顯示在視窗下方的中央位置,包含 **開始** 鈕及預設的應用程式和按鈕,右側則有 **系統匣圖示**(又稱為 **工作列角落圖示**)和 **通知區域**。**工作列** 的位置可以移動或隱藏不使用的項目,經由以下的操作進行 **工作列** 的自訂作業:

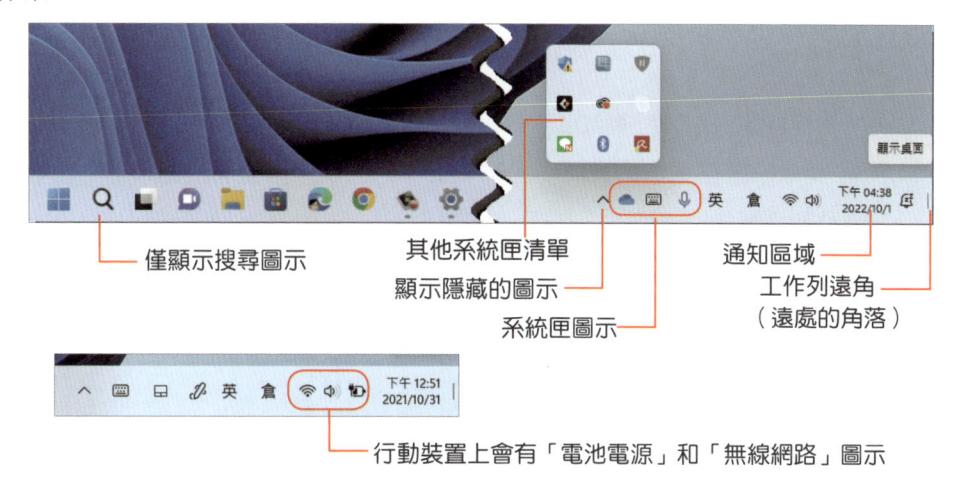

- 僅顯示搜尋圖示
- 其他系統匣清單
- 顯示隱藏的圖示
- 系統匣圖示
- 通知區域
- 工作列遠角(遠處的角落)
- 行動裝置上會有「電池電源」和「無線網路」圖示

STEP 1 在 **工作列** 空白處按右鍵,選擇 **工作列設定** 指令。

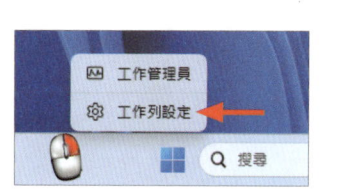

STEP 2 開啟 **設定 > 個人化 > 工作列** 頁面,可以進行工作列的各種變更設定。展開 **工作列項目**,視需要取消顯示不想出現的按鈕。

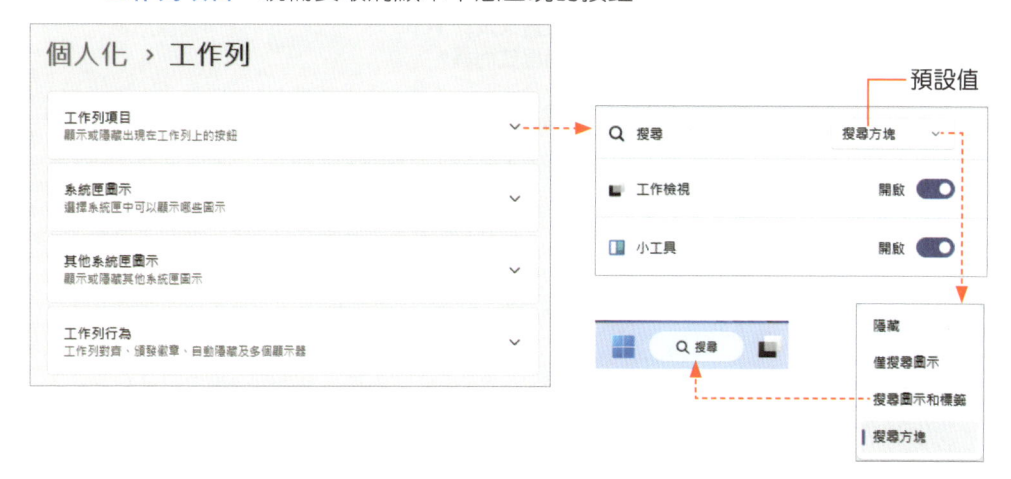

預設值:
- 搜尋 — 搜尋方塊
- 工作檢視 — 開啟
- 小工具 — 開啟

- 隱藏
- 僅搜尋圖示
- 搜尋圖示和標籤
- 搜尋方塊

2-33

STEP **3** 展開 **系統匣圖示**，請視操作需要於行動裝置上將其開啟。

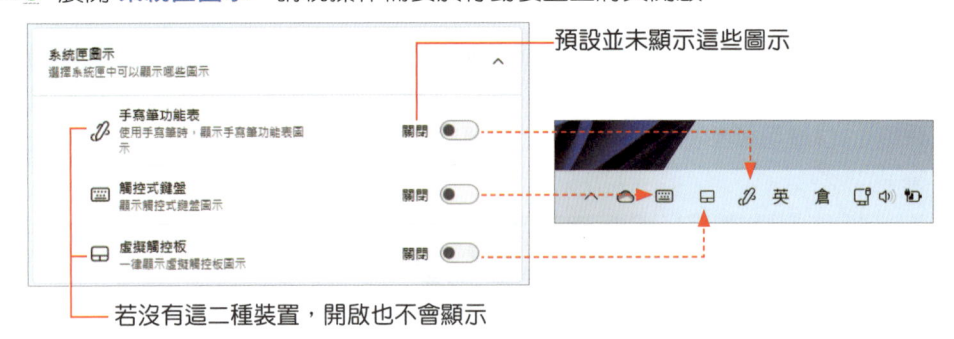

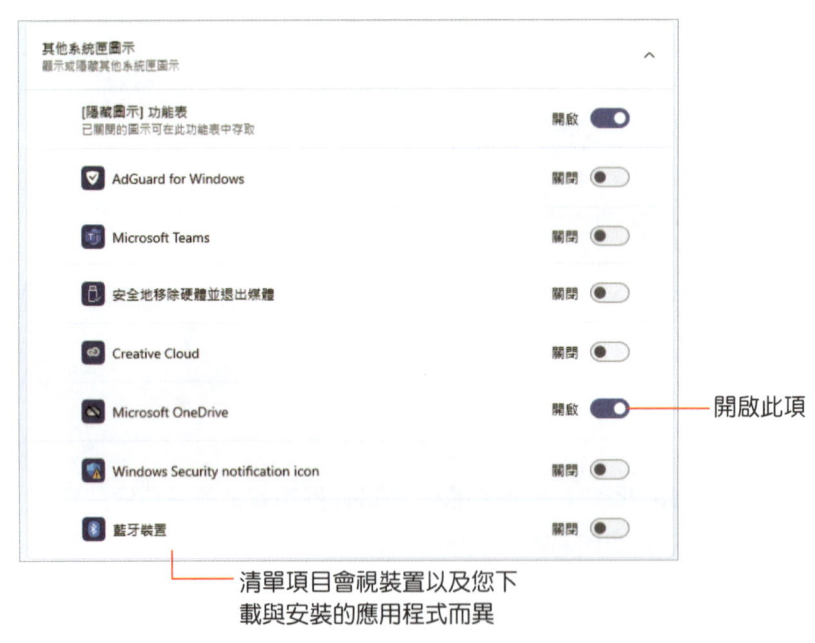

預設並未顯示這些圖示

若沒有這二種裝置，開啟也不會顯示

STEP **4** 展開 **其他系統匣圖示**，選擇要出現在工作列的項目，未開啟的項目則會顯示在隱藏的清單中。

開啟此項

清單項目會視裝置以及您下載與安裝的應用程式而異

未開啟的項目顯示在此處

STEP **5** 展開 **工作列行為**，可以改變 **工作列對齊** 方式（調到 **靠左**），

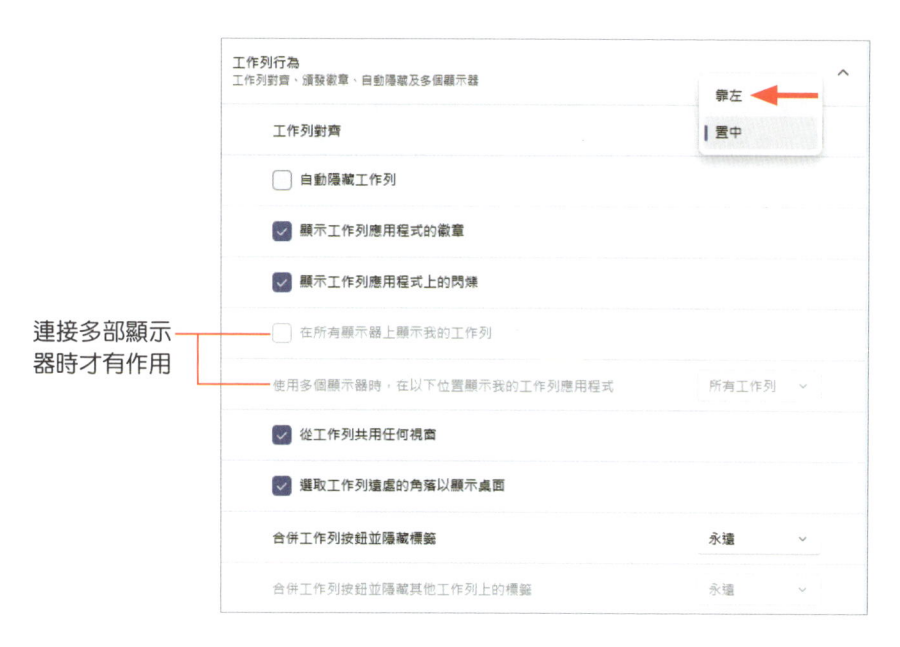

連接多部顯示器時才有作用

STEP**6** 預設會勾選 **選取工作列遠處的角落以顯示桌面** 核取方塊,當您將滑鼠移到工作列尾端的遠角時會出現 **顯示桌面** 的提示,點選即可將所有視窗最小化到工作列只顯桌面。

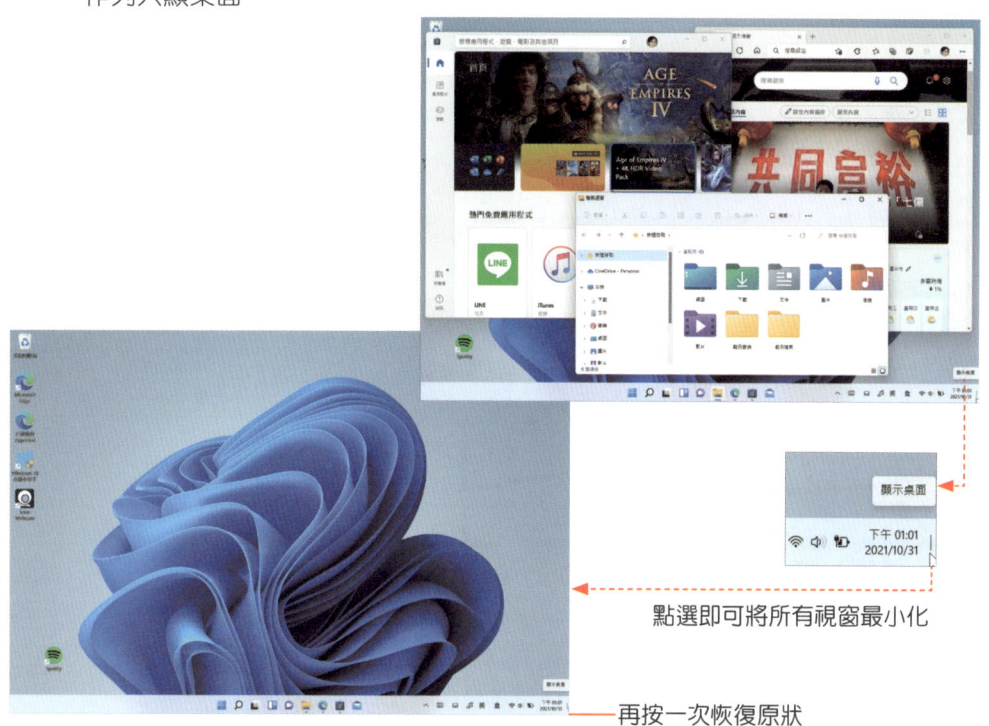

點選即可將所有視窗最小化

再按一次恢復原狀

2 打造個人專屬的操作環境

2-35

> **說明**
>
> 同一個應用程式開啟多個視窗時（例如下圖中的 檔案總管），將滑鼠移到 工作列 上的程式圖示會顯示「視窗預視縮圖」。以滑鼠右鍵點選任一個縮圖，可以選擇要處理的方式，例如：還原 指令，即可將該視窗展開。
>
> 視窗預視縮圖
>
> 有底線代表執行中

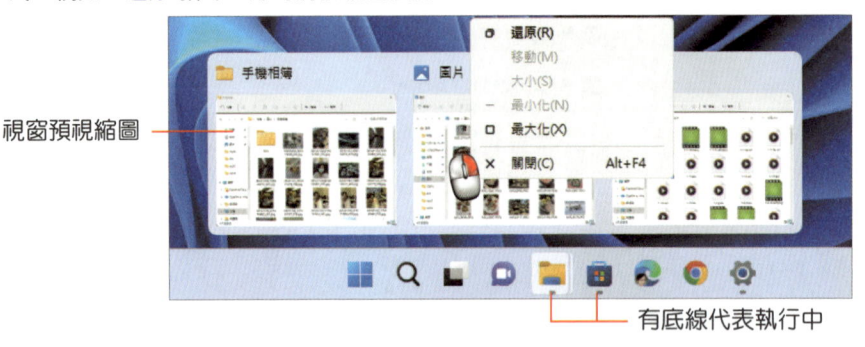

2-3-3 將常用程式釘選到開始畫面或工作列

您可以將常用的應用程式和資料夾，釘選到 開始 畫面或 工作列 上，方便快速存取。開始 功能表中預設已釘選多個內建的應用程式，不過並不包含自行安裝或下載的應用程式，您可以手動將其釘選到 開始 功能表。

STEP 1 點選 開始 鈕，從 最常使用、最近新增 或 所有應用程式 中，在要釘選的應用程式上按右鍵，出現選單後選擇要 釘選到 [開始] 或 釘選到工作列。

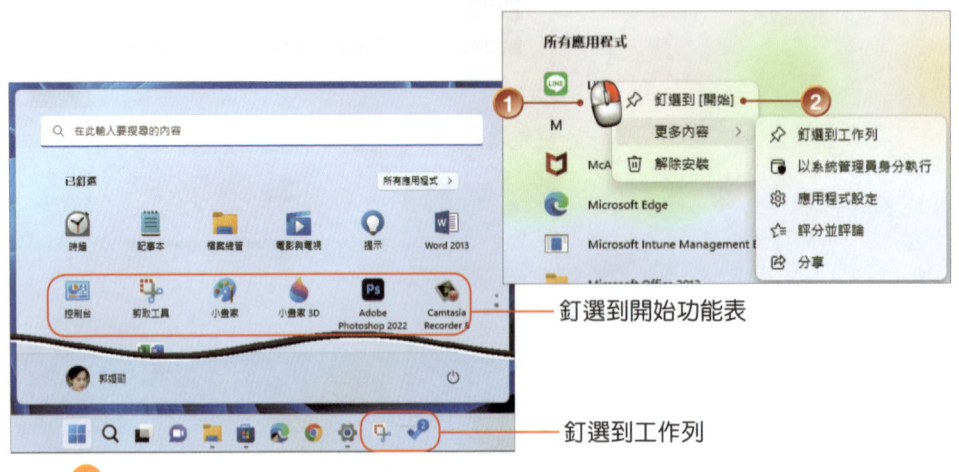

釘選到開始功能表

釘選到工作列

> **說明**
>
> 22H2 的年度改版中，可以在展開 所有應用程式 後，直接拖曳應用程式項目到 工作列 上進行釘選；或是從 桌面 拖曳應用程式的捷徑到 工作列 上釘選。

STEP 2 若要取消釘選，請在該應用程式上按右鍵，選擇要從何處取消釘選。

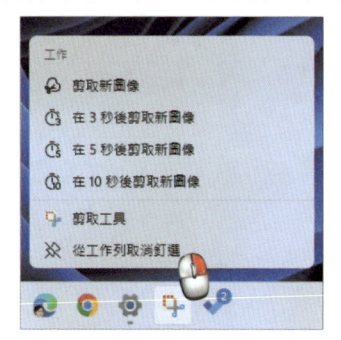

說明

- 將常開啟的檔案或資料夾釘選到應用程式的「跳躍清單」，可方便快速開啟。請先開啟檔案後，從 工作列 上應用程式的跳躍清單中執行。

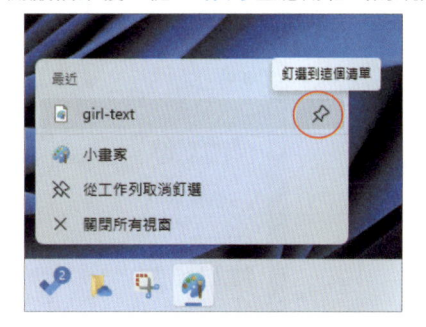

  可取消釘選

- 當釘選到 工作列 的應用程式數目超出 工作列 可顯示的範圍時，會出現「工作列溢位功能表」 鈕，點選即可顯示未出現在工作列上的應用程式圖示。

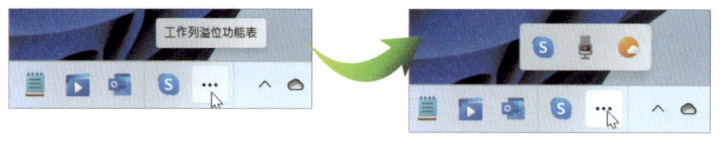

2-3-4 通知中心

當作業系統或應用程式有新的通知時，會在桌面右下角出現提示訊息，點選 日期與時間 或按下 + 快速鍵展開 通知中心，可以在不開啟應用程式下檢視通知內容。

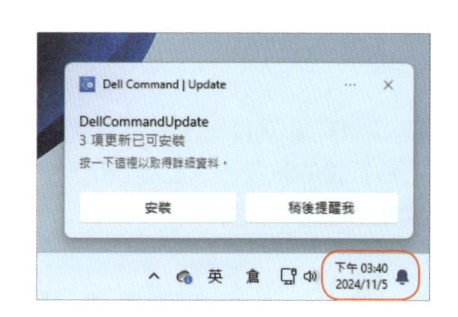

有通知時圖示呈深色

可由此開啟「請勿打擾」模式

清除所有通知

若不希望出現通知提示，或是想控制某段時間內不要收到通知，可以在 **日期與時間** 上按右鍵選擇 **通知設定**，進入 **設定 > 系統 > 通知** 頁面，視需要取消通知的選項。

無通知時圖示呈淺色

預設為開啟

點選可展開行事曆

可由此啟動專注工作階段

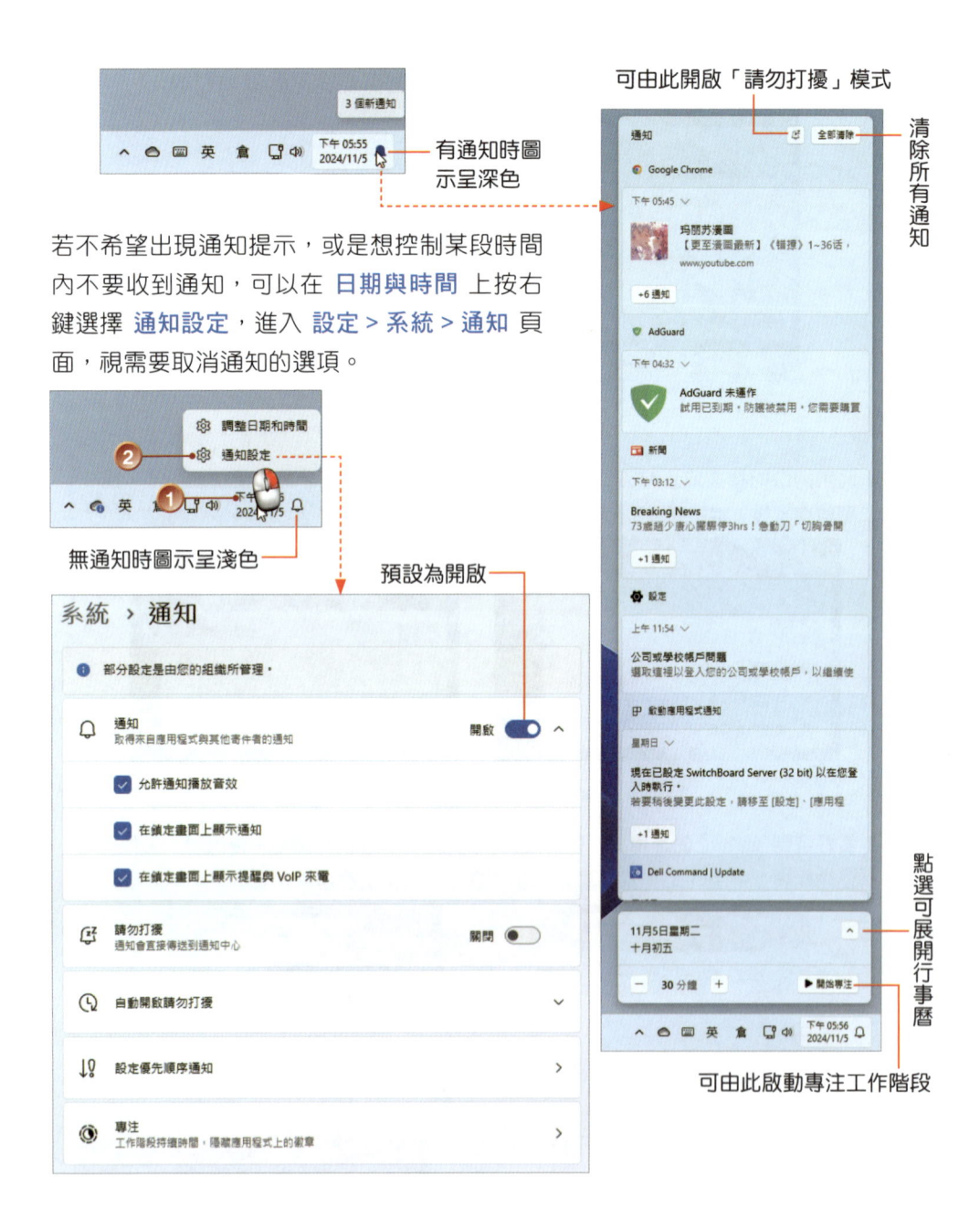

開啟 **請勿打擾** 功能時，將不會顯示通知訊息，展開 **自動開啟請勿打擾** 選項可以自訂不被打擾的時段，以及哪些情形下會自動開啟此功能，例如：玩遊戲或以全螢幕模式使用應用程式時。

已開啟「請勿打擾」

2-38

[勿擾打擾設定畫面]

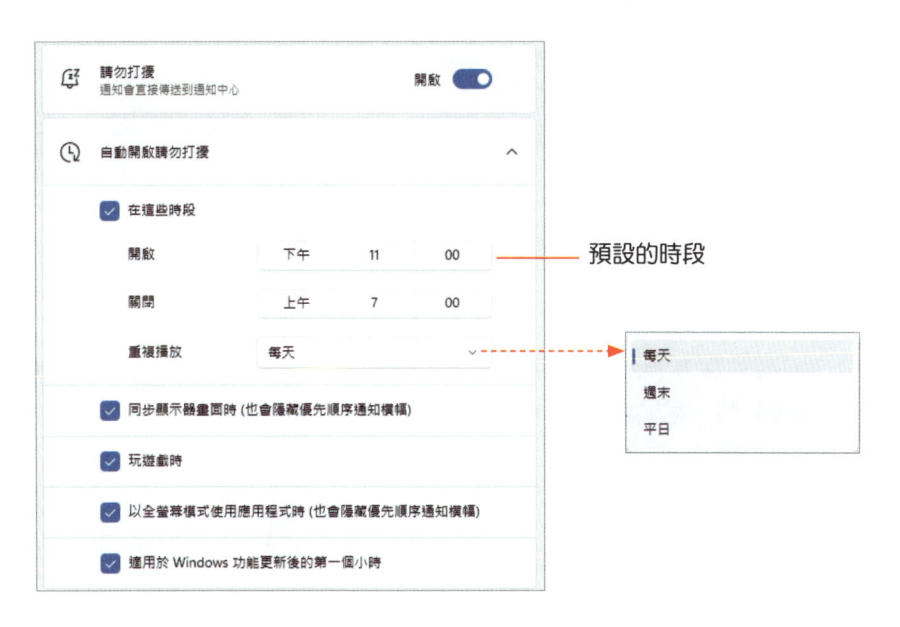

預設的時段

點選 **設定優先順序通知** 選項，可以選擇當開啟勿擾模式時允許的通知，例如：顯示來電或重要應用程式的通知，您可視需要新增或移除項目。

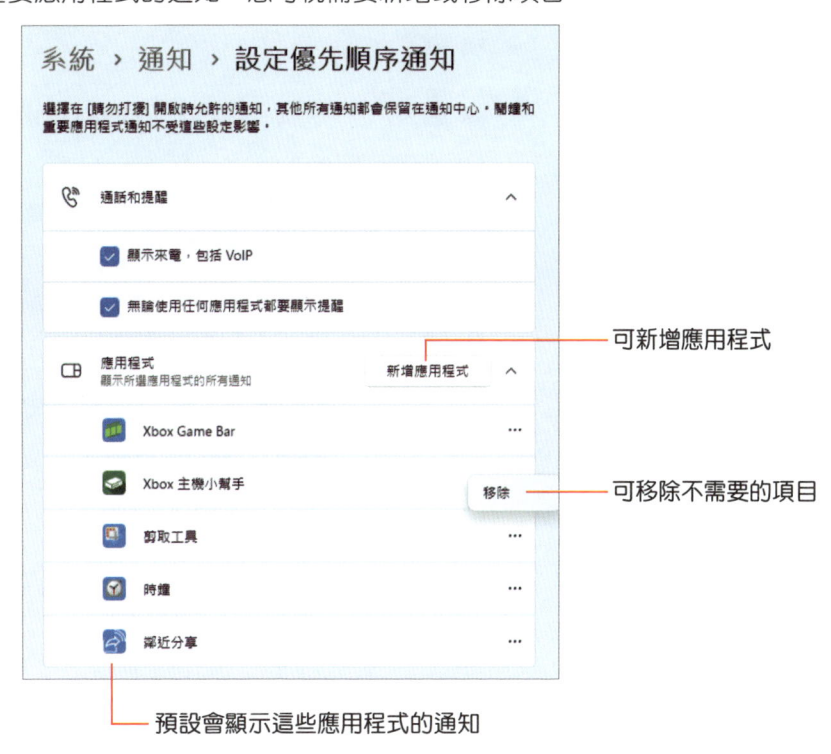

可新增應用程式

可移除不需要的項目

預設會顯示這些應用程式的通知

開啟勿擾模式後，指到圖示上會顯示通知數目

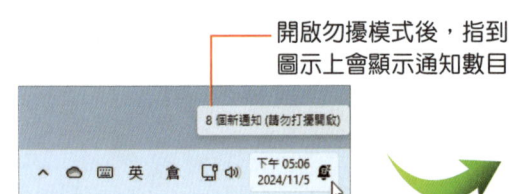

展開通知中心檢視內容

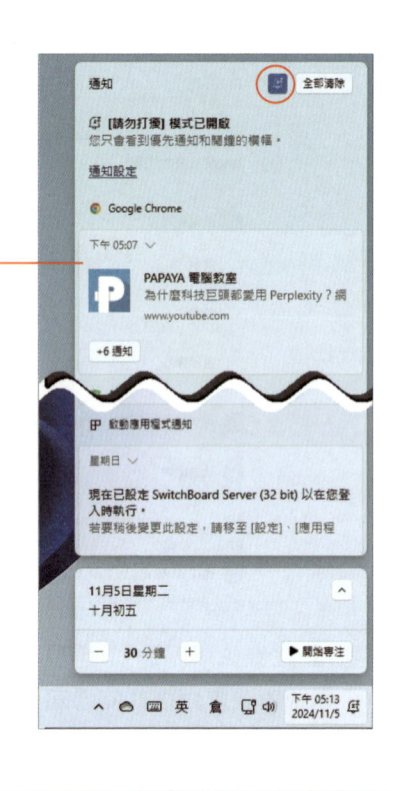

在 **來自應用程式與其他寄件者的通知** 區域中，會顯示開啟哪些應用程式的通知，可針對每種應用程式設定通知顯示的方式。

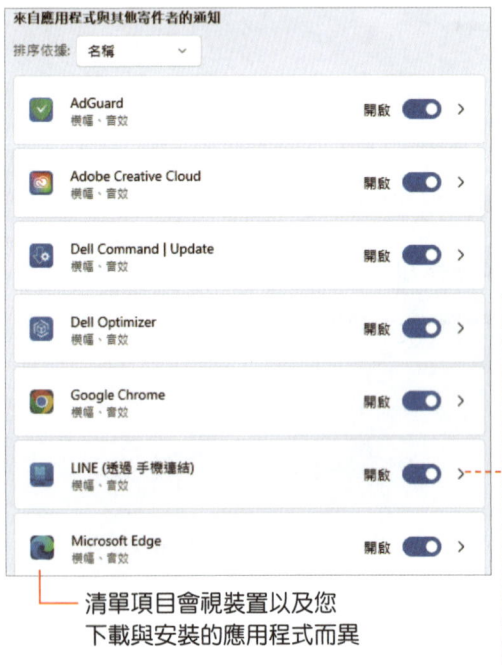

清單項目會視裝置以及您下載與安裝的應用程式而異

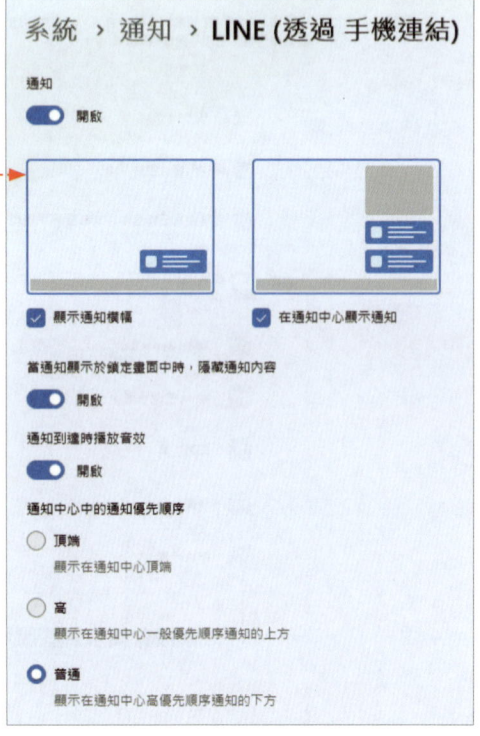

2-40

在 設定 > 系統 > 通知 頁面點選 專注（參考 2-37 頁的圖），會切換到 系統 > 專注 頁面，此處可設定專注工作階段持續的時間、是否在 時鐘 應用程式中顯示計時器，以及當專注工作階段開始時，是否也開啟勿擾模式。

也可由此處啟動專注工作階段

說明

開啟專注模式期間，各種通知都不會打擾到您，因此可以幫助您保持專注，很適合用在開線上會議時。有關專注工作階段的詳細操作，請參閱 6-3 節的介紹。

Note

Chapter 3

電腦的設定與控制台

Windows 7 以前，與操作環境和系統設定有關的調整都透過「控制台」來進行，從 Windows 8 開始，常用的電腦設定可以在「設定」中進行，到了現在的 Windows 11，「設定」的功能更加完備，您可以輕鬆的在同一個位置進行各種設定作業。

3-1. 設定與控制台

在預設的作業系統下操作電腦時，為了營造個人化的使用環境，通常會進行各種設定，例如：變更背景、調整螢幕解析度、新增使用者帳戶、安裝或移除軟體、新增印表機、新增輸入法、修改日期與時間、網路設定…等，凡此種種都可進入 設定 視窗或經由 控制台 來進行。

3-1-1 認識「設定」

Windows 11 中重新設計了 設定，主要類別功能固定顯示在左側，子類別顯示在右側，並隨著點選的功能顯示下一層的內容選項，可隨時切換到任何主類別，不用再來回切換，操作上更直觀、也更人性化。除了作業系統外，大部分的應用程式也都有自己的 設定，只要看到各種齒輪 ⚙ 圖示，就代表可以進行相關的設定。

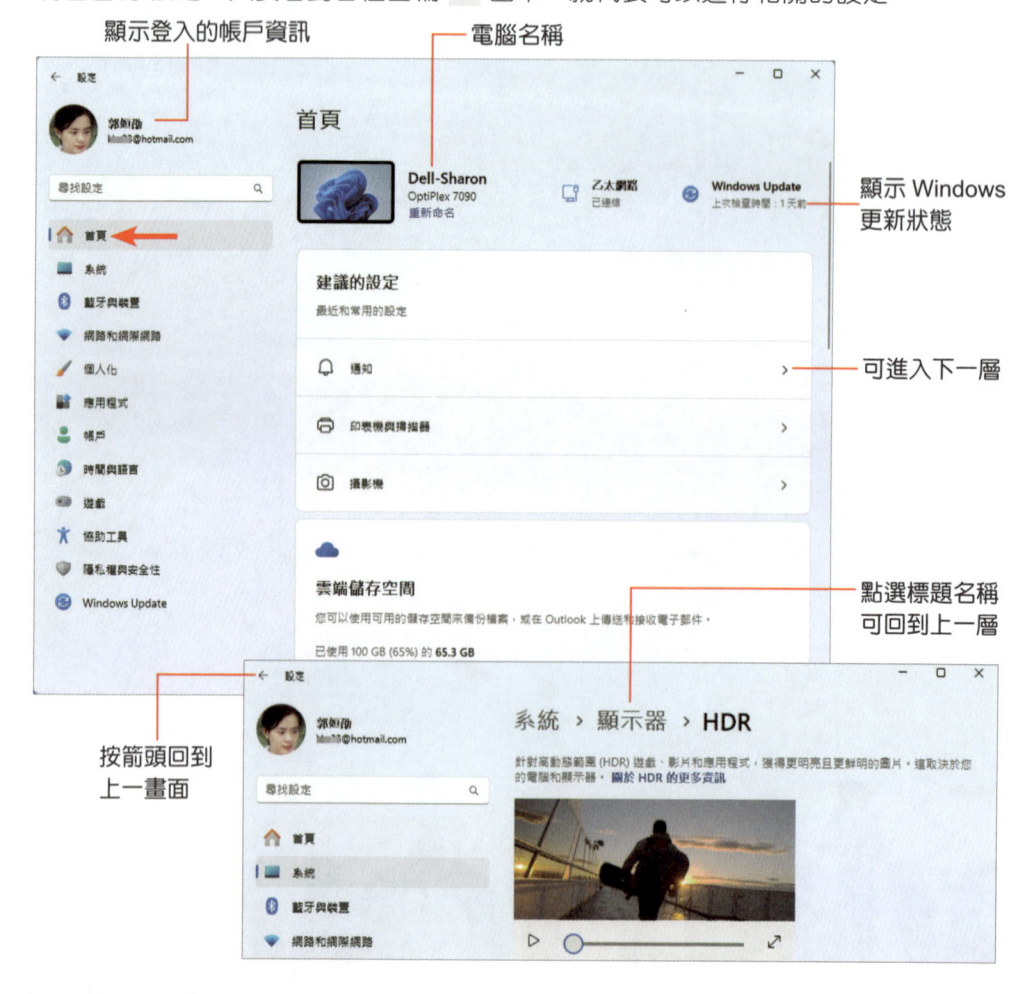

預設會顯示 首頁 畫面，這個頁面的內容會根據您最近使用和常用的設定來顯示相關的內容。以下是幾種開啟 設定 視窗的常見方式：

- 執行 開始 ▦ > 設定。
- 執行 ▦ + Ⅰ 快速鍵。
- 點選 快速設定 面板的 所有設定 ⚙ 。

設定 視窗中可以執行和系統、裝置、網路、帳戶、安全性⋯等各種相關的功能設定，可瀏覽類別或透過 搜尋 欄位鍵入關鍵字以尋找相關主題。

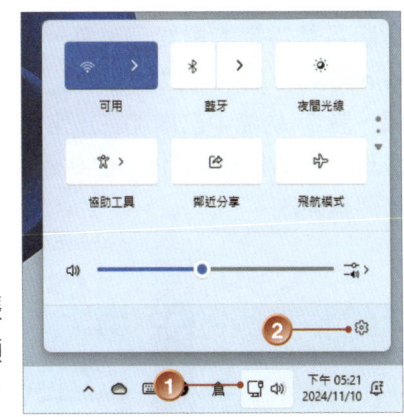

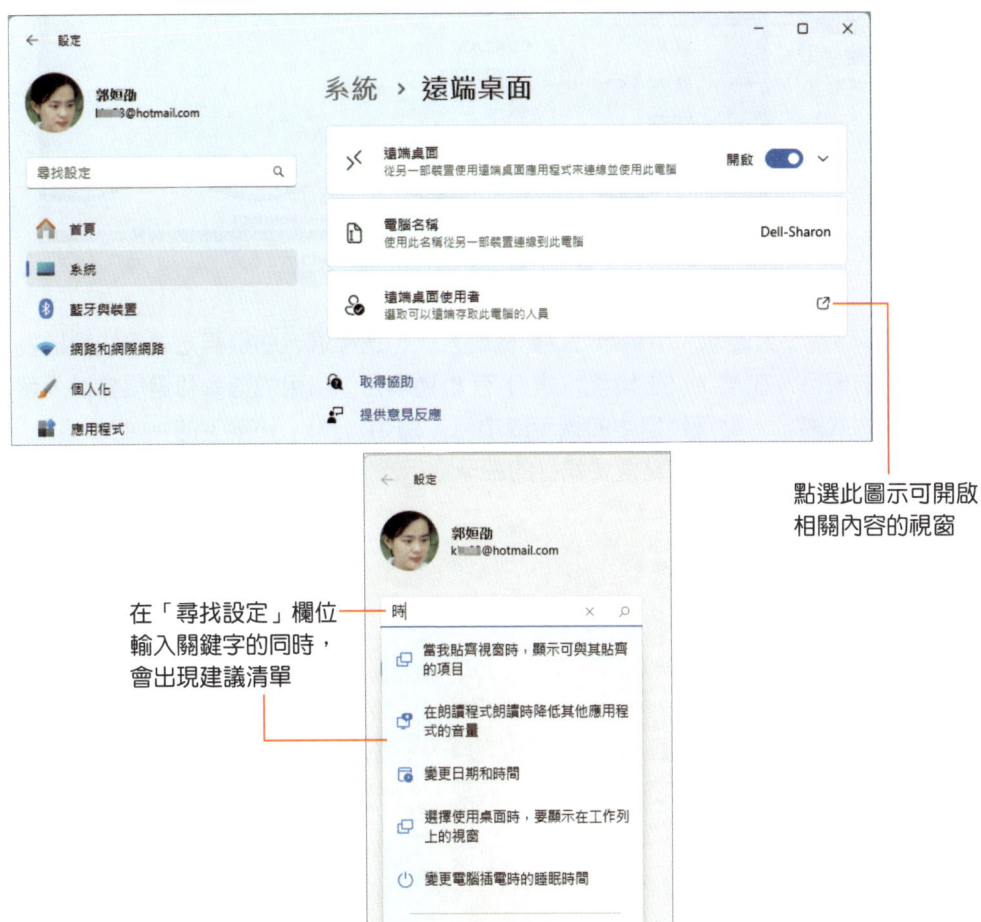

點選此圖示可開啟相關內容的視窗

在「尋找設定」欄位輸入關鍵字的同時，會出現建議清單

■ 3-3

3-1-2 使用控制台

控制台 在 Windows 8 作業系統以前，一直是系統管理的控制中心，除了是變更電腦各種設定的重要元件外，還提供了一組特殊的「系統管理工具」，讓您進行 Windows、應用程式、環境及硬體裝置的各種設定。隨著 Windows 10 的不斷改版，**設定** 功能中已增加許多常用的功能，**控制台** 有逐漸被遺忘的趨勢，但即便到了現在的 Windows 11，**控制台** 仍然未被完全取代，鍵入關鍵字「控制台」搜尋即可將其開啟。

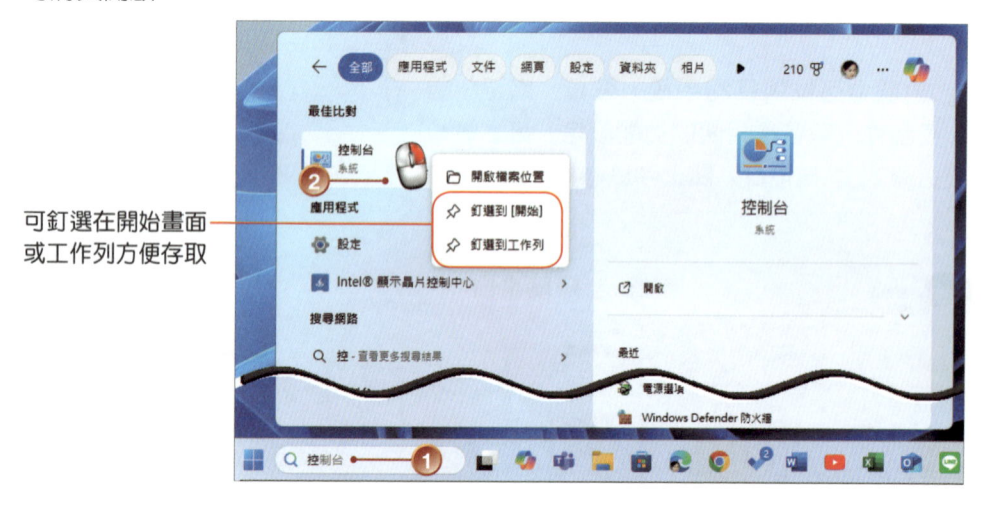

可釘選在開始畫面或工作列方便存取

控制台 有 **類別**、**大圖示**、**小圖示** 三種 **檢視方式**，選擇適合的檢視方式可快速地找到要設定的項目。在 **類別** 的 **檢視方式** 下有 8 種項目，常用的指令和選項會以「超連結」的方式顯示。點選視窗中的圖示或項目，例如：**類別** 檢視下的 **時間和區域**，即會開啟對應的視窗，可再點選要執行的細項進行設定。

■ 3-4

類別目錄

小圖示檢視

說明

- 控制台 的視窗架構與 檔案總管 類似,也具備 立即搜尋 的功能,只要輸入相關指令的名稱或關鍵字,即可快速的找到要使用的指令,省去逐層尋找的時間。
- 在 工作列 的 搜尋 中鍵入關鍵字,即可快速進入要設定的目的地。

3 電腦的設定與控制台

3-5

3-2. 電腦中常見的設定

在第 2 章中，我們已經學會透過 設定 來變更個人化的桌面、調整螢幕解析度和通知，本節要更近一步介紹其他常用功能的設定，有些將在後面章節做詳細說明。

3-2-1 新增輸入法

當安裝完 Windows 11 時，預設只有英文和中文的「微軟注音」二種輸入法，透過 工作列 上的輸入法圖示、按 [Shift] 鍵或 [⊞] + [　　] 鍵即可切換中英輸入法。Windows 11 中改進了由鍵盤輸入中文的方式，讓您輸入更有效率。

如果想新增其他的輸入法或新增其他語言，可以依照以下步驟來設定：

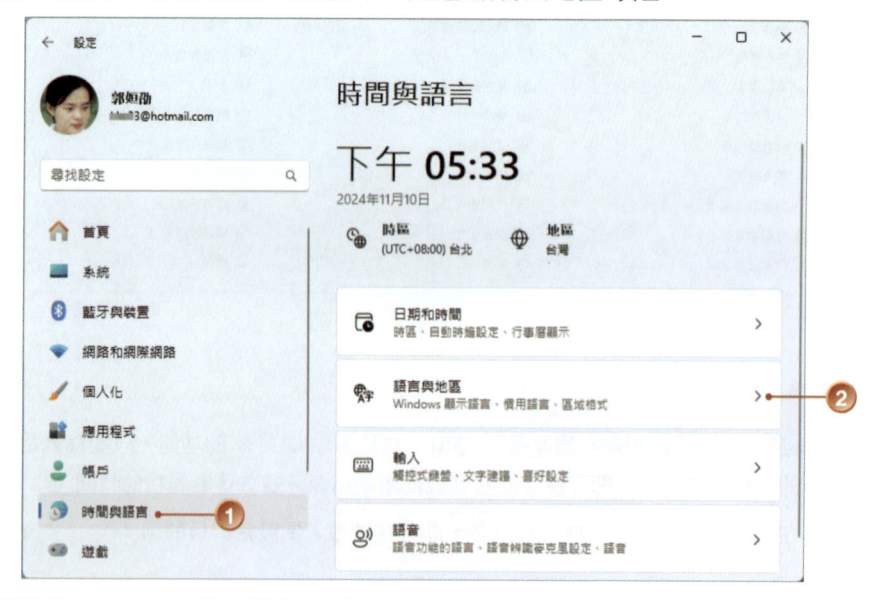

STEP1 進入 設定 > 時間與語言 的畫面中，點選 語言與地區 項目。

STEP2 預設的 Windows 顯示語言 已自動設定好。點選 中文繁體 (台灣) 右側的 其他選項 ⋯ 按鈕選擇 語言選項。

STEP3 在 鍵盤 下方會顯示目前的中文輸入法為「微軟注音」，點選【新增鍵盤】鈕會展開清單，選擇要新增的輸入法，例如：微軟倉頡。

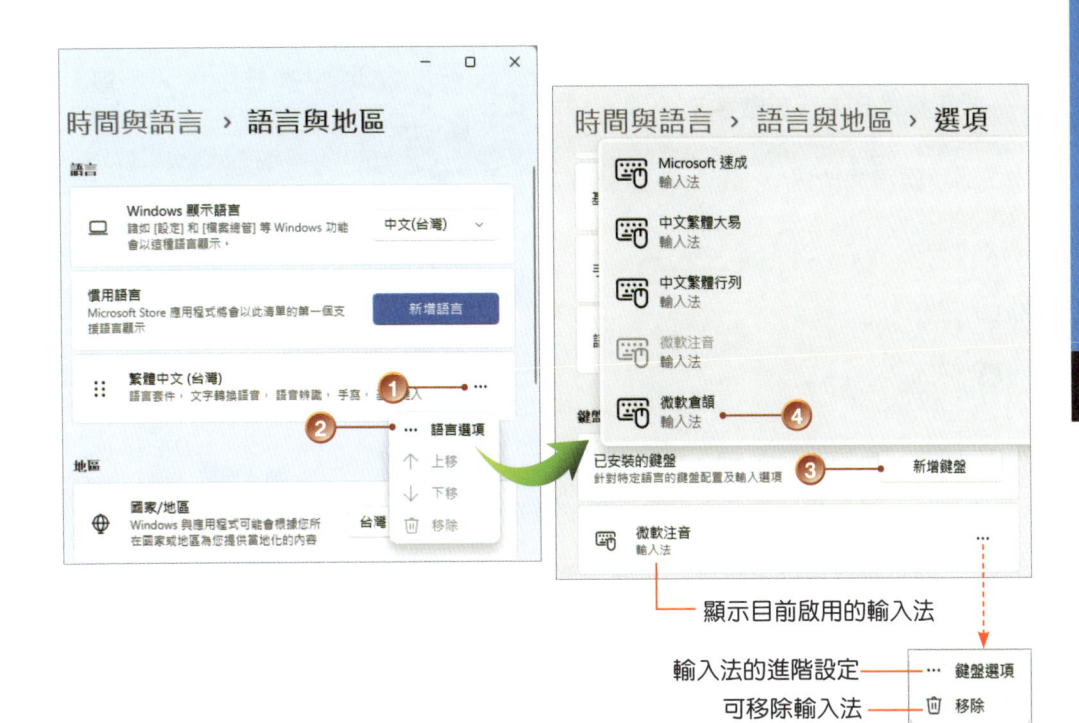

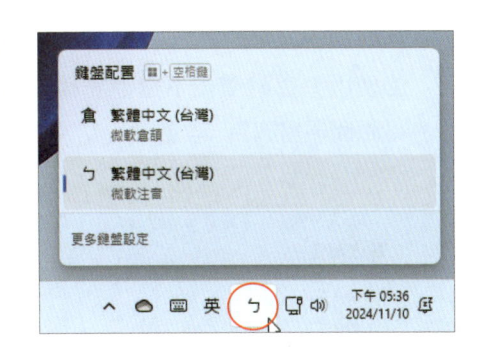

STEP4 在 **工作列** 的語系圖示上點選展開清單，或按下 [⊞] + [␣] 鍵（[Ctrl] + [Shift] 組合鍵也可以）即可進行輸入法的切換。

3-2-2 輸入法的喜好設定

啟動 Windows 11 時預設的輸入法是「中文」的「微軟注音」，您可以視需要改為「英數字元」。

STEP1 參考 3-2-1 小節的步驟 1-3，點選「微軟注音」右側的 **鍵盤選項** […] 鈕，點選 **鍵盤選項**（參考步驟 3 的圖）。

STEP**2** 點選 **一般**，將 **輸入設定** 的 **預設輸入模式** 改為「英數字元」。

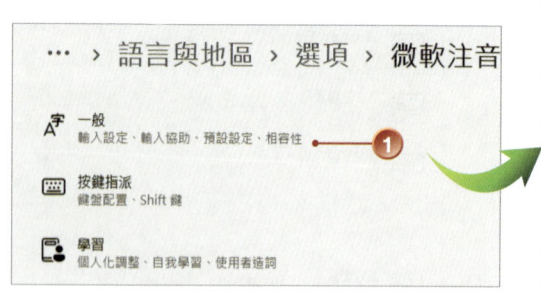

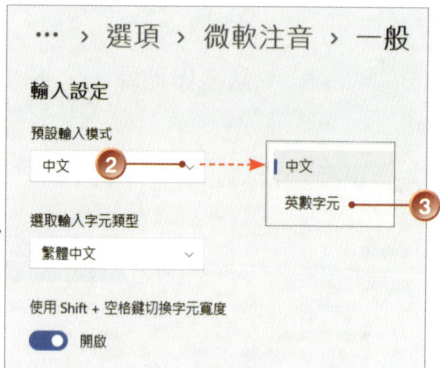

STEP**3** 往下捲動頁面，在 **輸入協助** 區域中可以設定候選字的大小、是否提示字元的相關片語…等項目。

STEP**4** 同樣的操作可以切換到 **微軟倉頡** 的選項頁面，進行輸入法細節的個人化設定。例如：預設會使用鍵盤左側和右側的 [Shift] 鍵做為切換輸入模式，如果要輸入大寫英文，通常要按下 [Shift] 鍵，如此很可能會不小心切換到中文輸入法而無法輸入大寫英文，因為大部分的使用者會習慣按下鍵盤左側的 [Shift] 鍵。這時候可以將此項目改為 **無** 選項。

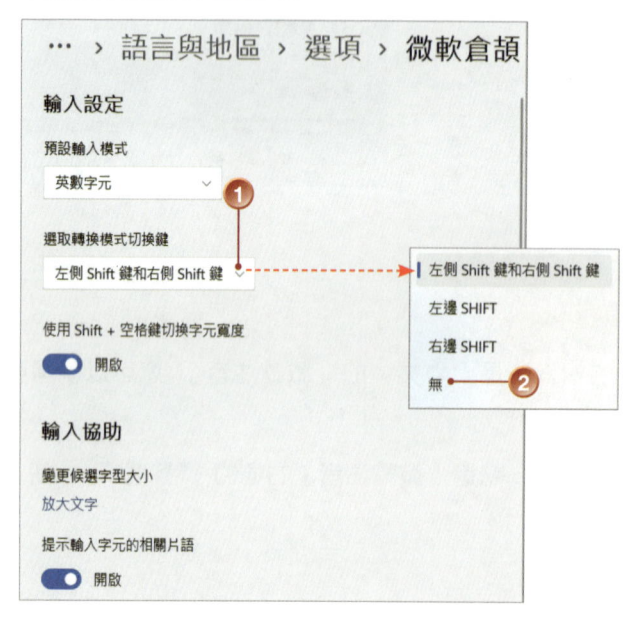

3-8

3-2-3 新增語言

除了新增中文輸入法外,還可新增不同的語言輸入內容,例如:中文簡體、日文、德文…等。

STEP**1** 再次進入 **語言與地區** 頁面後(參考 3-7 頁步驟 3 的圖),點選 **慣用語言** 的【新增語言】鈕。

STEP**2** 捲動捲軸找到要新增的語言,或輸入語言關鍵字進行搜尋,例如:日文,按【下一步】鈕。

STEP**3** 視需要勾選項目,按【安裝】鈕。

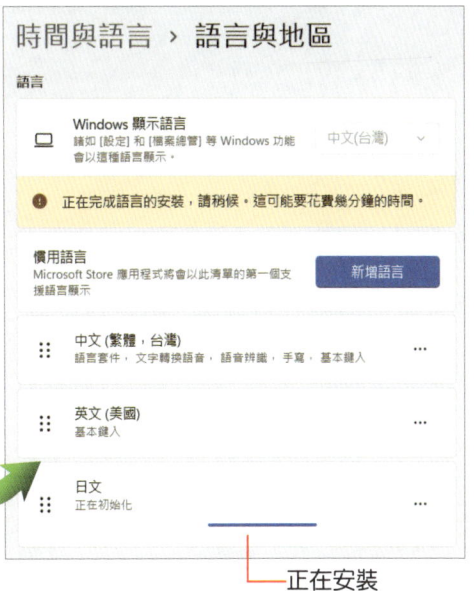

STEP 4 新增完後，點選輸入法圖示，可以切換到新增的語系。

STEP 5 不再使用的語言，請選取後 移除。

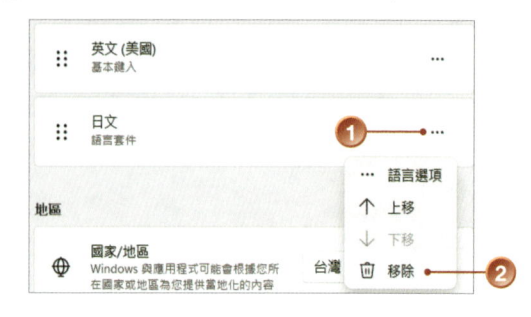

3-2-4 字型的安裝與移除

在 Windows 11 中字型的安裝及移除操作非常簡單，只要透過拖曳動作即可完成。

STEP 1 進入 設定 > 個人化 > 字型 頁面，可以檢視或搜尋所有已安裝的字型。

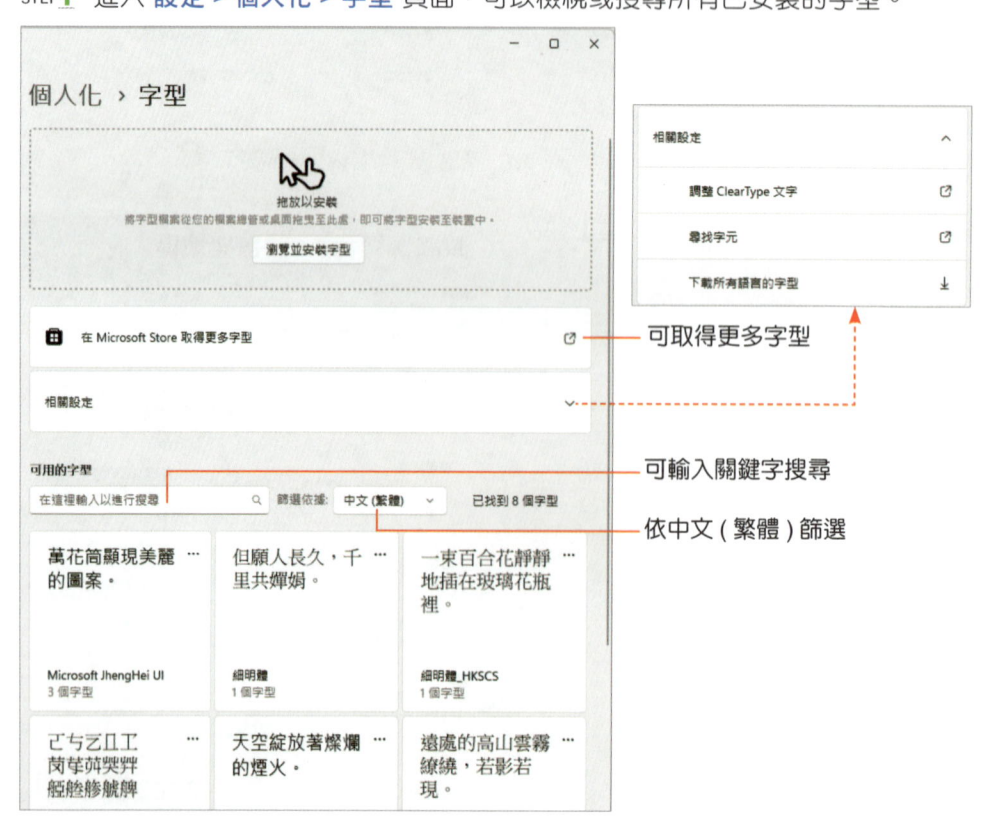

STEP**2** 想新增字型，可依照提示從 **檔案總管** 或 **桌面**，將字型檔案拖曳到頁面中即可安裝字型。

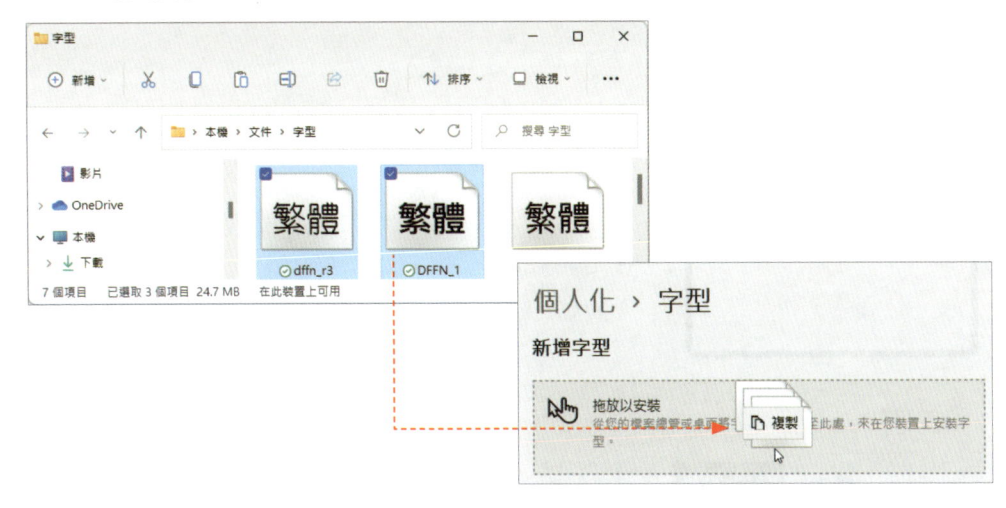

STEP**3** 點選已安裝的字體可以檢視字型，輸入文字以便預覽套用的結果、變更字型大小，還能將字型解除安裝。

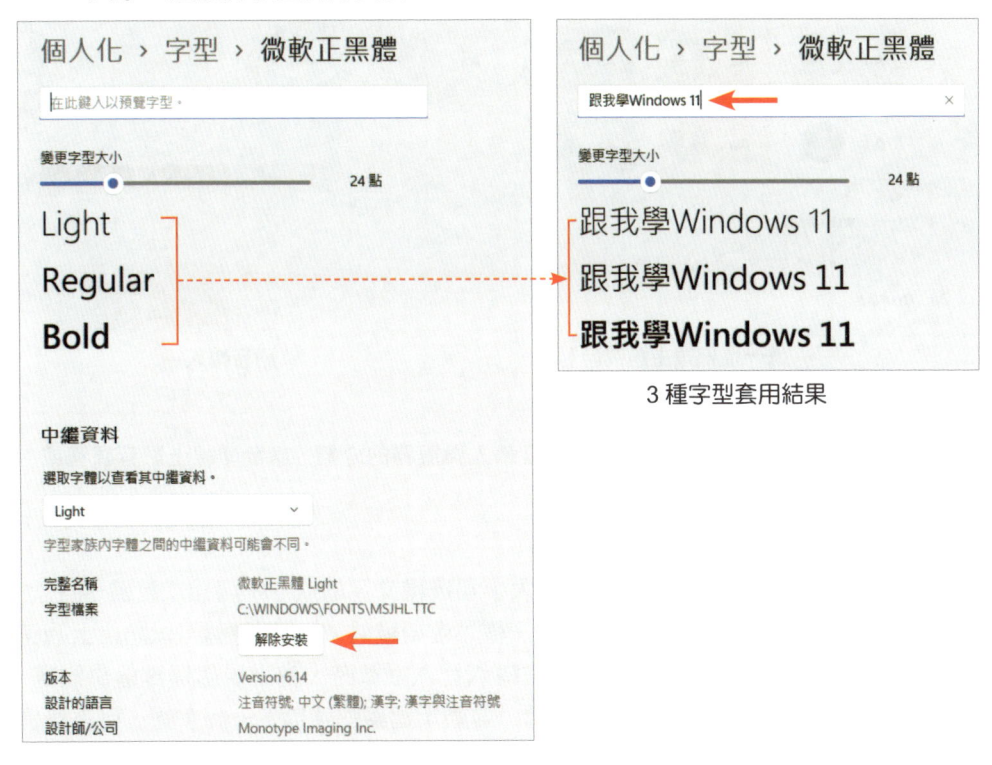

3 種字型套用結果

3-2-5 文字輸入方式

在 設定 > 個人化 > 文字輸入方式 頁面中，可以選擇觸控式鍵盤、語音輸入和表情符號的佈景主題。

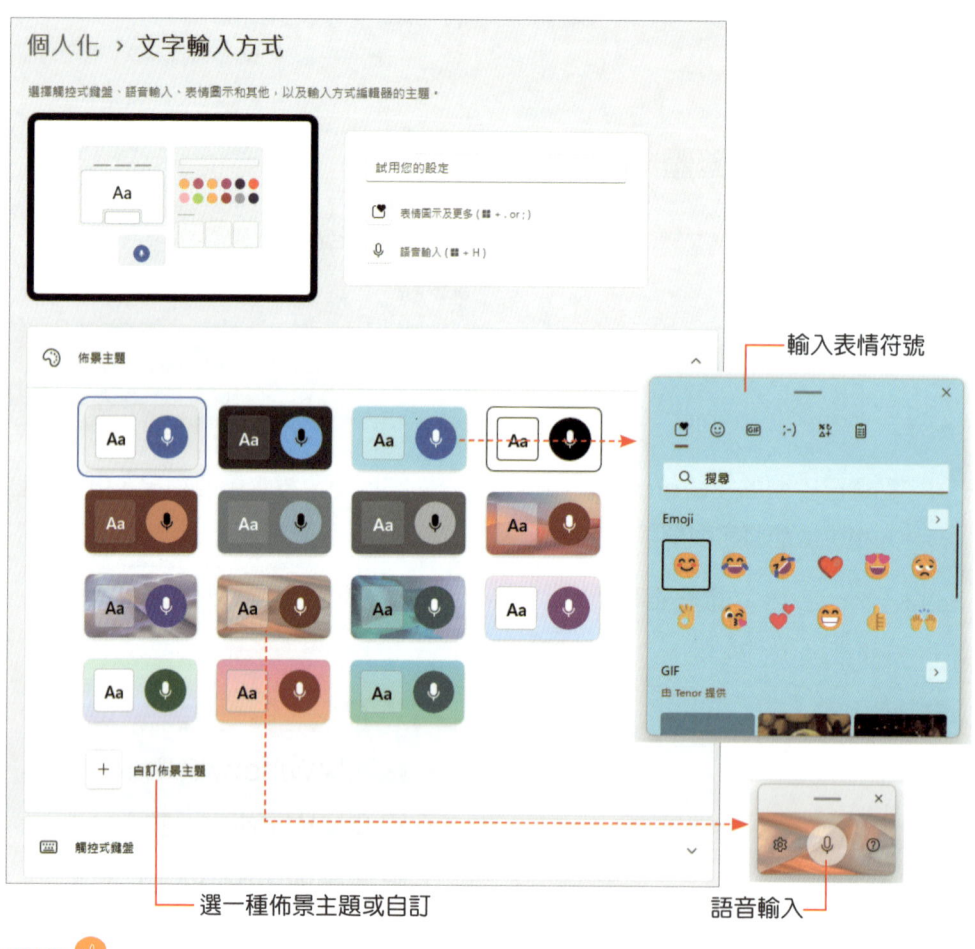

選一種佈景主題或自訂

輸入表情符號

語音輸入

> **說明**
> 如何在 Windows 作業系統中使用語音輸入與服務的介紹，請參閱線上影音課程或 PDF 電子書。

展開 觸控式鍵盤 選項，可以設定鍵盤大小和按鍵文字的尺寸。觸控式鍵盤 顧名思義就是專為觸控裝置所設計的鍵盤，是一種「虛擬鍵盤」，虛擬鍵盤可以防止上網時輸入密碼被側錄，就好像連線銀行網站輸入登入帳號時，會出現虛擬鍵盤供點選。觸控式鍵盤 會在您輸入的同時自動學習，並顯示建議的字或下一個字詞，且不管是注音或倉頡輸入法都支援。若要在 Windows 11 的 工作列 顯示 觸控式鍵盤：

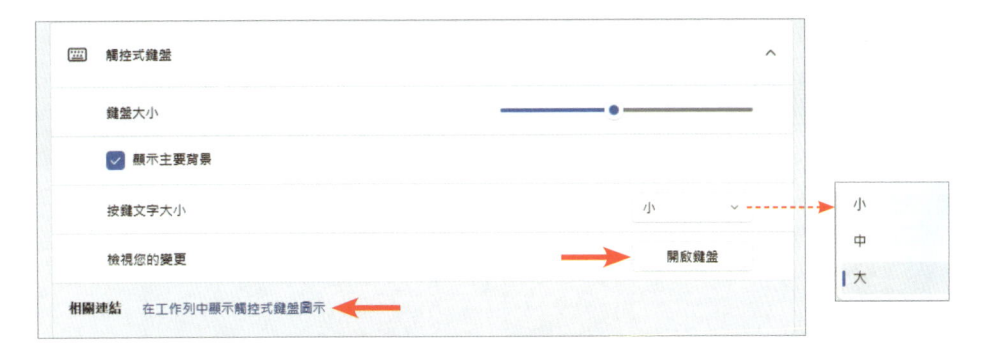

STEP1 點選 個人化 > 文字輸入方式 下方 相關連結 的 在工作列中顯示觸控式鍵盤圖示，會切換到 設定 > 個人化 > 工作列 頁面，將 觸控式鍵盤 選項設為 一律。

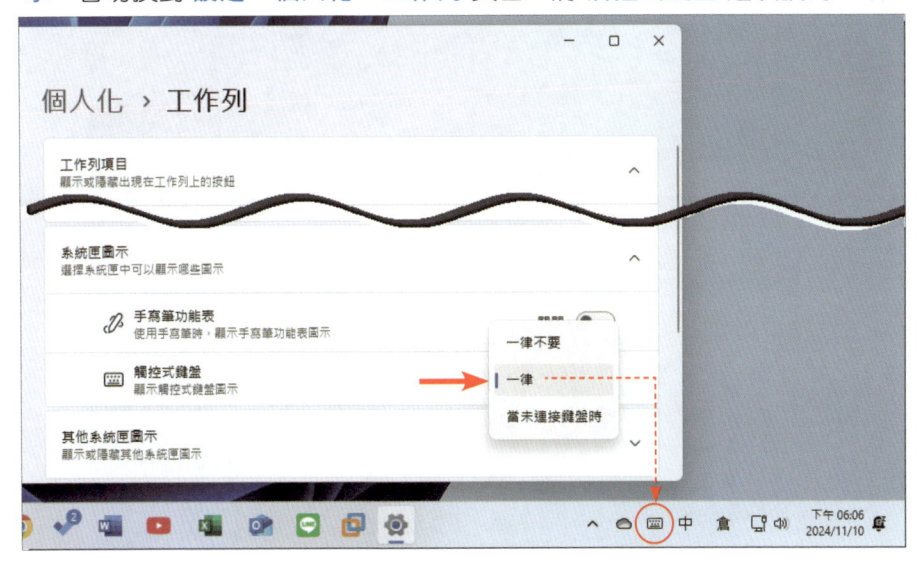

STEP2 再回到 設定 > 個人化 > 文字輸入方式 頁面，可以選擇一種 佈景主題 後，按下【開啟鍵盤】鈕將其開啟；也可點選工作列上的 ⌨ 鈕將其開啟。

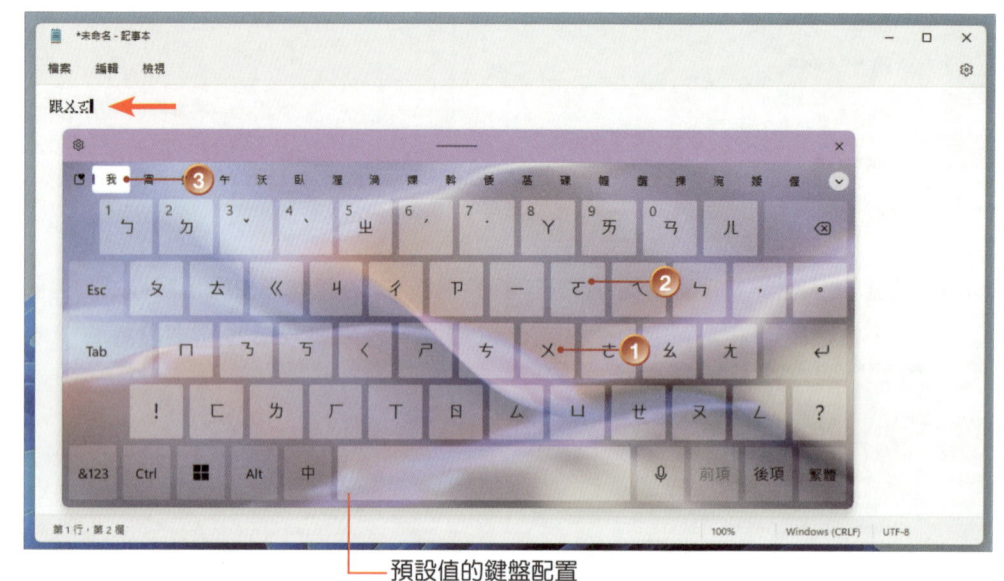

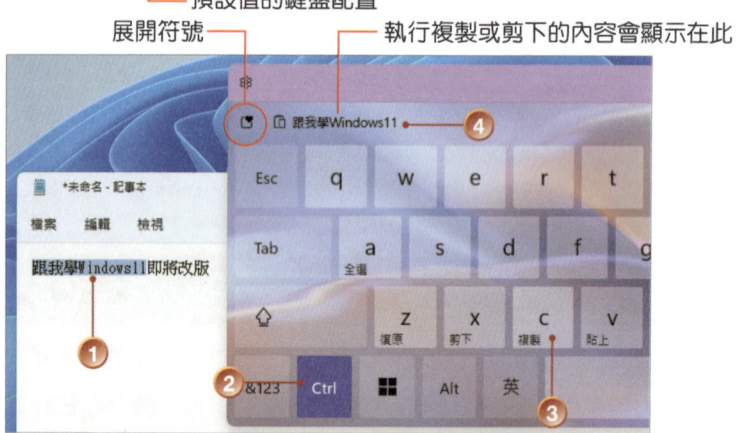

STEP **3** 拖曳鍵盤上方的標題列可移動鍵盤位置，接著依照一般鍵盤的操作法，以點選方式輸入文字。

預設值的鍵盤配置
展開符號
執行複製或剪下的內容會顯示在此

STEP **4** 點選 符號 鈕展開鍵盤，可以輸入更多樣化的特殊符號、Emoji 表情符號、GIF 動畫、顏文字、。

3-14

最近使用過的符號 ── Emoji 表情符號 ── GIF ── 顏文字 ── 符號 ── 剪貼簿歷程記錄

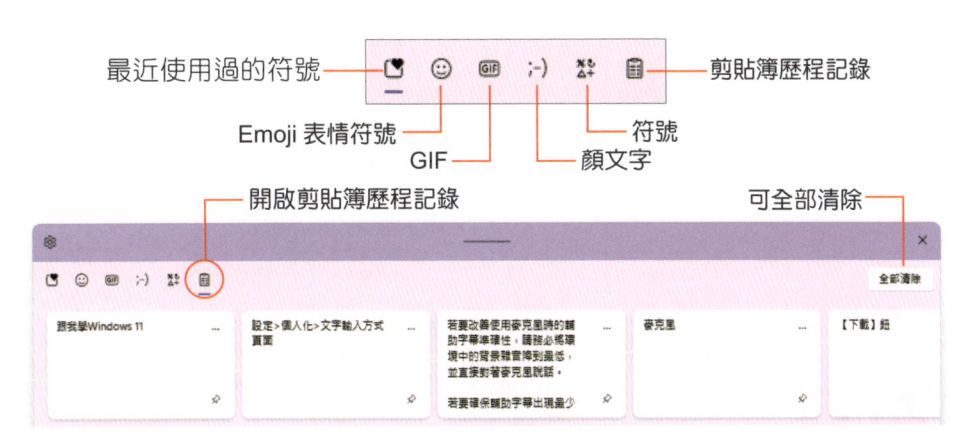

開啟剪貼簿歷程記錄 ── 可全部清除

Emoji

GIF

顏文字

說明

按下 ⊞ + 「。」（句號）或 ⊞ + 「；」（分號）快速鍵，可隨時呼叫出顏文字與特殊符號面板，讓您在任何應用程式中快速輸入。

3　電腦的設定與控制台

3-15

3-2-6 調整日期與時間

登入 Windows 前的 鎖定畫面 中會顯示日期與時間，在 工作列 右側也會顯示相同的日期與時間，點選後會同時展開通知和月曆，除了顯示當天的日期外，還貼心的增加了農民曆、節日與節氣的顯示。

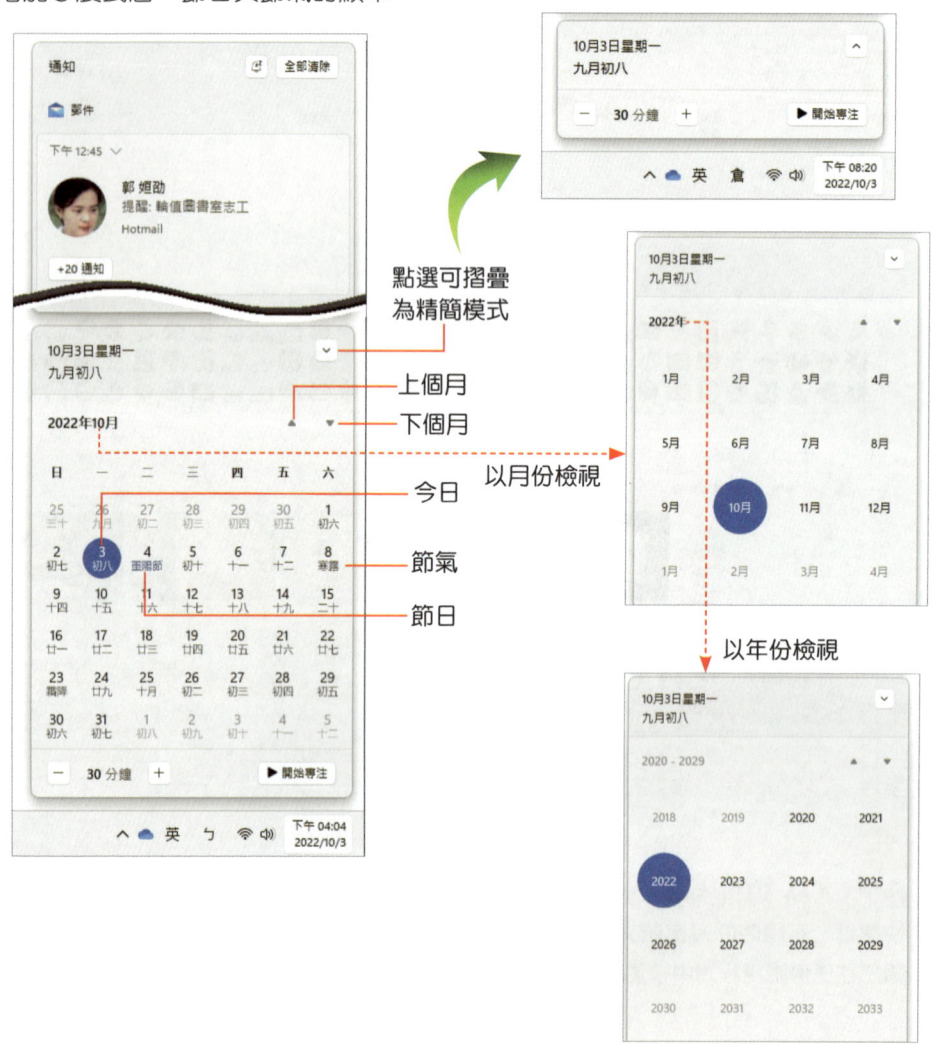

STEP**1** 在 工作列 的顯示時間上按右鍵選擇 調整日期和時間，進入 設定 > 時間與語言 > 日期和時間 畫面，預設的 時區 為「台北」。

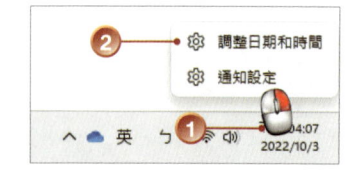

■ 3-16

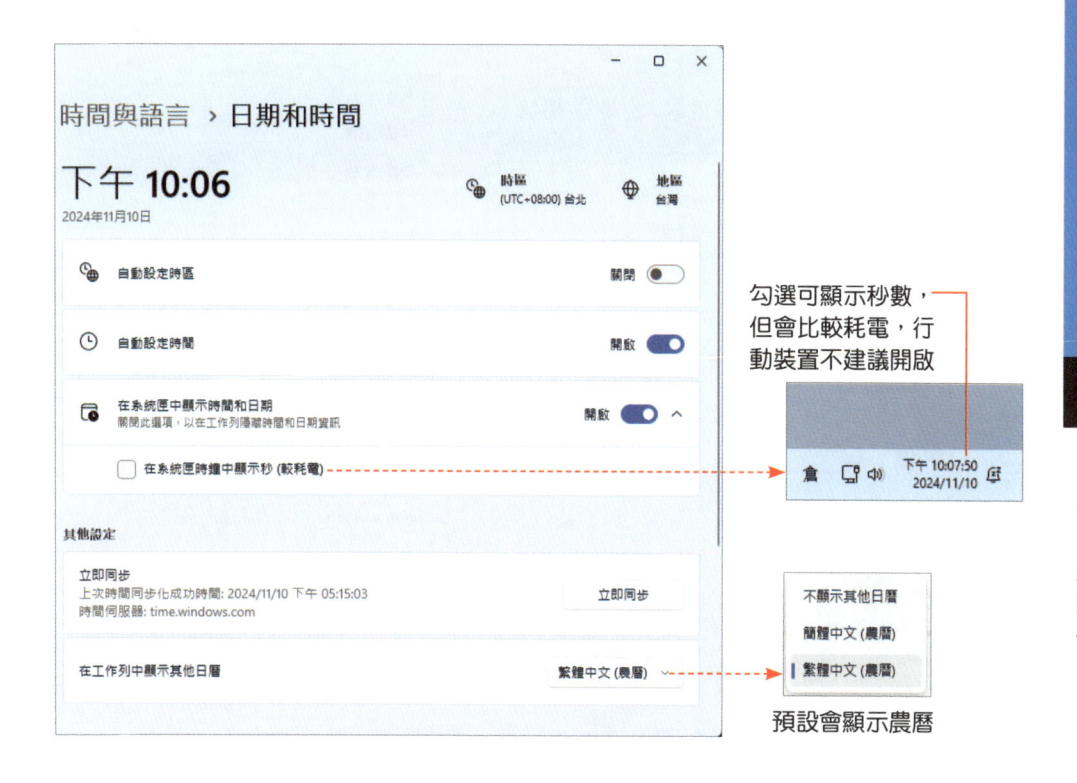

時間與語言 > 日期和時間

下午 10:06
2024年11月10日

時區 (UTC+08:00) 台北
地區 台灣

自動設定時區　關閉

自動設定時間　開啟

在系統匣中顯示時間和日期　開啟
關閉此選項，以在工作列中隱藏時間和日期資訊

　在系統匣時鐘中顯示秒 (較耗電) ……→ 勾選可顯示秒數，但會比較耗電，行動裝置不建議開啟

下午 10:07:50
2024/11/10

其他設定

立即同步
上次時間同步化成功時間: 2024/11/10 下午 05:15:03
時間伺服器: time.windows.com
[立即同步]

在工作列中顯示其他日曆　　繁體中文 (農曆)

不顯示其他日曆
簡體中文 (農曆)
| 繁體中文 (農曆)

預設會顯示農曆

STEP 2 要改變 **格式**，請切換到 **時間與語言 > 語言與地區** 頁面，展開 **地區 > 地區格式**，再點選【變更格式】鈕。

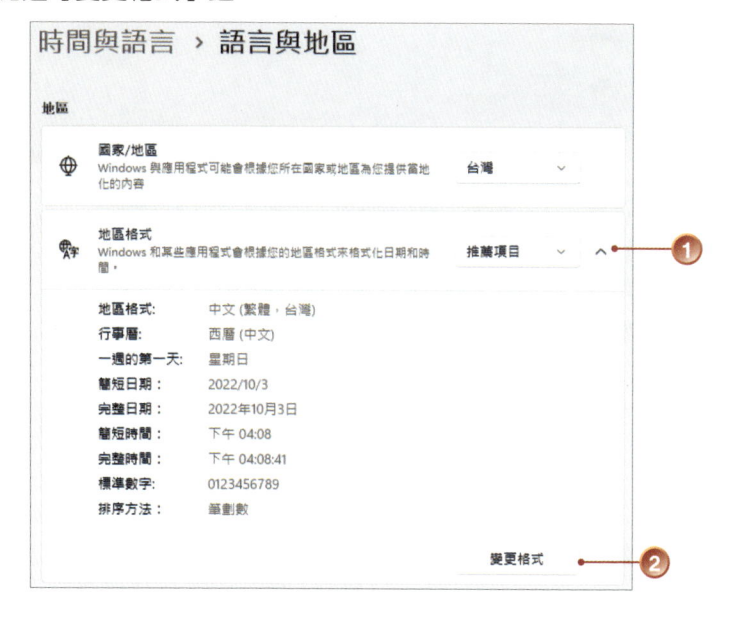

時間與語言 > 語言與地區

地區

國家/地區
Windows 與應用程式可能會根據您所在國家或地區為您提供當地化的內容
　台灣

地區格式　　　　　　　　　　　　　　　　　　①
Windows 和某些應用程式會根據您的地區格式來格式化日期和時間。
　推薦項目

地區格式:　中文 (繁體，台灣)
行事曆:　　西曆 (中文)
一週的第一天:　星期日
簡短日期:　2022/10/3
完整日期:　2022年10月3日
簡短時間:　下午 04:08
完整時間:　下午 04:08:41
標準數字:　0123456789
排序方法:　筆劃數

　　　　　　　　　　　　[變更格式] ②

STEP 3 接著於各欄位調整選項。

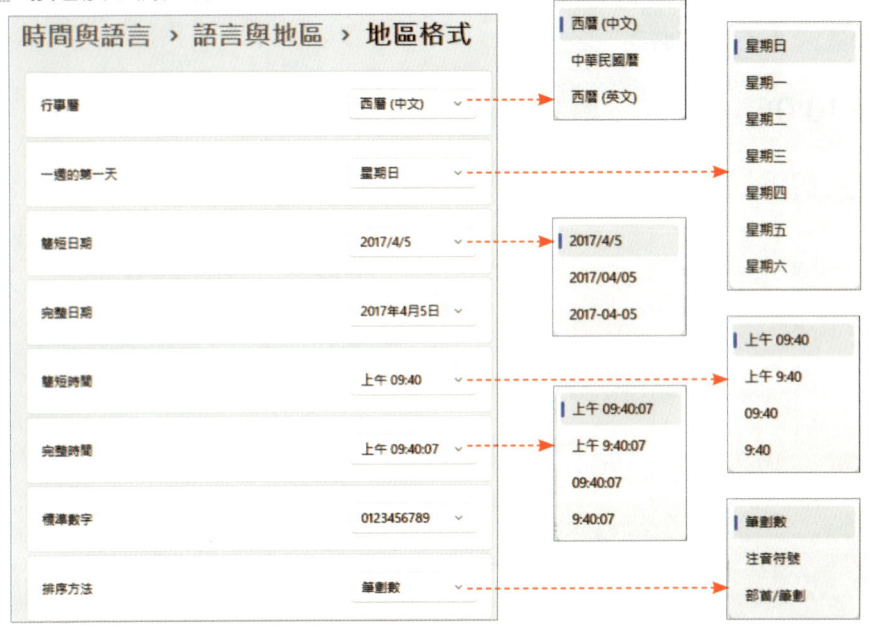

STEP 4 若要變更電腦時間，請回到 **時間與語言 > 日期和時間** 頁面，在 **相關連結** 中點選 **其他時鐘**。

STEP 5 開啟 **日期和時間** 對話方塊，切換到 **日期和時間** 標籤，點選【變更日期和時間】鈕進行調整。

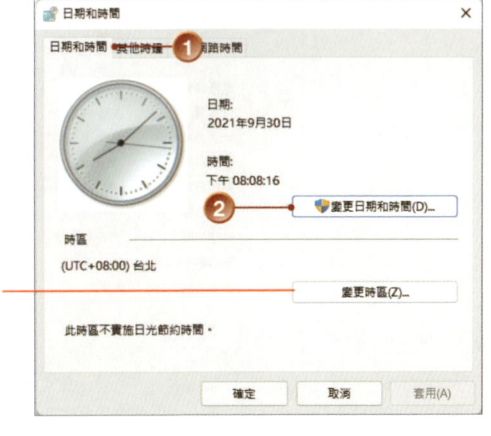

可在此變更本地時區

① 點選可變更月份

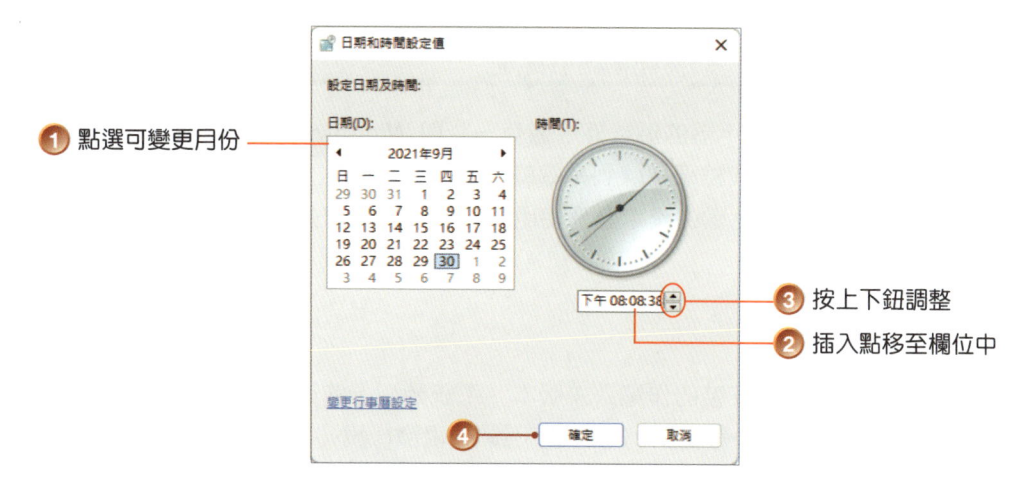

③ 按上下鈕調整
② 插入點移至欄位中

STEP **6** 要同時顯示世界上其他時區的時間，請切換到 **其他時鐘** 標籤，先勾選核取方塊再選擇時區，並變更顯示名稱。設定完按【確定】鈕。

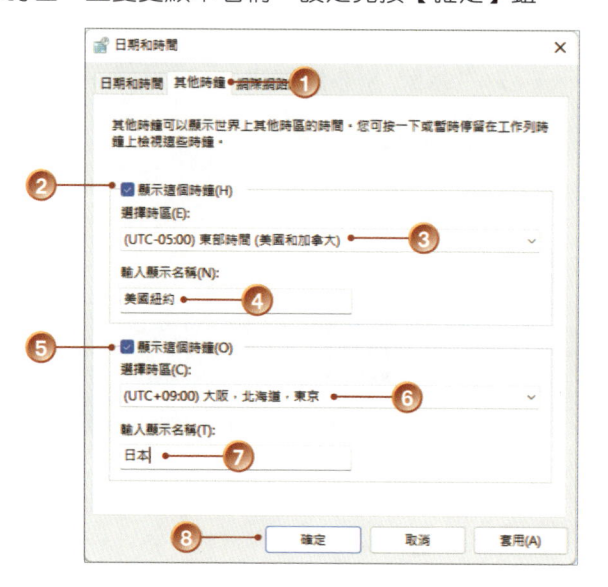

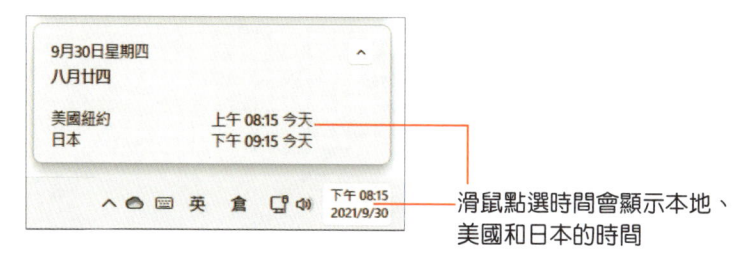

滑鼠點選時間會顯示本地、美國和日本的時間

3-19

3-3. 與系統和裝置有關的設定

設定 > 系統 中除了顯示器的調整外,還有一些與 Windows 系統有關的重要設定可在此進行,若要安裝或檢視連線到電腦的設備,可以進入 設定 > 藍牙與裝置 中執行相關的設定。由於此處的設定受到使用者帳戶控制,因此建議以管理者帳戶登入後進行變更。

3-3-1 檢視系統資訊

想要了解目前電腦所安裝的作業系統版本、系統類型、處理器、記憶體大小、電腦名稱、變更產品金鑰…等資訊,可以進入 系統 視窗檢視。

STEP**1** 進入 設定 > 系統 畫面後點選最下方的 系統資訊,即可檢視和電腦有關的所有資訊。

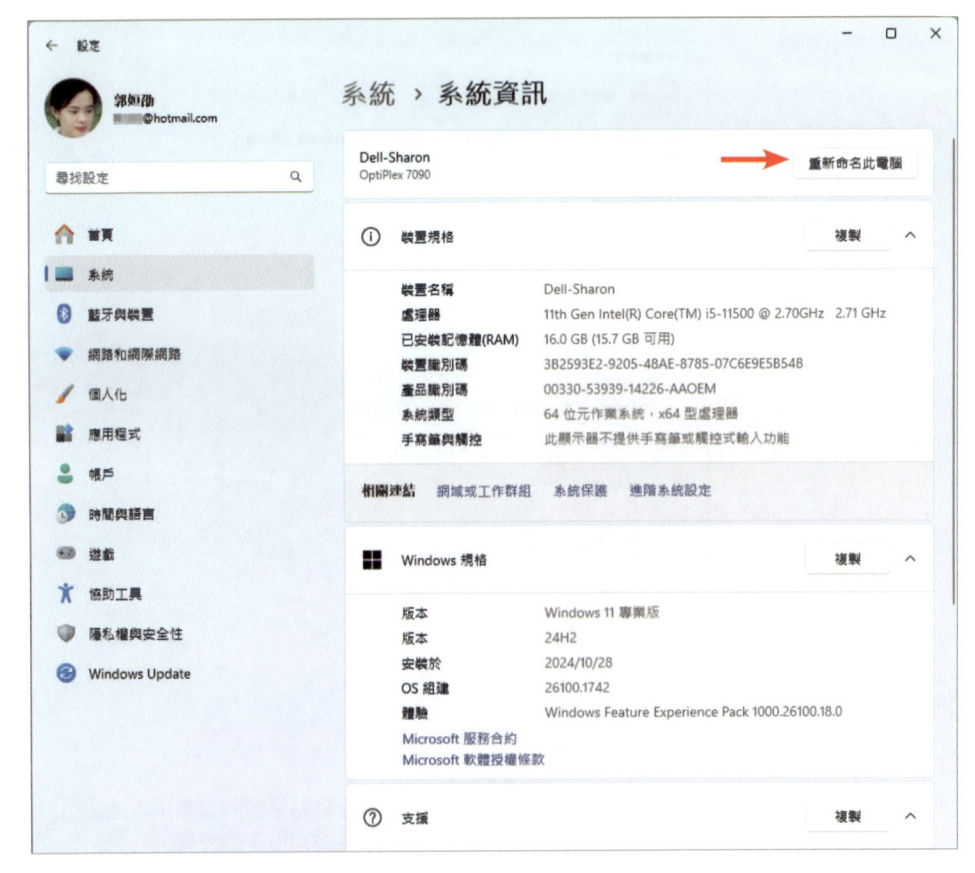

STEP**2** 要對電腦名稱重新命名,請按下【重新命名此電腦】鈕。

STEP3 鍵入新的名稱，按【下一步】鈕。

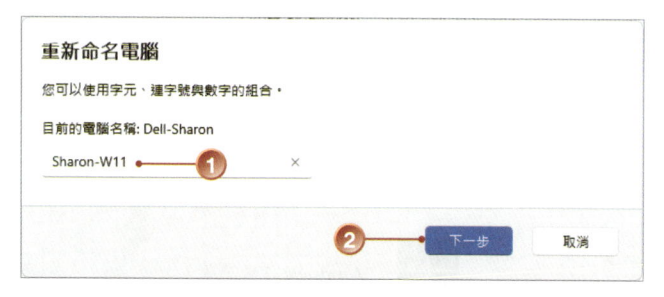

STEP4 按【立即重新啟動】鈕。

說明

- 變更 電腦名稱 必須重新啟動電腦才能生效，請注意該電腦中的資料夾是否已設定「共用」，因為變更名稱可能會影響對網路資源的存取。

- 在 相關連結 點選 進階系統設定（參考步驟 1 的圖），會開啟 系統內容 對話方塊，切換到 電腦名稱 標籤，此處也可變更電腦名稱，還可檢視所屬之 工作群組。

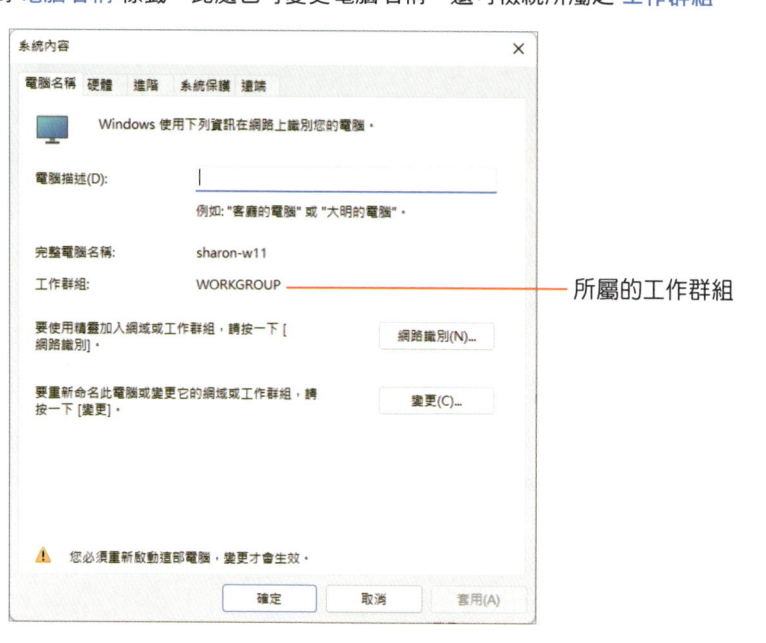

所屬的工作群組

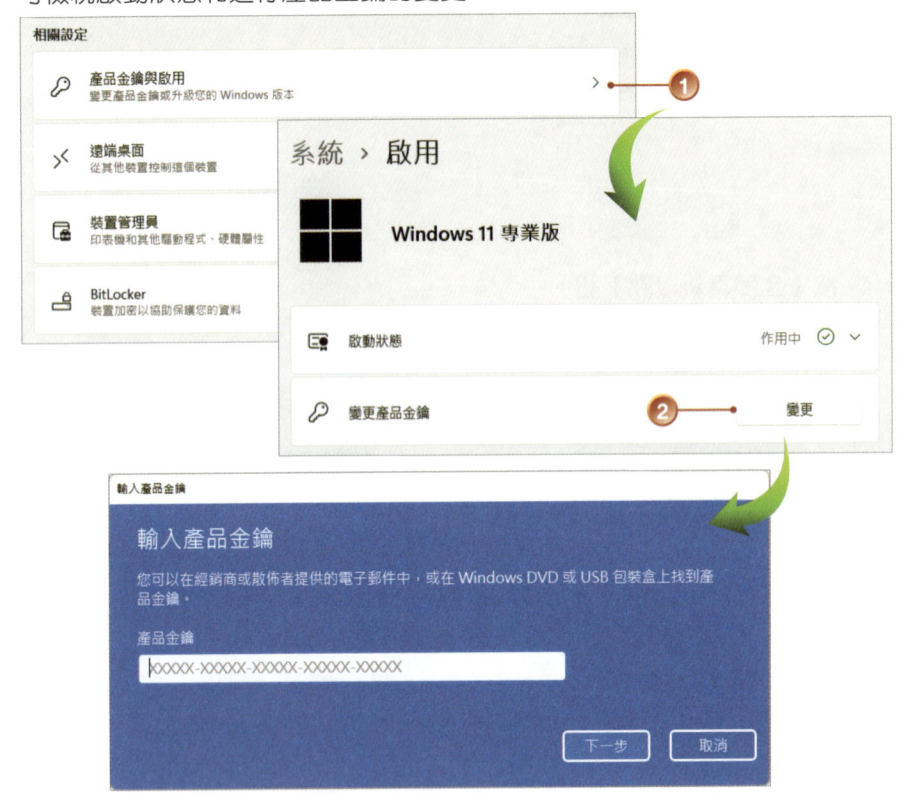

STEP 5　往下捲動 系統 > 系統資訊 頁面，點選 產品金鑰與啟用 會進入 啟用 畫面，可檢視啟動狀態和進行產品金鑰的變更。

3-3-2 變更與解除安裝程式

除了 Windows 內建的應用程式外，我們一般會再安裝經常使用的應用程式，如果是透過 Microsoft Store 下載及安裝，只要依照畫面指示即可完成，此部分的操作請參考第 7 章。至於使用安裝光碟（或 iso 檔）和執行檔的應用程式，只要放入程式的光碟（或掛載 iso 檔）和啟動執行檔即可開始安裝。不管是系統內建的或是自行安裝的應用程式，當您想要移除或變更安裝時，可以參考下列步驟執行：

STEP 1　進入 設定 > 應用程式 畫面點選 已安裝的應用程式，右側會顯示從所有磁碟機上搜尋已安裝的應用程式，預設會依 名稱 排序清單。

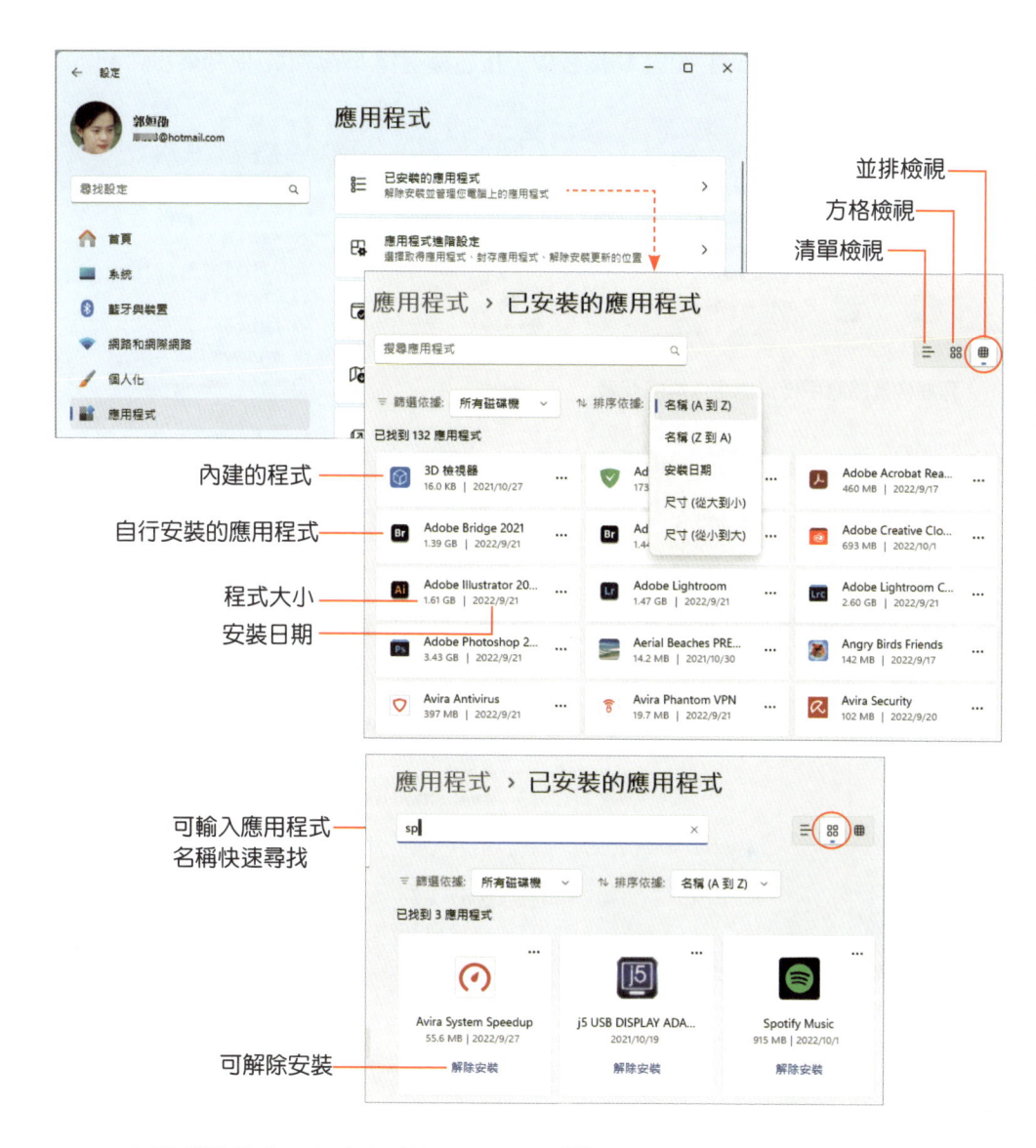

STEP**2** 在要移除的應用程式上點選 其他選項 ⋯ 鈕展開選項選擇 解除安裝，出現確認訊息，再按【解除安裝】鈕即可將其移除。

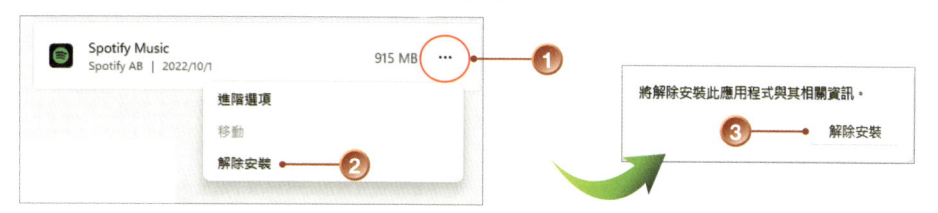

STEP 3 有些應用程式可以在 開始 功能表中，按右鍵選擇 解除安裝 指令來移除。

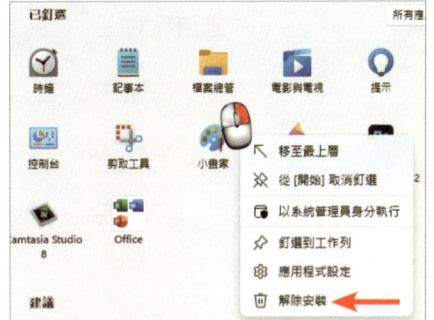

有些內建的應用程式也可以解除安裝

如果安裝的應用程式發生了毀損而需要修復，或是要新增或移除某一部分的功能：

STEP 1 點選該應用程式右側的 其他選項 ⋯ 鈕選擇 進階選項（參考 3-23 頁步驟 2 的圖）。

STEP 2 向下捲動頁面，在 重設 中可按下【修復】鈕進行修復。

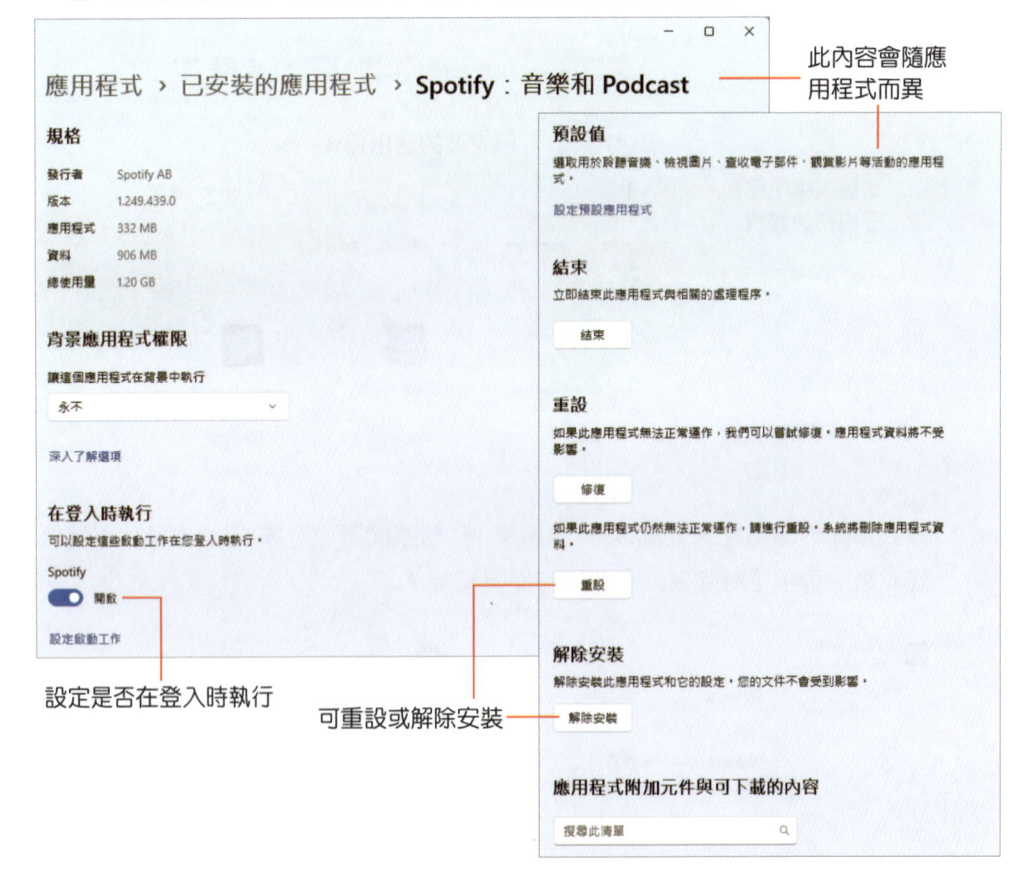

此內容會隨應用程式而異

設定是否在登入時執行

可重設或解除安裝

> **說明**
>
> 進入 控制台 > 程式集 > 程式和功能 中,點選要變更安裝的程式項目(此處不會顯示 新聞、行事曆…等內建的應用程式),可解除安裝、變更或修復應用程式。在變更安裝 程式的選項中,可執行的動作按鈕,會因您所選的程式項目不同而異。其動作按鈕大 約可分成三種功能,說明如下:
>
> - 解除安裝:完整的移除該應用程式。
> - 變更:增加或移除該程式的部分功能。
> - 修復:當程式發生毀損時,可以選擇此選項來進行修復。

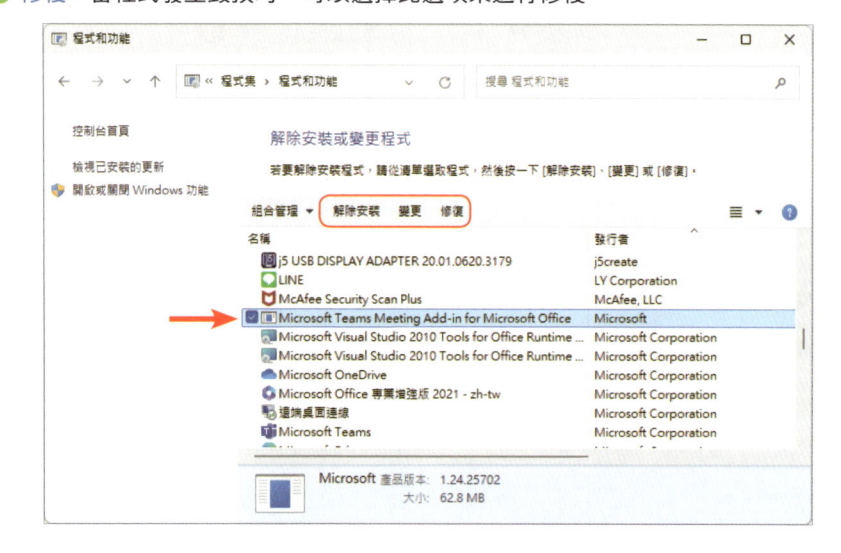

3-3-3 指定預設應用程式

當電腦中安裝了多種應用程式、瀏覽器或工具後,可以指定在開啟圖片、郵件、音效、檔案或網頁時,要以哪個應用程式開啟。切換到 設定 > 應用程式 > 預設應用程式,頁面中會顯示所有內建與自行安裝的應用程式,對大多數的檔案類型,系統會有預設開啟的應用程式,您可以視需要進行變更。

STEP 1 於 設定檔案類型或連結類型的預設值 欄位中鍵入「.TXT」,下方立即顯示預設的應用程式為 記事本,請點選 記事本。

STEP 2 出現可用的應用程式清單,可重新指定以後開啟「.TXT」格式的應用程式,例如:若有安裝 Microsoft Word,可選取後按【設定預設值】鈕。

接下頁

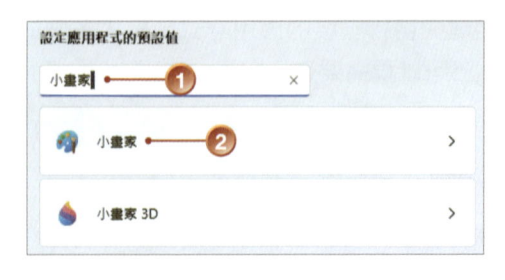

STEP 3 接下來可以檢視或指定已安裝的應用程式，設定預設的檔案類型或連結類型。在 設定應用程式的預設值 欄位中鍵入「小畫家」，再點選 小畫家。

STEP **4** 出現可從 **小畫家** 開啟的檔案格式清單，也可由此處重新指定預設的應用程式。

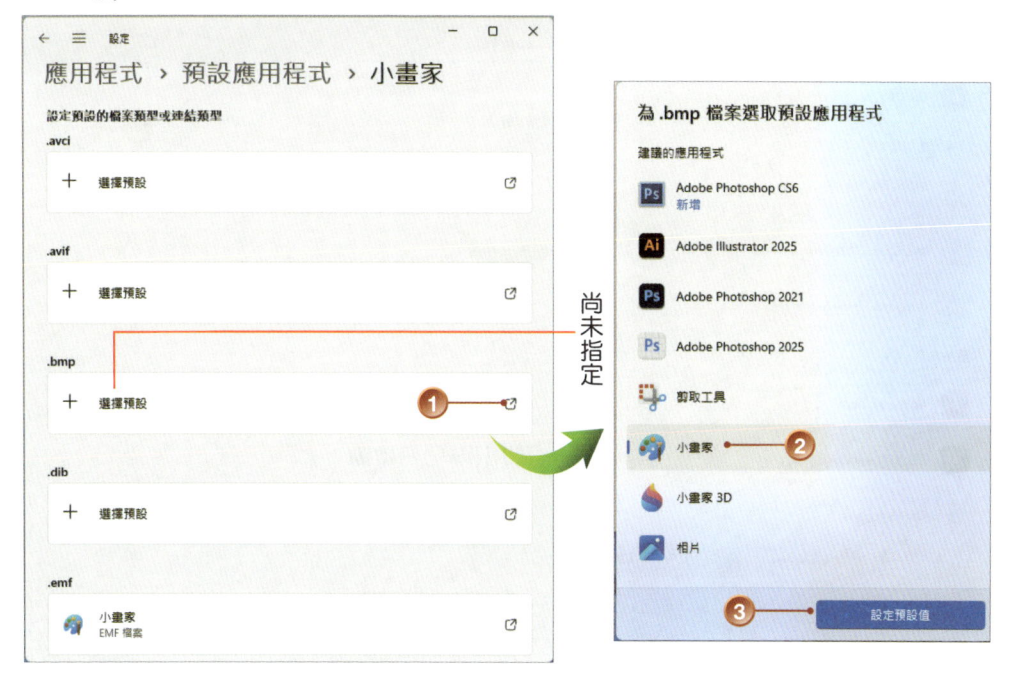

尚未指定

STEP **5** 回到 **預設應用程式** 畫面，捲到最下面，在 **相關設定** 中可依檔案類型選擇預設值。

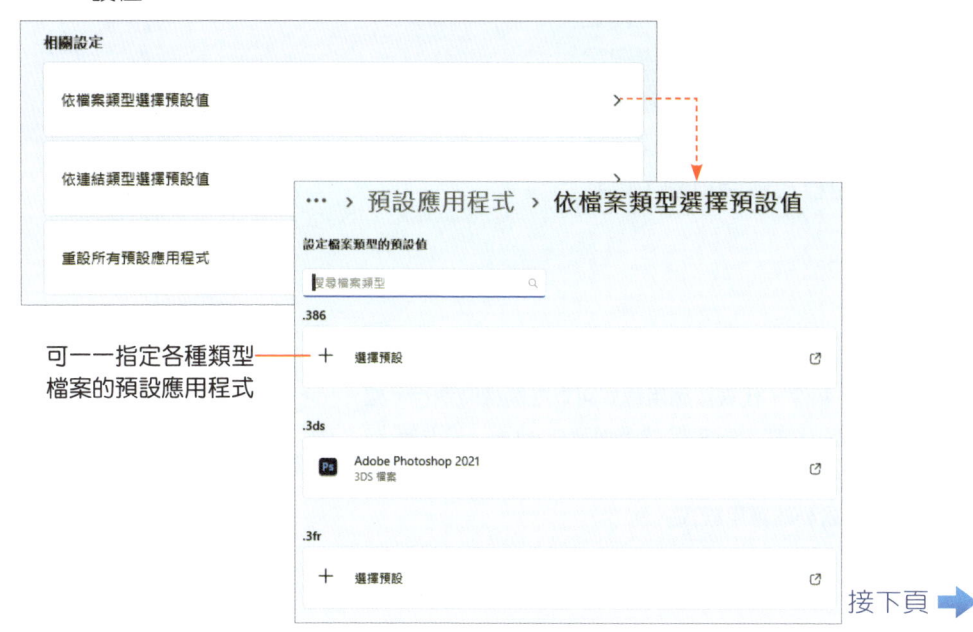

可一一指定各種類型檔案的預設應用程式

接下頁

3-27

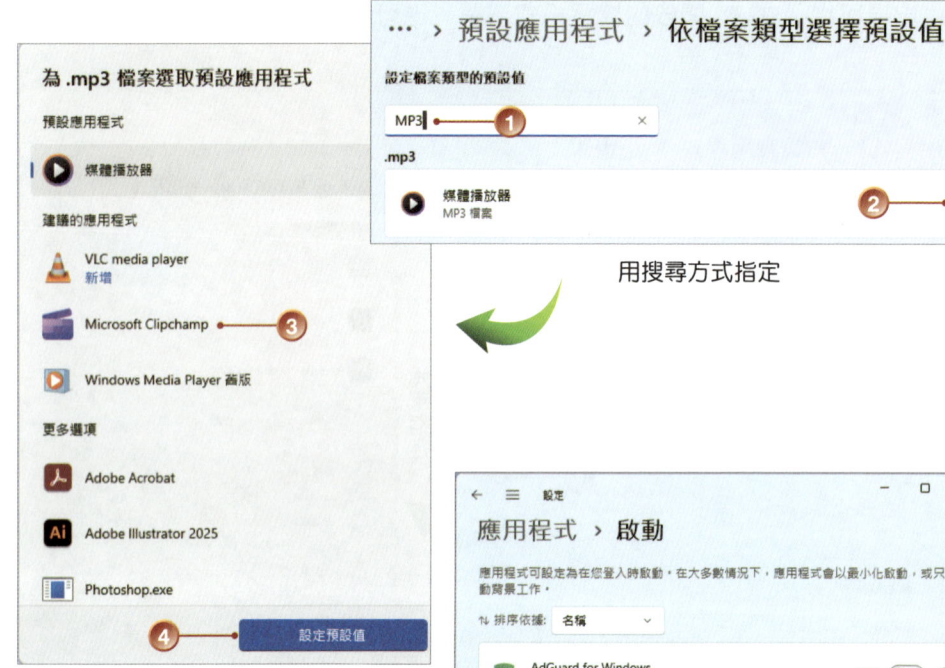

用搜尋方式指定

如果是要變更登入電腦時自動啟動哪些應用程式，請切換到 **應用程式 > 啟動** 頁面，清單中會顯示可自動啟動的應用程式，確認它們皆已呈現「開啟」狀態。不過，啟動太多應用程式會影響開機速度，建議將不必要的應用程式關閉啟動，以提昇效能。

說明

在 開始 功能表的應用程式上按右鍵，選單中若有 開啟檔案位置 指令，代表該應用程式可以在開機時執行。或是進入 應用程式 > 已安裝的應用程式 頁面，只要有 在登入時執行 選項（參考 3-24 頁步驟 2 的圖），就代表可在登入時啟動該應用程式。

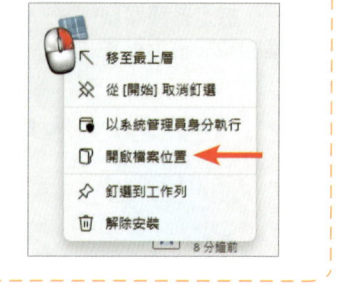

3-28

3-3-4 電源管理

電源管理 對於行動裝置的使用者特別重要，因為沒有人希望筆電或平板在最需要的時候沒電了。首先，請盡量減少作業系統的背景活動，讓處理器不會耗用太多的電量。其次，將螢幕調暗或關閉未使用連接埠的電源，也是省電的技巧。

行動裝置的電源使用狀態（未充電中）

省電模式

行動裝置的用戶可以啟動 **省電模式**，延長使用時間。

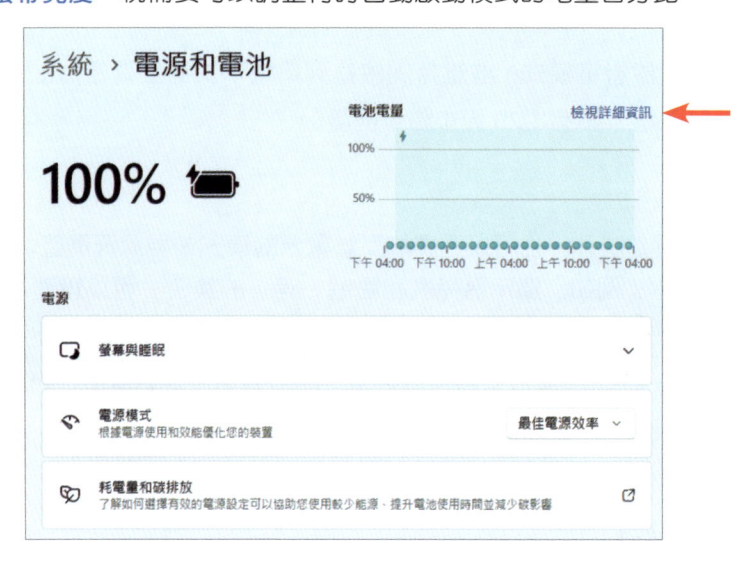

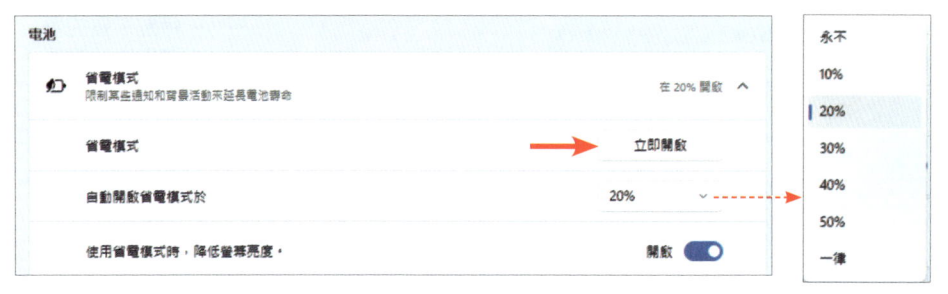

STEP**1** 行動裝置的使用者，可以進入 **設定 > 系統 > 電源和電池** 畫面，會顯示剩餘的電池用量及預估的剩餘時間。**省電模式** 預設會在電池用量低於 **20%** 時自動開啟，啟動後，您會明顯發現螢幕自動變暗了些（預設會開啟 **使用省電模式時，降低螢幕亮度**。視需要可以調整何時自動啟動模式的電量百分比。

3-29

STEP 2 點選 檢視詳細資料，會展開 電池使用情況，可以獲得過去某段時間，應用程式的用電比例。

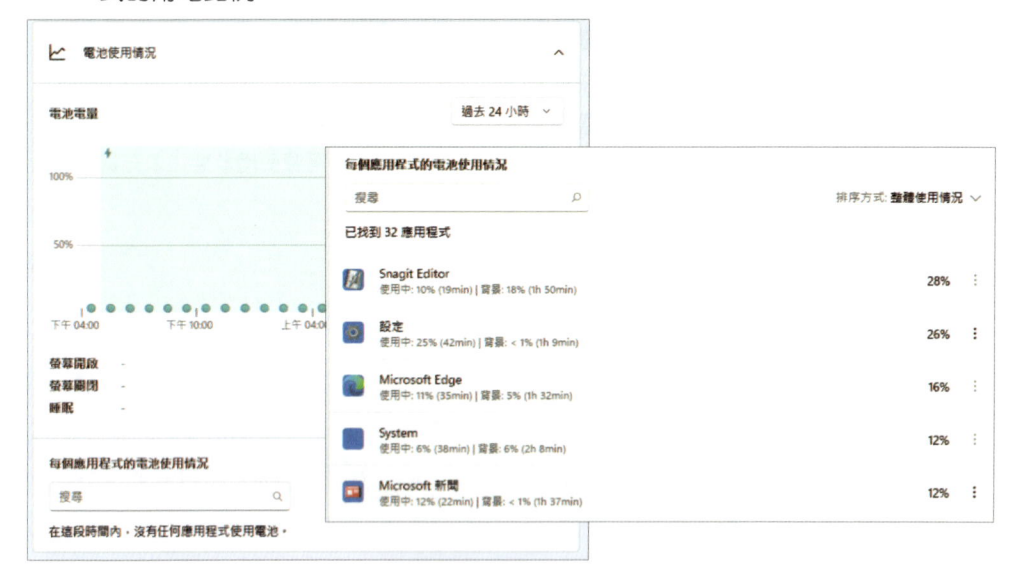

STEP 3 要立即開啟省電模式，並維持開啟直到電腦下次插上電源為止，請按下【立即開啟】鈕（參考 3-29 頁步驟 1 的圖）。

變更電源模式

除了上述的省電方法外，也可以選擇能節省電源的模式並視狀況調整。**電源模式** 是硬體和系統設定（例如：顯示器亮度和睡眠…等）的集合，可以管理電腦電源的使用方式。

STEP 1 展開 螢幕與睡眠 選項，可以分別指定使用電池（行動裝置）和插電時，螢幕何時自動關閉（若沒碰觸鍵盤或滑鼠），以及作業系統何時進入 睡眠 狀態。

行動裝置的螢幕與睡眠選項

3-30

STEP**2** 視需要展開 **電源模式** 清單選擇不同的選項：

- **平衡**：預設的選項，可在支援的硬體上，自動平衡效能與能源消耗。
- **最佳電源效率**：盡可能的降低電腦效能，以節約能源。
- **最佳效能**：可提升效能，但也因此可能使用較多的能源。

> **說明**
> 一般桌機請執行 **設定 > 系統 > 電源**，展開 **螢幕、睡眠和休眠逾時** 選項進行設定，不希望在插電時關閉螢幕或進入睡眠狀態，請選擇 **永不**。請注意！若 **鎖定畫面** 設定為 **幻燈片秀**，將不會套用 **螢幕與睡眠** 區域中的設定。

STEP**3** 接下來，在經過指定的時間且未使用電腦時，就會自動關閉顯示器並進入 **睡眠狀態**。

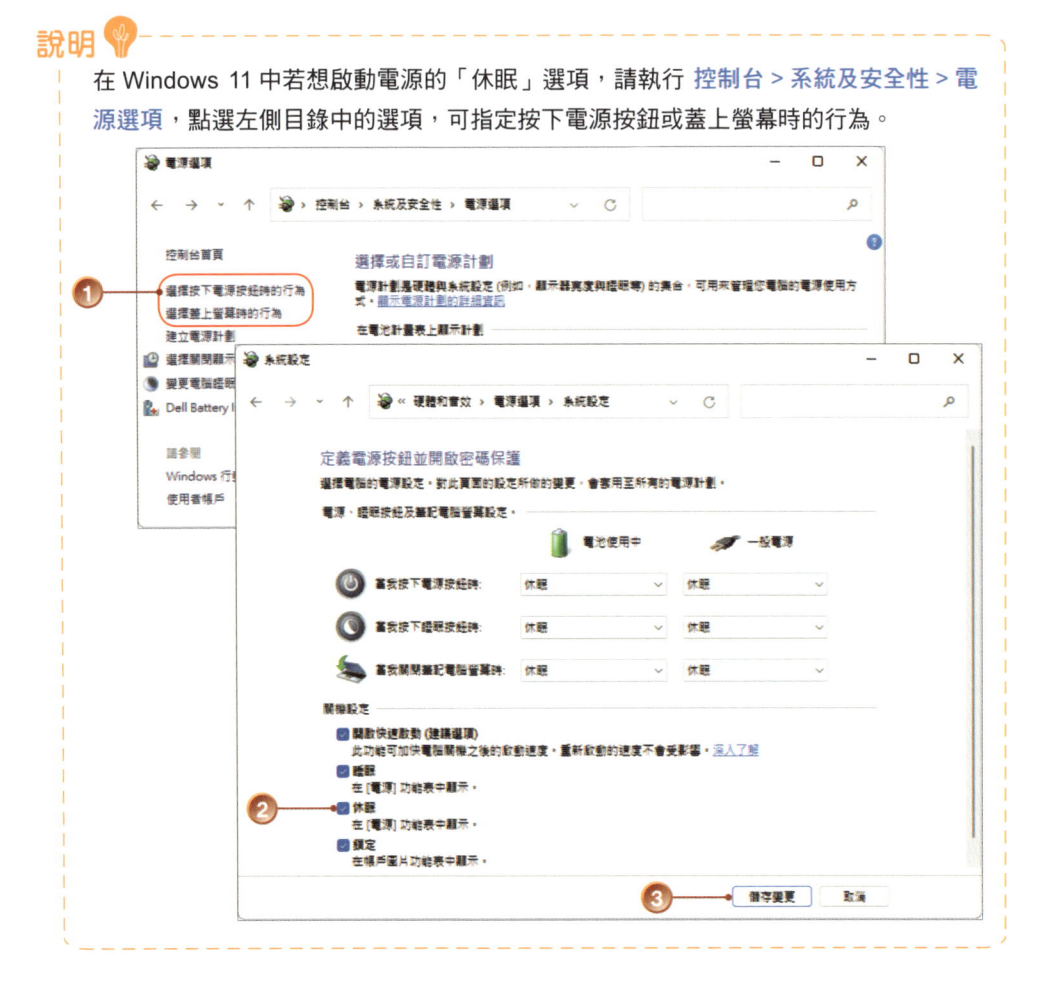

> **說明**
> 在 Windows 11 中若想啟動電源的「休眠」選項，請執行 **控制台 > 系統及安全性 > 電源選項**，點選左側目錄中的選項，可指定按下電源按鈕或蓋上螢幕時的行為。

3-3-5 檢視與新增裝置

設定 > 藍牙與裝置 畫面中，可以新增各種裝置，對滑鼠與觸控板進行快速設定，點選 **裝置**，可以查看目前所連接的裝置。

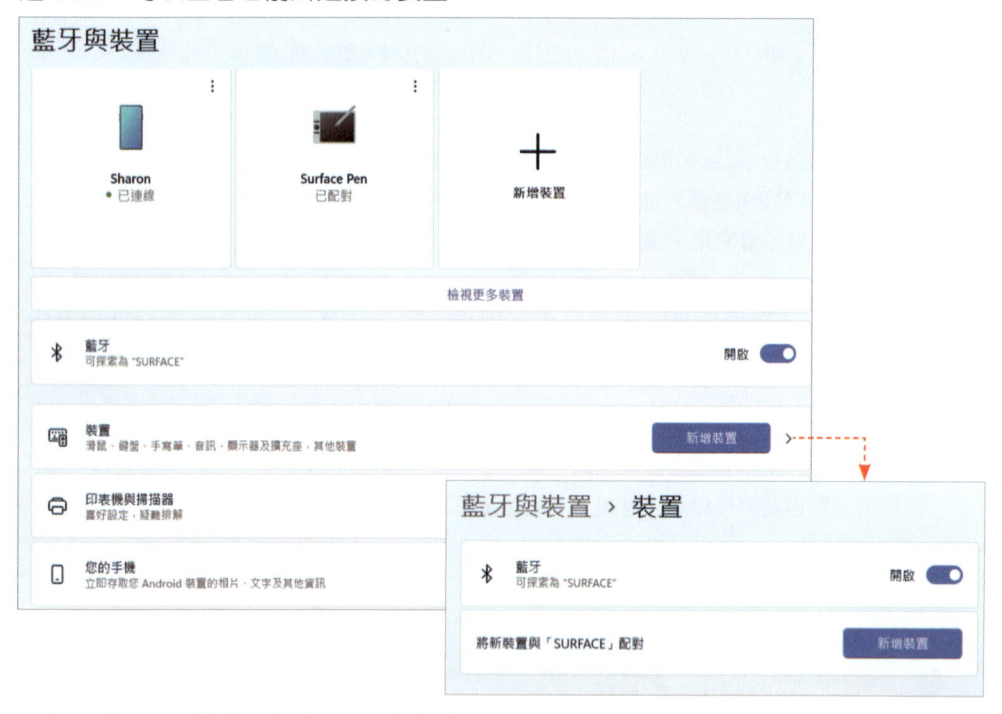

大部分的 USB 裝置（例如：隨身磁碟、讀卡機、耳機、掃瞄器…等）在連接電腦後，系統會自動辨識並執行驅動程式。如果您的印表機使用纜線連接，插入裝置就會自動連線，電腦會下載正確的驅動程式，您就可以立即使用。以下示範新增網路環境中共用的印表機：

STEP 1 進入 **藍牙與裝置 > 印表機與掃描器** 的畫面，按【新增裝置】鈕。

STEP 2 系統會開始尋找可用的印表機並顯示在清單中，確認無誤按【新增裝置】鈕。

說明

如果想使用的印表機沒有出現，請按 **手動新增** 超連結，開啟 **新增印表機** 視窗，根據其他選項尋找印表機，再依畫面指示進行安裝。

可依這些方式尋找印表機

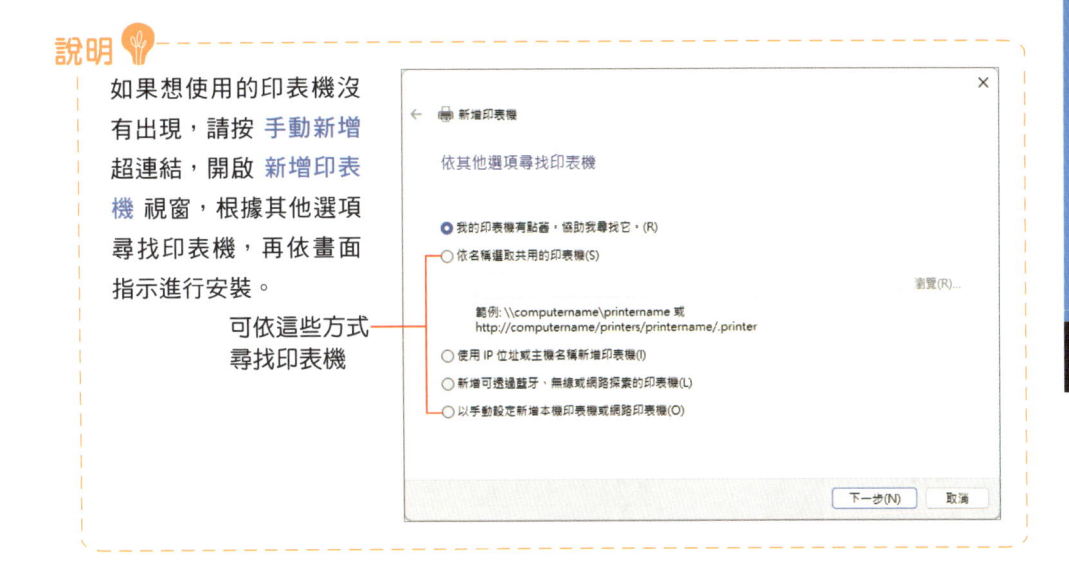

STEP 3 出現正在連線的狀態，稍待一會，出現「就緒」代表安裝完成，可以開始使用了！

在 **藍牙與裝置 > 裝置** 頁面下方點選 **相關設定** 的 **更多裝置和印表機設定**，開啟 **控制台 > 硬體和音效 > 裝置和印表機** 視窗，此處也可檢視安裝的各種裝置，還可新增印表機。

代表預設的印表機

■ 3-33

開啟裝置管理員

有時候連接到電腦的裝置無法正常使用時，我們會進入 **裝置管理員** 視窗檢視。**裝置管理員** 是一個內建於 Windows 作業系統的 Microsoft Management Console（MMC）元件，它允許使用者檢視以及設定所有連接到電腦的硬體裝置，包括：鍵盤、滑鼠、顯示卡、顯示器…等，並將它們排成列表。當任何一個裝置無法使用時，**裝置管理員** 中就會顯示提示供使用者檢視。您可以針對各種裝置安裝或更新驅動程式、啟用或停用裝置以及檢視其他的裝置內容。

請按 ⊞ + X 快速鍵選擇 **裝置管理員**，進入 **裝置管理員** 視窗，這裡有連接到電腦的所有裝置明細，視需要展開細項，進行驅動程式更新或解除安裝…等操作。

3-34

3-4. 隱私權與安全性設定

有些 Windows 功能執行時可能需要您的許可，才會收集或使用電腦中的資訊（包括個人資訊），這些功能在您許可的情況下，可經由網際網路分享您的個人資訊，而您可以在 設定 > 隱私權與安全性 中變更這些選項（預設大多是開啟的），換句話說，由使用者自己決定希望與 Microsoft 分享多少資訊。

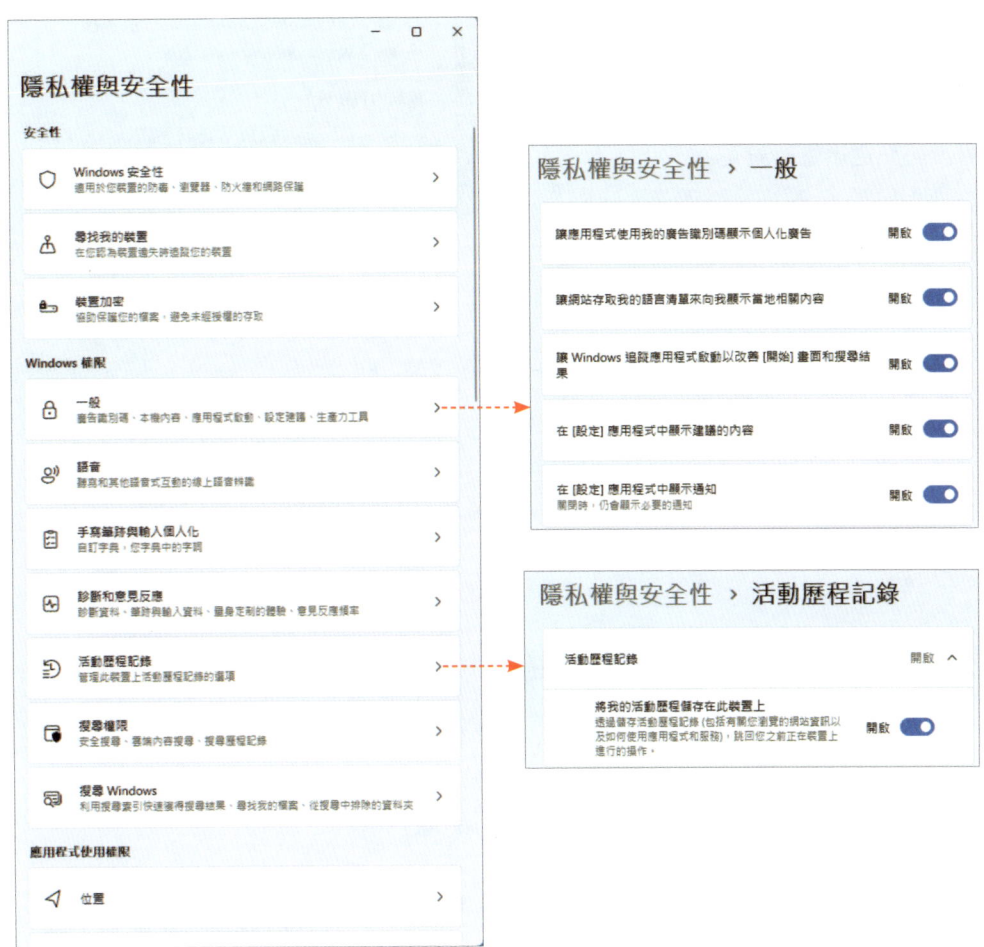

Windows 權限 中可以設定當您在搜尋網頁、應用程式、設定和檔案時，更安全的進行搜尋，例如：過濾成人文字、影像或影片等不適的內容。點選 Windows 權限 中的 活動歷程記錄，預設會儲存您的活動歷程，包括瀏覽的網站資訊，以及如何使用應用程式。

若要清除所登入帳戶在此電腦中的歷程記錄，請至 搜尋權限 頁面 歷程記錄 區域中按下【清除裝置搜尋歷程記錄】鈕，這對於多人共用一機時特別有用，能保障更多的個人隱私。

應用程式使用權限 中所列出的應用程式項目，會與電腦中所安裝的程式有關，而這些應用程式必須先經過您的允許才可使用您的位置、相機、麥克風、連絡人…等，可點選後進行設定。

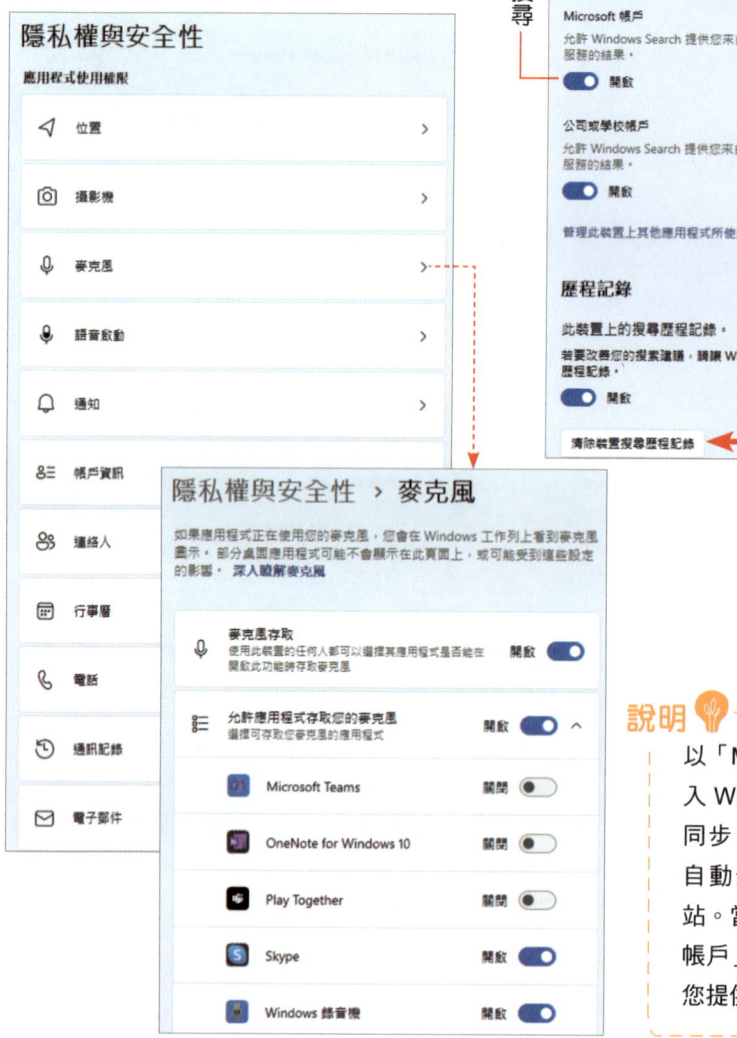

可關閉雲端內容搜尋

> **說明**
> 以「Microsoft 帳戶」登入 Windows，可以讓您同步 Windows 設定，並自動登入應用程式與網站。當您建立「Microsoft 帳戶」時，系統也會要求您提供某些個人資訊。

Chapter 4

設定與管理使用者帳戶

許多情況下會有多人共用一部電腦的時候，例如：與家人或其他工作者使用同一部電腦，此時每個人最好都有自己的登入帳號，並且打造適合自己操作習慣的作業環境，以提昇使用效率。使用「Microsoft 帳戶」可以同步個人化的設定，讓您無縫接軌的遊走在多部電腦之間！

4-1. 建立本機使用者帳戶

安裝 Windows 11 的過程中，系統會要求進行一些設定，其中就包括了帳戶的建立。「本機帳戶」顧名思義是在該部電腦所建立的帳戶，該帳戶只擁有使用本機資源的權限。如果安裝過程中不輸入「Microsoft 帳戶」，會建立「本機帳戶」來登入電腦，此時的這個帳戶也具備「系統管理員」的身分，可以為所有要使用該電腦的人，建立各自的使用帳號，並且有責任進行系統的管理與維護事宜。

4-1-1 建立其他使用者的本機帳戶

要讓您的電腦具有「單機多人共用」的功能，必須先以「系統管理員」身分登入電腦，才有權限來新增使用者帳戶，使用者帳戶會控制使用者可以存取的檔案、應用程式以及可對電腦進行的變更類型。首次登入電腦所建立的帳戶即具備系統管理員身分，因此登入電腦後，就可為其他使用者建立新的使用帳戶，一般來說，大多數的使用者為「標準帳戶」。

STEP**1** 按下 ⊞ + Ⅰ 組合鍵開啟 設定 視窗，點選 帳戶，再點選 其他使用者。

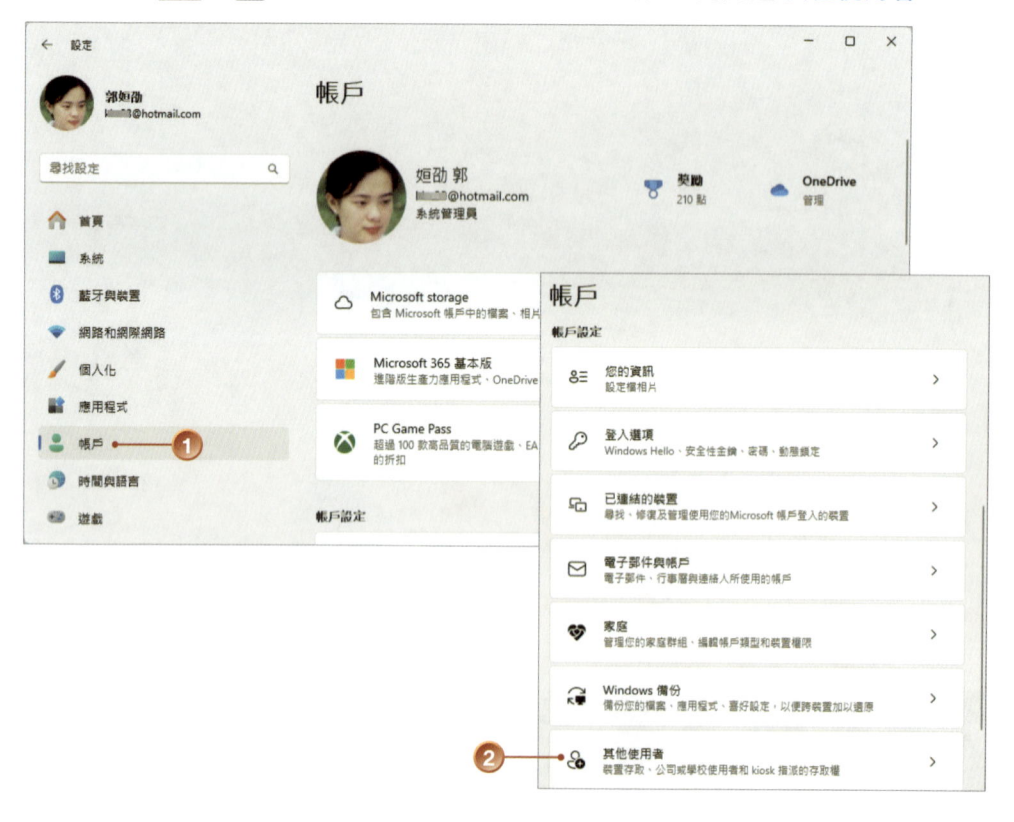

STEP**2** 於 其他使用者 點選【新增帳戶】鈕。

STEP**3** 出現 該名人員如何登入？ 畫面，輸入登入用的電子郵件或電話號碼，本例中因為不知道該人員的電子郵件，因此選擇 我沒有這位人員的登入資訊。

說明

由於系統管理員不一定知道新使用者的電子郵件地址，因此先建立本機帳戶，待該使用者登入後，可自行以「Microsoft 帳戶」切換，切換操作請參考 4-2-3 小節。

STEP**4** 出現 建立帳戶 畫面，點選下方的 新增沒有 Microsoft 帳戶的使用者。

STEP **5** 出現 **建立此電腦的使用者** 畫面，鍵入新的使用者名稱，密碼可以不輸入，待該用戶自行登入後再自己設定，按【下一步】鈕，完成新增本機帳戶使用者的程序。

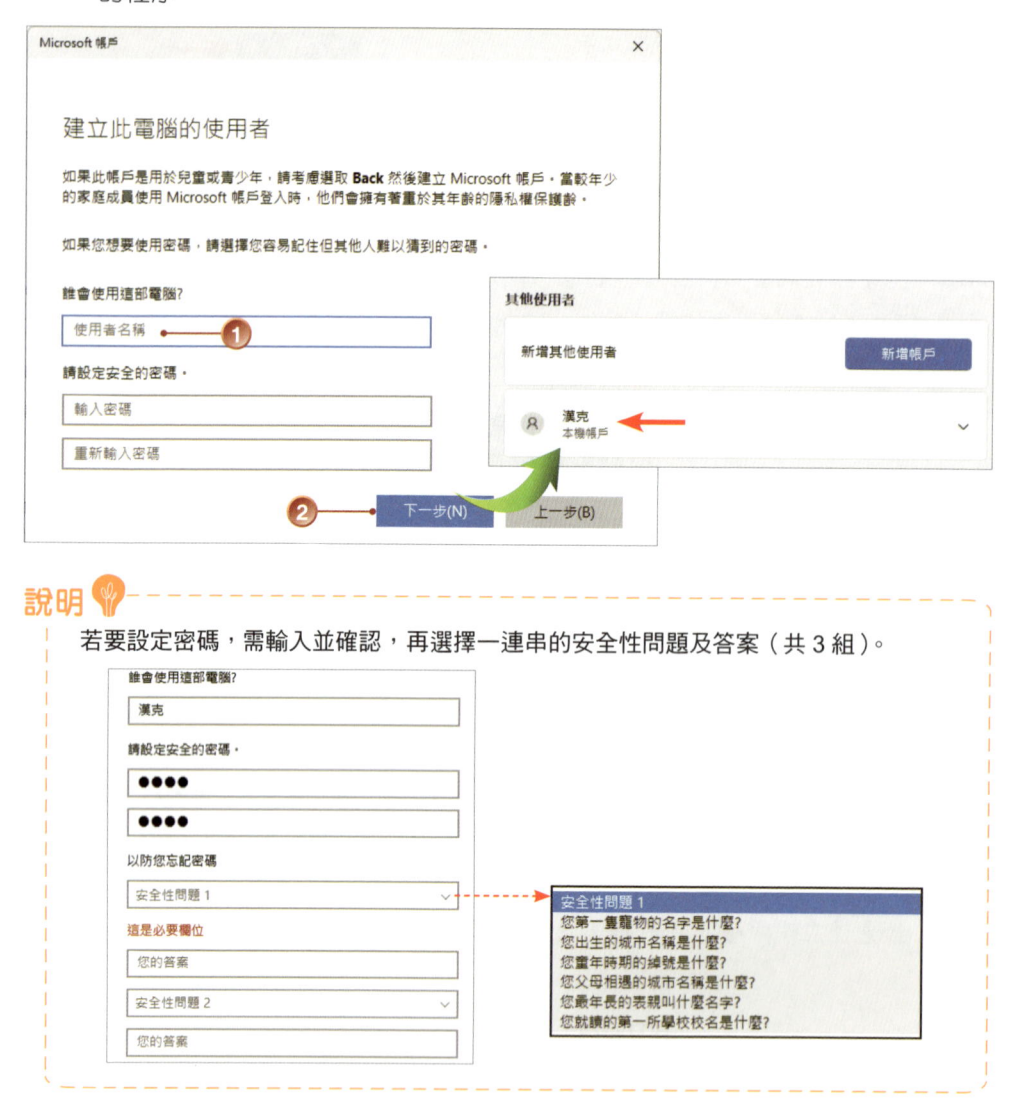

說明

若要設定密碼，需輸入並確認，再選擇一連串的安全性問題及答案（共 3 組）。

STEP **6** 重複上述步驟，繼續新增該部電腦的本機使用者帳戶，新增的帳戶也會出現在 開始 功能表的使用者清單中，方便進行登入切換。

> **說明**
> 新帳戶首次登入時，系統會為使用者建立全新的使用環境，因此需花一點時間等待。

本機帳戶的類型

本機帳戶的類型共有三種：

- **系統管理員**（Administrator）：擁有對電腦的完整控制權，可以管理電腦的所有設定，並存取儲存在電腦上的所有檔案和程式。例如：設定使用者權限、建立印表機、建立安全性原則…等作業。

- **標準**：以標準帳戶登入時，可以使用大部分的軟體，變更不會影響該電腦上其他使用者或安全性的系統設定，因此建議系統管理員為每一位使用者建立標準帳戶。當執行了會影響電腦其他使用者的動作時，例如：安裝軟體、變更安全性設定或變更帳戶類型，Windows 可能會要求以系統管理員帳戶登入或提供密碼，經過驗證後才能進行作業。

- **來賓**（Guest）：這是供暫時的使用者所登入的帳戶，可讓使用者登入網路、瀏覽網際網路以及關閉電腦。這個帳戶只能使用電腦但無法存取您的個人檔案，無法安裝軟體或硬體、變更設定或建立密碼，因此不會對您的檔案或電腦設定做任何變更。系統預設此帳戶是「停用」的，若要使用，請按 ⊞ + X 快速鍵開啟功能選單，選擇 電腦管理 開啟視窗，於 電腦管理 > 系統工具 > 本機使用者和群組 > 使用者 中執行「啟動」作業。

接下頁

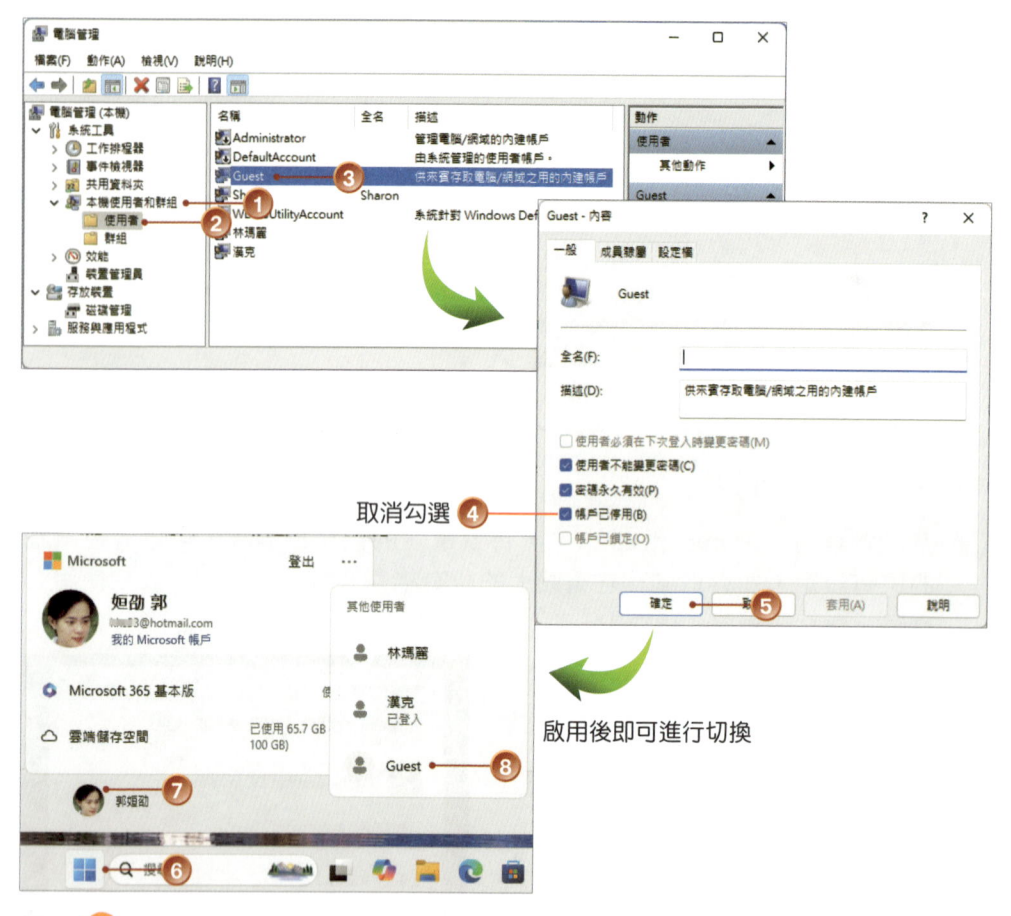

> **說明**
>
> 雖然在安裝 Windows 11 時，系統會將所建立的本機帳戶加入「系統管理員群組」，不過，電腦中真正擁有最高權限的使用者是名為「Administrator」的帳戶，而這個帳戶預設並未啟用。

4-1-2 本機帳戶的相關設定

本機使用者帳戶建立後，系統管理員或經過授權的使用者，可以再針對某個使用者帳戶進行更名、建立密碼、變更帳戶類型…等作業。

STEP 1 開啟 **控制台** 視窗，在 **大圖示** 或 **小圖示** 檢視下點選 **使用者帳戶**（參考 3-4 頁的圖），在 **變更您的使用者帳戶** 下方選擇 **管理其他帳戶**。

STEP 2 在 **管理帳戶** 視窗中點選要變更設定的帳戶，例如：林瑪麗。

STEP**3** 開啟 **變更帳戶** 視窗，於 **變更林瑪麗的帳戶** 清單中點選要執行變更的項目。

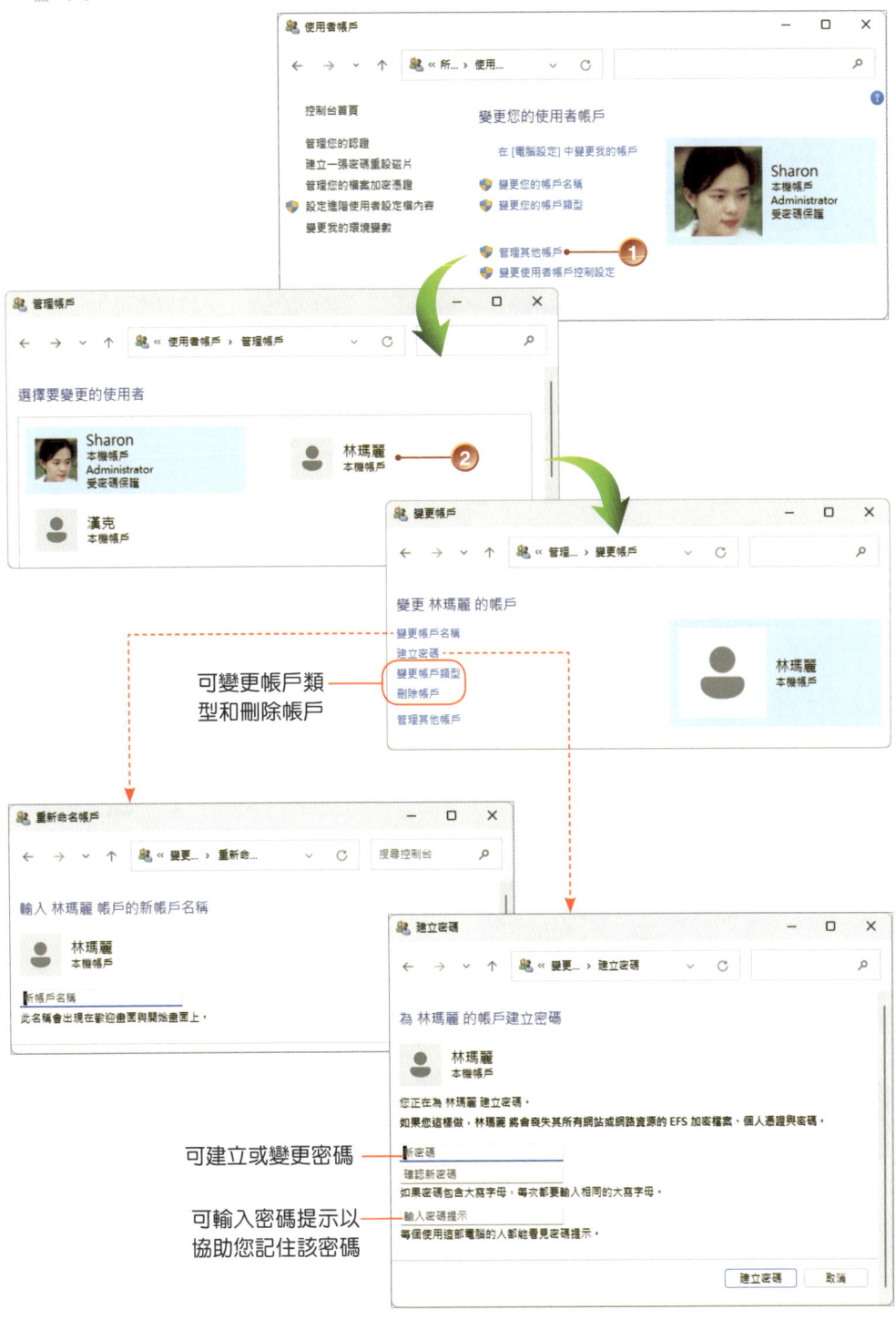

可變更帳戶類型和刪除帳戶

可建立或變更密碼

可輸入密碼提示以協助您記住該密碼

■ 4-7

不設定密碼時可直接登入

當輸入錯誤，再次輸入時會出現此提示

> **說明**
> - 設定帳戶的 密碼 時，最好符合「強性」密碼的規則：
> - 至少要有 7 個字元的長度（最多可達 127 個字元）。
> - 應包含英文字（有大小寫區別）、數字、其他符號（字母和數字以外的所有字元），三組字元中的一種。
> - 不包含您的真實名字或使用者名稱；且不是常用的文字或完整的單字。
> - 和您曾經用過的密碼有明顯的差別。

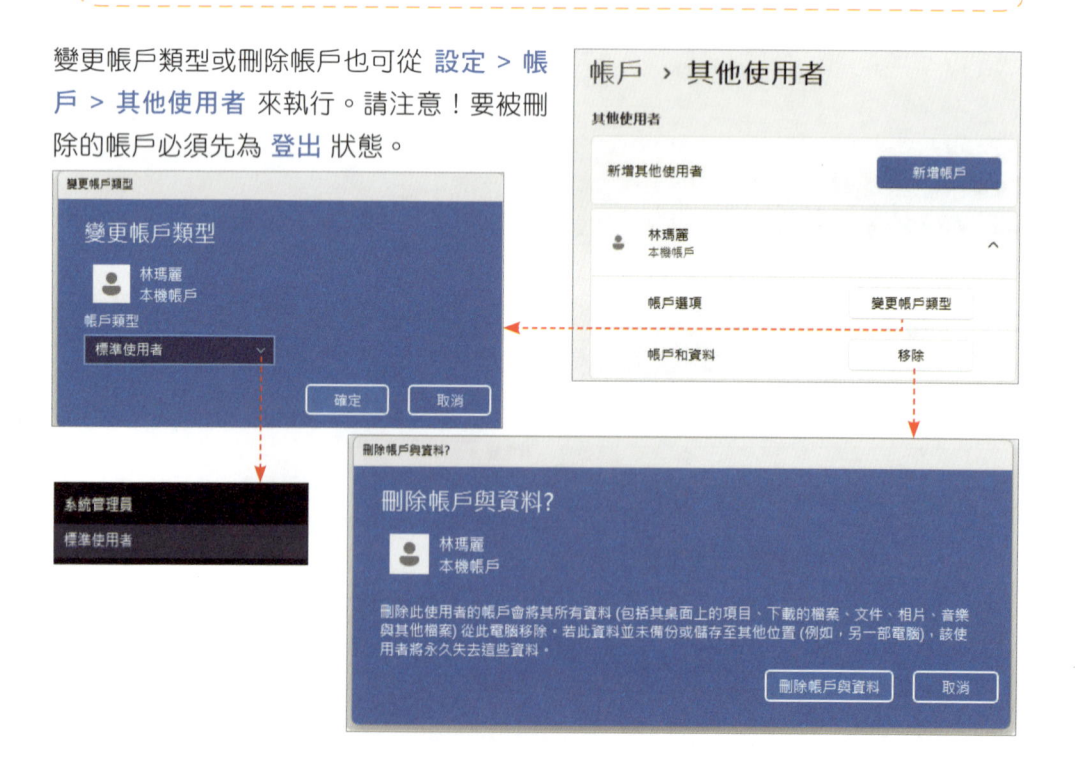

變更帳戶類型或刪除帳戶也可從 設定 > 帳戶 > 其他使用者 來執行。請注意！要被刪除的帳戶必須先為 登出 狀態。

4-8

以上的操作是由「系統管理員」來進行變更，如果是由本人登入電腦（例如：林瑪麗），可以進行帳戶圖片以及密碼的新增或變更。

STEP**1** 登入電腦後，展開 開始 功能表，在帳戶圖示點選後選擇 管理我的帳戶，進入 設定 > 帳戶 頁面，點選 您的資訊。在 調整您的相片 下方點選【瀏覽檔案】鈕。

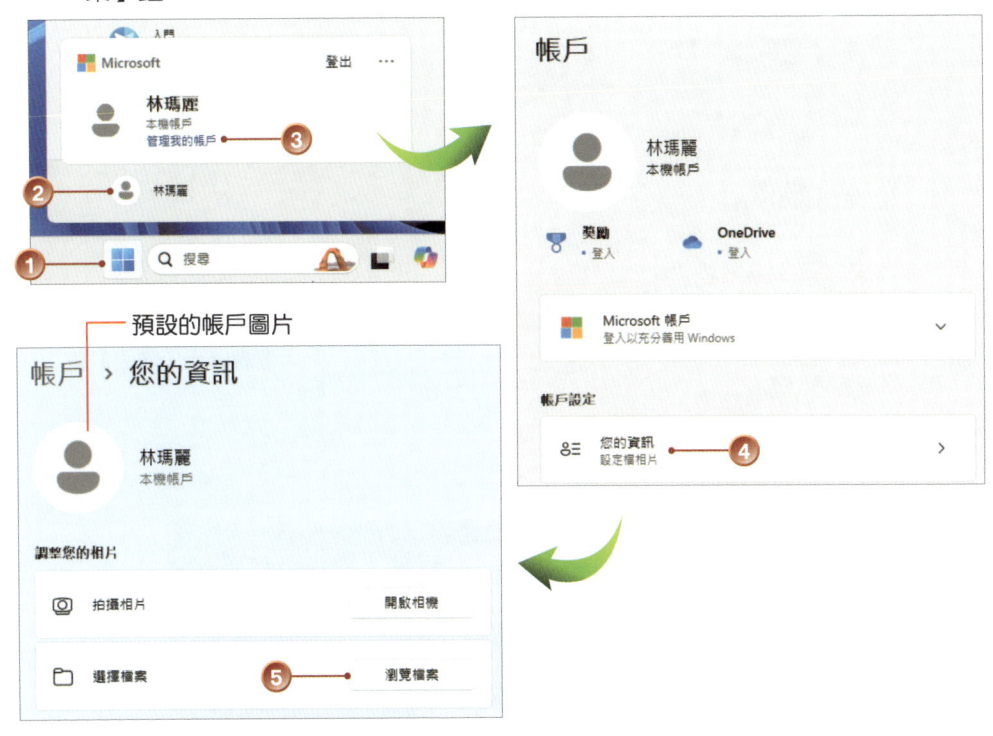

STEP**2** 找到要使用圖片的位置並點選。

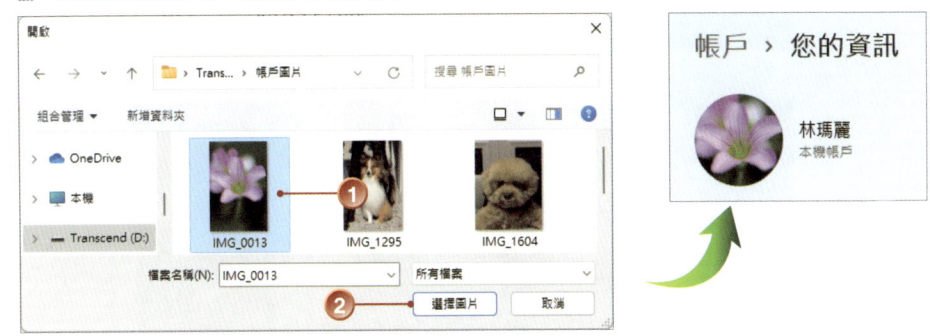

STEP**3** 若有連接攝影裝置（平板等行動裝置通常會內建鏡頭），可以按下【開啟相機】鈕，啟動攝影功能立即拍照做為帳戶圖片。

STEP 4 切換到 帳戶 > 登入選項，點選 密碼 展開選項，若尚未建立密碼，可按【新增】鈕。

> 若已建立過密碼，此處會顯示【變更】鈕

STEP 5 依照指示輸入密碼。

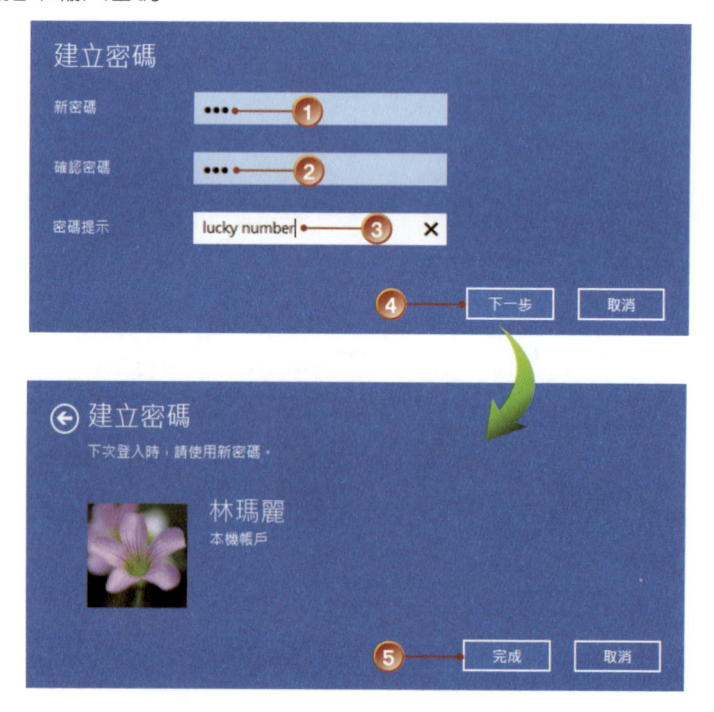

4-10

說明

- 標準帳戶登入後,若要變更帳戶名稱和類型,必須經過系統管理員驗證的程序;有關「使用者帳戶控制」的說明請參考 11-1 節。

- 為了防止因為忘記使用者密碼,而無法登入電腦的情形發生,透過「密碼重設磁片」的功能,可以將密碼的資訊儲存在磁片或 USB 磁碟中,一旦忘記密碼,即可插入該磁片或 USB 磁碟來重設密碼。執行時會啟動 **密碼遺失精靈**,請依照畫面操作即可完成,並將此磁片或 USB 快閃磁碟保存在安全的地方,一旦哪天忘記登入密碼時,就可派上用場了。

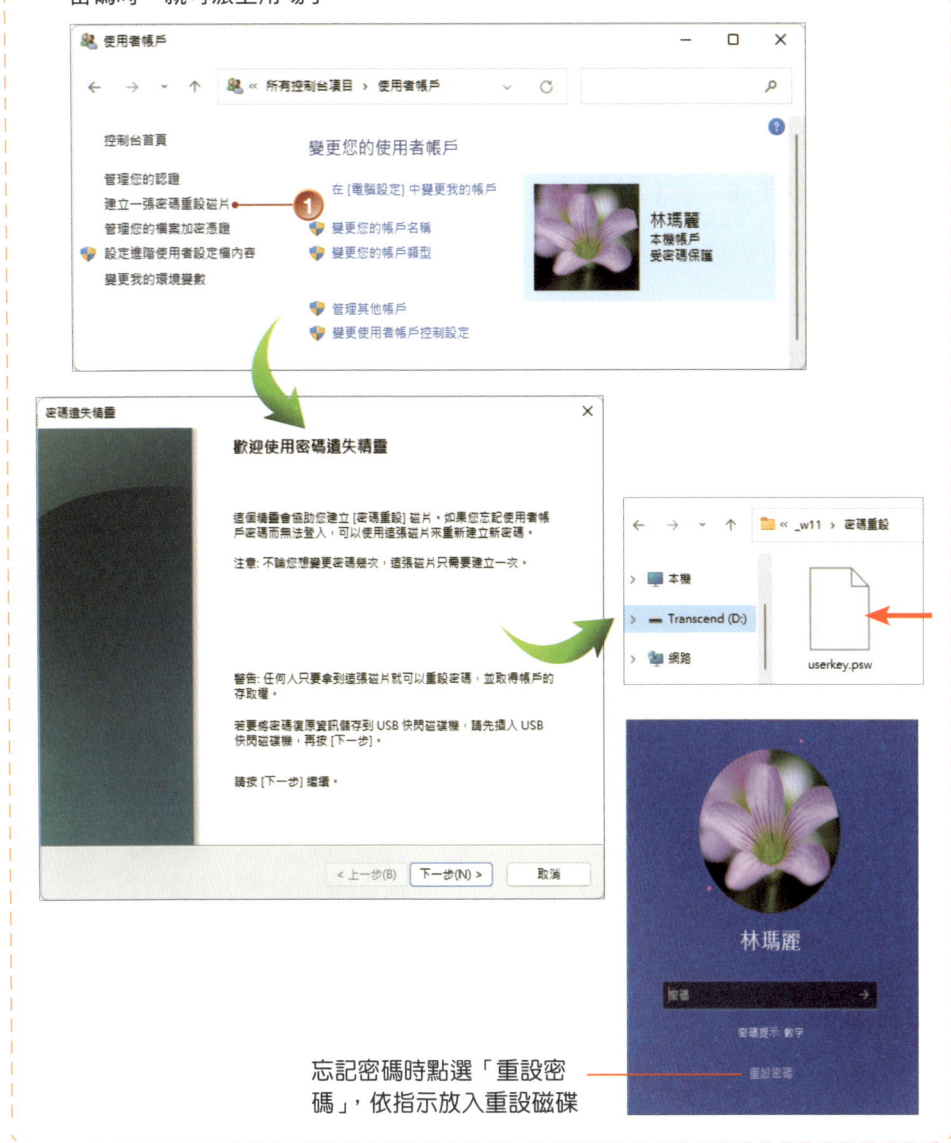

忘記密碼時點選「重設密碼」,依指示放入重設磁碟

4-2. 建立 Microsoft 帳戶

在第一章已介紹過「Microsoft 帳戶」及其重要性,當使用「Microsoft 帳戶」登入電腦時,能夠自動的同步個人化設定,包括:瀏覽器的歷程記錄、我的最愛、集錦、佈景主題、語言使用喜好設定和應用程式設定(To Do、郵件、行事曆…等),可以進入 Microsoft Store 購買並下載各種應用程式,存取遊戲、音樂和影片,還能與 Microsoft 所提供的雲端服務 OneDrive 做最好的整合。

4-2-1 新增 Microsoft 帳戶的使用者

如果已知使用者的「Microsoft 帳戶」,系統管理員就可新增該帳戶類型的使用者:

STEP 1 執行 4-1-1 節的步驟 1-3,於 **該名人員如何登入?** 畫面輸入該人員的電子郵件或電話號碼,按【下一步】鈕。

STEP 2 出現「一切就緒!」的訊息,按【完成】鈕,完成新增使用者的步驟。

STEP 3 該人員要使用電腦時,需輸入其「Microsoft 帳戶」密碼才可順利登入。

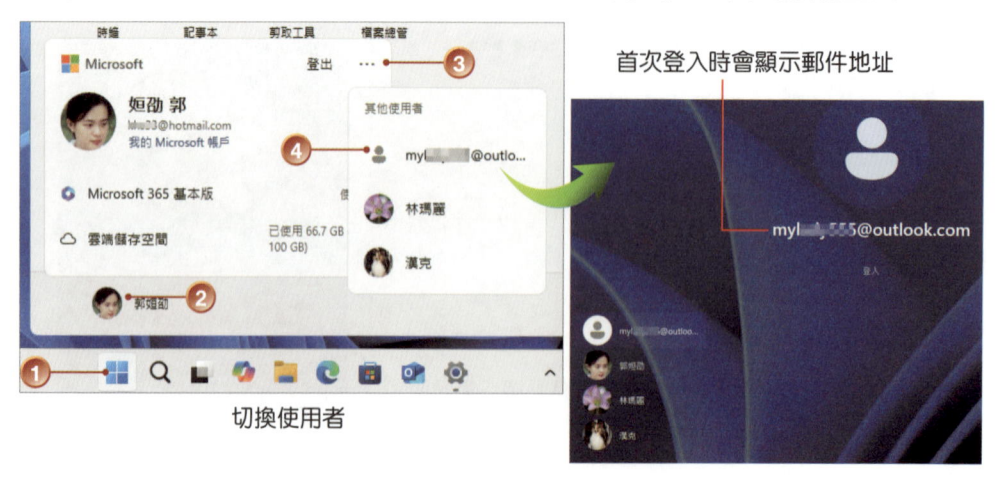

切換使用者

首次登入時會顯示郵件地址

4-12

STEP4 第一次登入時會要求建立 PIN 碼,按【下一步】鈕。

STEP5 輸入 PIN 並確認後,按【確定】鈕。

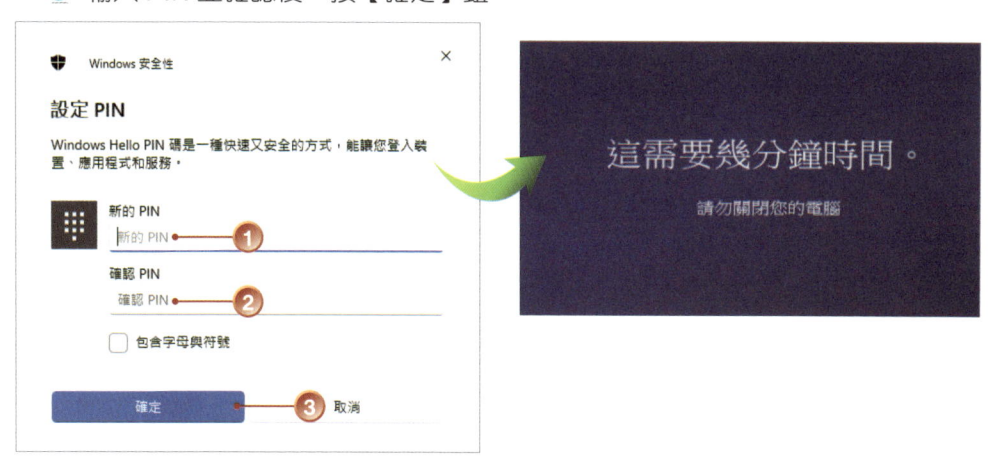

STEP6 接著依畫面指示進行各項設定,選擇裝置的隱私設定,所有項目預設皆開啟,按【下一步】鈕檢視下一頁,再按【接受】鈕,即可開始使用電腦。

接下頁 ➡

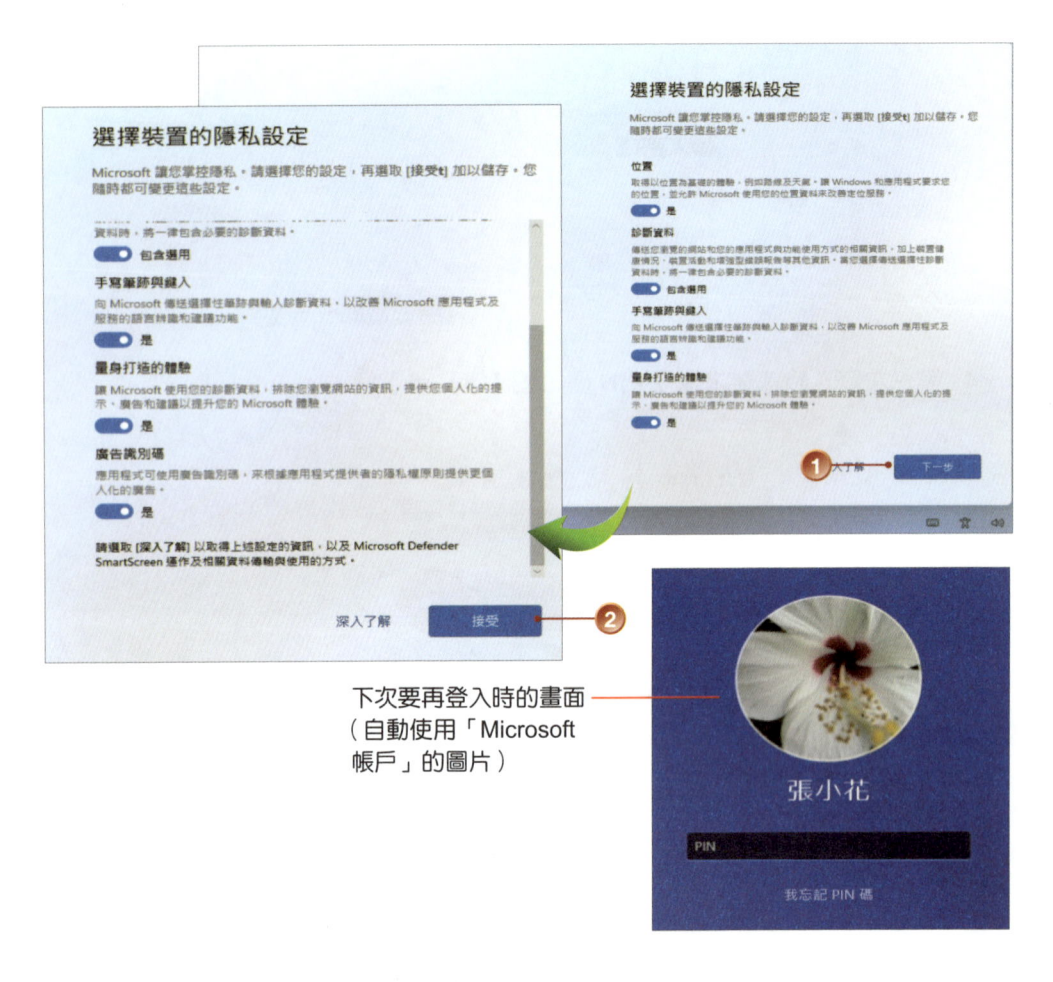

下次要再登入時的畫面
（自動使用「Microsoft
帳戶」的圖片）

當使用「Microsoft 帳戶」進行 登入 之後，許多應用程式會自動使用您的「Microsoft 帳戶」登入而不需要再另行設定；例如：Microsoft Store、郵件、OneDrive…等。瀏覽網頁也是一樣，當瀏覽一些需要以「Microsoft 帳戶」作為認證的網站時，同樣會以您目前的 ID 自動登入，而您隨時可以 登出 並改用其他的帳號 登入。您可以執行與本機帳戶相同的動作，例如：變更圖片、帳戶密碼、建立 PIN 或圖片密碼。

> **說明**
>
> 在 帳戶 > 登入選項 頁面的 其他設定 中，開啟 登入畫面上顯示帳戶詳細資料，例如我的電子郵件地址。即可在登入時顯示郵件地址。

[圖示：其他設定畫面，包含「為改善安全性，僅在此裝置上允許 Microsoft 帳戶的 Windows Hello 登入(建議)」開啟、「動態鎖定」、「在我重新登入時，自動儲存可重新啟動的應用程式並重新啟動」關閉、「登入畫面上顯示帳戶詳細資料，例如我的電子郵件地址」關閉（預設未開啟）、「更新後，使用我的登入資訊來自動完成設定」開啟；右側顯示登入畫面 mylady@outlook.com — 開啟後會顯示郵件地址]

4-2-2 新增 Microsoft 帳戶

如果要新增的使用者還沒有「Microsoft 帳戶」，可以在新增帳戶時立即建立，過程中需包含電子郵件地址及密碼：

STEP 1 參考 4-12 頁步驟 1-2 的圖，於 **該名人員如何登入？** 畫面點選 **我沒有這位人員的登入資訊**。

STEP 2 出現 **建立帳戶** 畫面，可使用現有的電子郵件地址，若沒有現有的電子郵件，可以按下 **取得新的電子郵件地址**，此時可以產生一組「@outlook.com」或「@hotmail.com」，輸入新電子郵件，系統立即檢查，名稱若可以使用，按【下一步】鈕。

[圖示：Microsoft 建立帳戶畫面，左圖顯示 someone@example.com 欄位、改用電話號碼、①取得新的電子郵件地址、新增沒有 Microsoft 帳戶的使用者、返回、下一步；右圖顯示 ②icook520、③下拉選單 outlook.com / hotmail.com、改用電話號碼、改用您的電子郵件、新增沒有 Microsoft 帳戶的使用者、返回、④下一步]

STEP 3 輸入密碼,按【下一步】鈕。

若輸入的密碼不符合規定,會出現提示

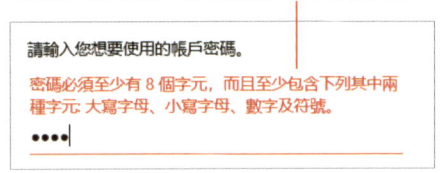

STEP 4 接著輸入姓名,按【下一步】鈕。

STEP 5 新增詳細資料,選擇國家、輸入出生日期,按【下一步】鈕。

STEP 6 完成使用者的新增。

4-16

4-2-3 切換至 Microsoft 帳戶

以 Microsoft 帳戶登入電腦後,可以自動在雲端備份您的資訊,包括:檔案、相片、應用程式設定、Windows 設定,還可以記住帳戶、WiFi 網路及其他密碼。如果已經擁有 Microsoft 帳號,但沒有使用「Microsoft 帳戶」登入,可以經由以下步驟進行切換:

STEP1 以「本機帳戶」登入電腦後,於 **設定 > 帳戶 > 您的資訊** 頁面中點選 **改為使用 Microsoft 帳戶登入**。

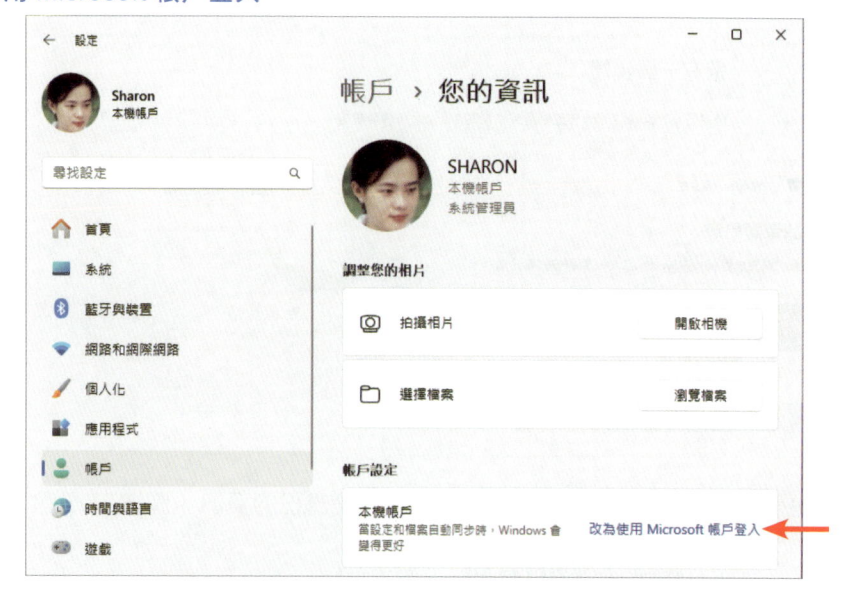

STEP2 輸入 Microsoft 帳戶的登入資訊,按【下一步】鈕。

STEP3 輸入帳戶密碼,按【登入】鈕。

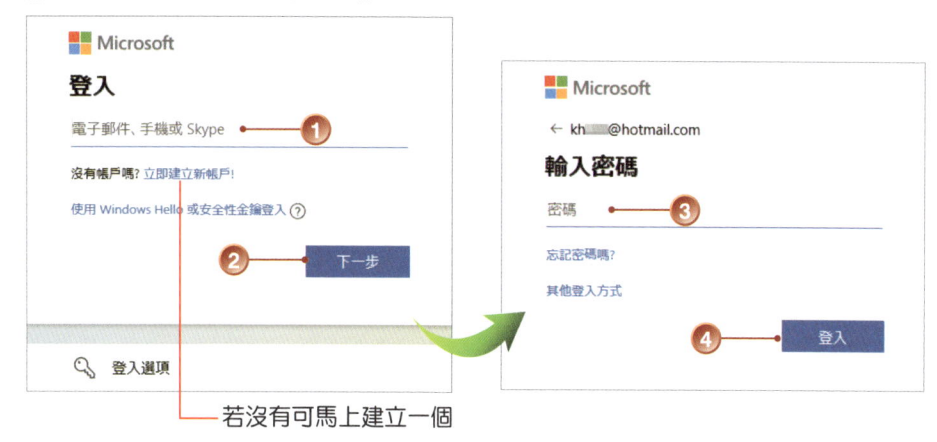

若沒有可馬上建立一個

STEP 4 再輸入一次本機帳號密碼，按【下一步】鈕。

STEP 5 如果該帳戶有設定 PIN，會出現使用 Windows Hello 的訊息，按【下一步】鈕並輸入 PIN（若沒有設定 PIN，會出現 設定 PIN 的畫面，請依指示建立）。

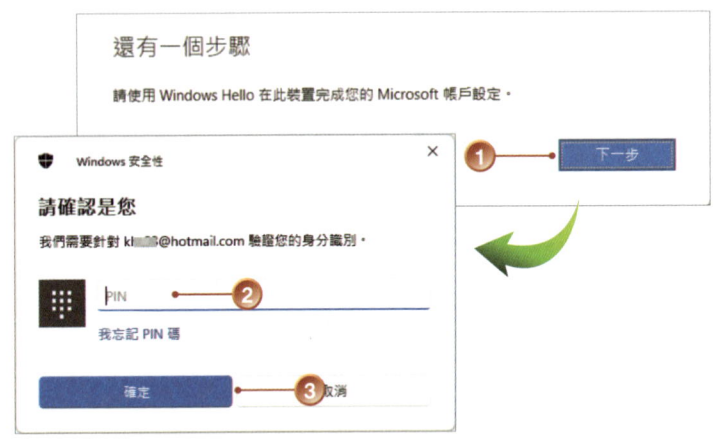

STEP 6 驗證成功回到 設定 畫面，若出現必須驗證身份的資訊，請按下 驗證。

STEP 7 於顯示的頁面選擇取得驗證碼的方式，請從清單中選擇選項，按【傳送驗證碼】鈕。

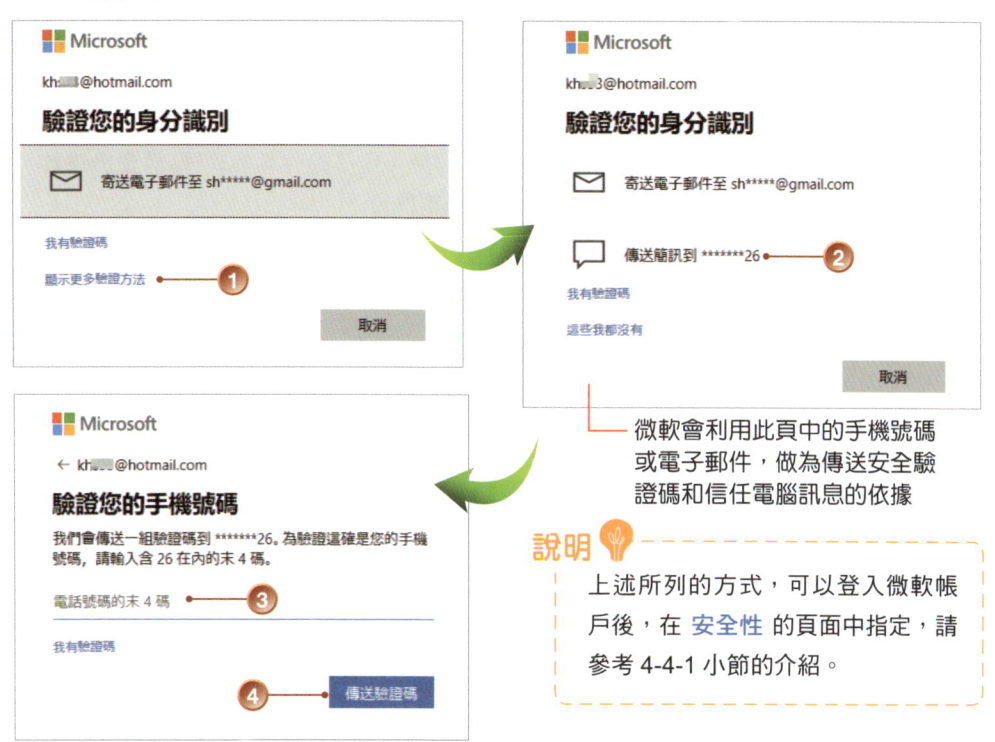

微軟會利用此頁中的手機號碼或電子郵件，做為傳送安全驗證碼和信任電腦訊息的依據

> **說明**
> 上述所列的方式，可以登入微軟帳戶後，在 安全性 的頁面中指定，請參考 4-4-1 小節的介紹。

輸入手機末 4 碼以接收驗證

STEP 8 輸入您收到的驗證碼，按【驗證】鈕。

已成功切換為 Microsoft 帳戶

STEP 9 驗證成功自動回到 設定 > 帳戶 > 您的資訊 畫面。

> **說明**
>
> - 使用「Microsoft 帳戶」登入時,您的電腦會自動連線至雲端,當您將 Hotmail、Facebook、Twitter 和 LinkedIn 等服務與您的「Microsoft 帳戶」完成串連時,朋友的連絡資訊和狀態就會自動與這些服務保持同步。您可以分享並取用 OneDrive 上的相片、文件及其他檔案。
>
> - 以「Microsoft 帳戶」登入過電腦後,在 **帳戶 > 電子郵件與帳戶** 頁面會出現該「Microsoft 帳戶」。點選展開選項,可管理該帳戶。
>
> （圖:帳戶 > 電子郵件與帳戶 設定畫面）
>
> - 此處可新增非「Microsoft 帳戶」的帳號,例如:Gmail 帳號
> - 會開啟「Microsoft 帳戶」網頁
>
> - 某個使用者帳戶下,若曾以不同的微軟帳戶在其他應用程式中登入過,這些帳戶也會出現在 **其他應用程式所使用的帳戶** 下方。為避免帳戶被有心人士使用,或是不想讓人知道曾登入這部電腦,記得登出電腦前,先「移除」自己的微軟帳戶。

4-2-4 切換回本機帳戶

如果擔心以「Microsoft 帳戶」登入會將個人隱私「全都露」,而有安全上的顧慮,可以切換回「本機帳戶」。

STEP **1** 進入 設定 > 帳戶 > 您的資訊 畫面,點選 改為使用本機帳戶登入(參考 4-19 頁步驟 9 的圖)。

STEP **2** 出現確認切換至本機帳戶的畫面,按【下一步】鈕。

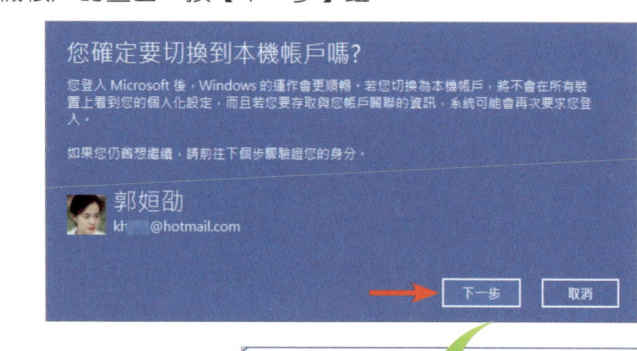

STEP **3** 輸入 PIN 碼。

STEP **4** 使用者名稱 會自動出現,接著輸入密碼、重新輸入密碼及密碼提示,按【下一步】鈕。

STEP **5** 出現即將完成的訊息,並提醒您儲存工作,在下次登入時使用新密碼,按下【登出並完成】鈕。

STEP **6** 系統會 登出 並出現本機 登入 畫面,輸入 PIN 或設定的密碼即可登入。

4-3. 登入選項設定與變更

建立使用者帳戶的過程中,需要指定登入的密碼或設定 PIN,之後您可視需要變更。事實上 Windows 中提供了多種登入選項,不過可採用的方式得看您的裝置所具備的硬體條件而定。另外,為了讓使用者更放心的使用電腦,可以設定暫時離開裝置時自動將電腦鎖定。

4-3-1 建立 PIN

使用者在建立帳戶密碼時,可以設定至少四位數字的 PIN 來替代,這種方式更具安全性。PIN 為何比輸入密碼安全?因為您指定的 PIN 只能用在這部裝置,對遠端駭客來說,PIN 沒有任何意義。安裝 Windows 的過程中會出現設定 PIN 的步驟,如果當時跳過未設定,就可依下列的步驟建立。請注意!要先有 密碼,才可以新增 PIN 和圖片密碼的登入選項。

STEP**1** 由已建立過「密碼」的帳戶本人進入 設定 > 帳戶 > 登入選項 畫面,展開 PIN(Windows Hello) 點選【設定】鈕。

未先建立密碼,
會出現此提示

STEP**2** 先輸入目前的密碼,按【確定】鈕。

4-22

STEP 3　然後輸入至少 4 位數的數字，再次確認輸入後按【確定】鈕。

① 新的 PIN
② 確認 PIN
③ 取消

視需要勾選

STEP 4　下次登入時所顯示的 登入 畫面，會出現 登入選項，若要以輸入 PIN 的方式登入，可改選 PIN 圖示。

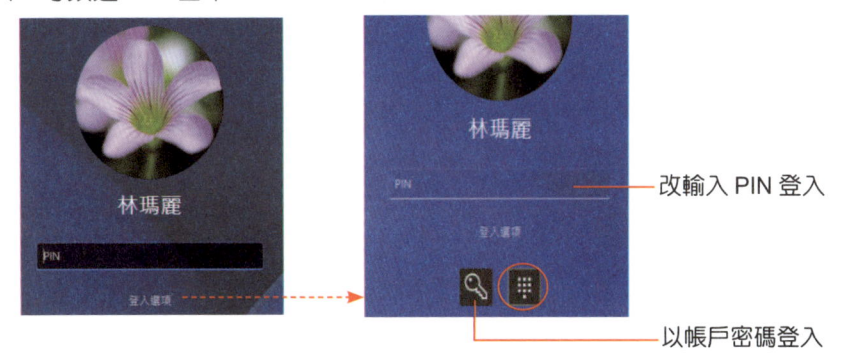

改輸入 PIN 登入

以帳戶密碼登入

說明

- 若是忘記 PIN，可以點選 我忘記 PIN，這時就要先驗證原帳戶密碼才可重新設定（參考步驟 3 的圖）。

- 點選【變更 PIN】鈕可更換 PIN，但要先輸入原先的 PIN；按下【移除】鈕可以移除 PIN 碼，此時會出現訊息要你確認。請注意！若正使用臉部或指紋辨識，移除 PIN 會停止其運作。

接下頁 ➡

4-23

- 從 Windows 10 開始內建了一種生物識別功能－「Windows Hello」，若您的電腦搭配了具備生物識別感應器的硬體裝置，例如：指紋辨識機、紅膜辨識感應器…等人臉辨識系統，在 登入選項 中可以設定 Windows Hello 臉部 或 指紋 選項。這項技術如同有些智慧型手機，可以經由指紋辨識來解鎖手機一樣，Windows Hello 可以透過您的臉、眼睛或手指，讓裝置快速識別後自動登入 Windows 11。相較於輸入密碼的方式，不但方便且更加安全。即便是有人拿您的照片或是想假扮成您，也沒辦法解鎖，這項技術應用在政府、軍事單位、金融或醫療企業是再適合不過了，因為具有極高度的隱私安全性。

- 「圖片密碼」是專為觸控裝置所設計的登入方式，只要透過手指（或滑鼠）在指定的圖片上畫出直線或圓圈，就可登入或將電腦解鎖。

4-3-2 自動鎖定的設定

在第二章介紹過，當您需要暫時離開電腦一下子，又不希望其他人使用自己的電腦時，可以隨手按下 [⊞] + [L] 鍵（或是按 [Ctrl] + [Alt] + [Del] 鍵再選擇 鎖定），就會登出電腦並進入鎖定畫面，如果已設定登入密碼，就必須輸入密碼才能回到離開前的編輯狀態。其實您可以設定當離開電腦時，讓 Windows 自動鎖定電腦。

啟動螢幕保護程式

沒錯！就是這個早期 Windows 作業系統中就存在的功能，雖然我們不建議使用螢幕保護程式。

STEP 1　進入 設定 > 個人化 > 鎖定畫面，在 相關設定 中點選 螢幕保護裝置。

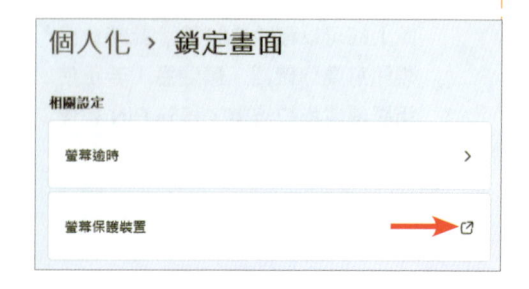

STEP**2** 先勾選 **繼續執行後，顯示登入畫面** 核取方塊，接著在 **等候** 中設定隔幾分鐘後自動登出，按【套用】鈕。

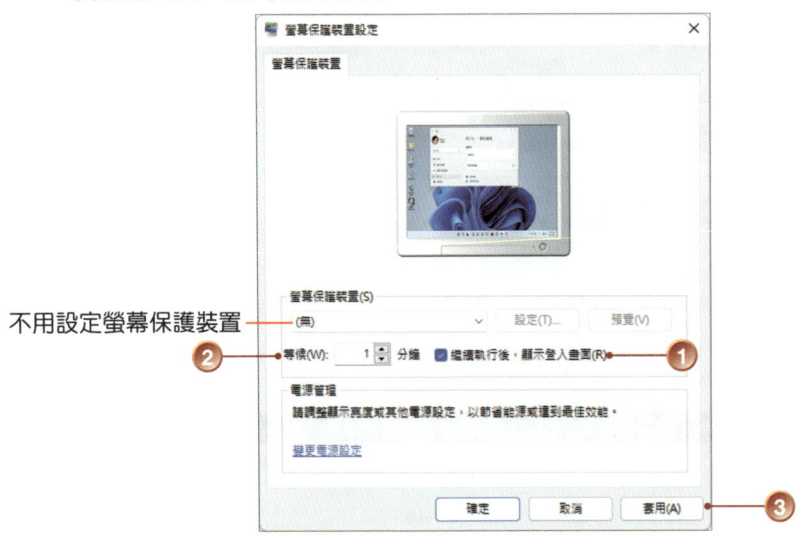

不用設定螢幕保護裝置

STEP**3** 只要您離開座位的指定時間一到，電腦就會進入 **鎖定畫面** 了！

動態鎖定

動態鎖定 是從 Windows 10 就內建的方法，透過藍牙將手機與電腦連線，當您的手機離開電腦連線的範圍時，Windows 會自動幫您鎖定。不過，要執行這項功能，請先確認電腦和手機都支援藍牙。

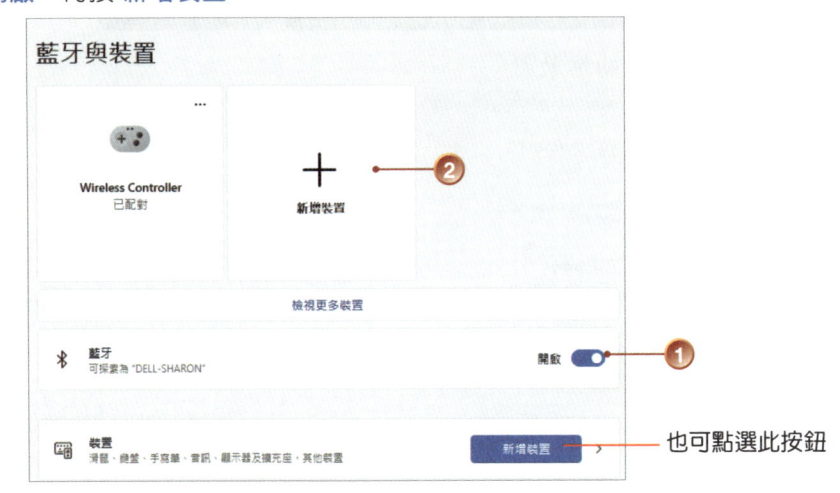

STEP**1** 首先要透過藍牙，讓手機與電腦連接，切換到 **設定 > 藍牙與裝置**，確定 **藍牙** 已 **開啟**，再按 **新增裝置**。

也可點選此按鈕

4-25

STEP2 開啟 新增裝置 視窗，選擇 藍牙。

STEP3 將手機靠近電腦，偵測到並連接後點選裝置。

STEP4 開始連線，手機上會出現與下圖中相同的 PIN，按【連線】鈕，手機上則按【配對】鈕。

STEP **5** 出現裝置已就緒的訊息表示已連線,按【完成】鈕。

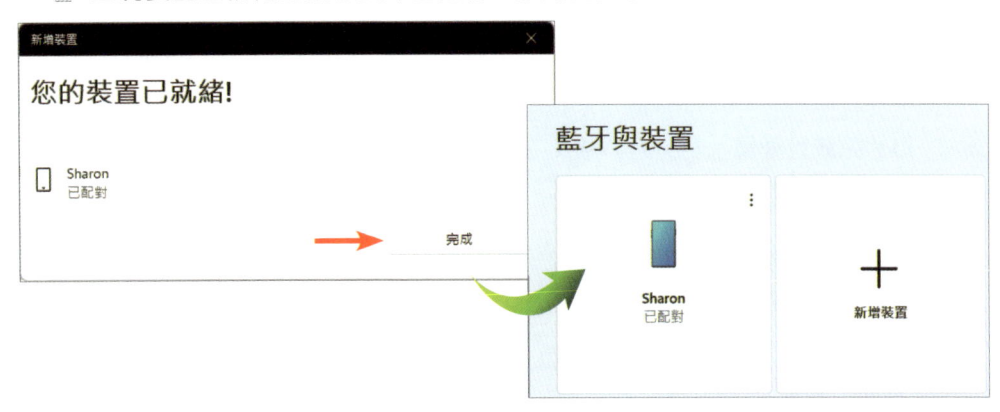

STEP **6** 再次展開 動態鎖定,勾選 允許 Windows 在您離開時自動鎖定裝置 核取方塊,即會開始尋找配對的手機,不一會兒,下方會顯示與手機配對的圖示,現在您可以帶著手機離開電腦,看看電腦螢幕是否自動鎖定。

說明

為了節省電源,通常會在不使用電腦一段時間後(預設為 15 分鐘),設定進入 睡眠 狀態,當要再次使用時,就要執行 登入 動作。若不想讓系統要求登入,系統管理者可以在 登入選項 的 Windows 應該在您離開多久之後要求您再次登入? 中選擇 永不。

4-27

4-3-3 設定受指派存取權的帳戶

多人共用一部電腦時，系統管理者可以針對標準使用者的工作性質，限制其只能存取一個 Windows 應用程式，這樣可以更有彈性的控管共用電腦的使用效能。

STEP**1** 以「系統管理員」身分登入後，在 設定 > 帳戶 > 其他使用者 頁面點選 設定 Kiosk 中的【開始】鈕。

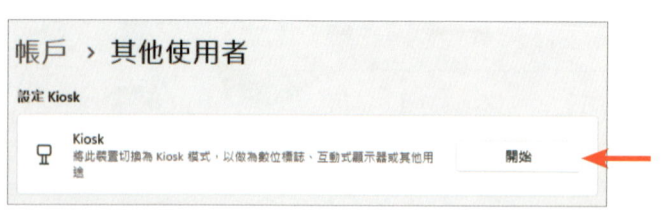

STEP**2** 在 建立帳戶 視窗輸入帳戶名稱或點選 選擇現有的帳戶，從現有的帳戶中選擇標準使用者帳戶，例如：漢克，按【下一個】鈕。

STEP3 接著選擇此帳戶可存取的應用程式，例如：Microsoft Edge，按【下一個】鈕。

STEP4 採預設選項，按【下一個】鈕。

STEP5 鍵入將於 Microsoft Edge 開啟的網址，並設定未使用的時間達多長時重新啟動（採預設的 5 分鐘），按【下一個】鈕。

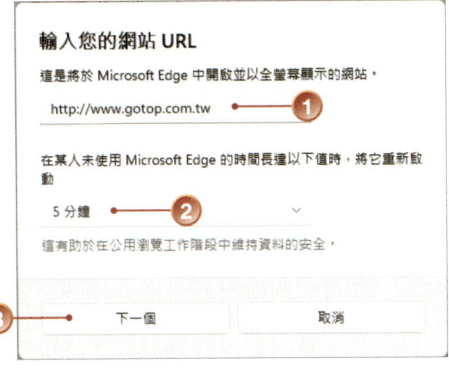

STEP6 按【關閉】鈕。

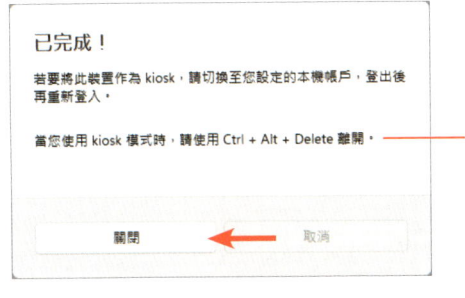

注意！在此模式下以 Ctrl + Alt + Del 鍵離開

接下頁 ➡

4-29

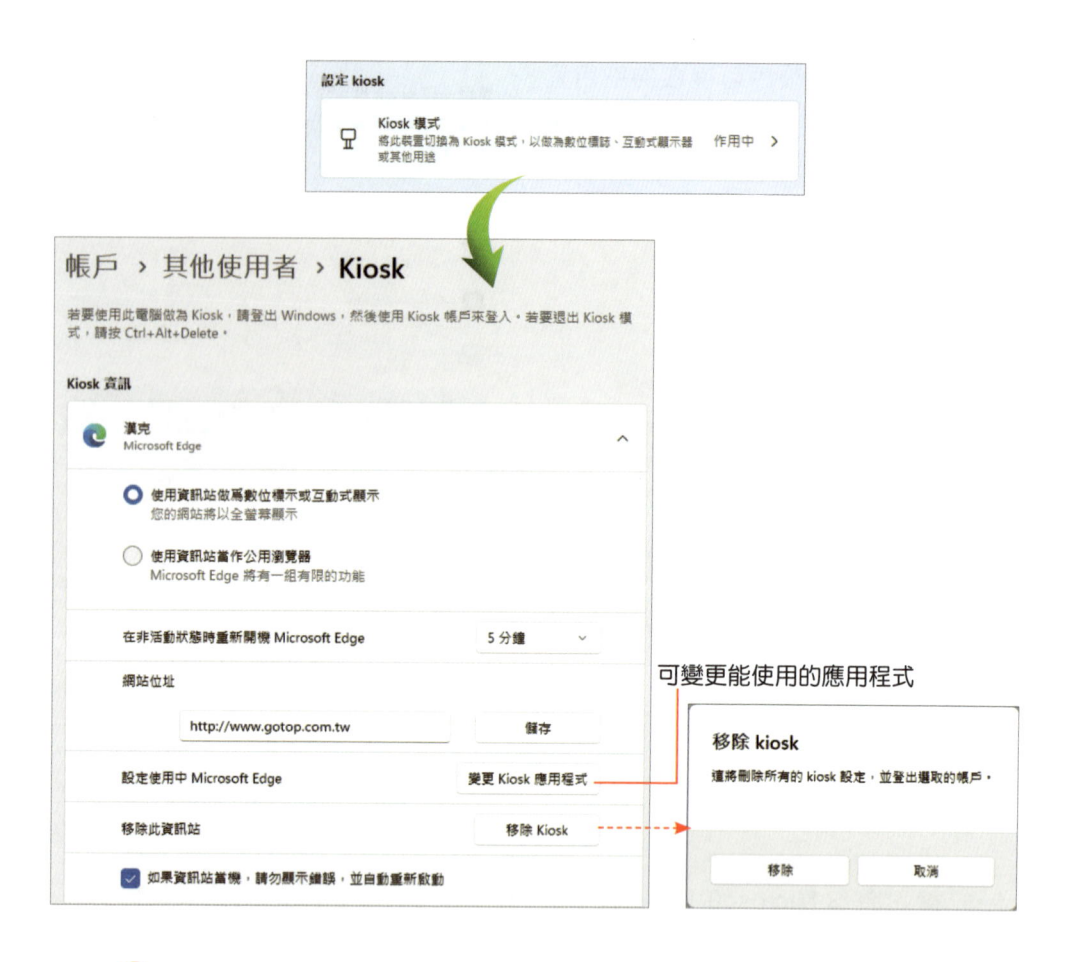

> **說明**
> 要取消該帳戶受指派存取權，可以由系統管理員再次進入 設定 kiosk 頁面，展開帳戶，按【移除 kiosk】鈕。

STEP**7** 接著切換使用者，以「漢克」的帳戶登入電腦。

STEP**8** 系統會自動以全螢幕開啟 Microsoft Edge 應用程式，可以開始瀏覽預設的網站（碁峰資訊網頁），但無法使用其他應用程式。

STEP**9** 如果「漢克」不再使用電腦了，可以按 Ctrl + Alt + Del 鍵回到 登入 畫面，改由其他人登入或關閉電腦。

■ 4-30

4-4. 同步個人設定

在 4-2 節所輸入的電子郵件會與「Microsoft 帳戶」連結在一起，成為不同電腦間進行同步的帳戶依據。這個「Microsoft 帳戶」可以讓我們同步個人化的設定，不管是在哪一台裝置登入 Windows，因此也可以稱之為「漫遊帳號」。

4-4-1 管理 Microsoft 帳戶

在新增使用者時，如果選擇以「Microsoft 帳戶」登入，就可自動取得 Microsoft 應用程式中的線上內容，並且享有線上同步設定的優勢。OneDrive 是您預設的雲端儲存體，因此您手機相簿和電腦設定會自動備份到雲端，所建立的新文件預設也會儲存於此，所以不論您在哪部裝置登入，都可存取這些內容。

不管您是新註冊或是原本就擁有「Microsoft 帳戶」，在與本機帳戶之間進行切換時，會需要經過輸入驗證碼。如果申請帳戶的時間已久，或註冊時沒有記下相關資訊，甚至想要修改驗證通知的手機或郵件地址⋯等，可以透過管理帳戶來進行設定。

STEP1 以「Microsoft 帳戶」登入，在 **帳戶 > 您的資訊** 頁面的 **相關設定** 下點選 **管理我的帳戶**。

STEP2 啟動瀏覽器並顯示 **Microsoft 帳戶 / 帳戶** 畫面，並顯示您的訂閱內容、儲存空間、使用的裝置、隱私權、安全性、付款選項、訂購記錄、家庭⋯等資訊。

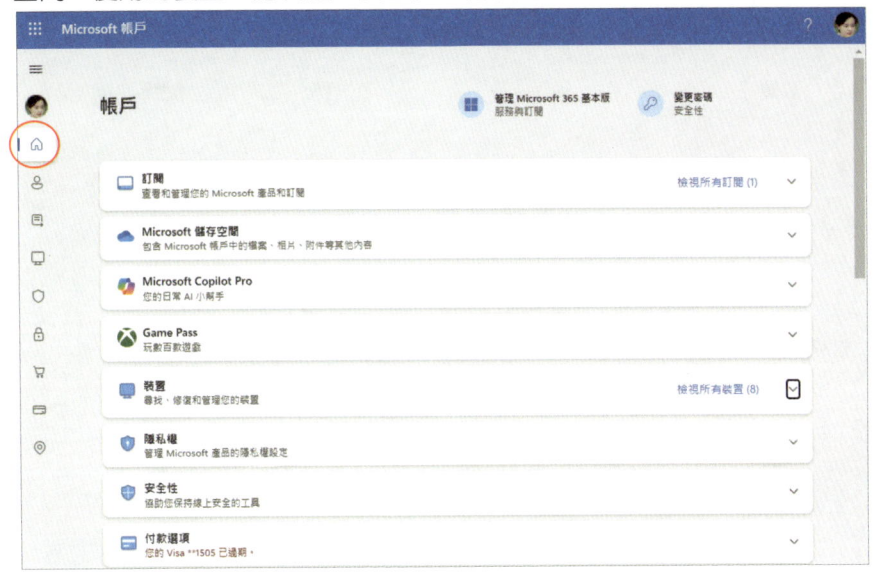

> **說明**
>
> 網頁內容會經常更新，請依實際顯示畫面操作。

STEP 3 切換到 **您的資訊** 類別，可以變更名稱、圖片、管理登入的電子郵件地址或編輯個人資訊。

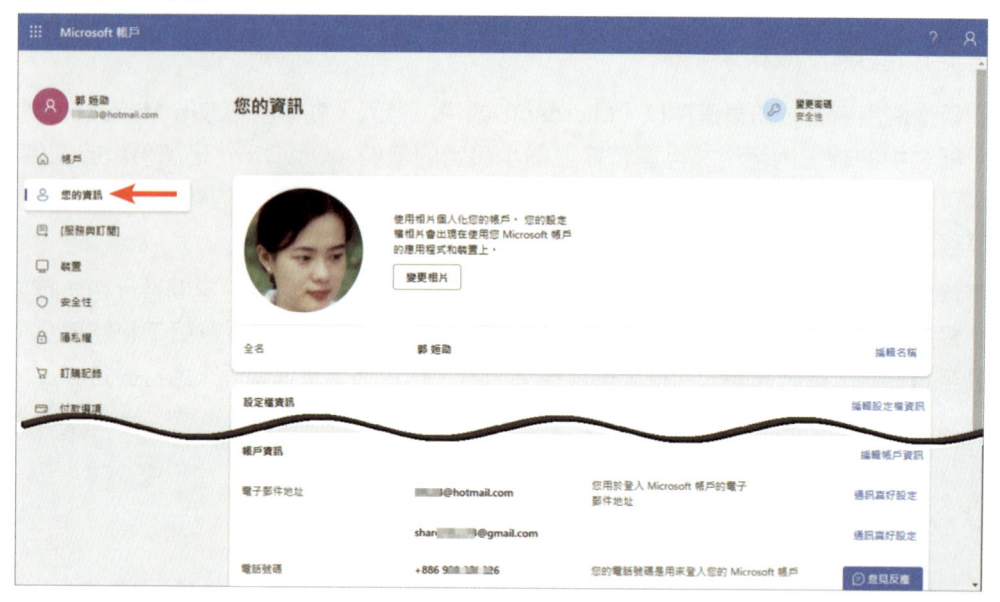

STEP 4 **裝置** 類別中會顯示該帳戶曾在哪些裝置中登入過。

STEP **5** 如果在 Windows 裝置上安裝應用程式或遊戲已達裝置數上限,可以點選 **裝置** 頁面中 Microsoft Store **裝置管理** 的 **管理**,找到裝置後選擇 **取消連結**。

STEP **6** 切換到 **安全性** 類別,可以檢閱最近的登入活動、變更密碼及更新安全資訊。

接下頁 ➡

■ 4-33

檢閱最近的活動

STEP 7 點選【管理我登入的方式】鈕（參考步驟 6 的畫面），可以新增或移除驗證通知的備用電子郵件、簡訊或手機號碼。

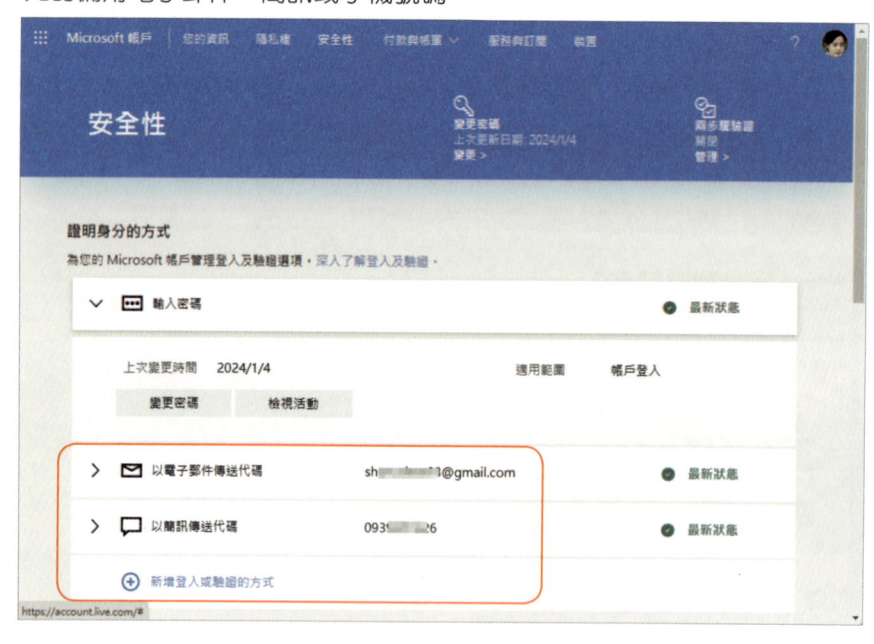

■ 4-34

> **說明**
>
> 當您在 帳戶 > 家庭 中新增成員後,在 Microsoft 帳戶 > 帳戶 頁面的 家庭 中點選 檢視您的家庭,可以檢視家庭成員(例如:小孩)使用電腦的時間和活動,有效掌握成員的活動軌跡。

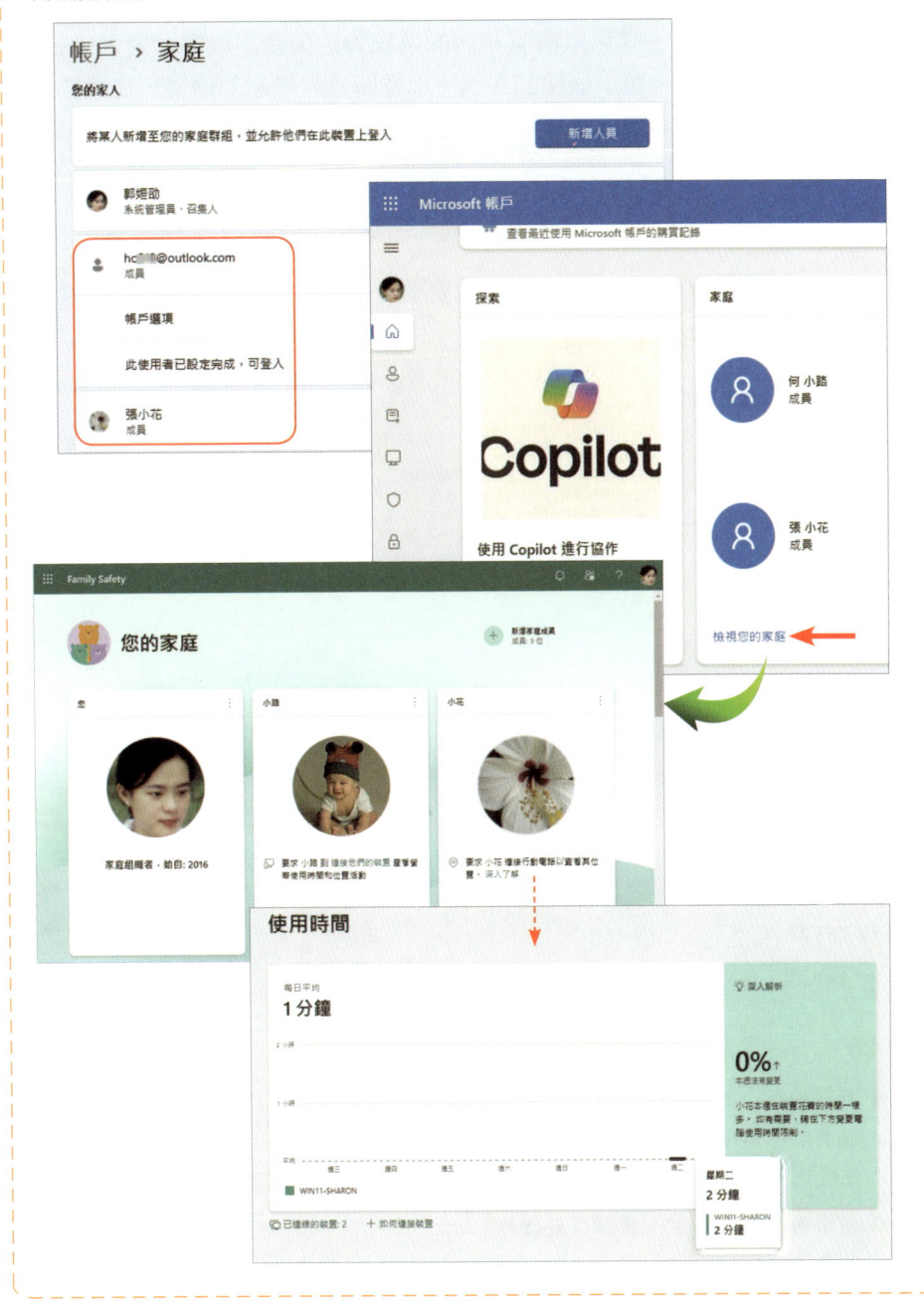

4-4-2 同步設定

使用「Microsoft 帳戶」登入電腦的最大優勢就是「漫遊」,這個「漫遊」的功能其實在從前的 Windows 就已經存在,只不過必須在企業的網域環境中使用。使用者可以將個人設定檔自動備份在伺服器中,讓網域中的用戶不管在哪一部電腦作業,只要以相同的帳戶登入,就可以擁有相同的系統設定與使用環境。最大的好處是,如果哪天這部電腦掛掉,可以很快的在另一部電腦登入熟悉的環境,快速的恢復原有的工作。將個人設定同步的重要關鍵,就在於使用「Microsoft 帳戶」,至於可以備份電腦的哪些設定,可以自行決定。

STEP1 以 Microsoft 帳戶登入,進入 **設定 > 帳戶** 畫面,點選 Windows 備份。

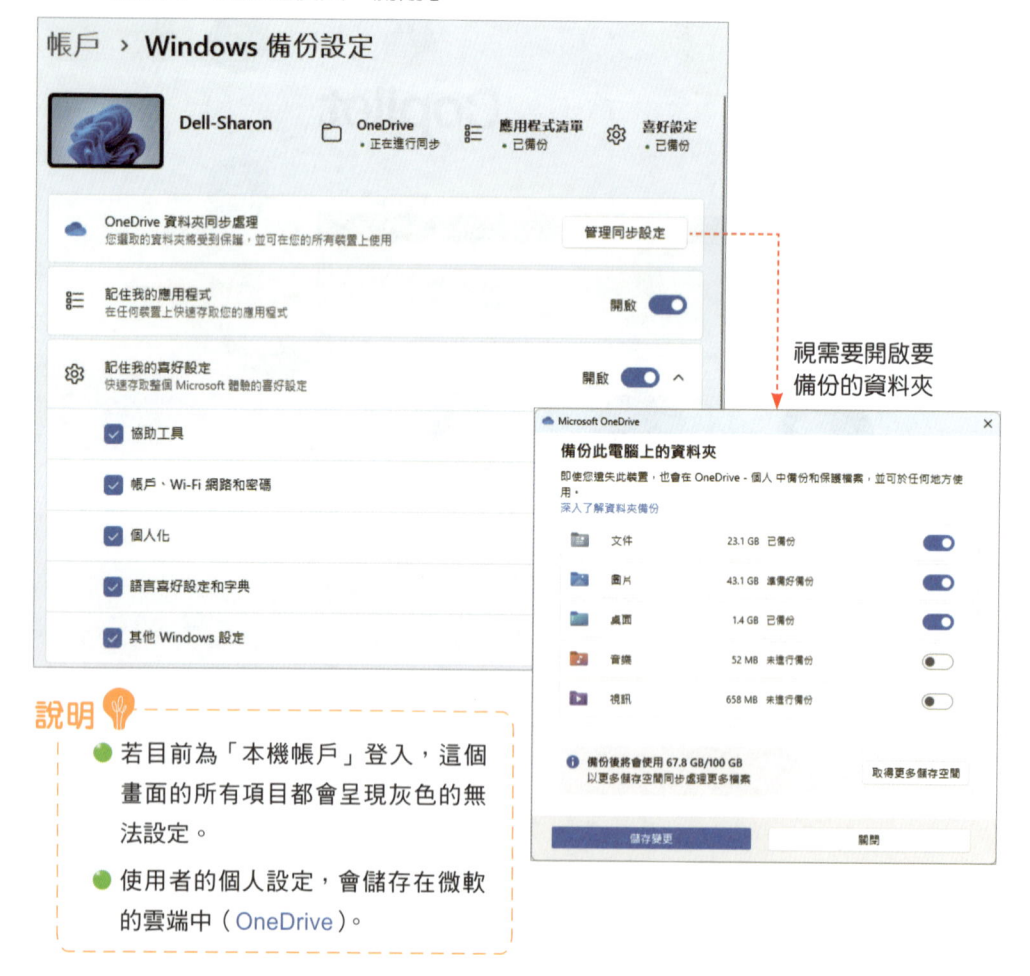

STEP2 **同步設定** 預設皆為「開啟」,請視需要調整單一項目是否要備份,不需要同步的項目,請點選使其「關閉」。

視需要開啟要備份的資料夾

說明
- 若目前為「本機帳戶」登入,這個畫面的所有項目都會呈現灰色的無法設定。
- 使用者的個人設定,會儲存在微軟的雲端中(OneDrive)。

Chapter
5

更有效率的檔案總管

「檔案總管」在 Windows 的視窗作業系統中是舉足輕重的「管家」角色，所有大大小小、各種格式的檔案在此都無所遁形。從前 Windows 作業系統的改版，「檔案總管」的改變總是比較少，這次 Windows 11 為「檔案總管」帶來了更簡潔、清新、符合潮流與視覺化的使用介面，讓用戶有耳目一新的全新體驗！

5-1. 檔案總管的新介面

Windows **檔案總管** 是管理檔案的中心,所有安裝的程式、系統自動產生的檔案、或是由使用者建立的檔案,都可以透過它來檢視或編輯,井然有序的管理檔案是初學者在學習 Windows 作業系統時的重要課題之一。

5-1-1 檔案總管視窗介紹

Windows 11 的 **檔案總管** 中,將常用的功能指令以工具鈕的方式呈現在工具列中方便快速存取,點選 **工作列** 上的 **檔案總管** 捷徑圖示或按 + E 快速鍵將視窗開啟,預設會展開 **常用**,點選任一資料夾如下圖所示。與網頁瀏覽器相似的「分頁」功能,可以將常用的資料夾以索引標籤的方式保留顯示,方便快速存取與切換,省去同時開啟多個檔案總管視窗的麻煩,還可在不同的索引標籤之間,以拖曳方式進行檔案的搬移與複製。

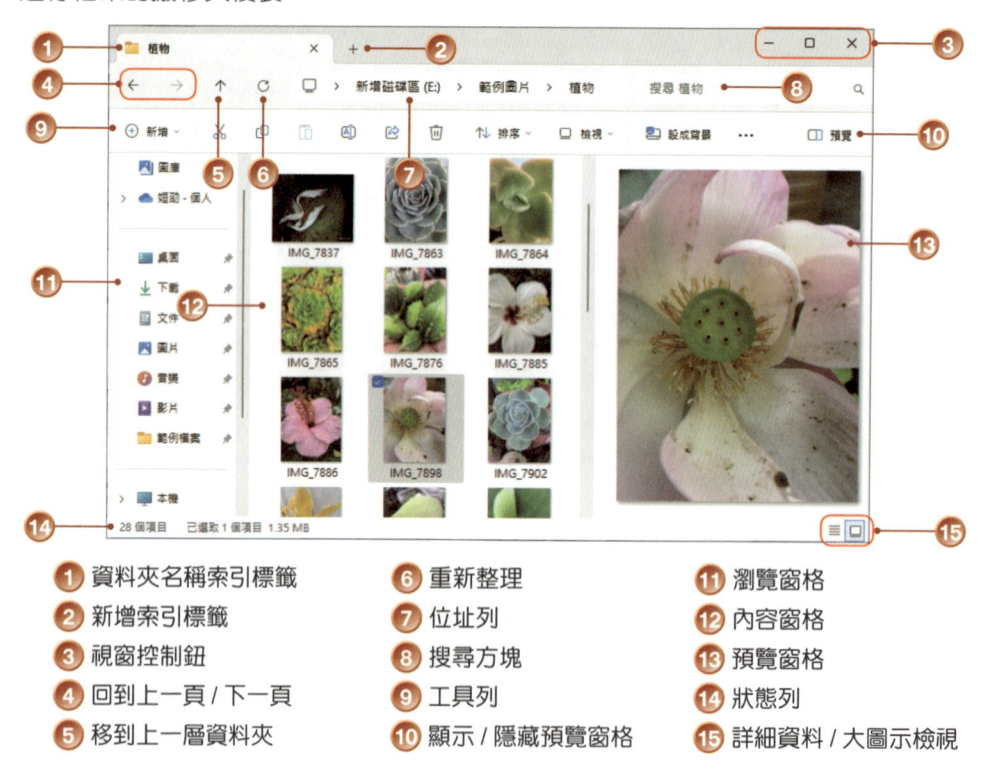

① 資料夾名稱索引標籤	⑥ 重新整理	⑪ 瀏覽窗格
② 新增索引標籤	⑦ 位址列	⑫ 內容窗格
③ 視窗控制鈕	⑧ 搜尋方塊	⑬ 預覽窗格
④ 回到上一頁 / 下一頁	⑨ 工具列	⑭ 狀態列
⑤ 移到上一層資料夾	⑩ 顯示 / 隱藏預覽窗格	⑮ 詳細資料 / 大圖示檢視

▶ **資料夾名稱索引標籤**:會依所選項目呈現不同的名稱,點選「+」(或按 Ctrl + T 鍵)可新增索引標籤,在索引標籤上按右鍵可將索引標籤關閉。將索引標籤以滑鼠按住並拖曳出視窗,會以新的 **檔案總管** 視窗單獨顯示。

5-2

快速鍵

右側有索引標籤時此指令才有作用

可複製整個索引標籤

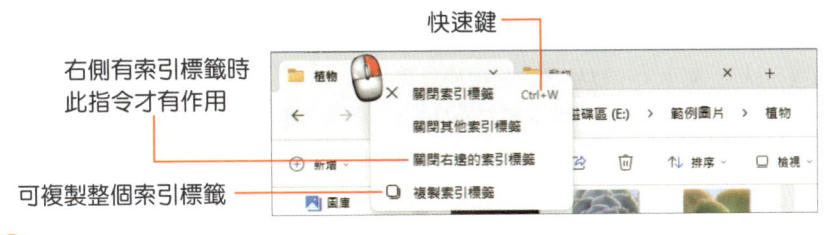

說明

在 **工作列** 的 **檔案總管** 圖示上按右鍵（平板裝置請以手指按住圖示並往上滑動），選擇 **檔案總管** 指令即也可再開啟新的 **檔案總管** 視窗。

- **圖庫**：點選 **檔案總管** 左側瀏覽窗格的 **圖庫**，內容窗格中會顯示類似 **相片** 應用程式中 **集錦** 的內容，以「時間軸」的方式顯示裝置中的照片，最近的會顯示在最上方。執行 **集合 > 管理集合**，可新增內含相片的資料夾，如果有啟用 OneDrive 相機備份的功能，手機上的照片會立即出現在圖庫中。

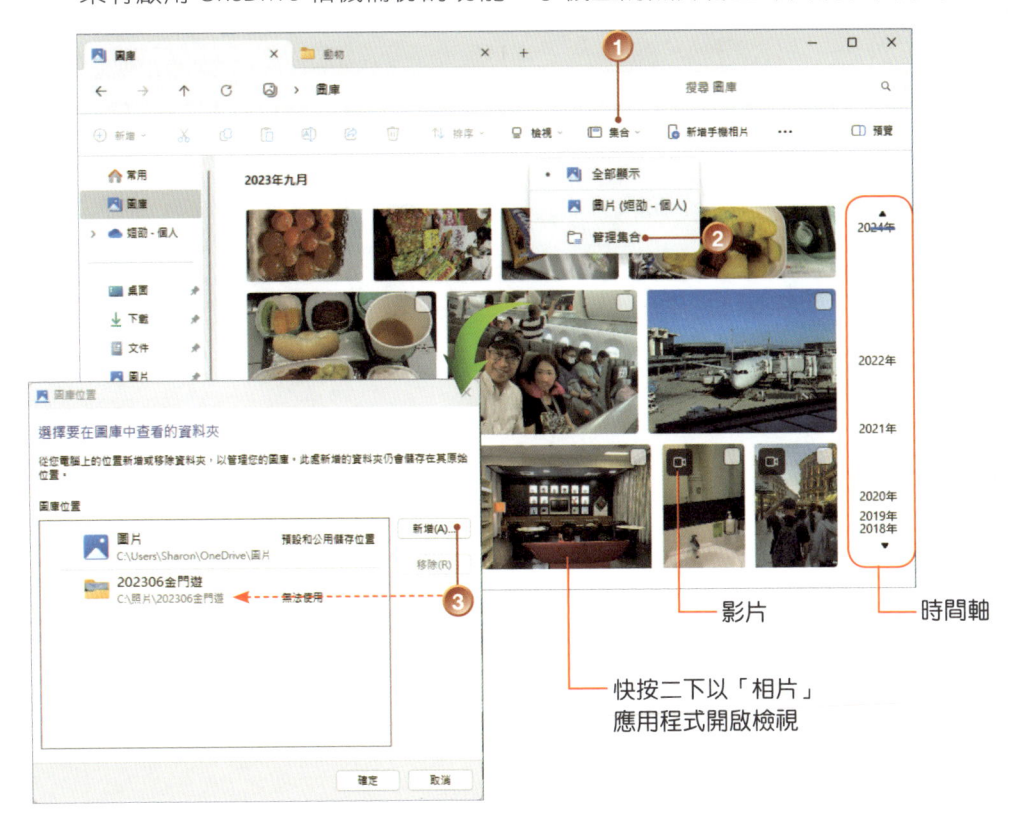

時間軸

影片

快按二下以「相片」應用程式開啟檢視

5-3

> **說明**
>
> 點選 新增手機相片，以手機的相機掃瞄畫面中的 QR 代碼，在手機中下載 OneDrive 應用程式，再以您的微軟帳戶登入，開啟相機上傳的功能後，就會自動備份您的相片和影片到雲端，接著您就可以在電腦中開啟 檔案總管，然後在 圖庫 中檢視內容。

🔵 **位址列**：位址列 除了可以顯示檔案的詳細路徑外，還可以快速地切換到指定的檔案路徑。只要點選 位址列 中要切換項目右側的 展開 鈕，選擇目標即可。之後，可再以 回到上一頁 及 回到下一頁 鈕，在曾經顯示的資料夾之間來回切換。

5-1-2 工具列的使用

和 Windows 10 以功能區（Ribbon）將工具屬性分類放置的方式不同，Windows 11 以「命令工具列」來執行各種常用的編輯動作，讓您輕鬆建立資料夾和文件，執行 剪下、複製、貼上、重新命名、分享、刪除 等指令，切換檔案檢視方式並調整視窗內容的配置。工具列也會因為所選目標項目的屬性而出現不同的工具鈕，例如：選取圖片時，會出現 設成背景 和 旋轉 等工具鈕，在後續的操作中會有更多的說明。

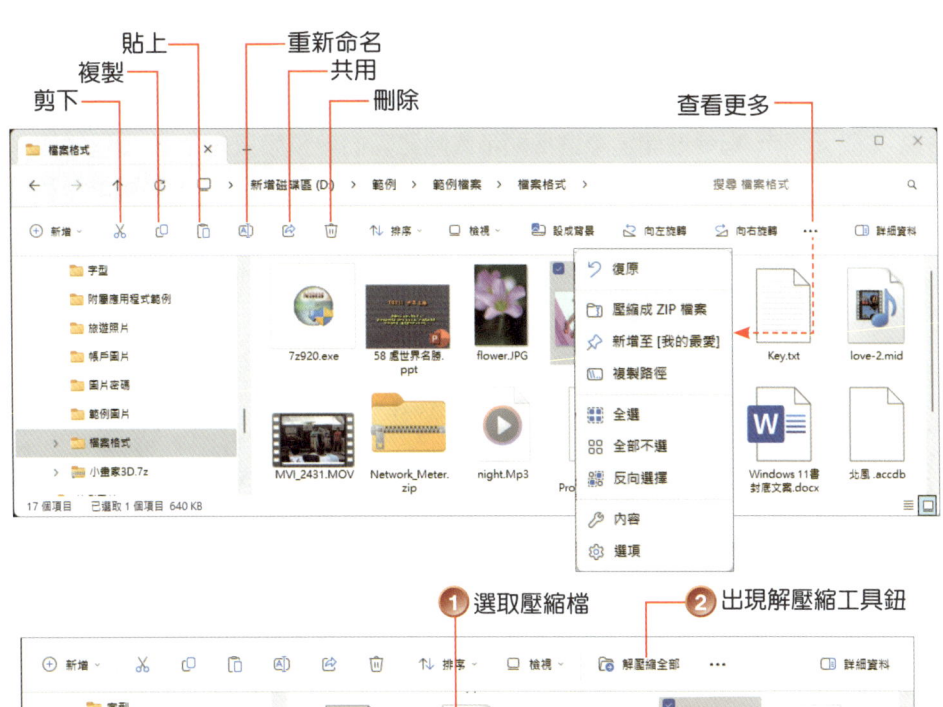

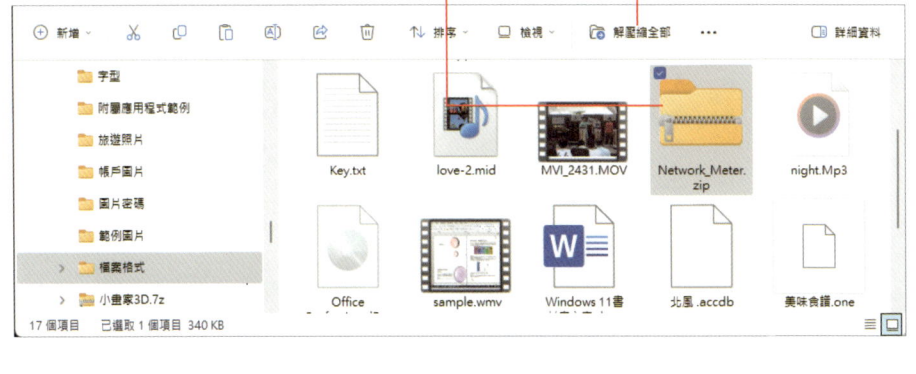

剪下
複製
貼上
重新命名
共用
刪除
查看更多

① 選取壓縮檔
② 出現解壓縮工具鈕

說明

按下 `Alt` 鍵可啟動以鍵盤按鍵執行的操作方式，啟動後以 →、← 鍵移動到要選取的指令，再按 `Enter` 鍵執行或展開清單，再以 ↓、↑ 方向鍵移動選取項目。

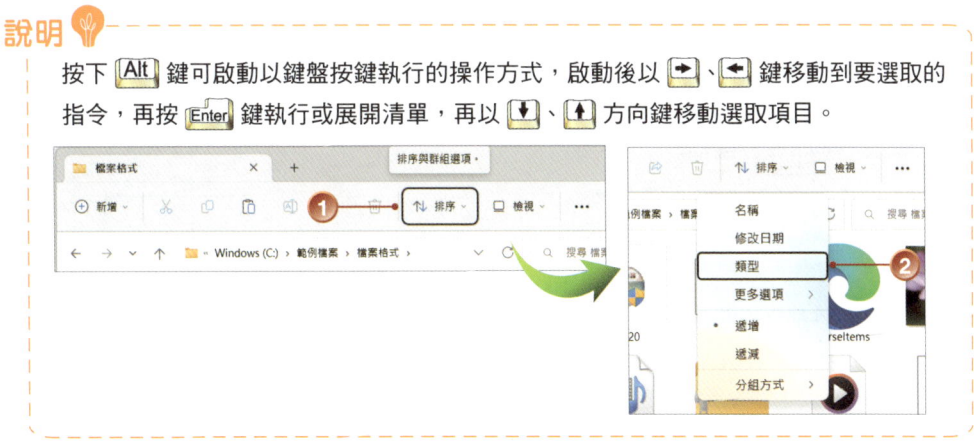

5

更有效率的檔案總管

5-5

5-1-3 視窗的版面配置

我們可以根據檢視或操作的需求，將 **檔案總管** 的視窗分隔成不同窗格的版面配置，點選 **檢視 > 顯示** 指令展開清單選擇顯示或隱藏它們，預設只有勾選 **瀏覽窗格**。當電腦中已安裝應用程式（例如：**Office** 應用程式）時，顯示 **預覽窗格** 可以預覽相關聯檔案的內容，顯示 **詳細資料窗格** 則會在視窗右側顯示選取檔案的詳細資料。

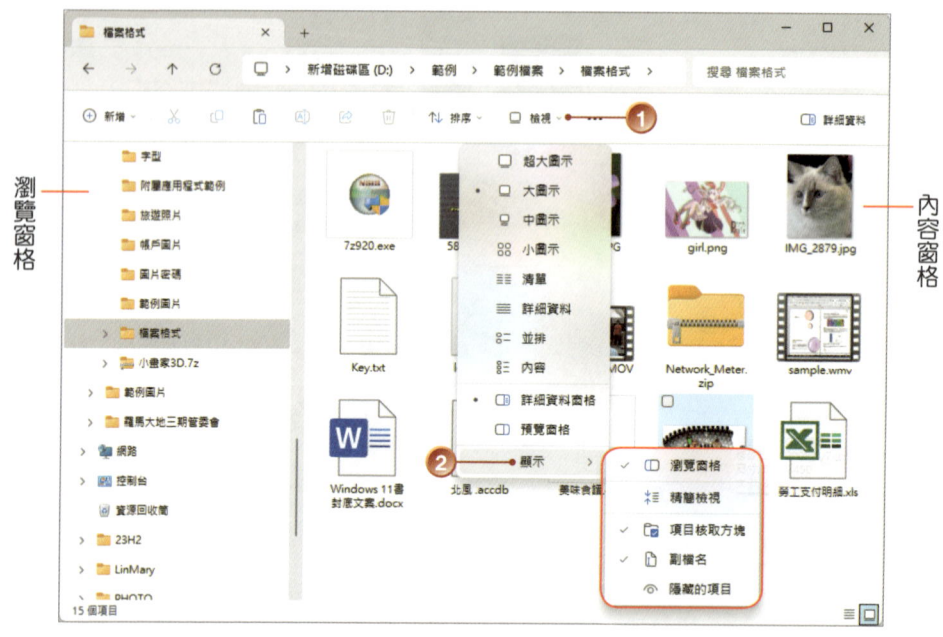

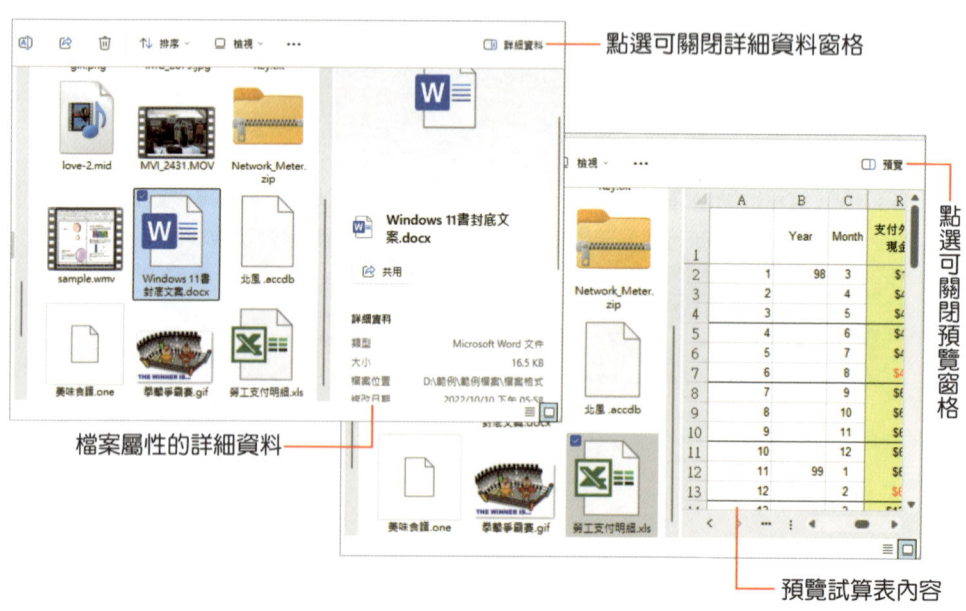

5-2. 檔案的檢視設定

要在 Windows 檔案總管 中快速顯示出所需的檔案,可以透過 檢視 指令來進行。您可以選擇不同的版面配置,再依需求進行檔案的 排序、選擇要顯示的欄位及分組顯示,還可以將選取的檔案設定為隱藏。

5-2-1 檢視與排序

安裝作業系統或應用程式時,會自動在電腦硬碟中產生許多資料夾和檔案,使用者也會新增各類型的檔案,使檔案數目日益增加。執行 檢視 清單中的指令,可以將視窗中的檔案或資料夾,以圖示或詳細資料等方式來檢視。

1. 文字檔
2. 影像檔
3. 音效檔
4. 影片檔
5. PDF 檔
6. 壓縮檔
7. 執行檔
8. 資料夾縮圖
9. Word 檔
10. Excel 檔
11. PowerPoint 檔
12. Access 資料檔
13. OneNote 檔
14. 映像檔
15. 網頁檔

各種檔案格式的圖示

STEP**1** 先在 瀏覽窗格 點選要檢視的資料夾,將檔案顯示在右側的 內容窗格。

STEP**2** 於 檢視 清單中選擇一種檢視類型,例如:詳細資料。

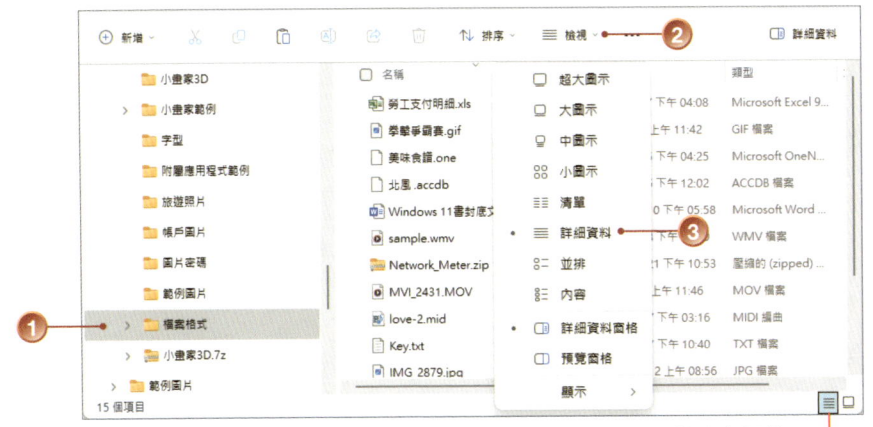

「詳細資料」檢視也可從此處切換

5-7

STEP 3 點選 排序 指令，從展開的清單中選擇一種方式，預設為依「名稱」、「遞增」，若選擇「修改日期」，則自動以「遞減」排序。

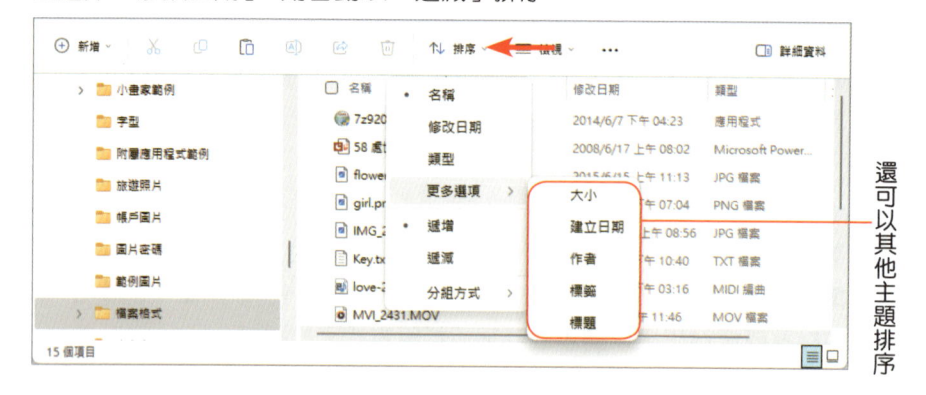

還可以其他主題排序

STEP 4 點選欄名右側的 展開 鈕，可以進一步指定篩選條件。

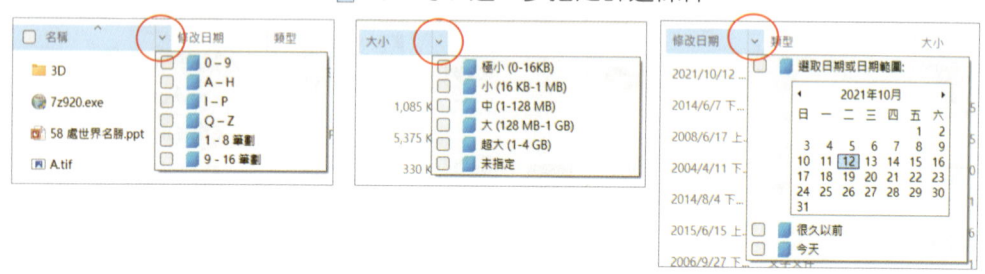

STEP 5 點選 排序 > 分組方式 指令展開清單，選擇一種分類檢視的方式。

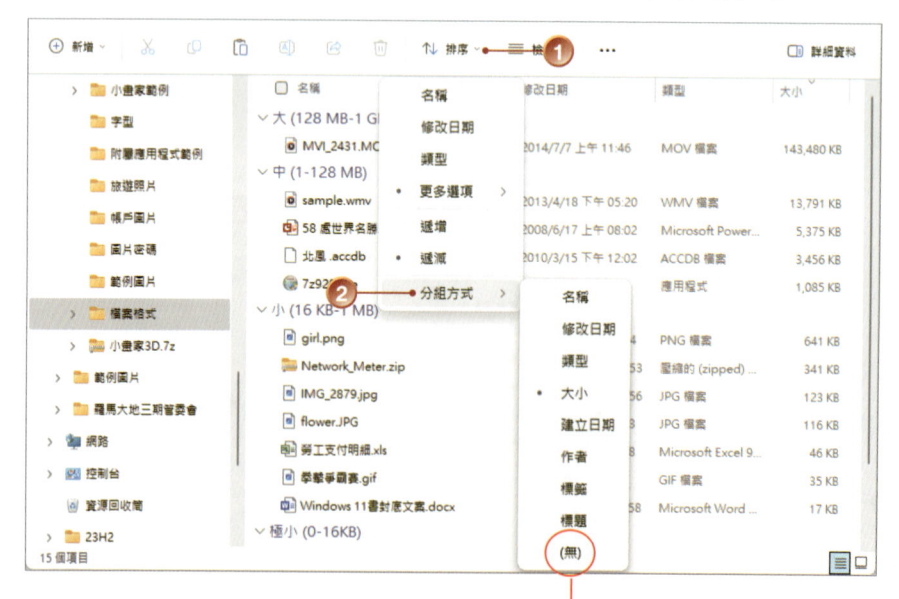

選擇「無」可取消分組檢視

5-8

STEP**6** 除了預設的顯示欄位外，在任一欄位上按右鍵，可以從清單選擇要增加的欄位，選 **其他** 開啟 **選擇詳細資料** 對話方塊，可點選更多要增加的欄位。

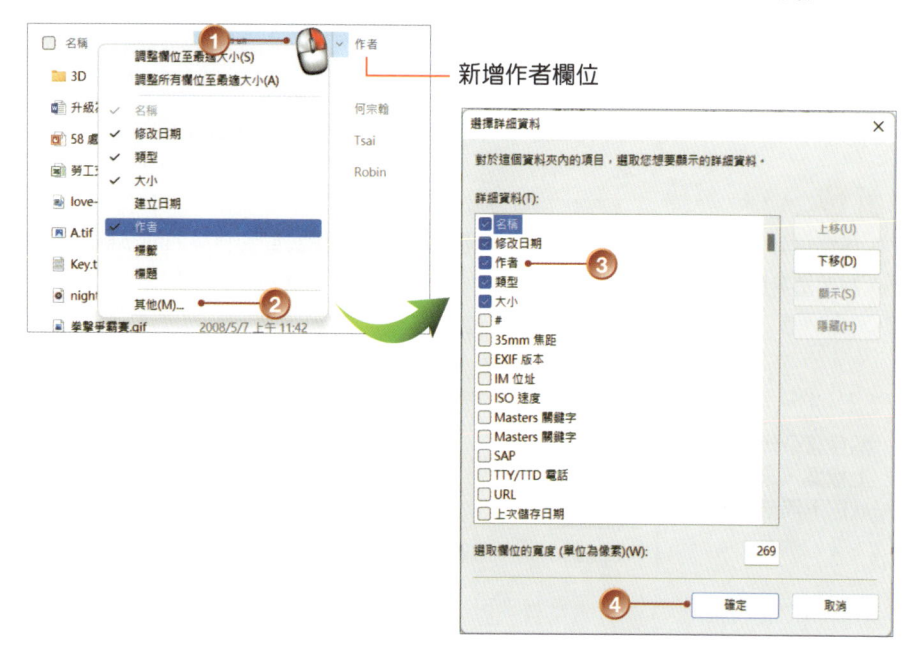

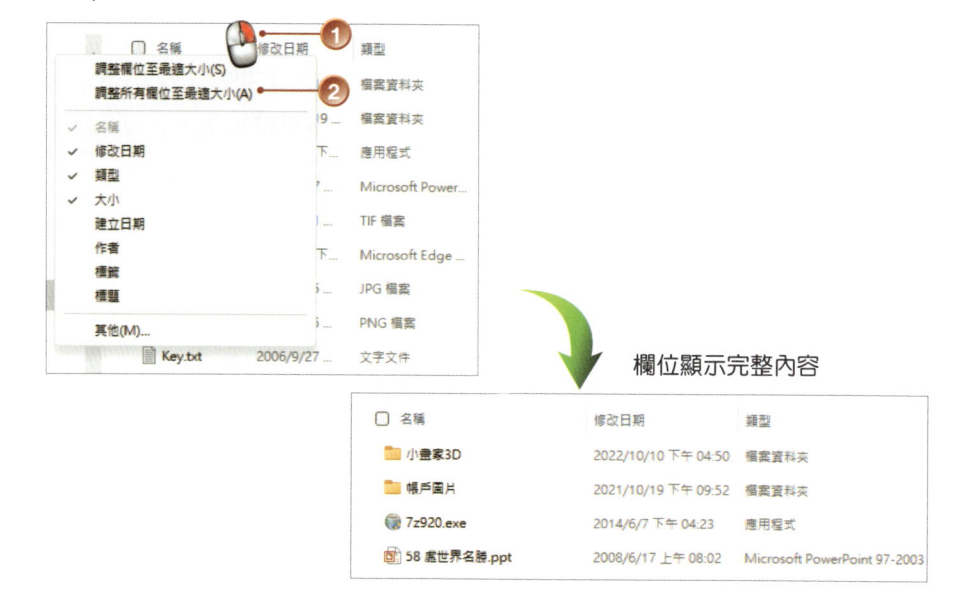

新增作者欄位

STEP**7** 若欄位未完整顯示內容，請在欄位上按右鍵點選 **調整所有欄位至最適大小** 指令。

欄位顯示完整內容

5-9

STEP 8 拖曳欄位名稱可以調整欄位的左右顯示順序。

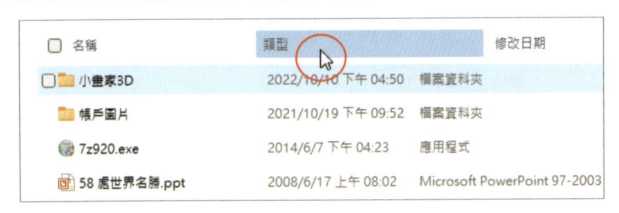

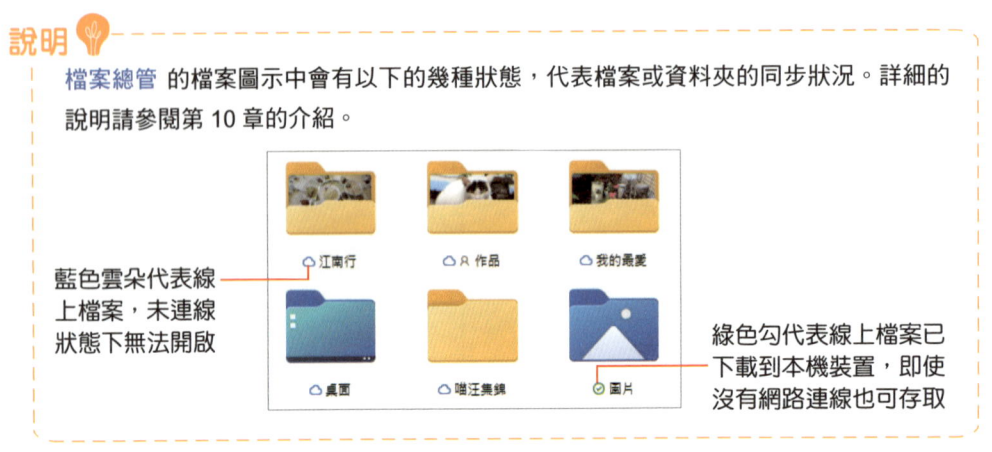

說明

檔案總管 的檔案圖示中會有以下的幾種狀態,代表檔案或資料夾的同步狀況。詳細的說明請參閱第 10 章的介紹。

藍色雲朵代表線上檔案,未連線狀態下無法開啟

綠色勾代表線上檔案已下載到本機裝置,即使沒有網路連線也可存取

5-2-2 檔案的顯示與隱藏

透過 檢視 > 顯示 清單中的指令,可以讓檔案顯示 副檔名;為了方便行動裝置選取檔案,可勾選 項目核取方塊。若希望將重要的檔案隱藏,不要顯示在 檔案總管 視窗,或是重新顯示經過隱藏的檔案,可以依照以下的程序來進行:

STEP 1 選取要隱藏的檔案,點選 查看更多 鈕展開清單選擇 內容 指令。

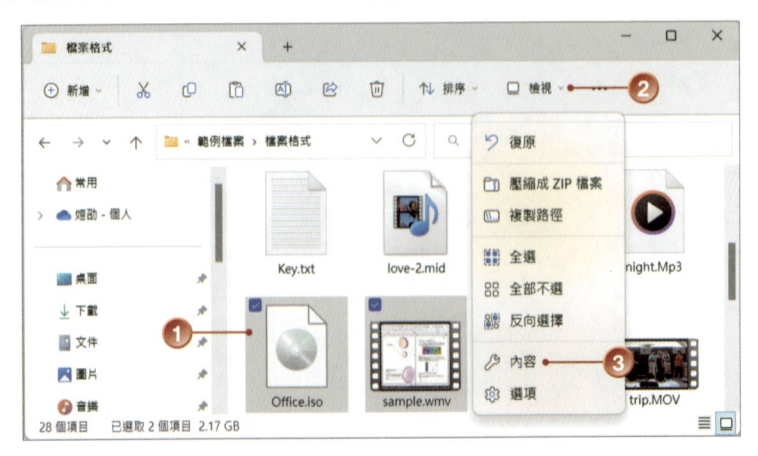

5-10

STEP 2 在 一般 標籤勾選 隱藏 核對方塊，按【確定】鈕。

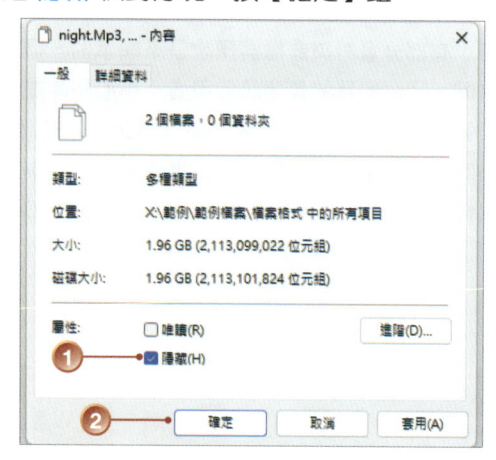

STEP 3 被選取的檔案會隱藏起來，若要顯示被隱藏的項目，請點選 檢視 > 顯示 > 隱藏的項目，被隱藏的項目會呈現透明狀態。

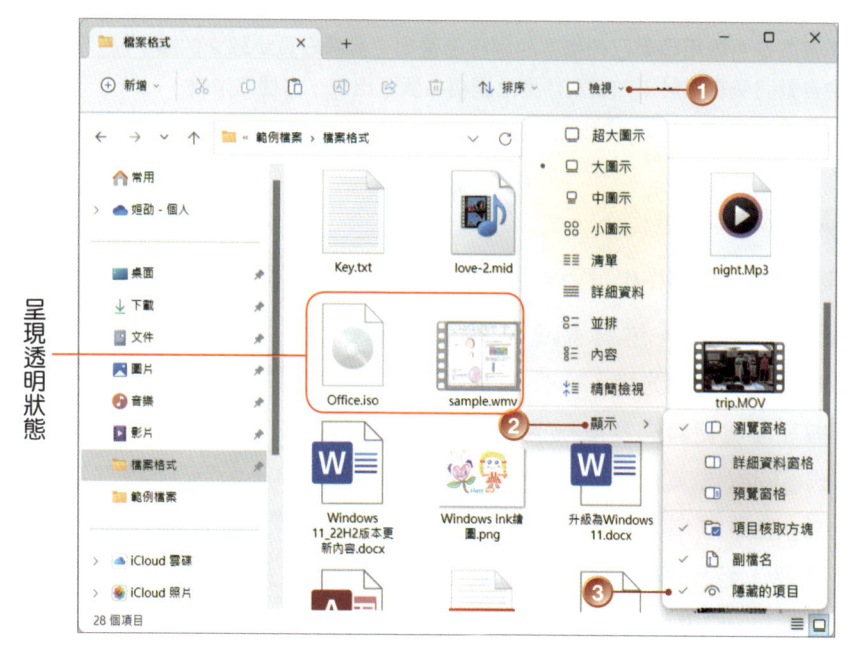

STEP 4 要取消隱藏，請選取檔案後再執行一次 查看更多 > 內容 指令，取消勾選 隱藏 核對方塊即可。

> 說明
> - 安裝作業系統時,有部分資料夾或檔案預設是不顯示的,這類型的檔案或資料夾通常與系統設定有關,隱藏的目的是預防使用者不小心刪除或移動了檔案,而造成作業系統不正常的運作。不過,有時候我們必須將某些系統隱藏的資料夾顯示出來,才能做進階的設定,這時候就必須先將這些被隱藏的資料夾或檔案顯示出來。系統預設會將重要資料夾隱藏,例如:「使用者」資料夾中的「Default」資料夾。
>
> 顯示預設被隱藏的資料夾
>
> - 不管您是否啟用隱藏已知檔案的副檔名選項(參考右頁步驟 2 的圖),**檔案總管** 都會自動將所有屬於未知檔案類型之副檔名顯示出來,方便您辨識。

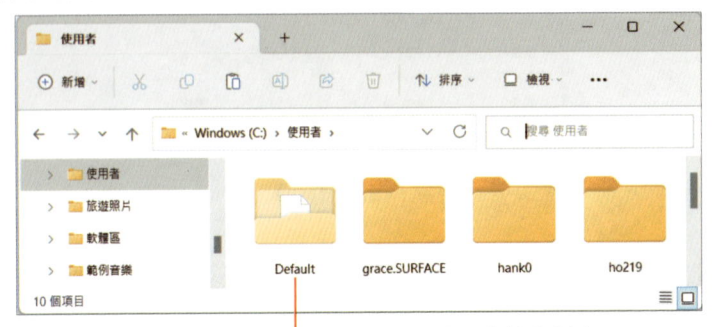

5-2-3 資料夾檢視選項的設定

想對資料夾做進一步的檢視設定,可以進入 **資料夾選項** 對話方塊中指定:

STEP 1 執行 **查看更多 > 選項** 指令,開啟 **資料夾選項** 對話方塊,**一般** 標籤中可指定瀏覽資料夾及按一下項目的方式。開啟 **檔案總管** 時預設會顯示 **首頁**(也就是 **常用**)標籤,可指定為 **本機**,若已登入微軟帳戶,則可指定為 **OneDrive** 的個人資料夾。

與快速存取資料夾有關的設定

勾選此項時,「常用」中會改顯示「推薦項目」而不是「快速存取」

點選可清除歷程記錄

5-12

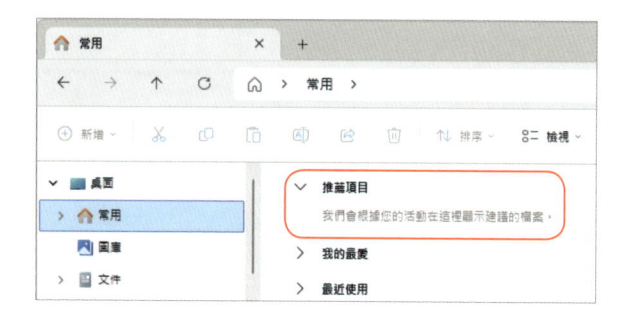

STEP2 切換到 檢視 標籤，進階設定 清單中可以指定檔案和資料夾的檢視設定，例如：是否在標題列顯示完整路徑（預設未勾選）、是否隱藏檔案的副檔名等。

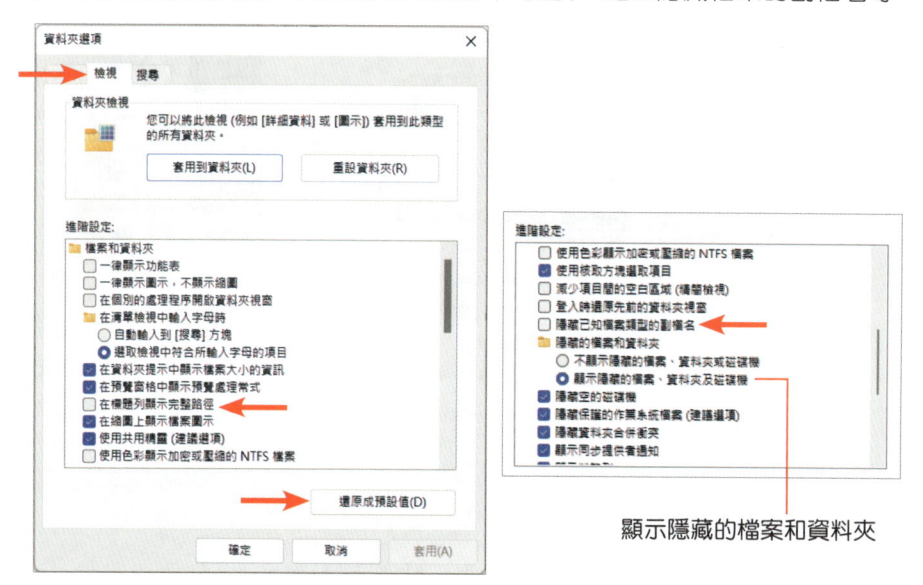

顯示隱藏的檔案和資料夾

STEP3 要將設定恢復到原始設定請按【還原成預設值】鈕。

5-3. 常用的編輯動作

檔案和資料夾的新增、刪除、重新命名、複製或搬移,是在 **檔案總管** 中最常見也是最基本的操作,這些常用的操作可以直觀的從工具列上執行,或是以按右鍵的方式操作。

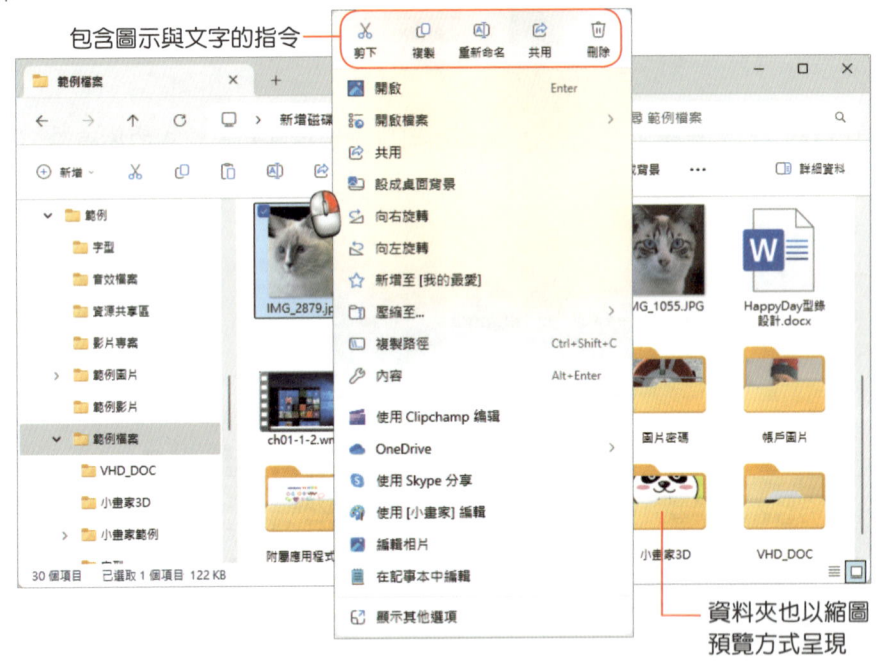

包含圖示與文字的指令

資料夾也以縮圖預覽方式呈現

5-3-1 選取

於 **內容窗格** 中選取部分檔案或資料夾後,點選 **查看更多** 鈕展開清單,可以 **全選**、**全部不選** 或 **反向選擇** 檔案和資料夾。

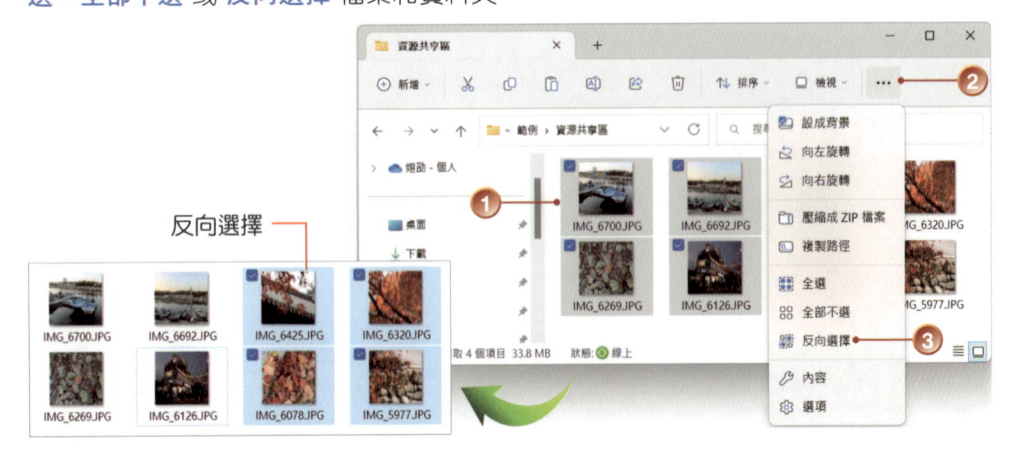

反向選擇

> **說明**
> - 在沒有滑鼠和鍵盤的觸控裝置上選取部分檔案時,請先執行 檢視 > 顯示 > 項目核取方塊,讓檔案出現核取方塊方便點選。(參考 5-12 頁的上圖)
> - 如果您習慣滑鼠的選取操作方式:按住 Ctrl 鍵可以跳著選取項目,按住 Shift 鍵則會連續選取,按住 Ctrl + A 鍵則會全選。

5-3-2 複製 / 剪下與貼上

我們可以對選取的檔案或資料夾執行 **複製**、**剪下** 和 **貼上** 動作,「分頁索引標籤」的功能可以方便的切換來源和目的位置,多工的「複製」介面讓複製檔案的過程有了更彈性的調整空間。

STEP 1 將要複製的來源及目的資料夾顯示在不同的索引標籤,於來源資料夾的索引標籤中選取檔案後,執行 **複製** 或 **剪下** 指令。

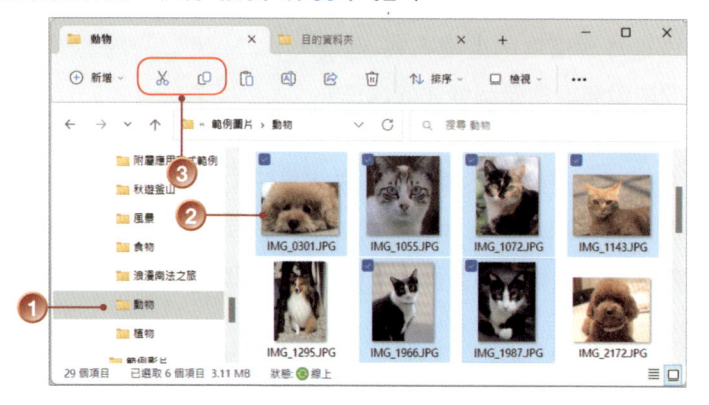

STEP 2 點選目的資料夾所在的索引標籤,執行 **貼上** 指令。

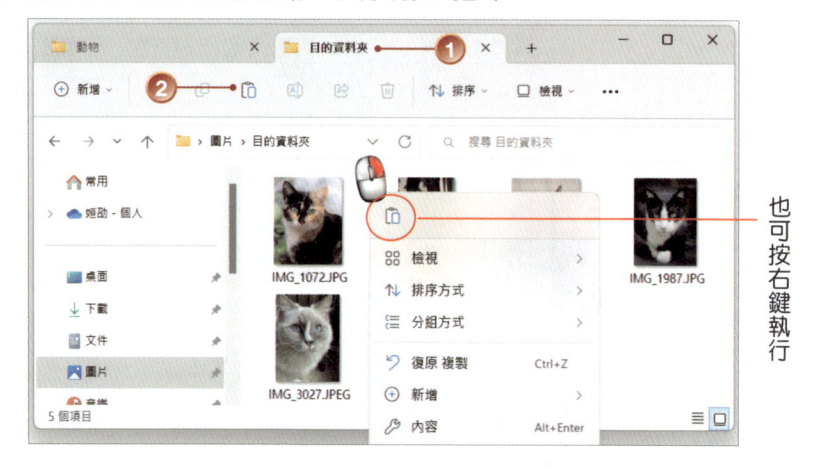

也可按右鍵執行

> **說明**
> 您也可以直接拖曳這些檔案,到目的所在的索引標籤中來進行 **複製** 動作,或是執行 **複製索引標籤** 指令,將整個標籤內的檔案複製。

STEP 3 遇到目的位置有同名檔案時,會出現詢問如何處理的訊息(如右圖所示)。選擇 **取代目的地中的檔案** 或 **略過這些檔案** 時,系統會直接執行;若選擇 **讓我決定每個檔案的處理方式** 選項,會再開啟視窗讓您確認要如何處理。

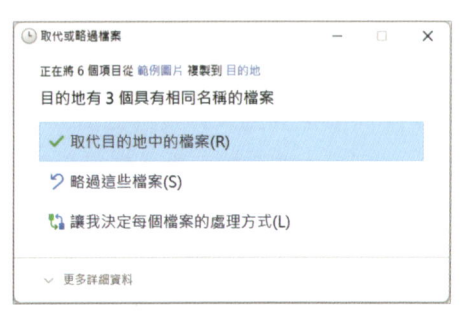

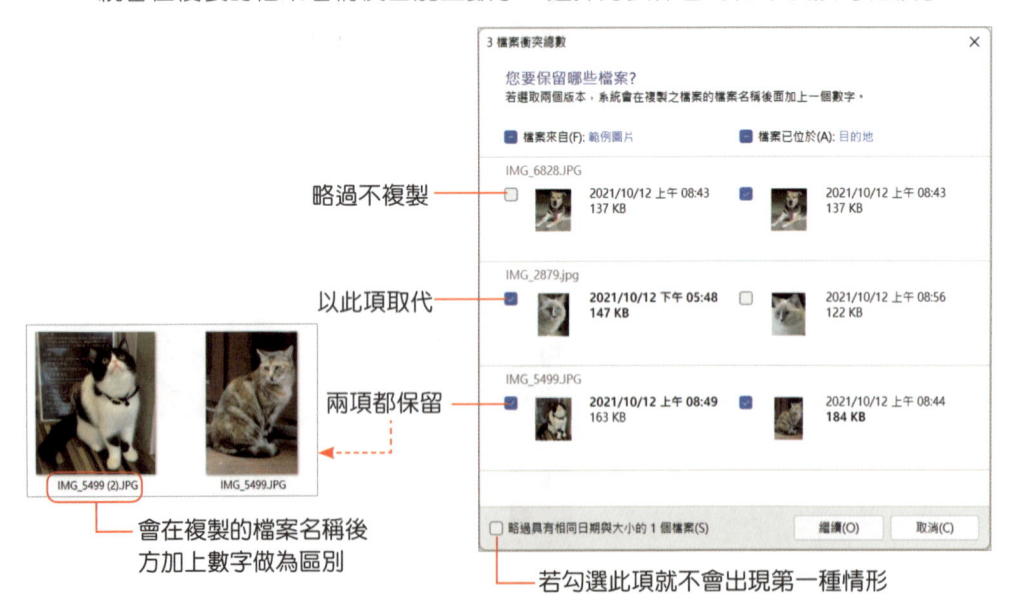

STEP 4 視窗左側顯示複製的來源檔案,右側是已位於目的地的檔案,勾選檔案前方的核取方塊表示此檔案要被保留下來。若同時勾選來源及目的地的檔案,系統會在複製的檔案名稱後面加上數字。選擇好要保留的檔案後按【繼續】鈕。

- 略過不複製
- 以此項取代
- 兩項都保留
- 會在複製的檔案名稱後方加上數字做為區別
- 若勾選此項就不會出現第一種情形

STEP **5** 複製或搬移檔案時,除了會顯示複製進度外,展開 **更多詳細資料** 可以檢視即時傳輸速率流量圖,並得知精確的剩餘時間、剩餘的項目及速度等數據,還可視狀況「暫停」和「取消」傳輸作業。

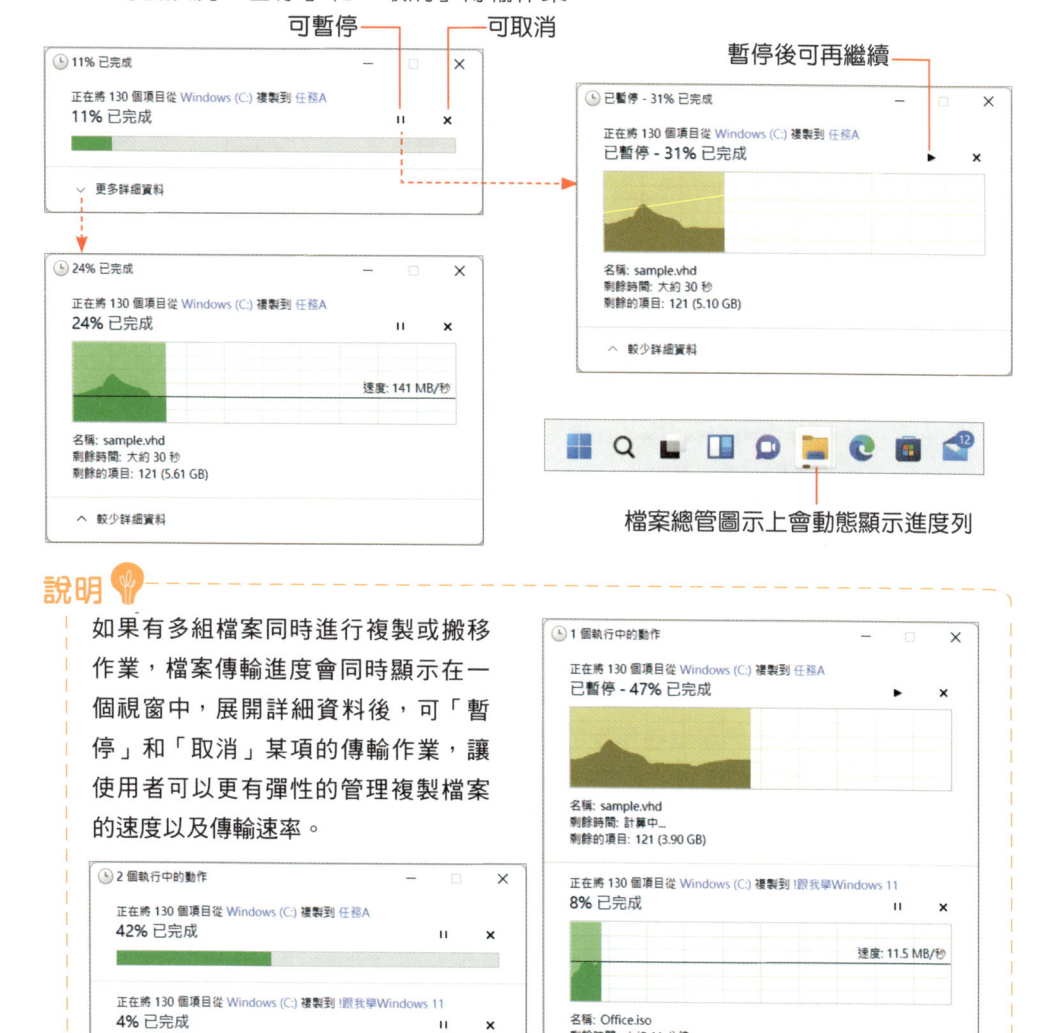

可暫停 ── 可取消 ── 暫停後可再繼續

檔案總管圖示上會動態顯示進度列

說明

如果有多組檔案同時進行複製或搬移作業,檔案傳輸進度會同時顯示在一個視窗中,展開詳細資料後,可「暫停」和「取消」某項的傳輸作業,讓使用者可以更有彈性的管理複製檔案的速度以及傳輸速率。

複製路徑

複製路徑 對熟悉 Windows 操作的使用者來說,是一項很貼心的設計。當我們需要將檔案所在的路徑記錄下來時,透過這個簡單的指令就可以複製到「剪貼簿」,然後貼到目的文件中,不用手抄路徑,可避免出錯的機會。

■ 5-17

STEP1 選取要複製路徑的檔案，執行 查看更多 > 複製路徑 指令。

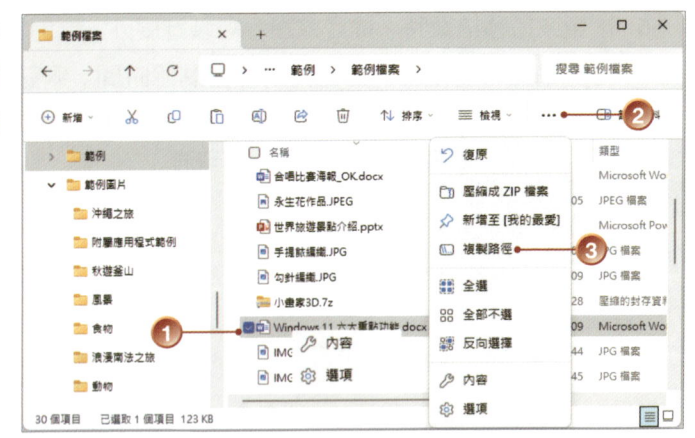

STEP2 開啟要貼上路徑的目的文件，執行 貼上 指令（或按 Ctrl + V 鍵）將路徑貼上（會貼上包含雙引號的路徑）。

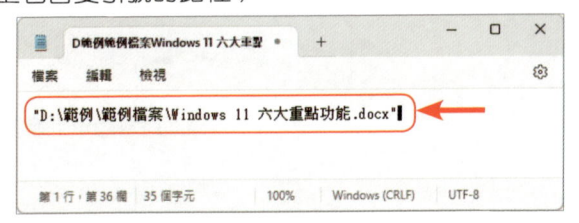

5-3-3 新增與刪除

除了新增資料夾外，我們可以在指定的路徑下，新增各種格式的檔案，可新增的格式視您電腦中所安裝的應用程式而定。

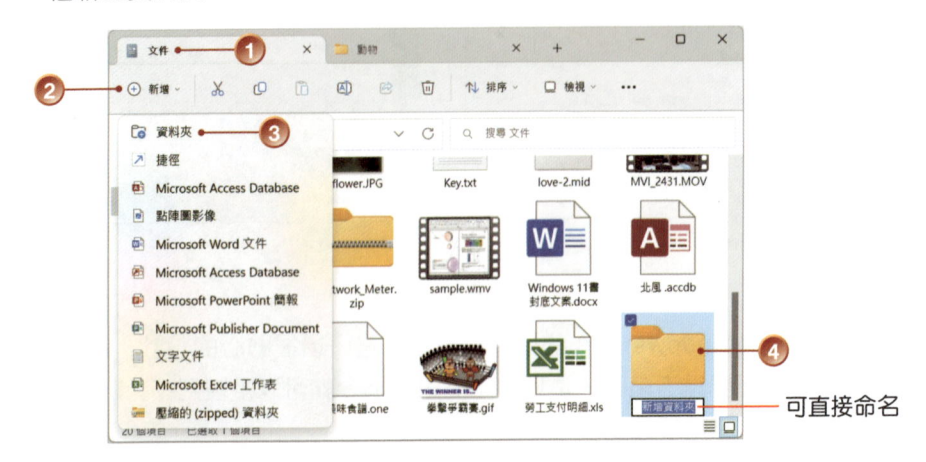

STEP1 於 瀏覽窗格 點選要新增資料夾的所在位置，按下 新增 > 資料夾 指令增加一個新的資料夾。

STEP**2** 點選 新增 指令展開清單，選擇要新增的檔案類型。

STEP**3** 會新增一該類型的空白新檔案。可先輸入檔名，事後再開啟檔案，於該應用程式中建立文件內容。

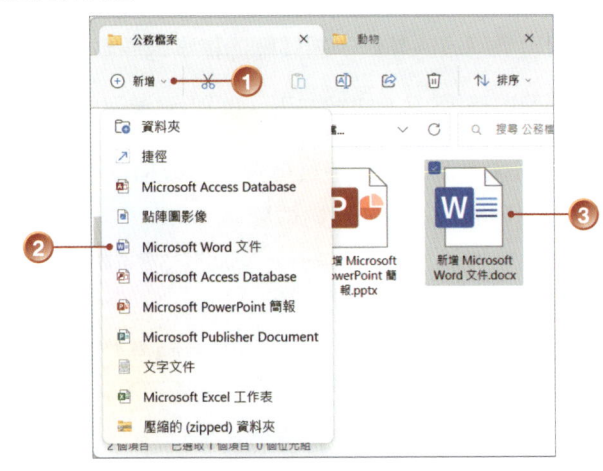

STEP**4** 選取要刪除的檔案，按下 刪除 指令，檔案會直接進入 資源回收筒。

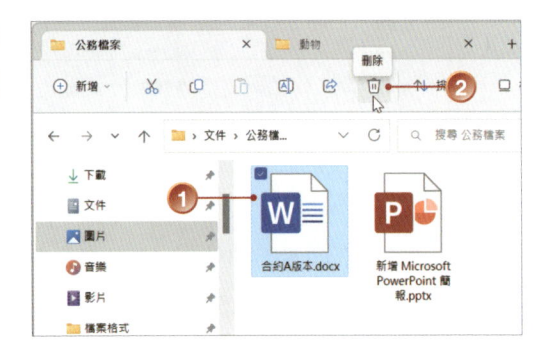

> **說明**
> 若刪除的項目中包含線上檔案，執行時會出現提示要求確認。注意！一旦刪除會自電腦永久移除，不會暫存於 資源回收筒。
>
> 代表儲存於雲端

5 更有效率的檔案總管

5-19

資源回收筒

資源回收筒 可以說是垃圾檔案的「暫時收容所」，當我們在刪除本機資料時，會先將這些資料從原來的位置，移到 **資源回收筒** 暫存，直到您清理它們時，才會永久的從硬碟中刪除。因此，若不小心對某個重要的檔案或資料夾執行了 **刪除** 動作，還可以到 **資源回收筒** 中做資源回收的動作，將誤刪的檔案還原到原來的位置。

STEP 1 在 **桌面** 的 **資源回收筒** 圖示上快按二下，開啟 **資源回收筒** 視窗。

STEP 2 選取要回收的項目後，從工具列中選擇要執行的指令：**還原選取的項目** 指令會將這些項目回復到被刪除時的原始位置。

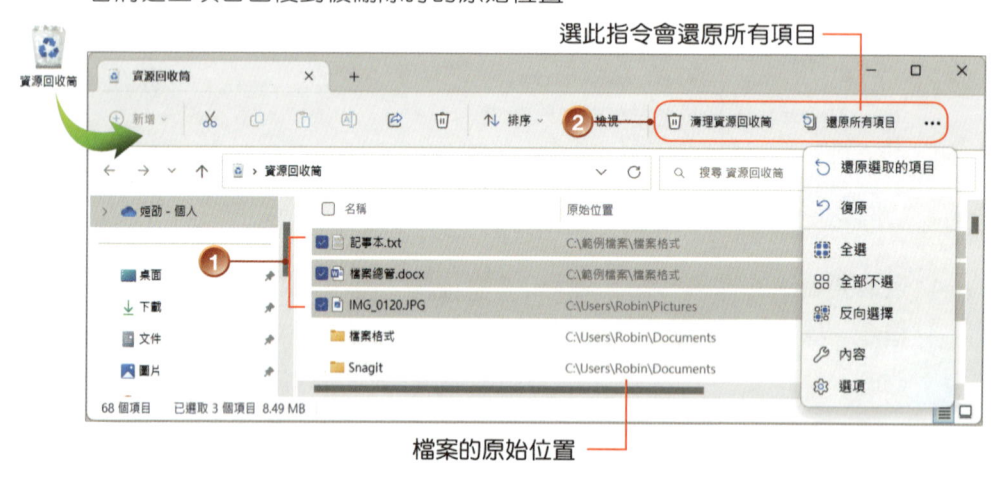

- 選此指令會還原所有項目
- 檔案的原始位置

STEP 3 如果確認 **資源回收筒** 內的資料已無保留的必要，可以執行 **清理資源回收筒** 指令，刪除所有的項目以釋放磁碟空間。

STEP 4 不選取任何項目，執行 **查看更多 > 內容** 指令可以開啟對話方塊，顯示 **資源回收筒位置** 及 **可用空間**，還可自訂大小（指定 **資源回收筒** 的容量）。

選擇此選項，則刪除檔案時會立即移除而不進入「資源回收筒」

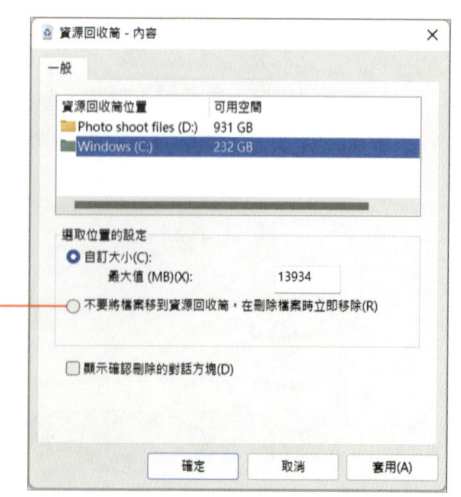

> **說明**
> 若要在 檔案總管 視窗中直接將選取的檔案永遠刪除,而不經過 資源回收筒,可以在選取檔案或資料夾後,按 Shift + Del 鍵;出現警告訊息時,按【是】鈕即可。不過,如果刪錯檔案,可就後悔莫及了喔!

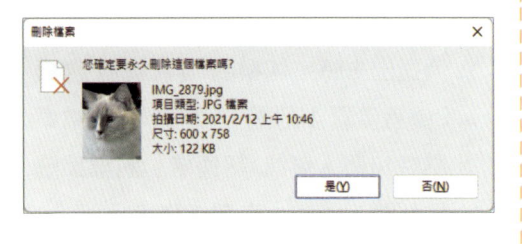

5-3-4 檔案屬性的檢視與開啟

由於 Windows 11 中簡化了 檔案總管 的操作介面,因此從前在 Windows 10 功能區中的許多指令,可以透過展開 查看更多 或按右鍵的方式來執行。

STEP1 點選要檢視屬性的檔案或資料夾,執行 查看更多 > 內容 指令,開啟 內容 對話方塊,切換到不同的標籤檢視內容。

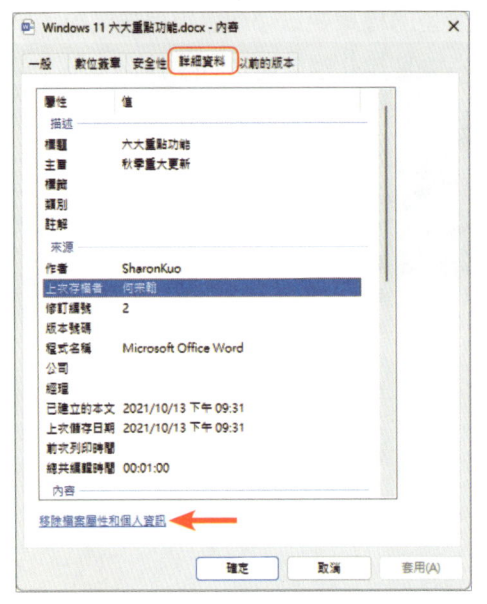

> **說明**
> 要檢視檔案的「版本歷程記錄」,必須先啟動此項功能,請參閱第 12-3 節的介紹。

5-21

STEP 2 當您想將檔案傳送給其他人，卻又不想將包含個人資訊的檔案屬性也傳送出去時，切換到 **詳細資料** 標籤（參考步驟1的圖），點選 **移除檔案屬性和個人資訊** 超連結，將檔案屬性移除，例如：主旨、作者…等。

STEP 3 若要開啟某個檔案進行編輯，可在選取檔案後按右鍵，執行 **開啟檔案** 指令，從展開的清單中選擇要編輯的應用程式，可開啟的應用程式視您在電腦中所安裝的程式而定。選擇 **開啟** 指令會以預設的應用程式開啟。

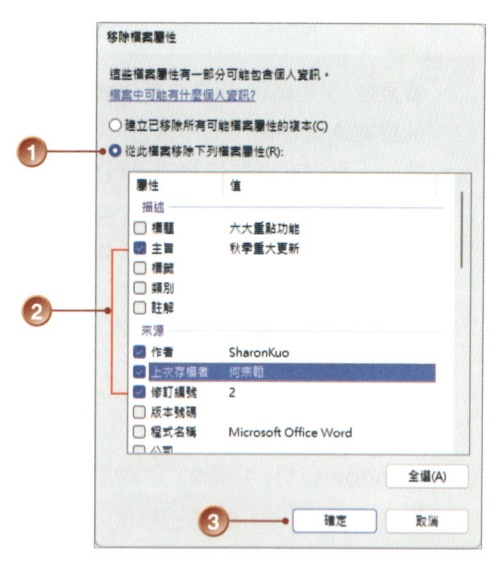

STEP 4 要指定以預設的程式編輯，請點選 **選擇其他應用程式** 指令，畫面中出現視窗並列出應用程式清單，請指定日後此類型的檔案要以哪個應用程式開啟；按【一律】鈕（或【僅一次】鈕，只有這一次要用此應用程式開啟）。

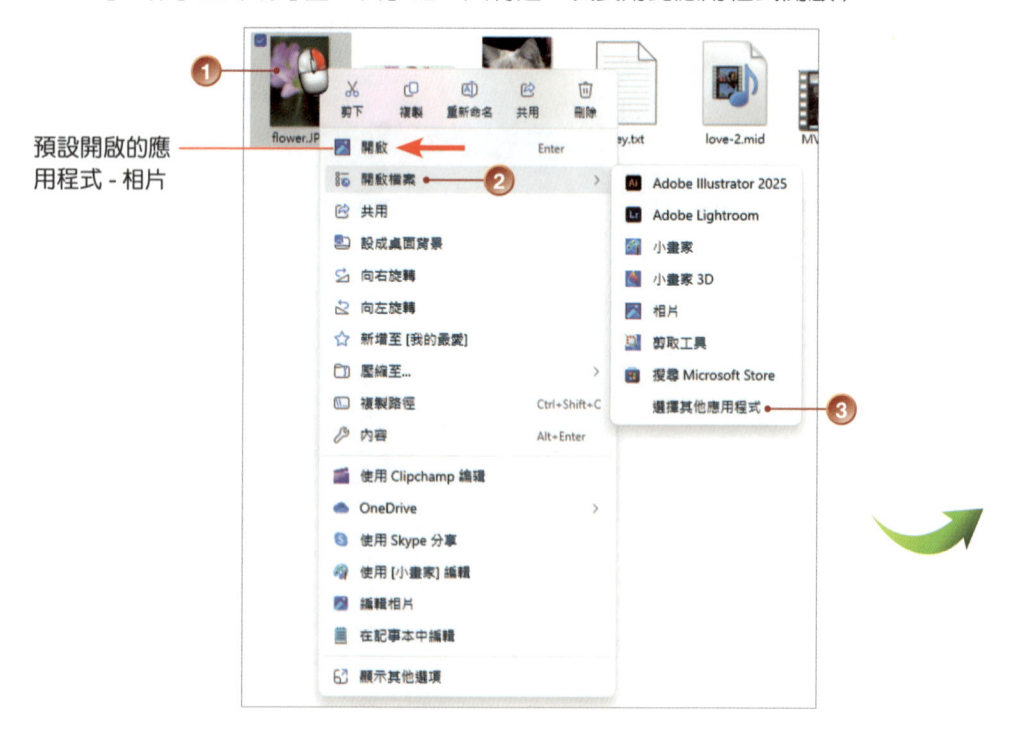

5-22

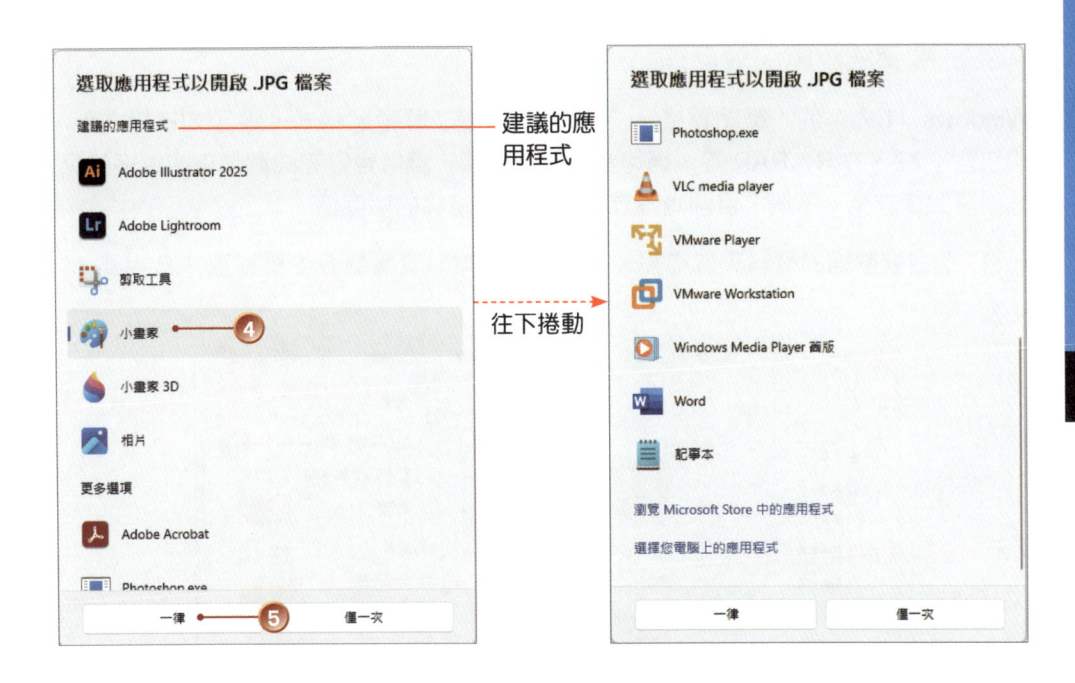

> **說明**
>
> 在 查看更多 清單中找不到的指令，可以試試先按住 `Shift` 鍵再按右鍵的方式，來尋找相關指令。

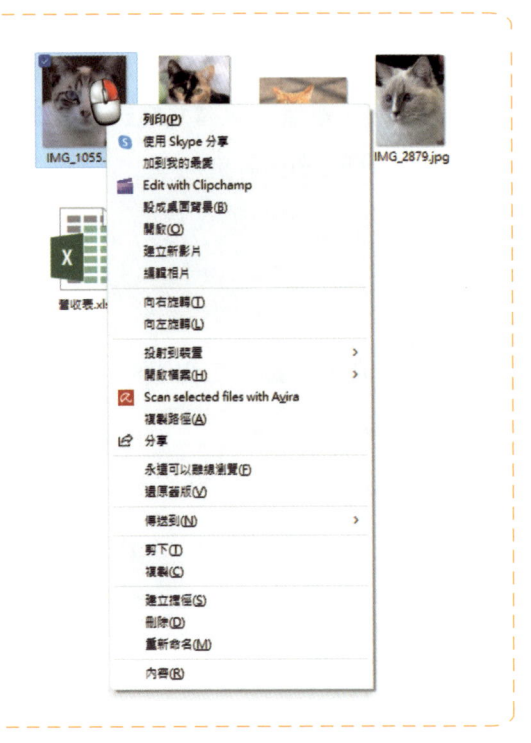

5-3-5 檔案的壓縮與解壓縮

Windows 11 內建的「壓縮程式」，支援更多壓縮 / 解壓縮格式，除了 ZIP 格式外，還包含：7Z、TAR、RAR 等，還可指定其他選項，讓您輕鬆完成資料夾或檔案的壓縮與解壓縮作業。不過，目前尚不支援帶密碼壓縮檔的解壓縮。

STEP 1 選取要壓縮的資料夾或檔案（可複選），執行 **查看更多 > 壓縮成 ZIP 檔案** 指令。

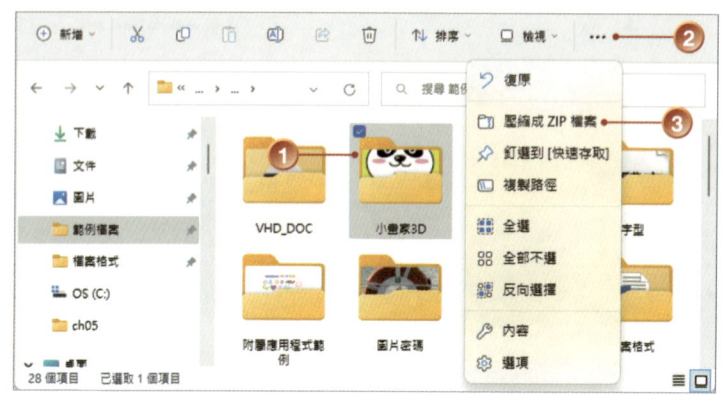

STEP 2 系統會在選取的檔案或資料夾的相同目錄下，新增一個檔案格式為「ZIP」的壓縮檔，可再重新命名。

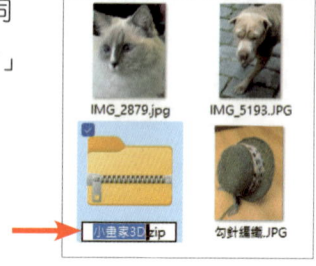

STEP 3 點選已壓縮的資料夾或檔案，執行 **解壓縮全部** 指令。

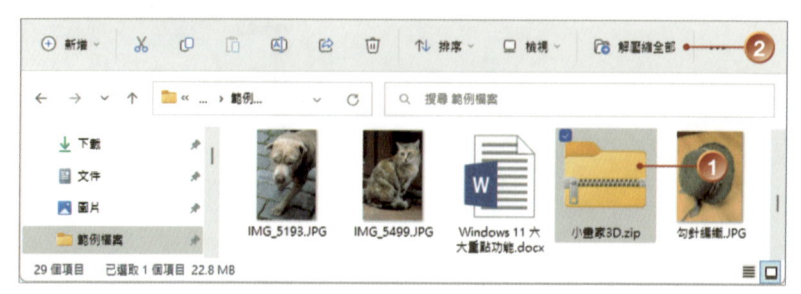

STEP 4 開啟 **解壓縮壓縮 (Zipped) 資料**夾 對話方塊，設定要解壓縮的路徑，按【解壓縮】鈕。

可指定解壓縮路徑

若要壓縮成其他格式，請在要壓縮的檔案或資料夾上按右鍵，執行 **壓縮至** 指令，再選擇一種格式。選擇 **其他選項** 會開啟 **建立封存** 對話方塊，選擇封存位置後，再指定 **封存格式**、**壓縮方法** 和 **壓縮等級**（愈往右檔案佔用的空間愈小，會需要較長的時間進行壓縮），請視實際需要執行。

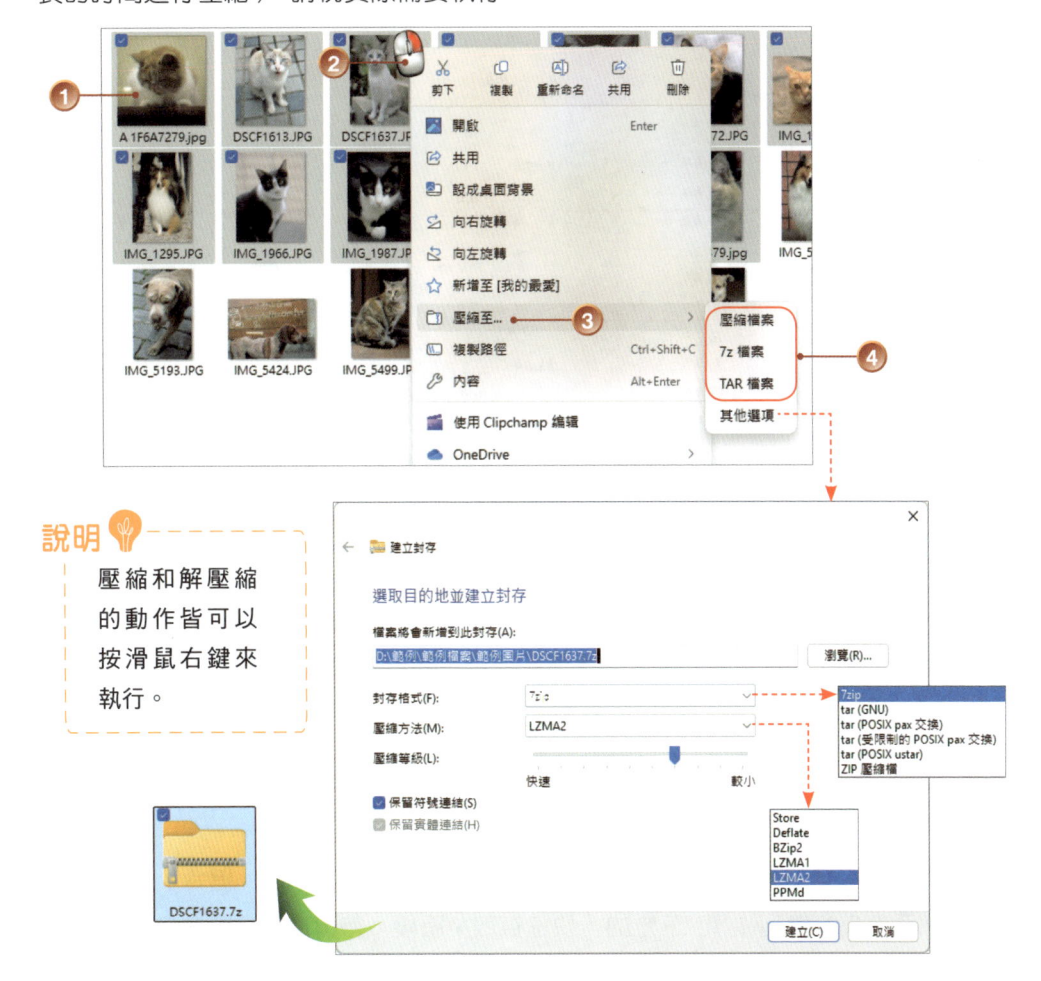

說明

壓縮和解壓縮的動作皆可以按滑鼠右鍵來執行。

5　更有效率的檔案總管

5-25

5-3-6 常用與我的最愛

在 檔案總管 的 瀏覽窗格 中主要包含：常用、圖庫、OneDrive（參考第 10 章）、本機 與 網路 幾個區段，開啟 檔案總管 時預設會開啟 常用，內容區 預設有三個區段：快速存取、我的最愛 及 最近使用。

- 快速存取：預設會包含 桌面、下載、文件、圖片、音樂 及 影片 等個人資料夾捷徑，此外，隨著檔案的建立與開啟，也會自動顯示更多最近曾存取過的資料夾捷徑，方便快速取用。

- 我的最愛：可將常用的檔案釘選於此，是方便使用者快速找到經常存取檔案的地方。

- 最近使用：自動顯示最近曾使用過的檔案。

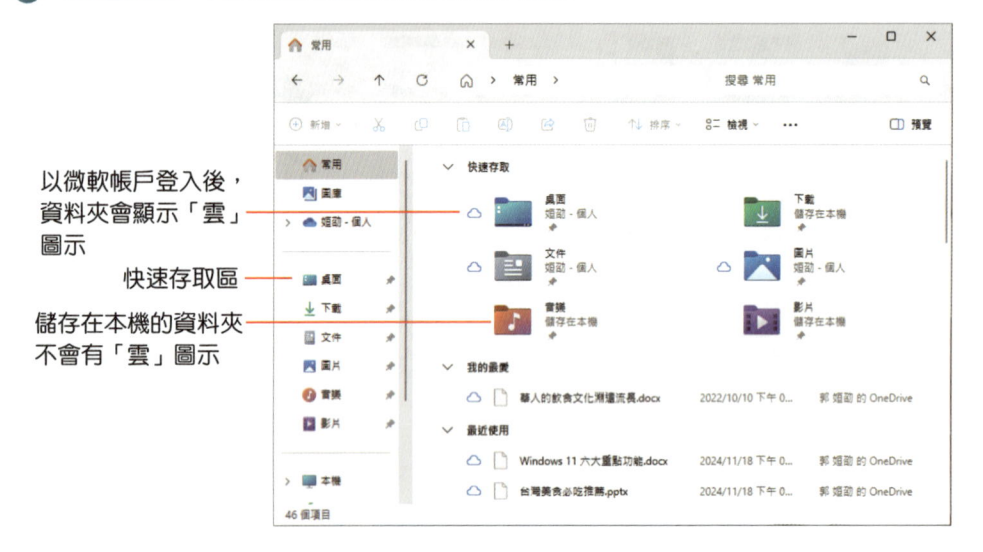

以微軟帳戶登入後，資料夾會顯示「雲」圖示

快速存取區

儲存在本機的資料夾不會有「雲」圖示

在 內容區 所顯示的資料夾和檔案只是「捷徑」，有些是自動產生的，因此無法選取後以 刪除 指令移除。我們可以將經常存取的資料夾，以手動的方式釘選到 快速存取 區域，以便在 Office 軟體或其他應用程式中，執行開啟舊檔案或另存新檔案時，能快速的指定到該資料夾。建立 快速存取 連結的操作方式如下：

STEP1 於 瀏覽窗格 點選 本機，展開所要處理的磁碟機與資料夾，將所需的資料夾顯示在右側的 內容窗格。

STEP2 選取要釘選的資料夾，執行 查看更多 > 釘選到 [快速存取] 指令；或以滑鼠將資料夾拖曳到 常用 下方的「快速存取」區段，待出現提示訊息後，放開滑鼠。

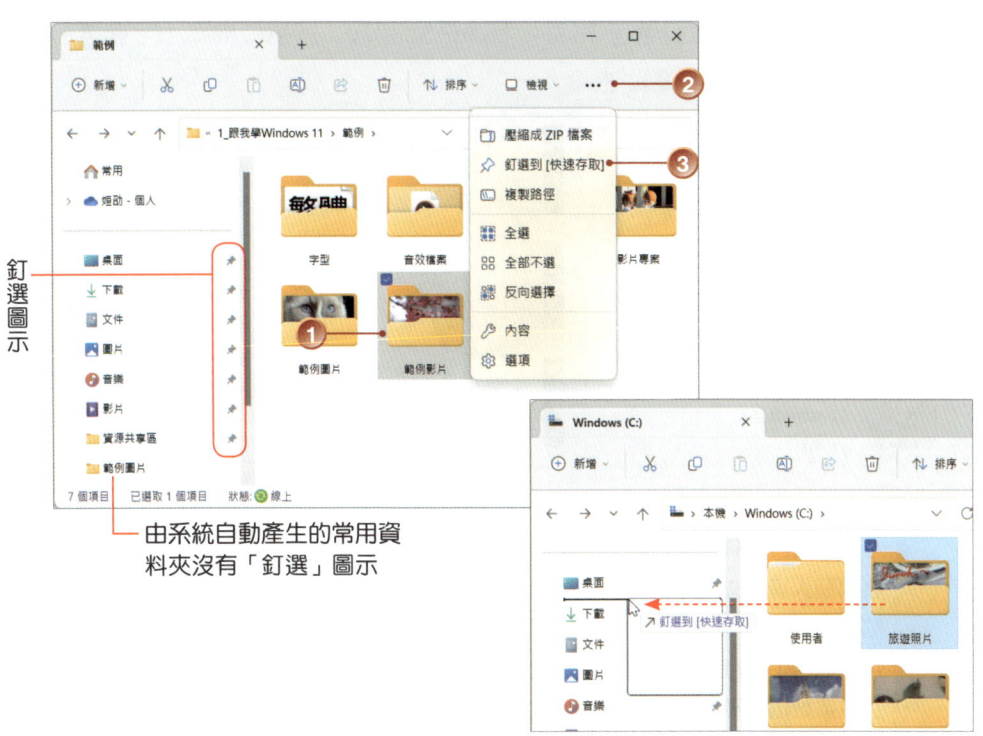

釘選圖示

由系統自動產生的常用資料夾沒有「釘選」圖示

STEP 3 日後要開啟或儲存檔案時，可從 常用 指定到該資料夾。

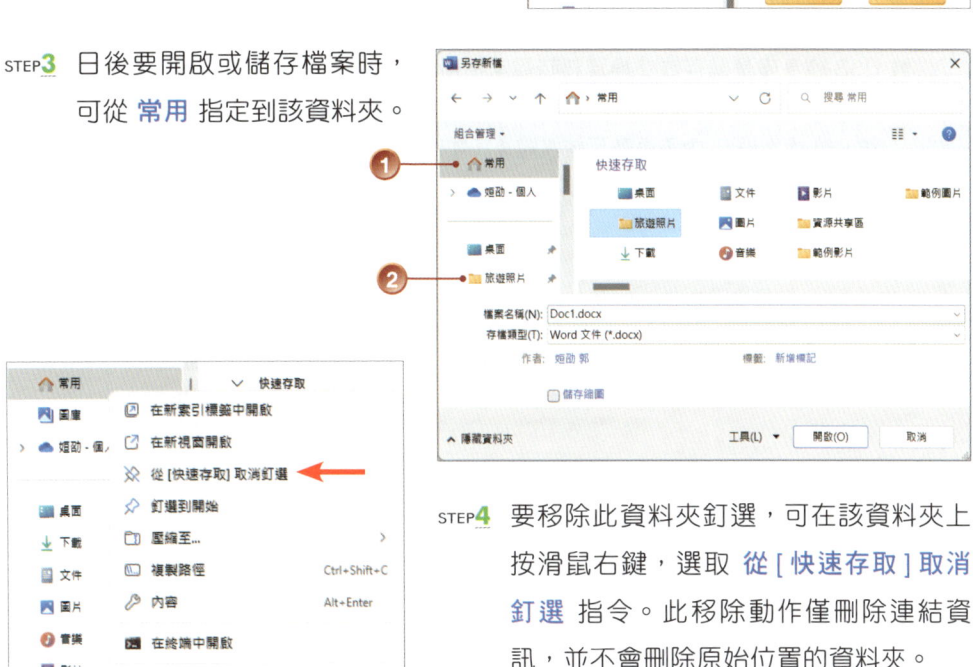

STEP 4 要移除此資料夾釘選，可在該資料夾上按滑鼠右鍵，選取 從 [快速存取] 取消釘選 指令。此移除動作僅刪除連結資訊，並不會刪除原始位置的資料夾。

更有效率的檔案總管

5-27

STEP **5** 若要將常用的檔案釘選在 **常用 > 我的最愛** 區段，請選取檔案（可複選）後按右鍵選擇 **新增我的最愛** 指令。

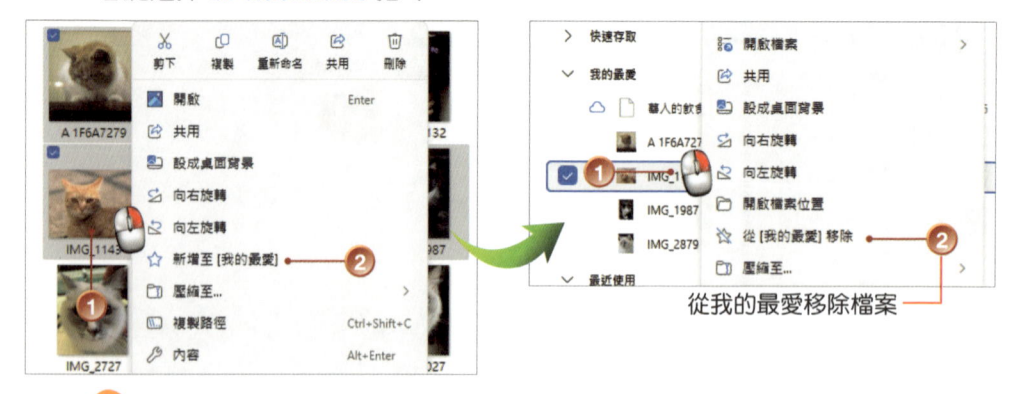

從我的最愛移除檔案

說明

- 在 **常用 > 快速存取** 中顯示的 6 個預設資料夾（參考 5-26 頁的圖），是使用者登入後的個人資料夾，不同的使用者帳戶登入時，會有各自的預設資料夾，其他沒有權限的使用者是無法任意存取的，這在從前的作業系統中稱為「媒體櫃」。在多人共用一機的使用環境下，若不想將檔案儲存在任何人可輕易存取的資料夾時，建議儲存在這幾個專屬個人的資料夾中，或是儲存在雲端資料庫（例如：OneDrive，請參閱第 10 章的介紹）。

- USB 隨身碟是儲存或交換資料時最常使用的媒體，當插入隨身碟後，在一般的情形下，電腦會自動偵測並在 **檔案總管** 中開啟。不再使用時，請記得執行 **退出** 的動作，待 **檔案總管** 中不再顯示該媒體後，才將 USB 自電腦中移除。

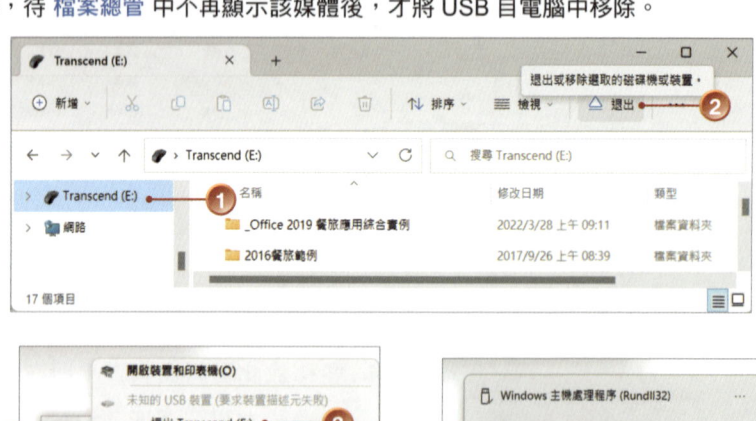

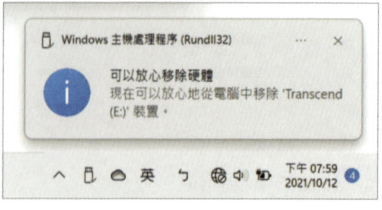

也可從此處退出　　　　　　　可放心移除了！

5-28

5-4. 搜尋檔案

從前面章節的介紹，我們已經知道在 Windows 11 中可以從 開始 功能表、設定、Microsoft Store…等方式進行各種需求的搜尋，熟悉 Windows 操作的使用者會習慣進入 檔案總管 執行檔案尋找，您可以針對特定資料夾和檔案進行搜尋，還可過濾檔案種類、檔案大小…等條件，甚至搜尋您 OneDrive 帳號下的雲端檔案，並開啟檔案所在的資料夾。

5-4-1 於檔案總管搜尋

STEP**1** 開啟 Window 檔案總管，在 瀏覽窗格 中指定要搜尋的磁碟機或資料夾。

STEP**2** 在 搜尋方塊 中點選一下，輸入要搜尋的關鍵字，輸入的同時會在「內容窗格」顯示符合關鍵字的資料夾和檔案。

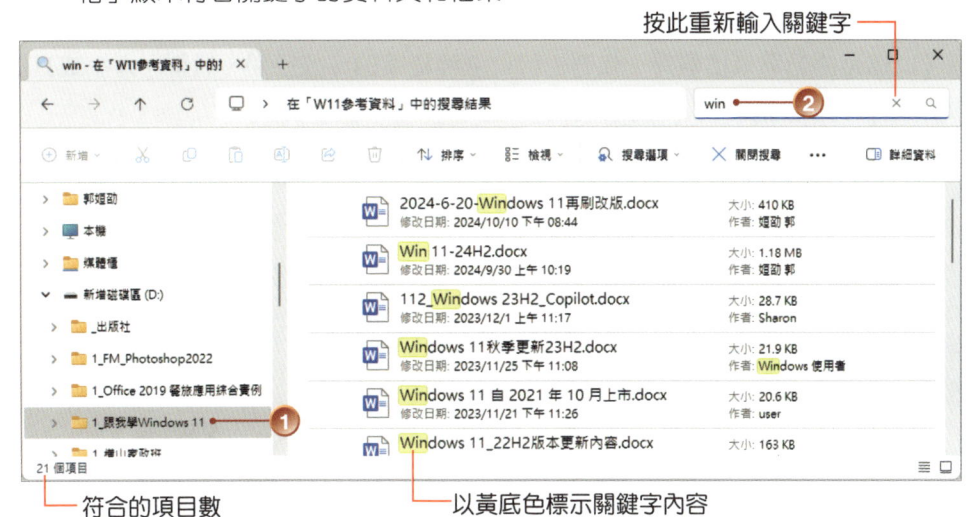

按此重新輸入關鍵字

符合的項目數

以黃底色標示關鍵字內容

STEP**3** 在找到的檔案上按右鍵，執行 開啟 或 開啟檔案 指令可以將其開啟，或是選擇 開啟檔案位置 指令，會開啟所選檔案的所在資料夾。

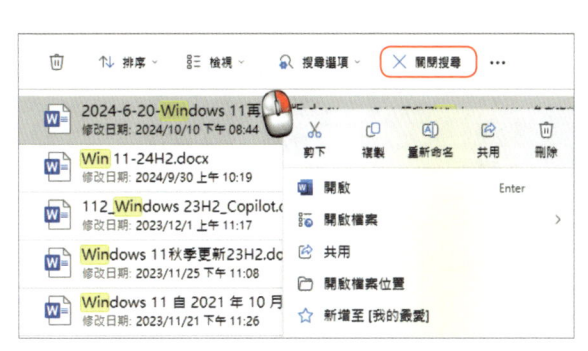

STEP**4** 執行工具列上的 關閉搜尋 指令可結束搜尋。

> **說明**
>
> 預設只會搜尋符合關鍵字的檔案名稱，若希望連內容也一併搜尋，請進入 資料夾選項 對話方塊，在 搜尋 標籤中勾選 一律搜尋檔案名稱及內容 核對方塊，如此會花費較多的搜尋時間。

5-4-2 以搜尋條件篩選檔案

除了以檔案的名稱來搜尋外，我們也可以依照檔案的修改日期、類型、大小或其他內容做為搜尋的條件。

STEP 1 重複 5-4-1 小節的步驟 1-2，出現符合搜尋的清單。

STEP 2 點選 搜尋選項 展開清單，視需要指定搜尋 所有子資料夾 或 目前的資料夾；於 修改日期 清單中選擇「今年」；於 大小 清單中選擇「小」。

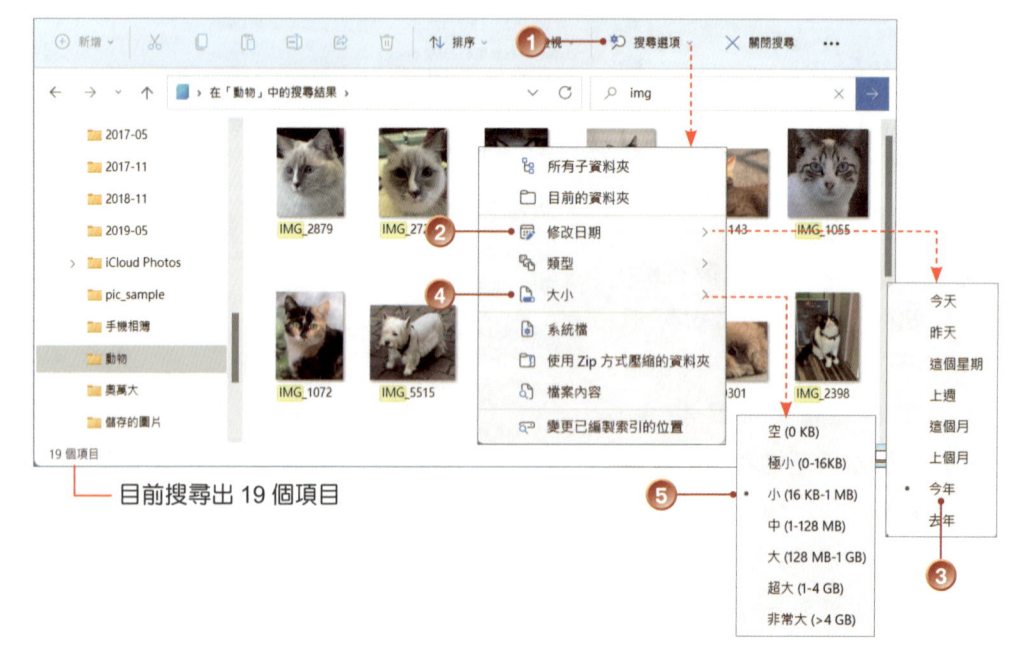

目前搜尋出 19 個項目

STEP3 視窗中會顯示篩選的結果，按 關閉搜尋 即可結束搜尋。

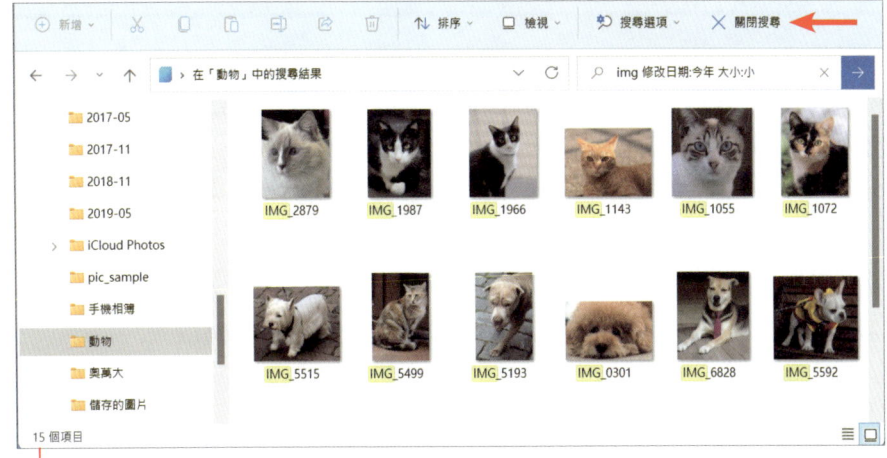

── 剩下 15 個項目

說明

經過設定條件所進行的 搜尋選項，將在關閉 檔案總管 視窗後重設為預設值。

5-5. 雲端剪貼簿

雲端剪貼簿 可以讓您從一部電腦複製影像和文字，然後貼到另一部電腦上，**剪貼簿** 上可以儲存多個項目，要使用時將其開啟並選擇項目貼上。您可以釘選經常會用到的項目，並將 **剪貼簿歷程記錄** 同步至雲端。此外，Windows 11 中還提供表情符號（Emoji）、GIF 動畫、顏文字與符號，生動又多樣化的選擇可以豐富您的文件內容。

5-5-1 開啟剪貼簿歷程記錄

STEP 1 執行 設定 > 系統 > 剪貼簿，將 剪貼簿歷程記錄 的開關開啟。

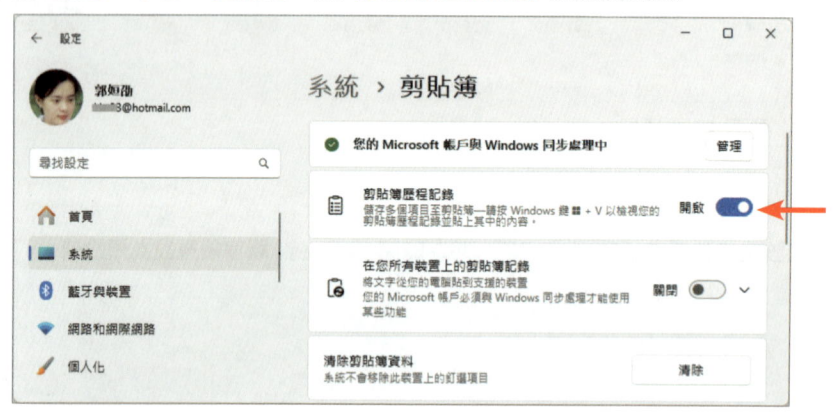

STEP 2 開啟應用程式，執行多項 複製 或 剪下 的操作。

STEP 3 要執行 貼上 動作時，按 ⊞ + V 快速鍵開啟 剪貼簿歷程，找到要使用的項目並點選。

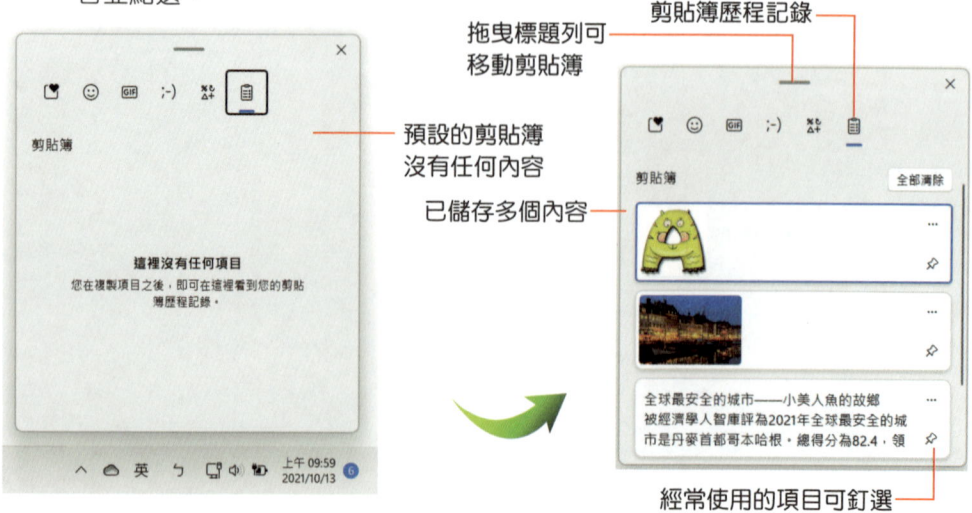

- 拖曳標題列可移動剪貼簿
- 剪貼簿歷程記錄
- 預設的剪貼簿沒有任何內容
- 已儲存多個內容
- 經常使用的項目可釘選

可清除所有項目
刪除項目

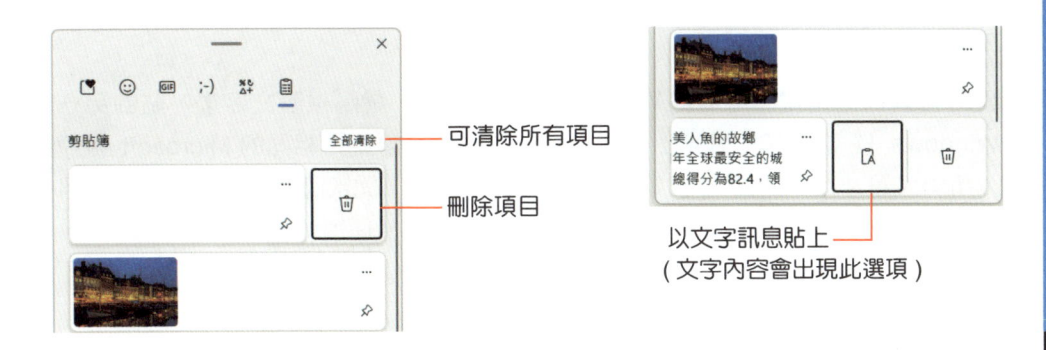

以文字訊息貼上
(文字內容會出現此選項)

STEP4 視需要切換到其他選項，點選即可插入文件、簡報、郵件或通訊軟體中。

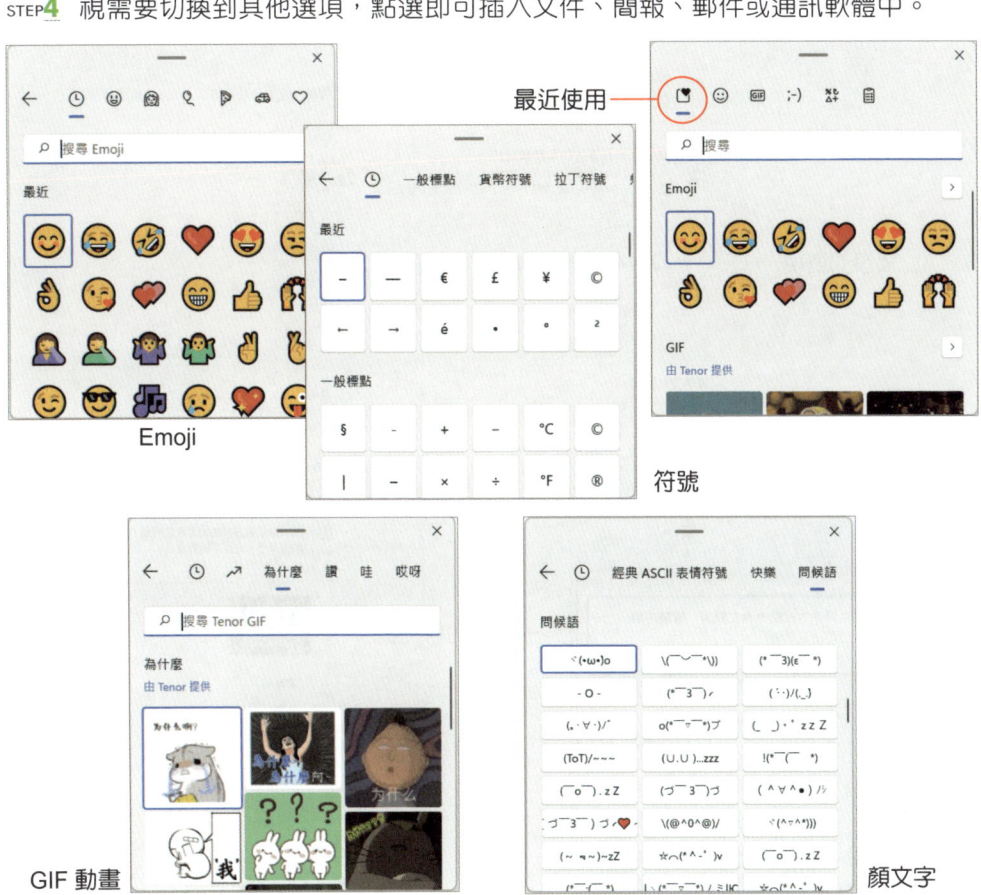

最近使用

Emoji

符號

GIF 動畫

顏文字

> **說明**
> - 每次電腦重新開機後，會清除 剪貼簿歷程記錄，已釘選的項目除外。
> - 剪貼簿歷程記錄 的項目限制為 25 個，較舊的項目會自動移除以釋出空間給新剪貼簿項目，除非已被釘選。大小限制是每個項目 4 MB，支援文字、HTML 和點陣圖。

更有效率的檔案總管

■ 5-33

5-5-2 啟用雲端剪貼簿

使用雲端式剪貼簿，可以從 Windows 11（或 10）電腦複製文字後，貼到另一部 Windows 11（或 10）裝置上。這項同步功能，必須使用相同的 Microsoft 帳戶登入所有裝置才行，請進入 設定 > 系統 > 剪貼簿 中，開啟跨裝置同步的選項，目前只有支援文字的同步。接下來可以開始在不同裝置上使用雲端剪貼簿，剪下 或 複製 的文字內容將會同步。

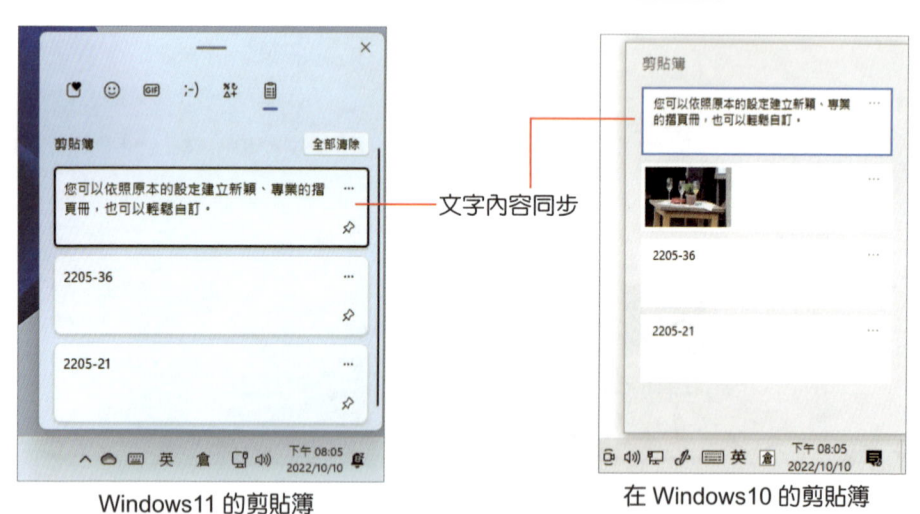

預設的選項

Windows11 的剪貼簿　　　　　　　在 Windows10 的剪貼簿

文字內容同步

說明

要清除該裝置和雲端上的所有項目（釘選項目除外），請選取 系統 > 剪貼簿 中 清除剪貼簿資料 區段的【清除】鈕。

Chapter 6

內建生活化的應用程式

Windows 11 內建了各種實用的應用程式,不僅貼近我們的日常生活,更與網路資訊完美結合,它們最大的特色就是非常適合在觸控裝置上使用,還可透過「Microsoft 帳戶」同步您的個人化設定。不管您是學生、上班族或家庭主婦,都能輕鬆使用這些應用程式讓生活更美好。

6-1. 自黏便箋

自黏便箋 的功能就如同生活中的便條紙或便利貼一般，讓您可以快速的記下待辦事項、電話號碼或任何文字。它可以一直出現在 **桌面**，直到不再需要時再刪除。只要登入相同的 Microsoft 帳戶，系統會在其他 Windows 裝置同步您的便箋，不管您走到哪都隨處可見！

STEP 1 啟動應用程式後會出現載入便箋的訊息，接著顯示 **自黏便箋清單** 視窗，空白的便箋出現在螢幕中間。

STEP 2 在 **寫個便箋...** 的便箋清單上快按二下，右側的空白便箋呈編輯狀態，可以開始以手寫筆書寫，或從鍵盤輸入內容。

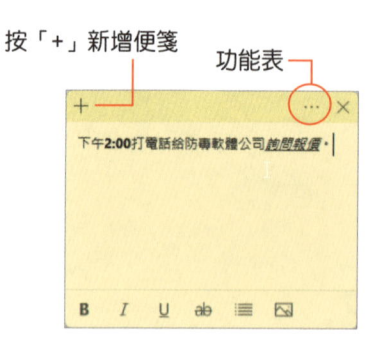

說明 若在電腦中登入多個帳戶，開啟 **自黏便箋** 應用程式時會出現確認帳戶的提示。

STEP 3 拖曳標題列可以將 自黏便箋 移動至視窗任意位置，按下左上角的「+」鈕或按 Ctrl + N 鍵，可新增一個空白的自黏便箋，再繼續輸入。

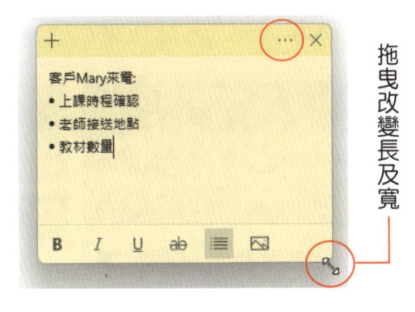

拖曳改變長及寬

STEP 4 點選 功能表 ⋯ 鈕出現色彩選單，點選要更換的色彩，利用色彩方便分類。

STEP 5 在 自黏便箋 中可以簡單改變文字的格式，先選取要變更的文字範圍，再按下方的工具鈕或快速鍵執行，還可插入影像圖片。

插入圖片

STEP 6 執行功能表的 刪除便箋 或按 Ctrl + D 鍵，可刪除該自黏便箋，點選 關閉「X」鈕關閉便箋。

STEP 7 自黏便箋清單中會列出所有便箋，當便箋很多時，可利用搜尋方式找到所要的便箋。

代表已開啟的便箋

6-3

STEP 8 點選 設定 ⚙ 鈕可設定色彩、進行同步以及登出帳戶。

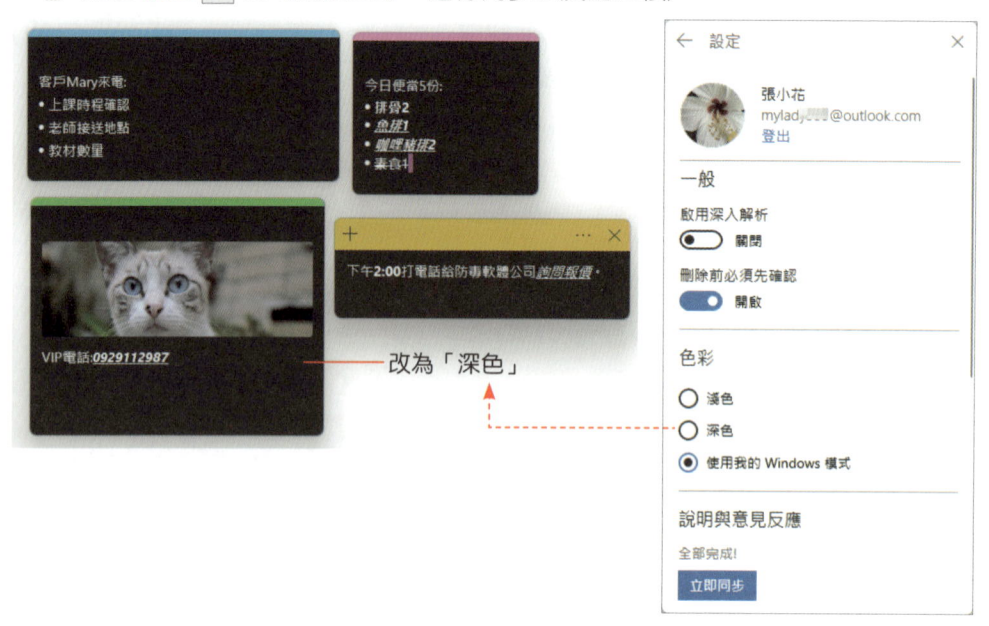

STEP 9 您可以關閉自黏便箋清單視窗，只留重要便箋在桌面，在 工作列 的 自黏便箋 圖示上按右鍵，可再將清單視窗開啟或顯示所有便箋。

> **說明**
> 更多內建應用程式的介紹，請參閱線上 PDF 電子書的內容。

6-2. Microsoft To Do

這是作業系統內建的「待辦事項清單」應用程式，可以運用在工作或個人生活事務上，目的在為您自己提供一份以優先順序排序的清單，以確保您不會忘記任何事項，並有效地規劃工作，以便在正確的時間範圍內完成所有事項。您可以跨多個裝置建立和同步工作清單，還可與朋友、家人和同事輕鬆共用。

6-2-1 新增待辦事項

您可以隨時新增當天或每週的待辦事項，如果待辦的是一個「大型」工作，可以拆分成多個較易完成的中、小型工作，這樣的完成率較高也較容易達成目標。

STEP1 從 開始 功能表啟動 Microsoft To Do 應用程式，首次啟動會訊問是否釘選到工作列，為方便設定與查看，選擇【是】鈕。

STEP2 預設會顯示從 我的一天 開始新增第一個工作，在右側視窗下方點選 新增工作，輸入工作名稱。

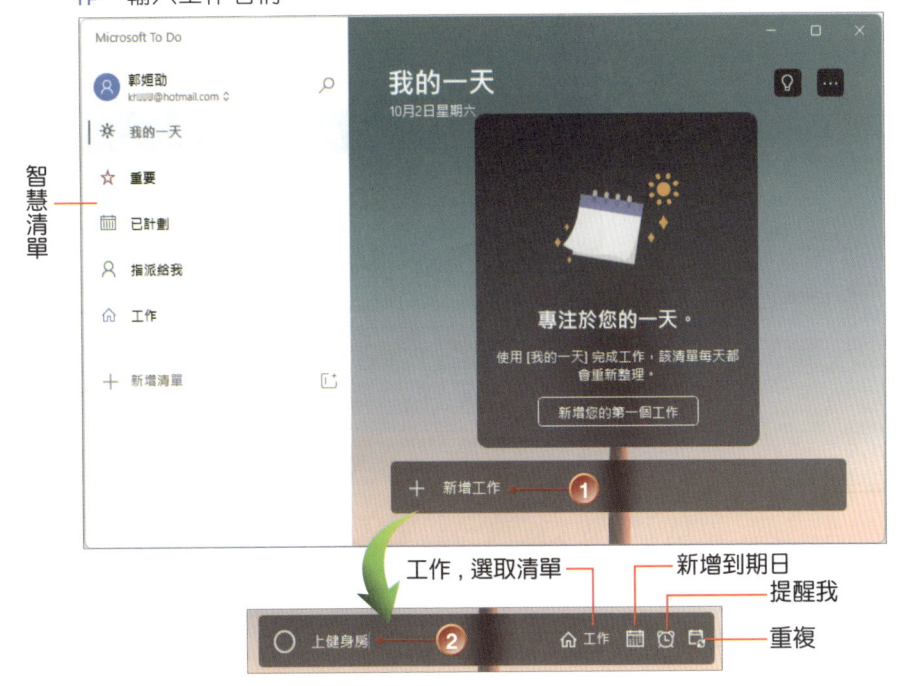

STEP3 點選右側的 **提醒我** 鈕，設定提醒時間，點選前方的圓圈完成新增。

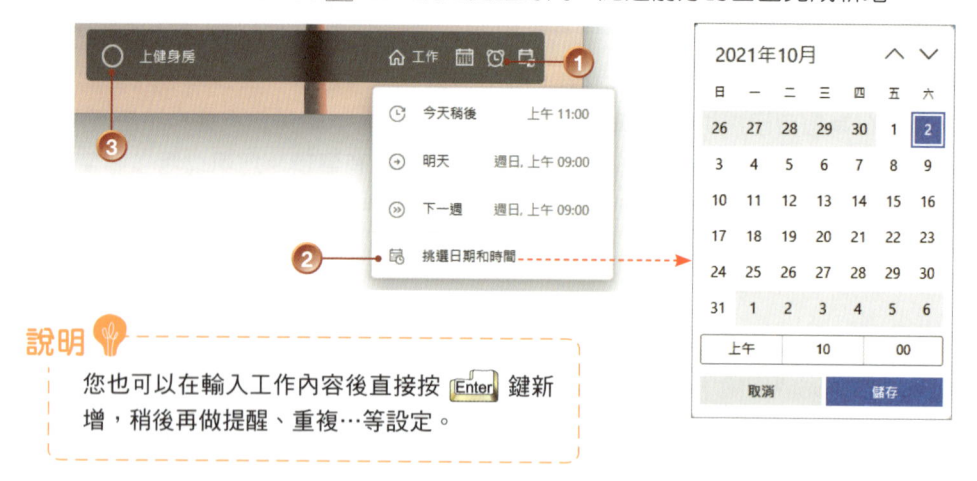

說明
您也可以在輸入工作內容後直接按 Enter 鍵新增，稍後再做提醒、重複…等設定。

STEP4 新增的工作若有期限，可新增到期日。

STEP5 重複上述步驟新增今日的工作。

新增的今日工作

說明

新增的所有待辦事項都會列入 **工作** 清單中，有設定提醒、到期日或重複的項目，會被列入 **已計劃** 清單。**標示為重要** 的項目會列入 **重要** 清單，且自動被排列在最上方。

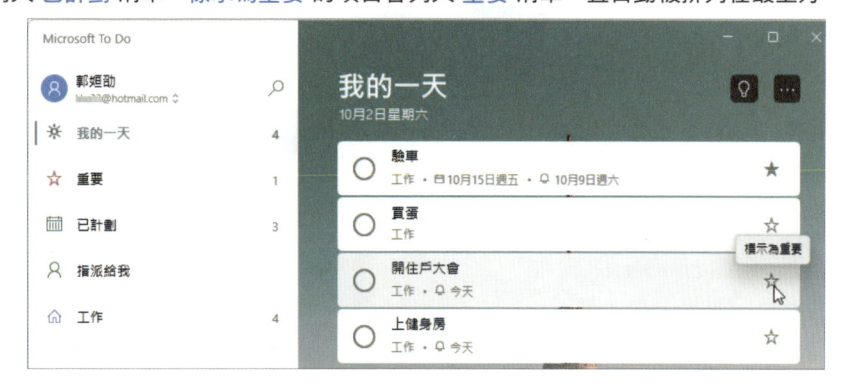

如果要新增不是今天的待辦事項，可先在左側點選 **工作**，再接著新增。新增之後，在項目上點選展開右側視窗，可新增工作步驟或指定提醒、到期日、重複、新增檔案，或為工作新增記事，若該工作為今日的任務，可點選 **新增到 [我的一天]**。

清單選項鈕

可變更佈景主題

接下頁

可刪除工作

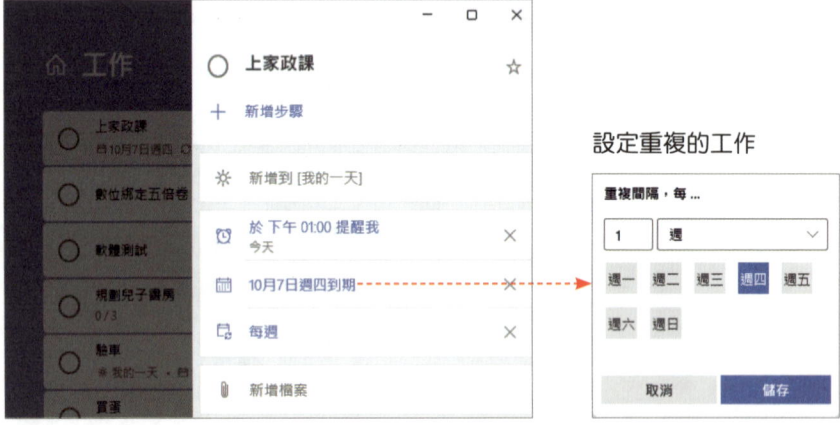

設定重複的工作

STEP 6 當指定的提醒時間到時，系統會顯示通知訊息。

6-8

STEP **7** 完成待辦事項時點選「完成」,工作會移到視窗下方的「完成」清單中。

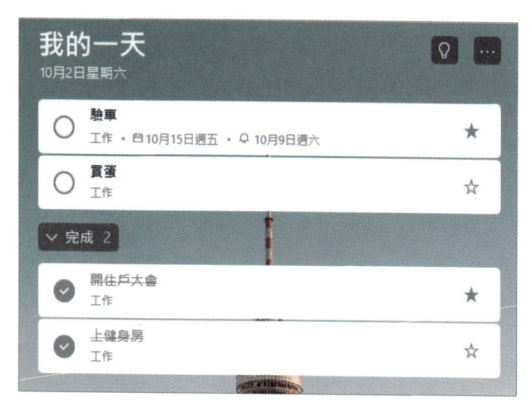

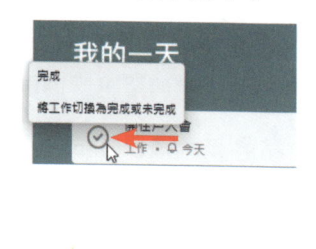

說明

今日沒完成的工作,明天將不再顯示於 我的一天,但會繼續列在 工作 清單中,直到完成工作。可重新指定在今日的待辦清單(我的一天)中。

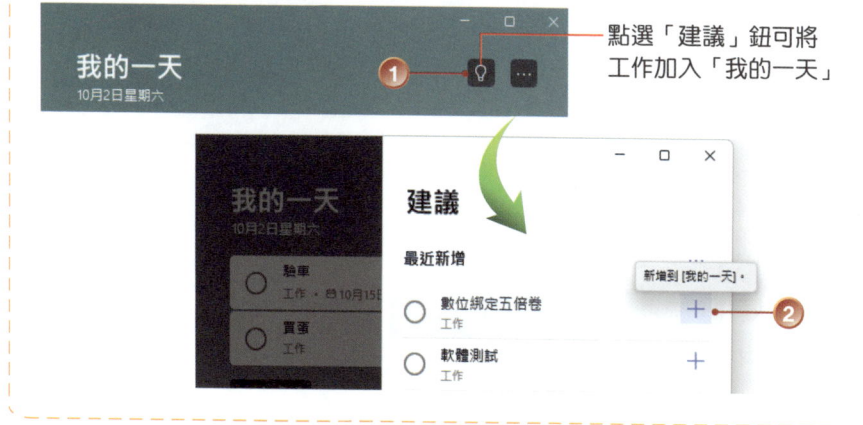

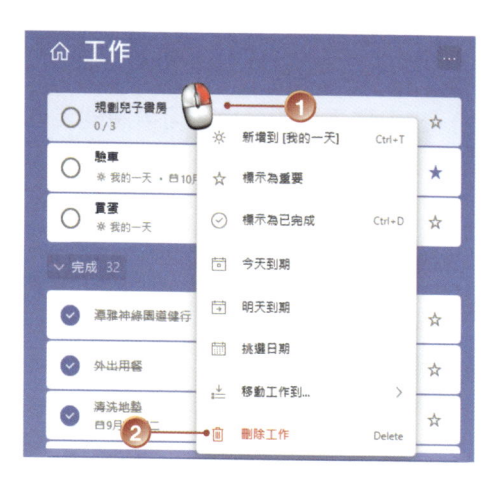

點選「建議」鈕可將工作加入「我的一天」

STEP **8** 想刪除工作項目,請在該項工作按右鍵,選擇 刪除工作。

6-9

6-2-2 新增清單 / 建立新群組

當你的工作項目可以歸納在相似的類別時，可以建立清單並將類似的工作整合在一起，井然有序的清單讓事項更易於管理，並讓您的精神專注在手邊的工作。

STEP1 點選 **新增清單** 並命名。

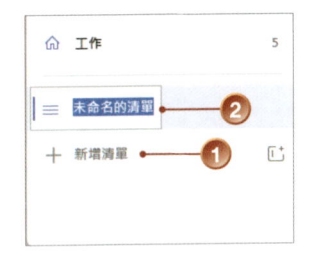

STEP2 接著新增工作，或從現有的 **工作** 清單中拖曳工作項目到此清單。

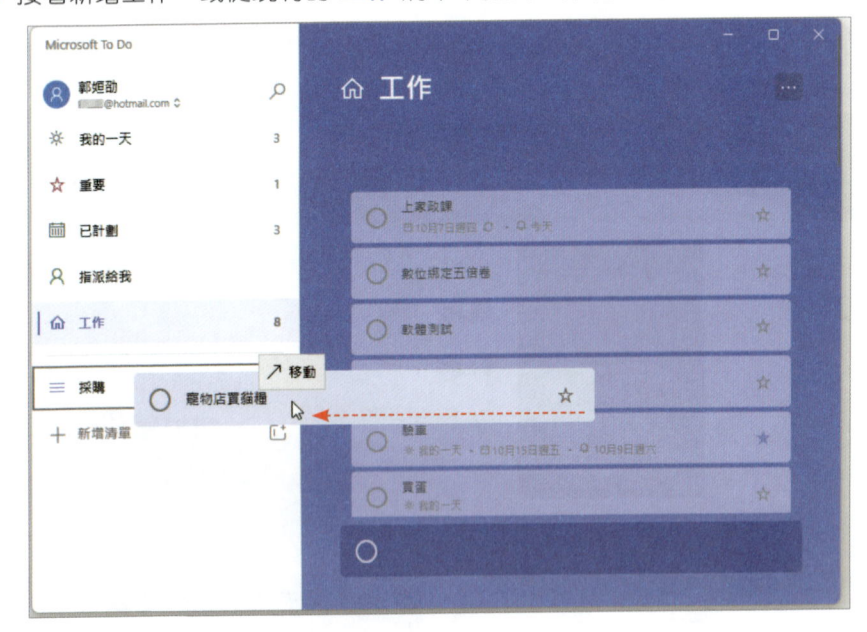

STEP3 當工作清單很多時，可再將同質性的清單群組在一起。點選 **建立新群組** 鈕，命名新群組。

STEP 4 展開右側的箭頭,將所要的清單以拖曳方式加入。

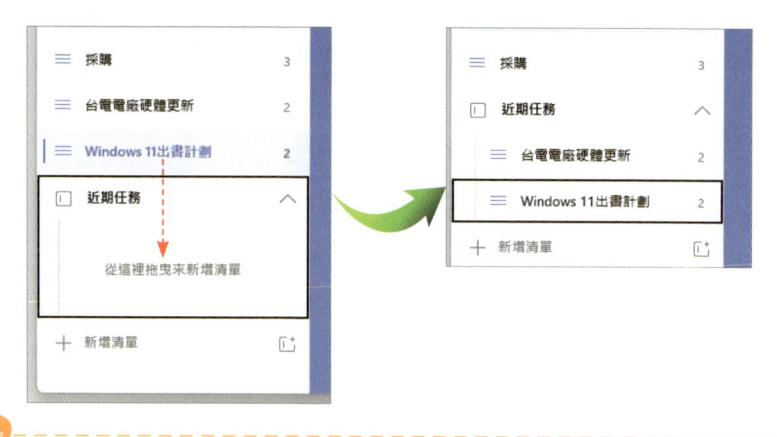

> **說明**
>
> 新增工作清單後,於 我的一天 新增待辦事項時,即可從 工作 清單中選擇要歸類在哪項工作清單中。
>
> 顯示工作清單的名稱

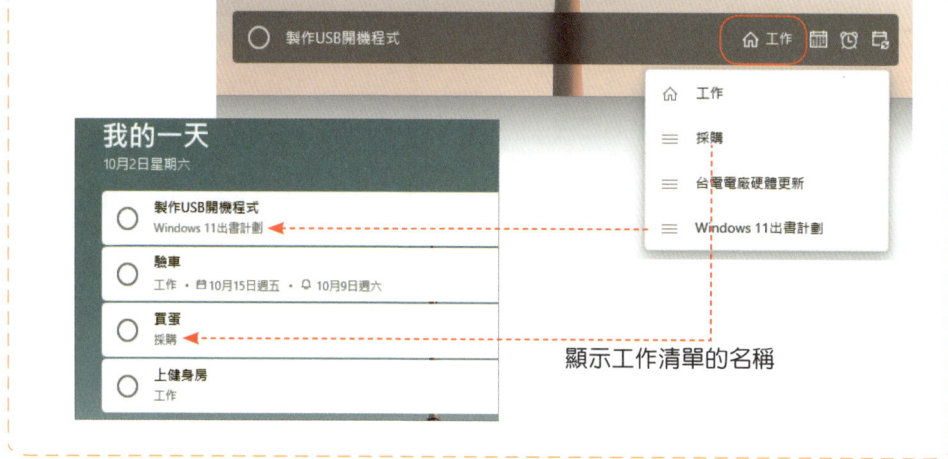

6-2-3 共用工作清單

如果工作清單中有多人參與,可以將工作指派給參與者。

STEP 1 點選要指派的工作清單,於視窗右上點選 共用清單 鈕。

STEP 2 點選【建立邀請連結】鈕。

STEP 3 可以複製連結或透過電子郵件邀請成員,點選【管理存取權】鈕可限制只有目前的成員可以存取。

接下頁 ➡

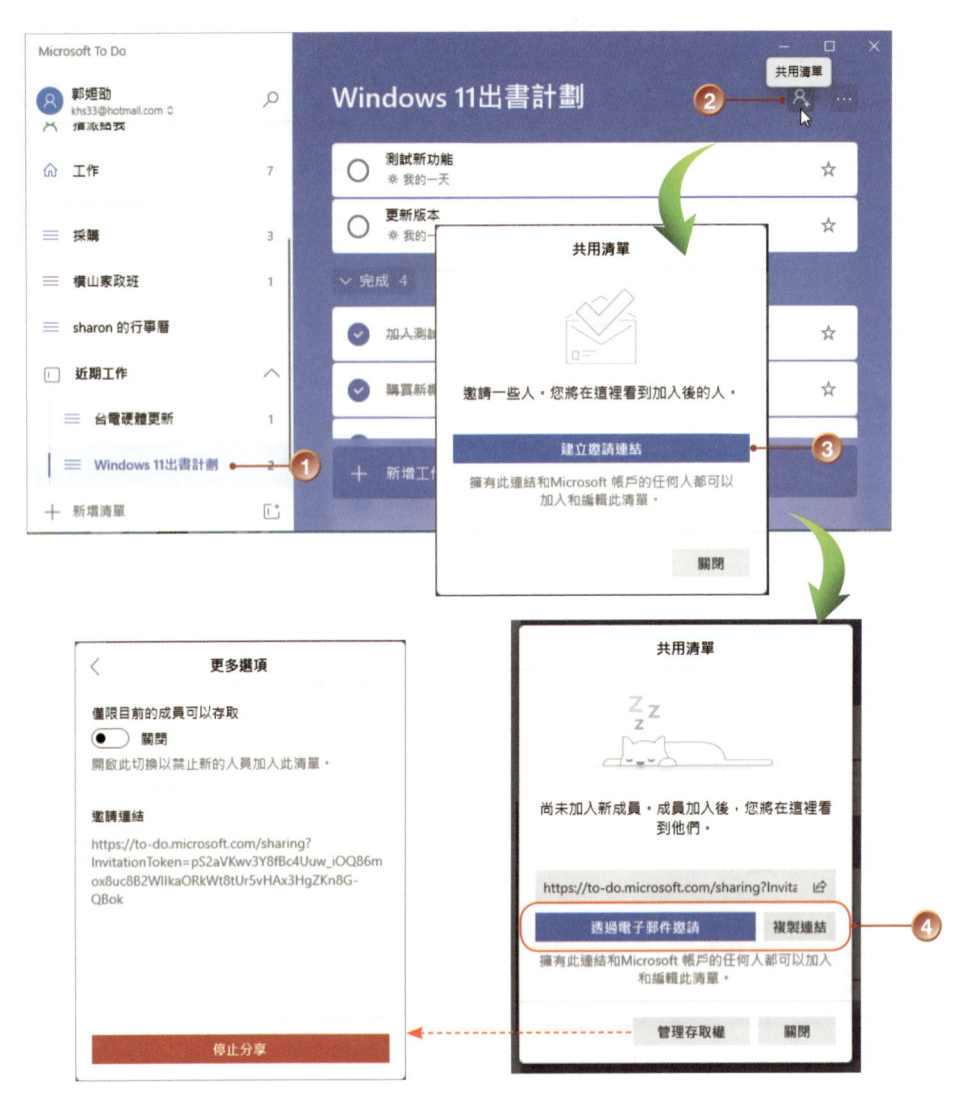

STEP **4** 受邀請的成員收到訊息可點選連結並點選【加入清單】鈕。

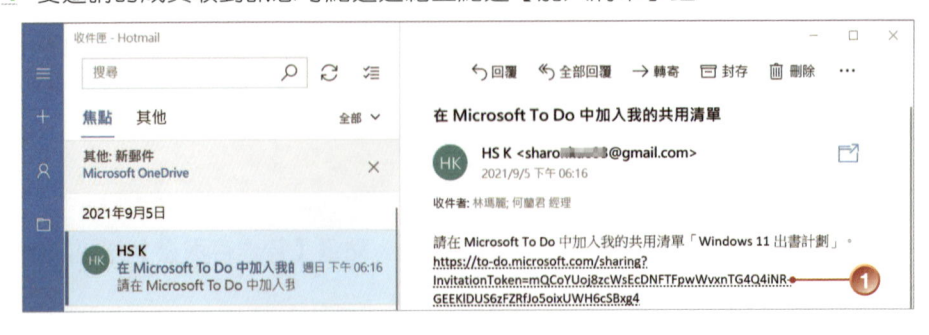

■ 6-12

受邀者將工作加入自己的工作清單中

STEP**5** 新增成員後，共用清單 🗣 鈕會變成 分享選項 🗣² 鈕。

已有 2 位成員

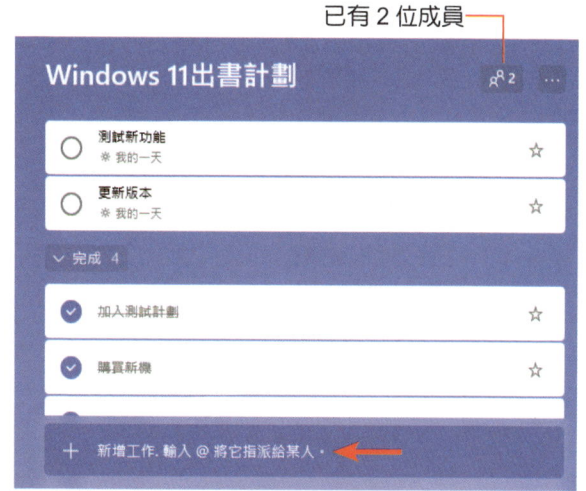

STEP 6 日後再新增工作時，可輸入 @ 指派給某位成員。

說明

預設狀態下會連線 Planner 應用程式，因此透過 Planner 指派的工作會自動顯示；您也可以將 Outlook 中已標幟的電子郵件，顯示在工作清單中，請先在 設定 中開啟 已標幟的電子郵件 選項。

啟動 Microsoft To Do 時左下角會出現提示

6-2-4 工作管理與設定

在清單上按右鍵可刪除不要的工作清單；在群組上按右鍵，可重新命名或將清單取消群組，此時群組即自動刪除。

點選視窗左上角的個人帳戶，選擇 設定，可設定 Windows 啟動時自動啟動 To Do 應用程式、釘選到工作列，以及要如何顯示工作清單。

6-3. 剪取工具

Windows 11 中與繪圖功能有關的內建應用程式，包含了 剪取工具、小畫家 與 小畫家 3D，他們麻雀雖小但五臟俱全，當您的電腦沒有安裝其他的繪圖軟體時，這些小巧的應用程式有如「即時雨」般的重要呢！如果有訂閱 Microsoft 365，在 小畫家 中就可使用 AI 工具（Copilot）來產生影像內容。

> **說明**
> 剪取工具 除了可以抓取螢幕畫面之外，錄製 功能可以在自定的區域範圍內錄下螢幕操作軌跡，並儲存為「mp4」格式，詳細操作步驟請參閱線上 PDF 電子書。

剪取工具 可以讓您擷取螢幕上的局部畫面之後，透過 繪圖 工具加註說明或進行裁剪，然後儲存成圖片檔案，複製或分享給其他人。這項功能還可與「雲端剪貼簿」搭配使用：

STEP 1 先顯示要剪取的畫面，再點選 剪取工具 應用程式，開啟 剪取工具 視窗，預設會啟動 剪取 工具，選取一種 剪取模式。

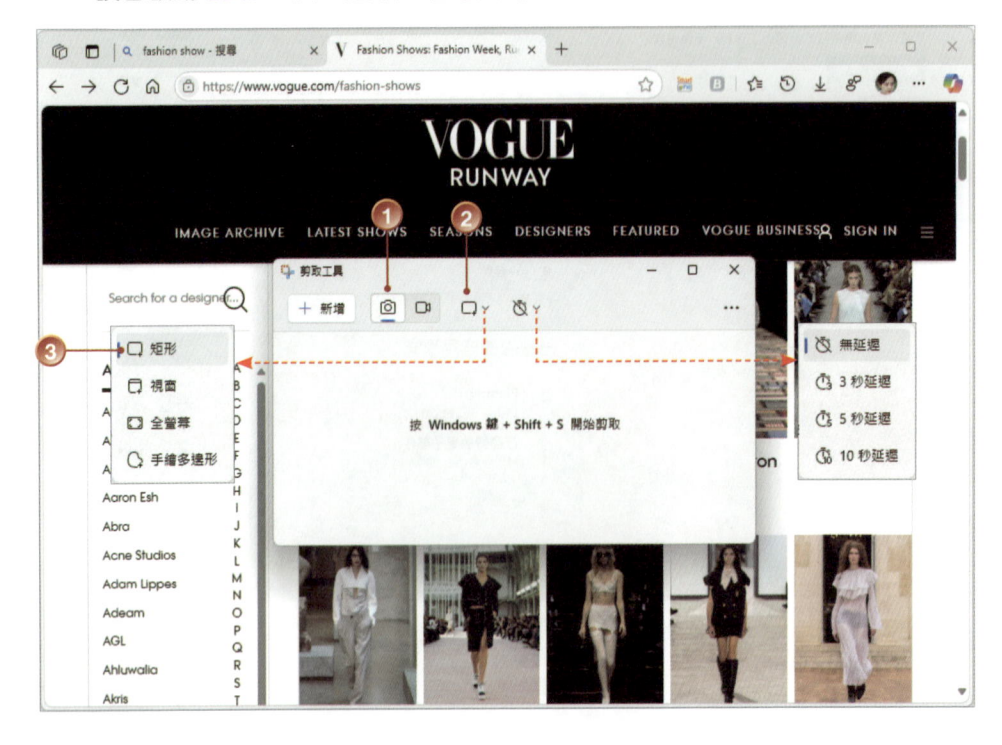

6-16

STEP 2 按【+新增】鈕（`Ctrl` + `N` 組合鍵）或按下 `⊞` + `Shift` + `S` 組合鍵，此時視窗會變暗。

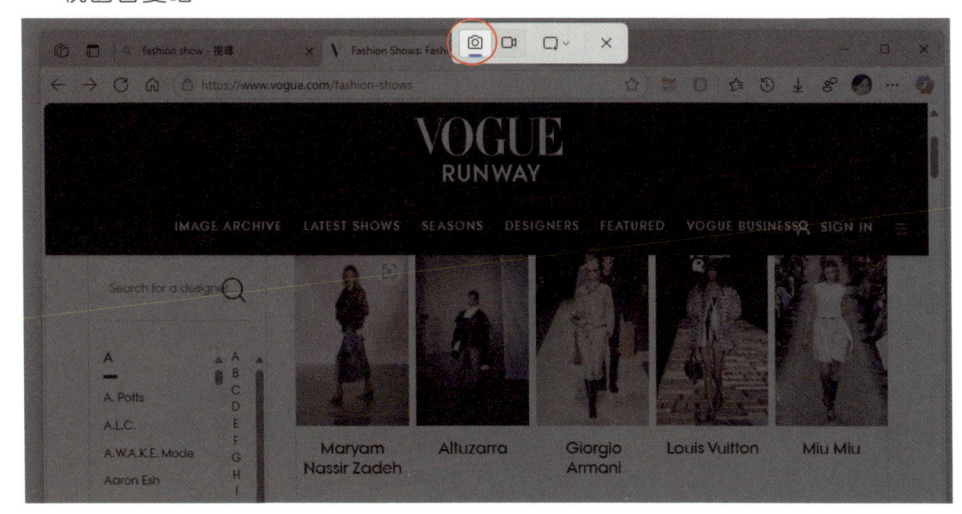

> **說明**
> - 準備剪取之前，可指定「延遲」時間，參考步驟 1 的圖，從下拉式清單選擇秒數後，按下【+新增】鈕即可在指定的時間後才擷取畫面。
> - 未開啟 剪取工具 視窗時，執行 `⊞` + `Shift` + `S` 組合鍵即可啟動 剪取工具。

STEP 3 拖曳選取要擷取的區域。（所剪取的內容會儲存到剪貼簿，按 `⊞` + `V` 可開啟剪貼簿檢視，有關「雲端剪貼簿」的詳細操作請參閱第 5 章）

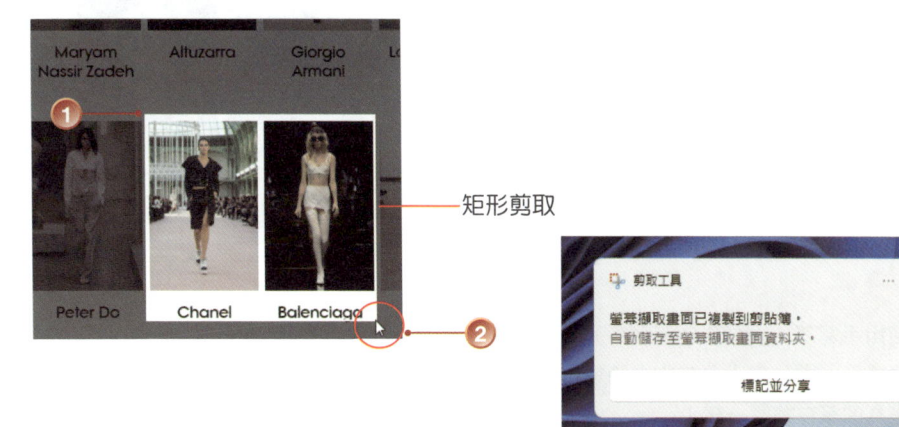

矩形剪取

出現內容已儲存到剪貼簿的通知

6 內建生活化的應用程式

6-17

STEP **4** 剪取的內容出現在 **剪取工具** 視窗,透過工具列上的 **鋼珠筆** 或 **螢光筆** 指定 **色彩** 與筆的 **大小** 後,以手寫筆、滑鼠或手指來繪製。

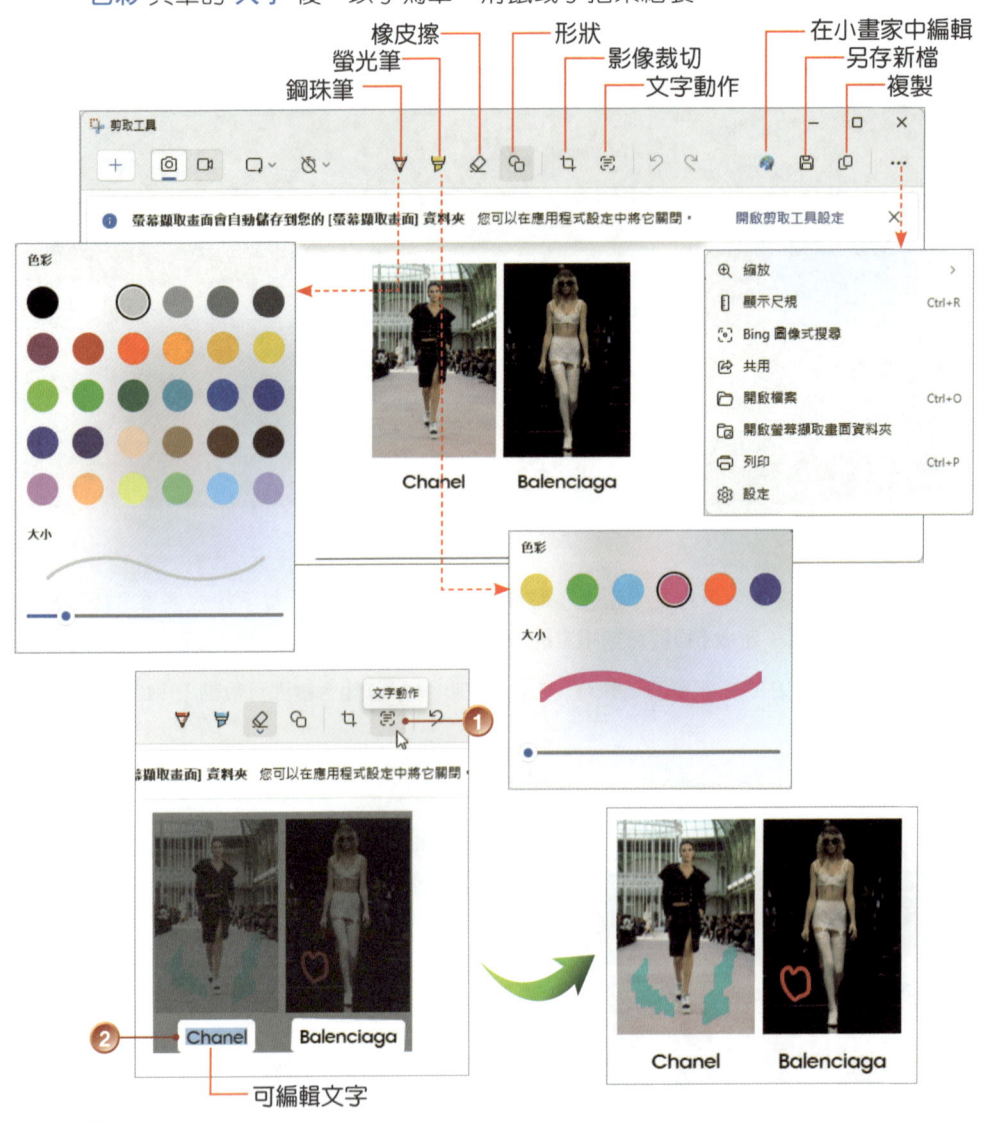

橡皮擦
螢光筆
鋼珠筆
形狀
影像裁切
文字動作
在小畫家中編輯
另存新檔
複製

可編輯文字

說明

使用手寫筆(例如:Surface 手寫筆)會有不同級數的壓力敏感度,因此畫大力或小力時會呈現不同粗細的筆觸,彷彿是真的筆在繪圖一樣!

可以用手指在平板螢幕上繪圖

6-18

STEP 5　繪製過程中，可以 **復原** 或 **重做** 動作，透過 **橡皮擦** 工具擦除不要的區域，**清除所有標記** 可輕鬆清除所有繪製的內容。

STEP 6　執行 **複製** 可以將內容貼到其他開啟的應用程式；執行 **另存新檔** 可以將內容存成圖片檔案，再插入到其他應用程式中；點選 **查看更多 > 共用** 指令，可以分享剪取的內容。

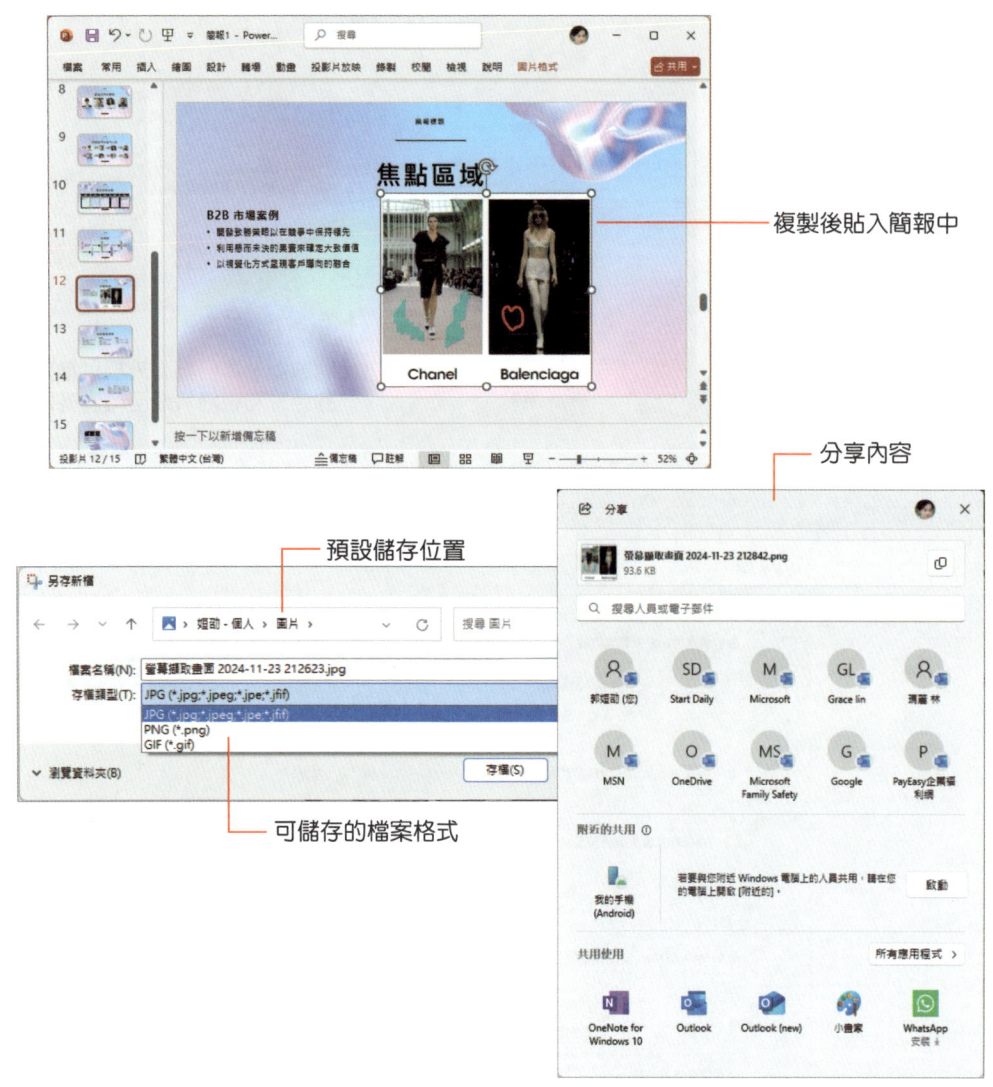

- 複製後貼入簡報中
- 分享內容
- 預設儲存位置
- 可儲存的檔案格式

STEP 7　存檔完後，按【+ 新增】鈕可再繼續新增其他影像剪取作業，不再使用 **剪取工具** 請按下視窗 **關閉** 鈕將其關閉。

6-19

設定剪取工具

點選 查看更多 > 設定 展開 設定 頁面，可設定 剪取工具 的快速鍵、指定是否開啟複製到剪貼簿、要求儲存剪取內容、錄製時是否包含麥克風輸入 (預設未啟動)、應用程式佈景主題設定等選項。

開啟後，會自動將外框以指定的色彩和粗細新增至每個剪取

Chapter 7

多樣化的多媒體娛樂

「Microsoft Store」在 Windows 10 稱為「市集」，是專為下載各類應用程式而產生的功能，就像大家已經習慣的 App Store 和 Google Play 商店一樣。透過全新的 Microsoft Store，可以進入由應用程式、遊戲、音樂和電影所組成的影音世界，更豐富您的 Windows 體驗。

7-1. Microsoft Store

智慧型手機與平板裝置的使用已變成人們平日生活的常態,透過網路直接購買及下載軟體的行為更成為消費主流,這種方式徹底顛覆了以往必須先購買光碟,再從光碟執行安裝軟體的傳統方式。在前一代 Windows 作業系統中的 市集,主打微軟自己的軟體平台,如今微軟透過串接亞馬遜應用程式商店,將 Android 應用程式導入,使用者可以直接在 Windows 11 下載、安裝並執行 Android 應用程式,成為真正的「開放平台」。

7-1-1 應用程式的分類與搜尋

全新的微軟商店中內容涵蓋應用程式、遊戲、節目和電影,是您尋找工作、學習與休閒娛樂相關應用程式的最佳來源。由於微軟重整了商店的架構,介面上採用全新的設計,因此提高了搜尋速度,讓想找的應用程式更容易被找到。其中也包含了各種免費及付費的軟體和遊戲,只要電腦是連線狀態,就能夠隨時掌握到最新的產品訊息。

STEP 1 點選 工作列 上的 Microsoft Store 圖示,進入 Microsoft Store 首頁。

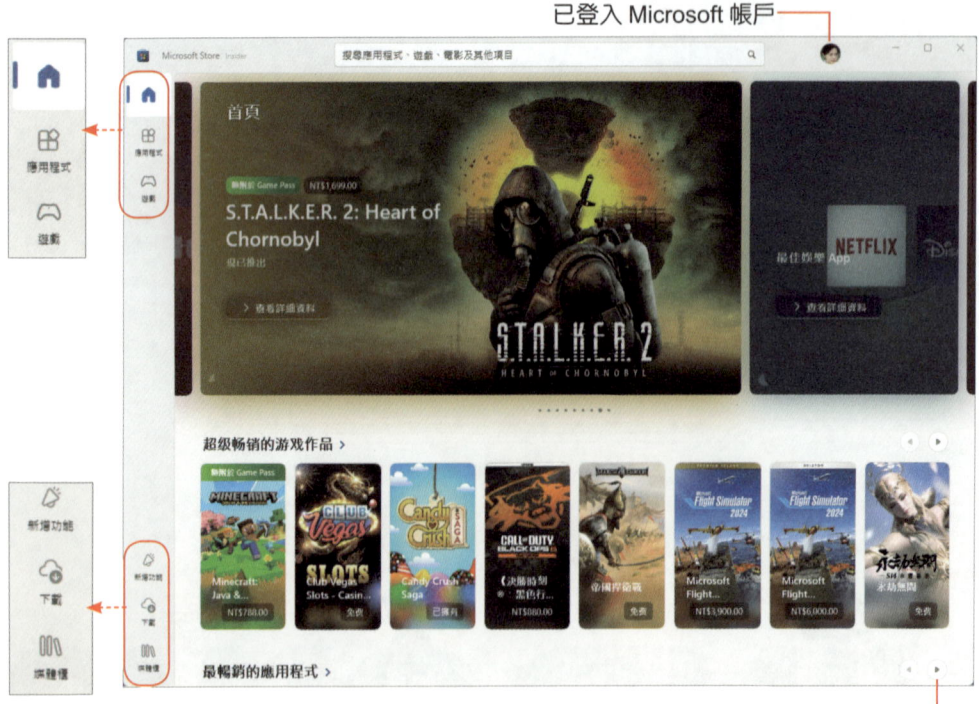

已登入 Microsoft 帳戶

點選可顯示更多項目

STEP **2** Microsoft Store 中有 **應用程式** 和 **遊戲** 二種主要類別，**首頁** 中有熱門免費應用程式、熱門免費遊戲和集合…等，分門別類方便您快速搜尋。

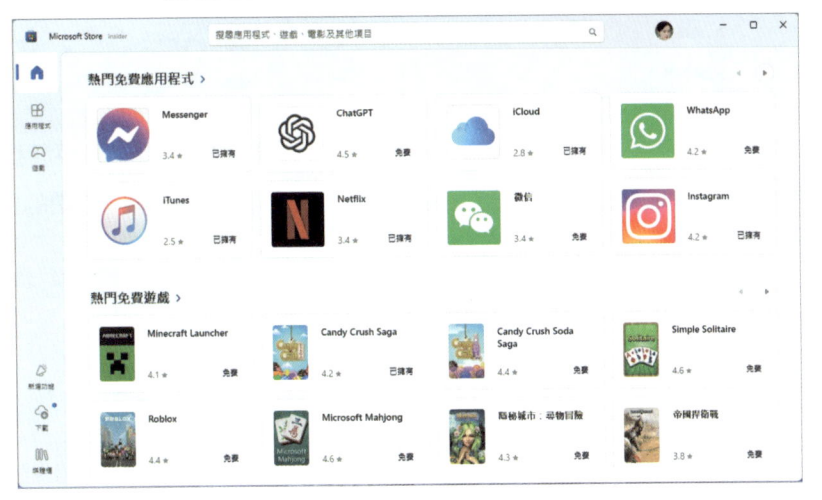

說明
可供下載的應用程式及分類會隨時更新，請依當時畫面所顯示的項目來操作。

STEP3 這些畫面中都只會顯示少數的應用程式，點選各種分類鈕或 ▶ 鈕瀏覽更多應用程式及遊戲，也可依不同的選項進行篩選。

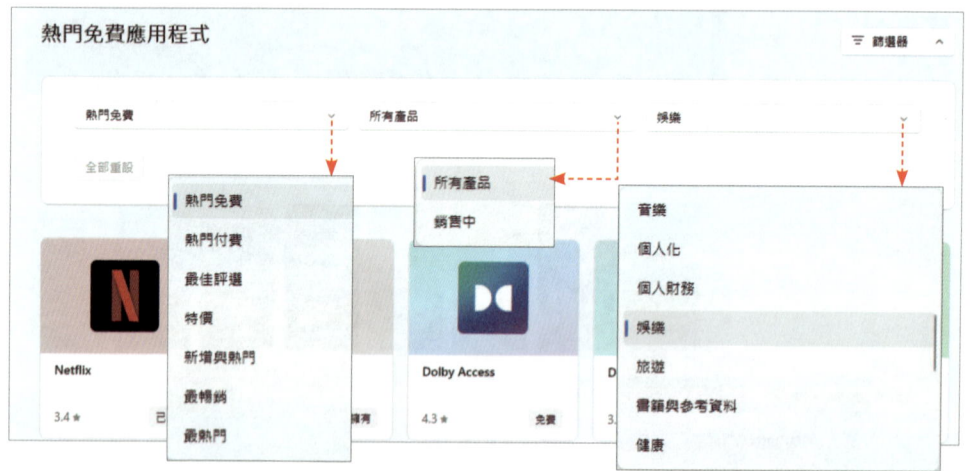

STEP4 如果已經知道某個熱門的軟體，但是不想透過分類去尋找，可以利用 搜尋 功能快速找到所需下載的軟體。請在右上角的 搜尋 欄位中輸入軟體的關鍵字如下圖所示。

可從建議清單中選取

7-1-2 下載與安裝應用程式

前面章節在介紹使用者帳戶時曾經提過,「Microsoft 帳戶」扮演了極為重要的角色,若要在 Microsoft Store 中下載應用程式,必須先具備「Microsoft 帳戶」才能進行。我們以「Microsoft 帳戶」登入示範免費下載方式。

> **說明**
> - 尚未登入「Microsoft 帳戶」,可以從 Microsoft Store 中點選帳戶圖示 登入。
> - 若曾經以「Microsoft 帳戶」登入過,但目前以「本機帳戶」身份登入電腦,仍可以在 Microsoft Store 進行下載作業。

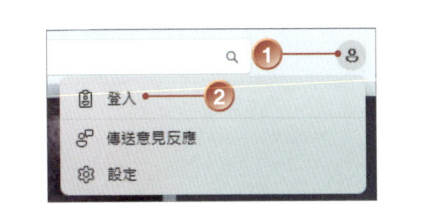

下載熱門免費遊戲

STEP 1 於 Microsoft Store 的 遊戲 類別的 熱門免費 排行榜中,點選有 4.5 顆星評級的遊戲。

STEP 2 頁面中顯示遊戲的相關資訊,捲動一下畫面,可瀏覽系統需求和螢幕擷取畫面。其他資訊 中會有軟體大小、可安裝台數和支援的語言等說明。按下【取得】鈕開始下載並安裝

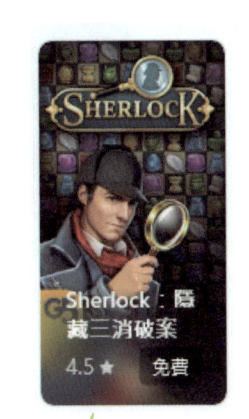

接下頁

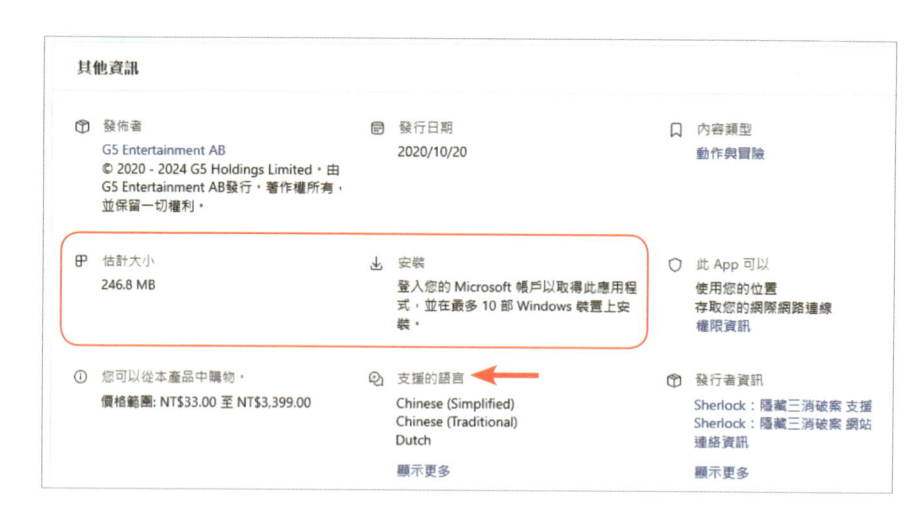

STEP 3　畫面中會顯示下載進度，完成安裝後按【開啟】鈕即可打開遊戲開始玩了。

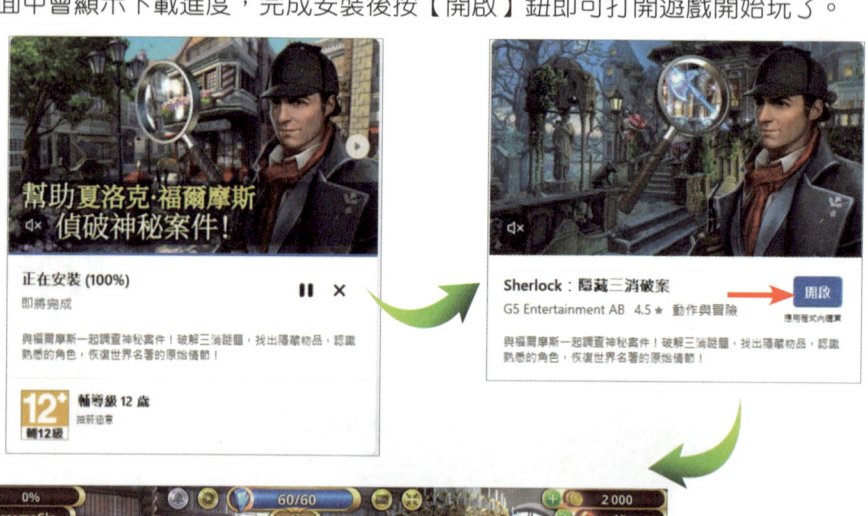

遊戲畫面

STEP**4** 展開 開始 ■ 功能表會看到 建議 清單中已出現該遊戲，由於新安裝或下載的應用程式不會主動顯示在 開始 功能表，因此可將常用的項目釘選到 開始 方便存取。

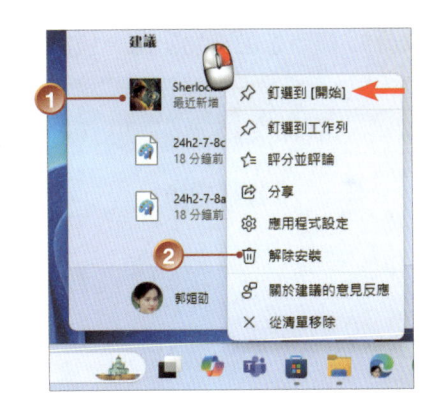

曾經購買的應用程式

曾經使用智慧型手機或平板裝置的讀者一定會有相同的疑問：微軟的 Microsoft Store 是否能記住以相同「Microsoft 帳戶」登入所購買的軟體？因為會有電腦重灌或是需要在其他電腦使用相同軟體的需求；答案是肯定的。以下我們換到另一部電腦，並且以相同的「Microsoft 帳戶」登入：

STEP**1** 在 Microsoft Store 的 首頁 點選 帳戶 圖示，從清單中選擇 管理帳戶和裝置。

STEP**2** 會啟動 Microsoft Edge，進入 Microsoft 帳戶 | 首頁，切換到 [訂購記錄] 頁面。

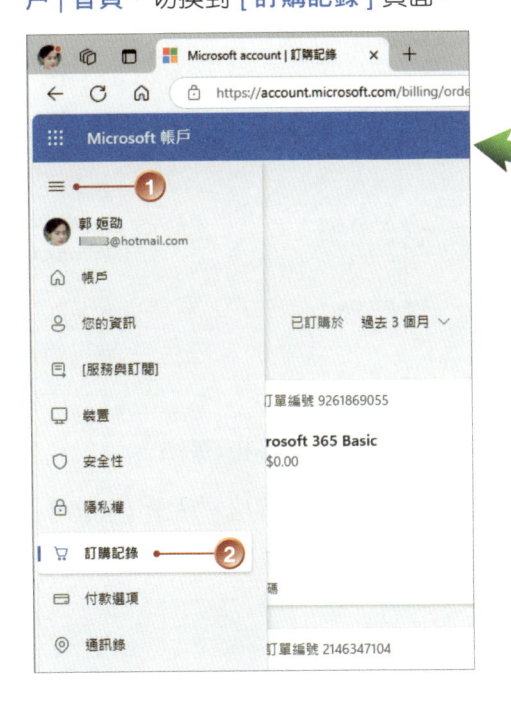

STEP 3 顯示您的交易記錄，包括免費與付費的項目。

STEP 4 想知道在該部電腦還有哪些已經下載、但是尚未安裝的應用程式，請回到 Microsoft Store 視窗，點選 **媒體櫃**。

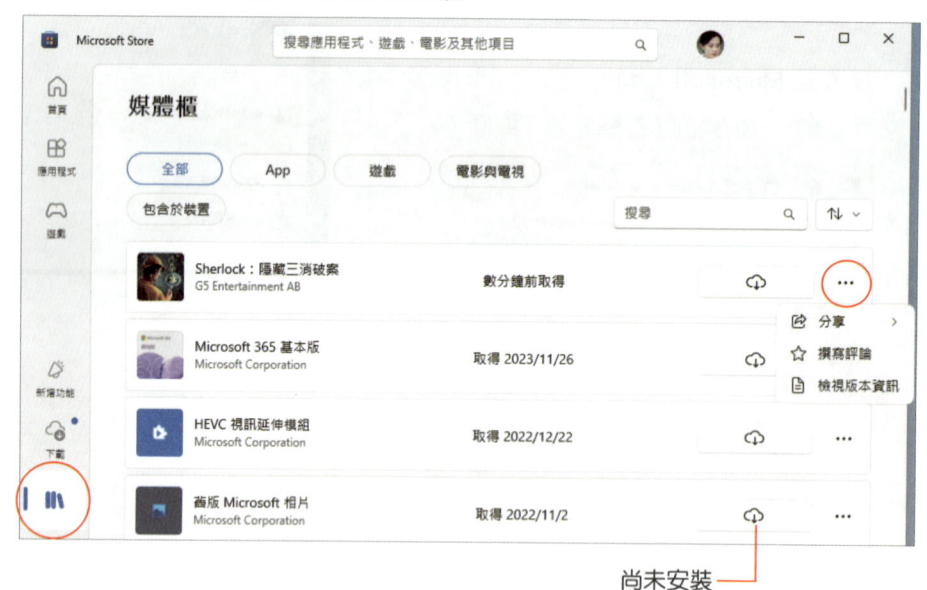

尚未安裝

STEP 5 會列出所有可下載的應用程式和遊戲，可依分類篩檢。點選【開啟】或【更新】鈕可立即開啟；呈現【☁】鈕代表目前的裝置中尚未安裝，點選即可下載安裝。

說明

- 在 Microsoft Store 中瀏覽應用程式時，如果應用程式下方顯示「已擁有」，表示您已經下載過此軟體，但在該部電腦中尚未安裝。

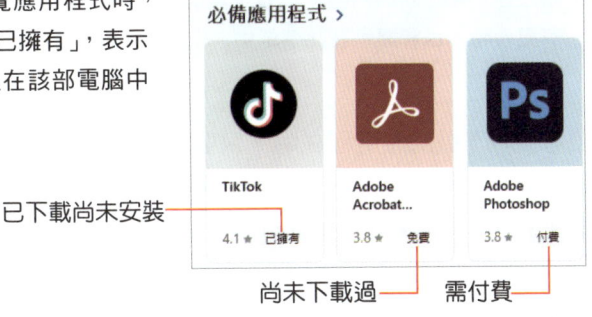

  已下載尚未安裝 ─── 尚未下載過 ─── 需付費

- 從應用程式的 其他資訊 中可以檢視 安裝 資訊（參考 7-6 頁步驟 2 的圖），大部分的軟體都可以在最多十部的 Windows 裝置上安裝，包括電腦和平板裝置。當安裝的數量達到 10 部時，只要在其中一部裝置上進行移除動作，即可在另一部新的裝置上重新安裝（參考 7-1-4 小節的說明）。

7-1-3 更新與移除

當電腦裝置處於連線狀態時，Microsoft Store 預設會自動檢查目前所安裝的應用程式是否有更新的版本，若有新版本會自動下載。

STEP 1 在 Microsoft Store 視窗點選左側的 下載。

STEP 2 經過檢查後，若有更新會顯示可更新的數目，視需要點選【更新】鈕，或按 全部更新，稍待一會兒即開始下載更新，下載完成會顯示更新時間。

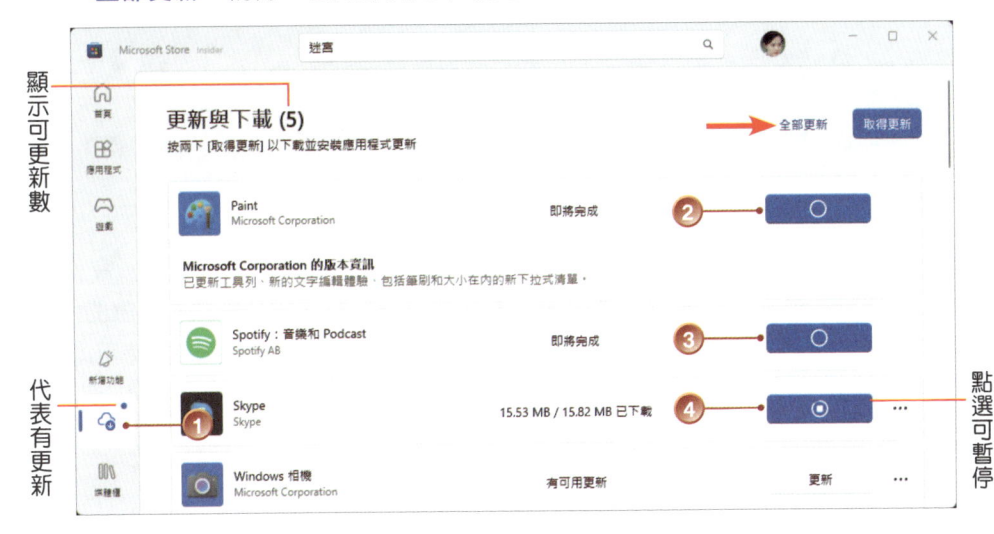

顯示可更新數 — 代表有更新 — 點選可暫停

■ 7-9

> **說明**
> 請注意！可更新的內容不只有下載的應用程式和遊戲，開始 功能表中內建的應用程式有更新時，也會顯示在此清單中。

要如何移除下載的應用程式呢？只要是在 Microsoft Store 所下載安裝的應用程式，其移除的方式都相同，請在 開始 ■■ 功能表的應用程式上按右鍵，從功能選單選擇 解除安裝（參考 7-7 頁步驟 4 的圖）即可。

7-1-4 帳戶與喜好設定

前一小節提到，應用程式的更新預設會自動進行，您可以在 帳戶 圖示清單中點選 設定（參考 7-7 頁步驟 1 的圖），進入 Microsoft Store 的 設定 畫面，視需要取消自動更新方式。

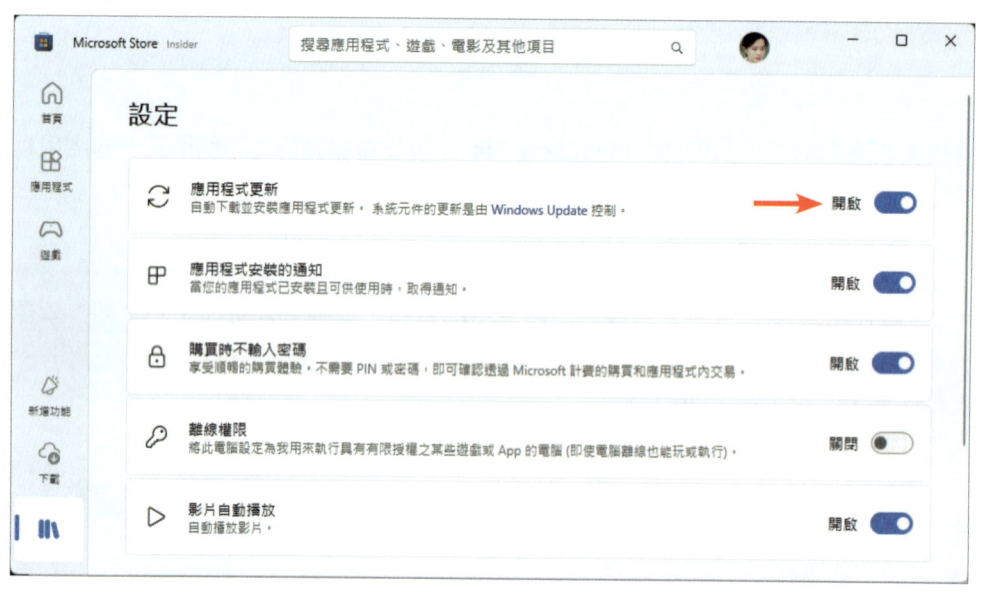

在 Microsoft 帳戶 | 裝置 頁面的 Microsoft Store 裝置管理 點選 管理，會進入 Microsoft Store 裝置管理 網頁，顯示您在此帳戶下已經安裝應用程式和遊戲的 所有裝置。如果您已不再擁有該裝置，或是達到安裝的裝置限制（十台），此時可以 取消連結 該裝置。移除後，從 Microsoft Store 安裝的應用程式將無法在該裝置上運作。

多樣化的多媒體娛樂

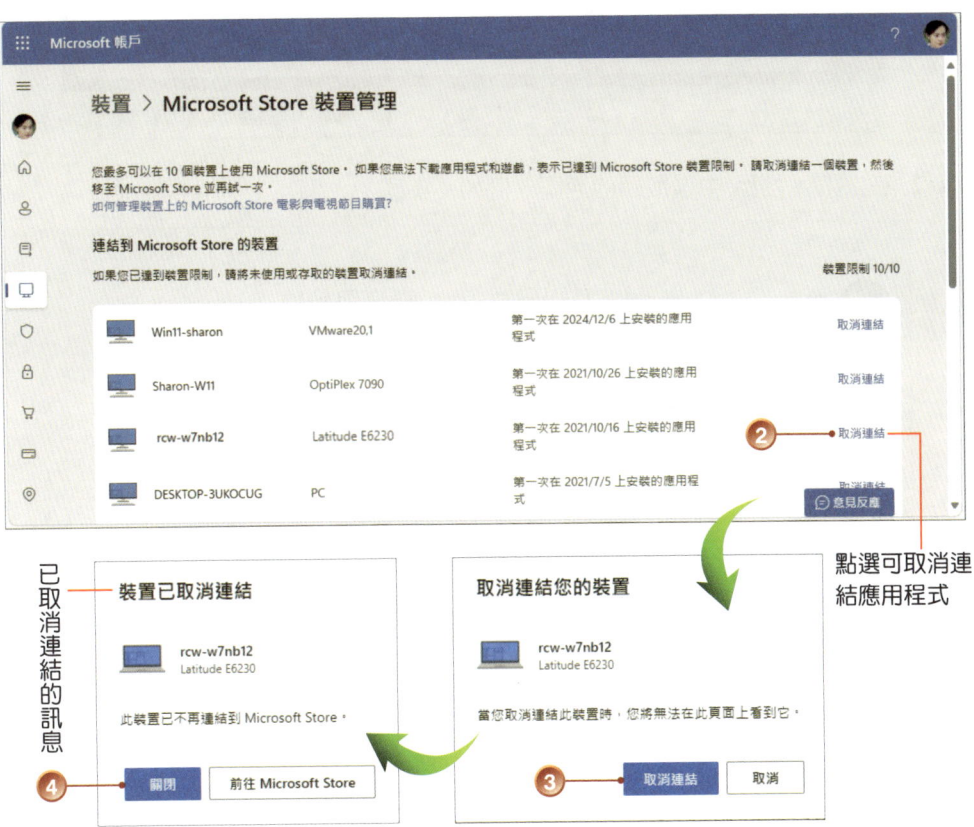

Microsoft Store 裝置管理

檢閱您已下載應用程式和遊戲的裝置。

管理 ①

Android & iOS 裝置管理

檢查與您的 [Microsoft 帳戶] 連結的 Android 和 iOS 裝置。

管理

雲端已同步的設定

Windows 裝置會將您的部分設定儲存在雲端中,以方便跨裝置同步。

清除已同步的設定

裝置 > Microsoft Store 裝置管理

您最多可以在 10 個裝置上使用 Microsoft Store。如果您無法下載應用程式和遊戲,表示已達到 Microsoft Store 裝置限制。請取消連結一個裝置,然後移至 Microsoft Store 並再試一次。
如何管理裝置上的 Microsoft Store 電影與電視節目購買?

連結到 Microsoft Store 的裝置

如果您已達到裝置限制,請將未使用或存取的裝置取消連結。　　　　　　　　裝置限制 10/10

名稱	型號	安裝日期	
Win11-sharon	VMware20,1	第一次在 2024/12/6 上安裝的應用程式	取消連結
Sharon-W11	OptiPlex 7090	第一次在 2021/10/26 上安裝的應用程式	取消連結
rcw-w7nb12	Latitude E6230	第一次在 2021/10/16 上安裝的應用程式	取消連結 ②
DESKTOP-3UKOCUG	PC	第一次在 2021/7/5 上安裝的應用程式	取消連結

② 點選可取消連結應用程式

裝置已取消連結

rcw-w7nb12
Latitude E6230

此裝置已不再連結到 Microsoft Store。

④ 關閉　前往 Microsoft Store

已取消連結的訊息

取消連結您的裝置

rcw-w7nb12
Latitude E6230

當您取消連結此裝置時,您將無法在此頁面上看到它。

③ 取消連結　取消

■ 7-11

變更您 Microsoft Store 的地區

如果您前往不同的國家或地區，必須變更您的地區設定，才能繼續在 Microsoft Store 購物。您需要變更電腦的位置，然後將該國家或地區的付款方式新增到 Microsoft Store 帳戶中。例如：電腦的位置設為美國，則您的付款方式必須是美國適用的付款方式。

STEP 1 要在 Windows 中變更您的地區，請在 **搜尋** 方塊中輸入 **地區**，選取 **地區設定**。

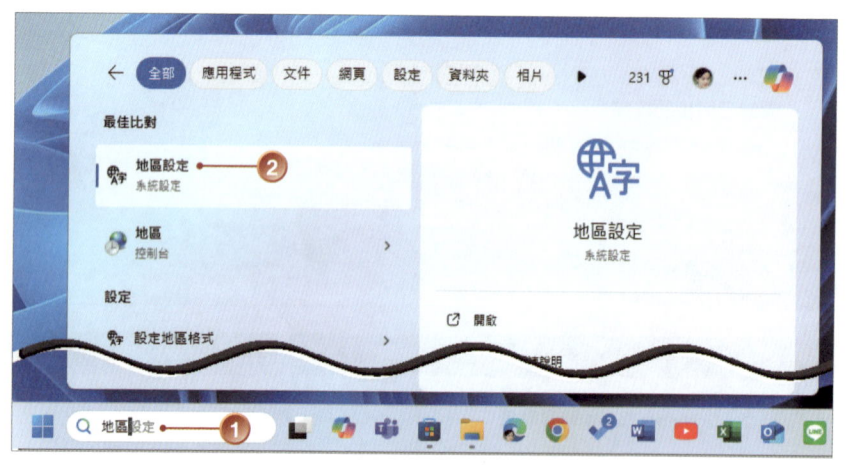

STEP 2 在 **國家 / 地區** 中選取新的地區，例如：美國。

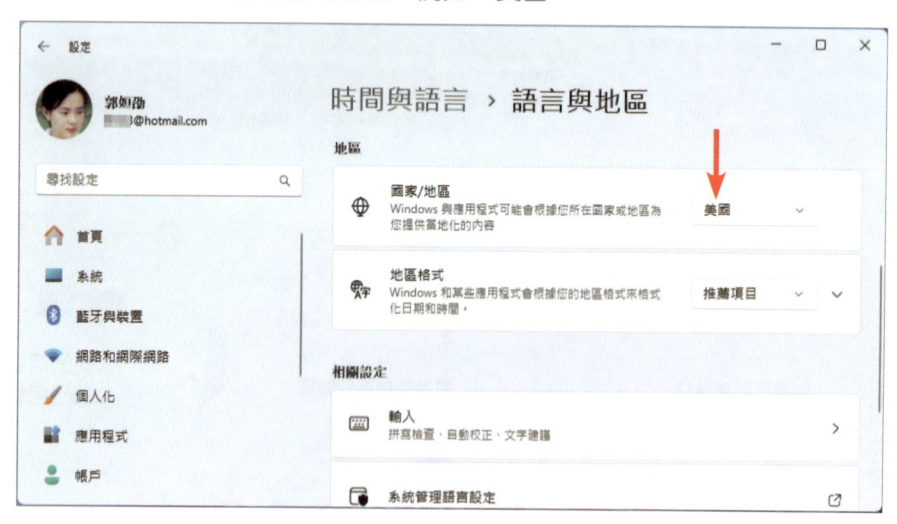

7-12

STEP **3** **登出** 後再重新 **登入** 電腦,然後開啟 Microsoft Store,左側功能列中會新增 **娛樂** 和 AI Hub 二個項目。

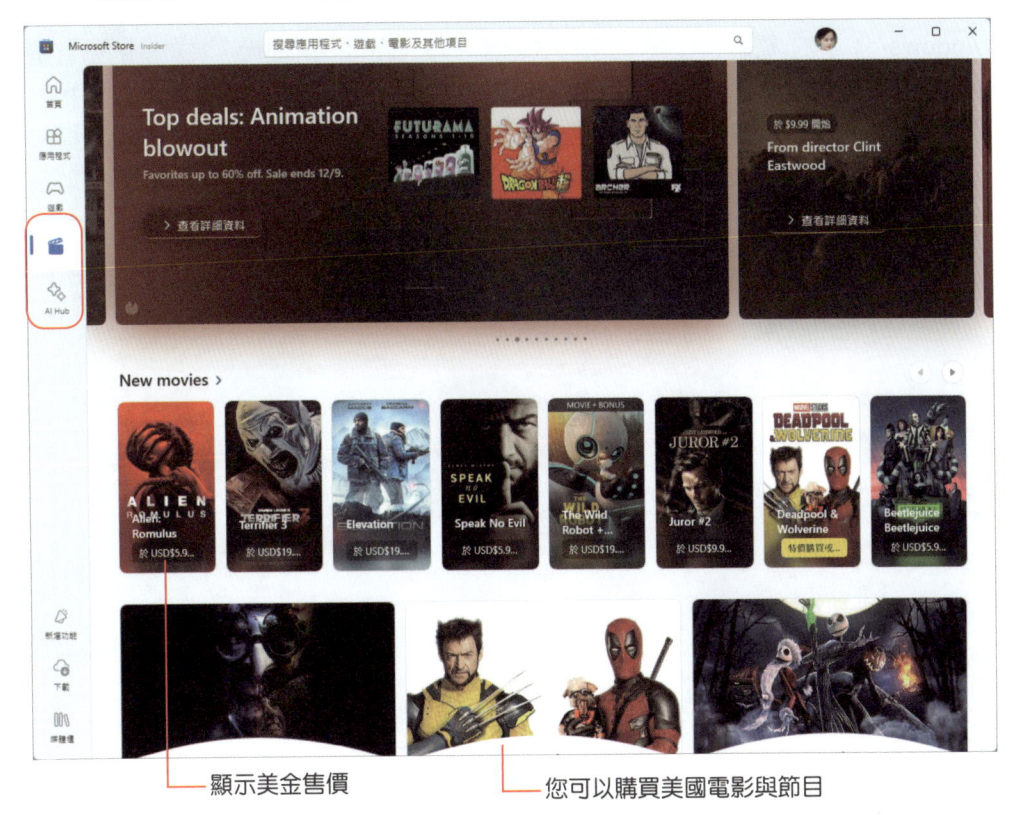

顯示美金售價　　您可以購買美國電影與節目

> **說明**
> - 有些 Microsoft Store 中的應用程式無法在台灣下載或購買,透過變更地區後就可如願以償了。
> - 進入內建的 Xbox 應用程式也可以下載及安裝遊戲軟體。

7-2. 媒體播放器

Windows 11 中的 電影與電視 應用程式已被 媒體播放器 所取代，其設計的宗旨是讓使用者更愉快地聆聽與觀看多媒體內容（包括音樂和影片）。媒體播放器 的核心是一個完整的精選音樂媒體櫃，可讓您快速瀏覽並播放音樂，以及建立和管理播放清單。預設的狀態下，您電腦上 音樂 和 影片 資料夾中的所有內容，都會自動顯示在您的媒體庫中。

執行「電影與電視」
會出現此訊息

首次啟動的畫面

當個人資料夾中的 音樂 和 影片 中有多媒體檔案時，點選左側的 音樂庫 和 影片庫，右側窗格中就會顯示內容，點選可立即播放。

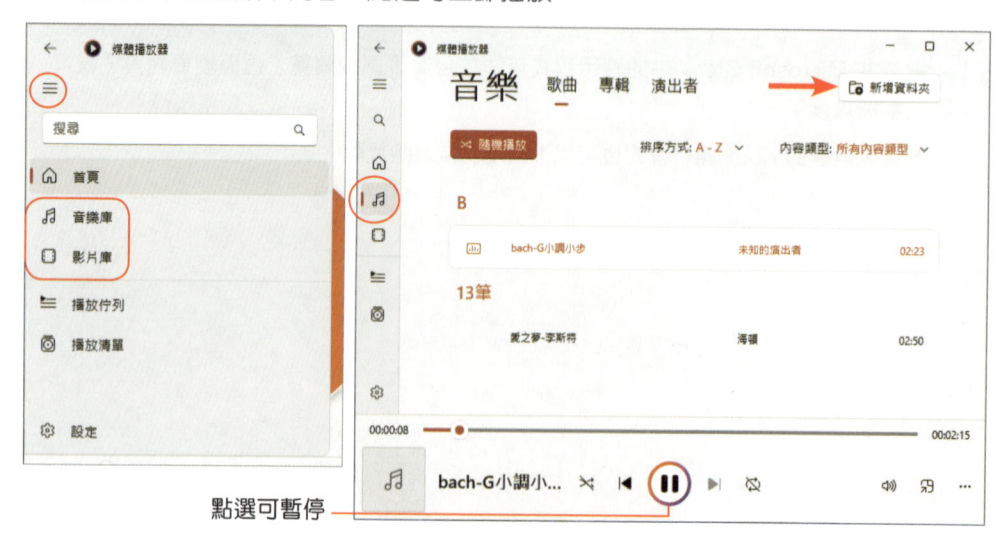

點選可暫停

7-2-1 新增音樂到資料夾

您可以將存放音樂檔案的資料夾加入到 音樂庫 中。

STEP**1** 在 媒體播放器 > 音樂 畫面點選右上角的【新增資料夾】鈕（參考左頁下圖）。

STEP**2** 找到存放音樂檔案的資料夾並選取，按【新增此資料夾到 音樂】鈕。

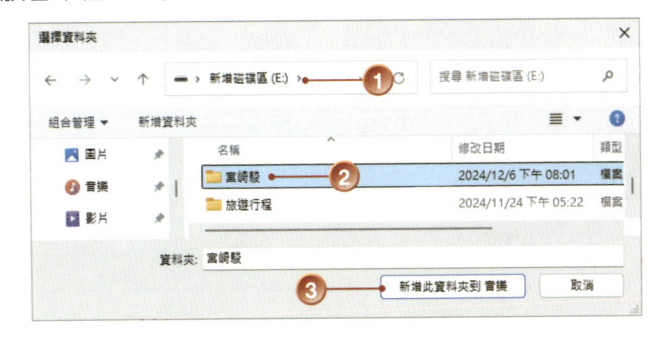

STEP**3** 資料夾中的音樂檔案會顯示在 歌曲 中，點選曲目再按【播放】鈕，開始聆聽音樂。

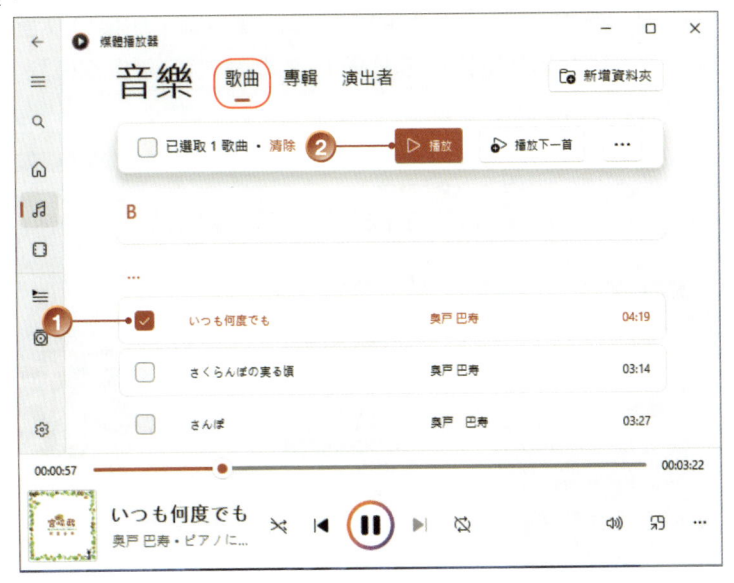

STEP**4** 切換到 音樂 > 專輯 會顯示專輯封面、名稱和表演者的圖片。

接下頁 ➡

■ 7-15

7-2-2 影片的播放

新增影片資料夾到 **媒體播放器 > 影片** 的方法與音樂相同，如果只是要播放某資料夾中的某個影片，可以將影片檔案（或音樂）從 **檔案總管** 直接拖曳到 **媒體播放器** 視窗的 **首頁**，此時會立即播放。

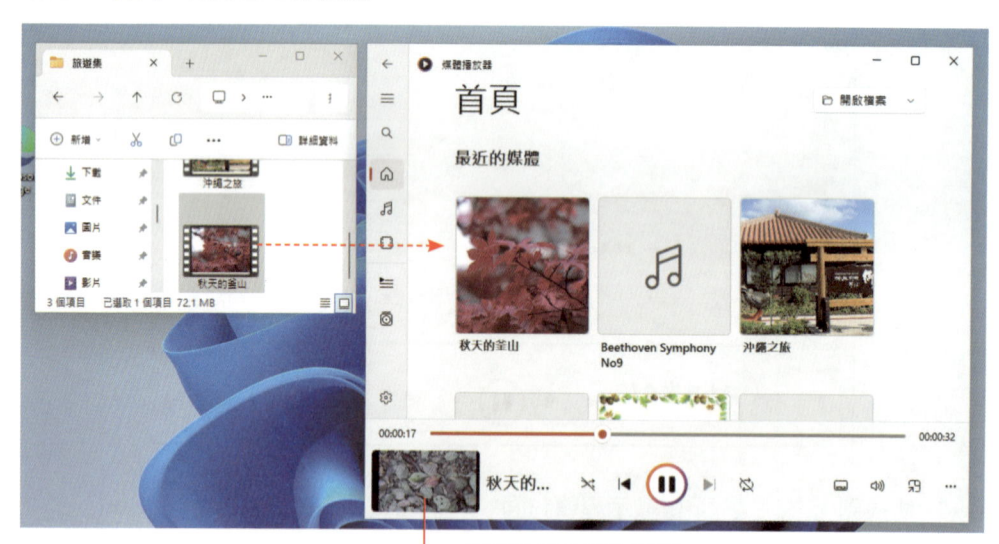

點選會進入播放視窗

標註說明

- 返回前一畫面
- 可使用快速鍵控制播放
- 隨機播放
- 重複播放
- 迷你播放模式
- 音量
- 語言和字幕
- 可載入字幕檔案
- 調整播放速度

將影片檔案（或音樂）從 **檔案總管** 直接拖曳到 **播放佇列** 可新增到佇列清單中等待播放。

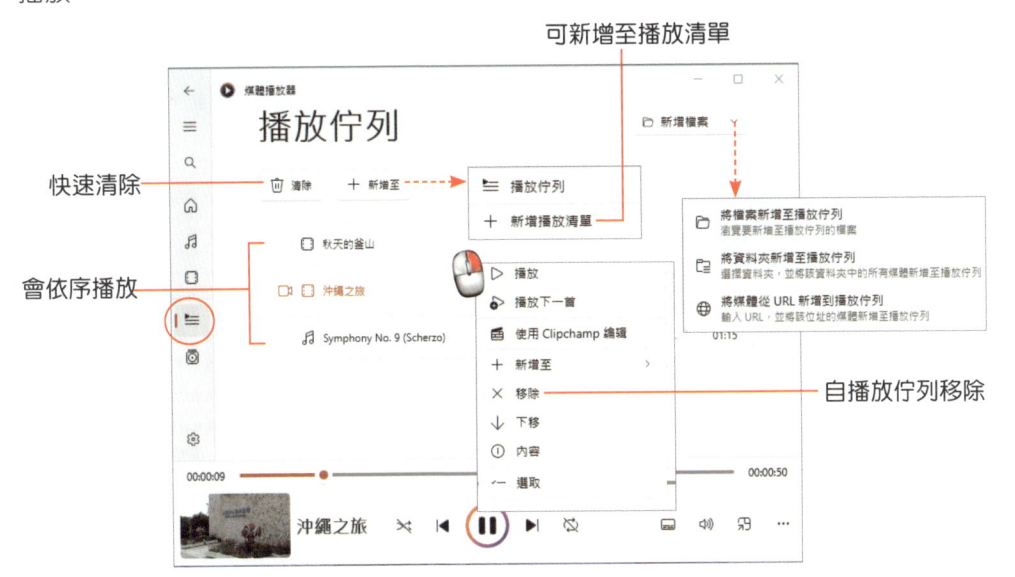

- 可新增至播放清單
- 快速清除
- 會依序播放
- 自播放佇列移除

7-17

多樣化的多媒體娛樂

7-2-3 建立播放清單

「播放清單」是存放您經常和喜愛收聽及觀賞影音的地方，清單中的項目可以來自不同的位置，方便您快速點選播放。接著以音樂為例，說明如何建立播放清單。

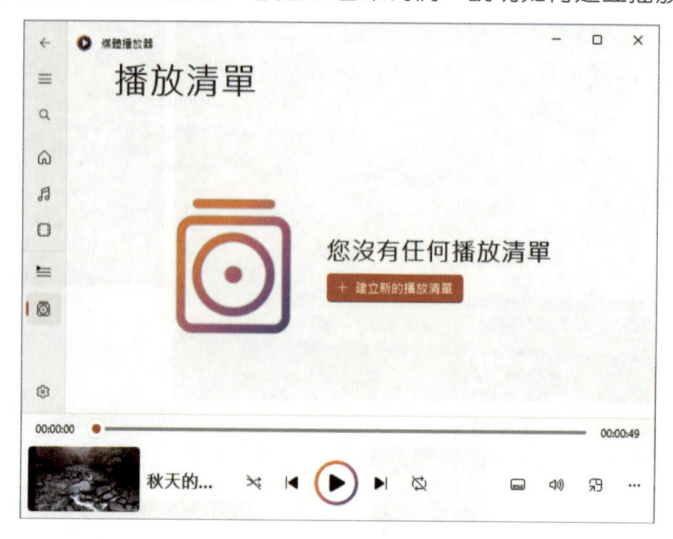

STEP1 切換到 播放清單，點選【建立新的播放清單】鈕，先予以命名。

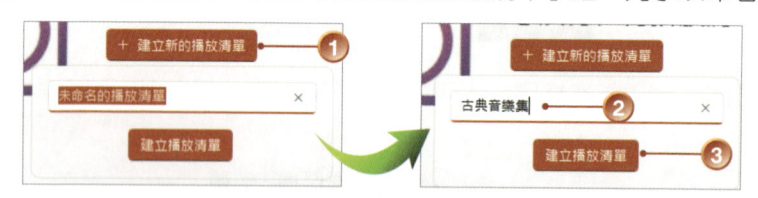

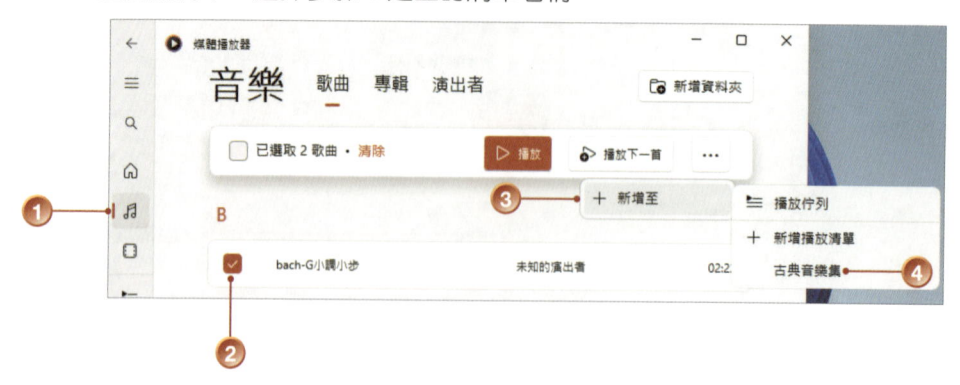

STEP2 再切換到 音樂，勾選要加入播放清單之曲目前方的核取方塊，按【新增至】鈕展開清單，選擇步驟 1 建立的清單名稱。

同樣的操作也可以在「首頁」進行

STEP**3** 切換回 播放清單 頁面,點選新建的播放清單名稱,即可開始播放。

有 4 個項目

7-2-4 媒體播放器的設定

點選 設定 ⚙ 鈕開啟視窗,可變更樂或影片媒體櫃的位置,設定個人化的佈景主題,是否線上查閱專輯封面和演出者圖片等設定。

接下頁 ➡

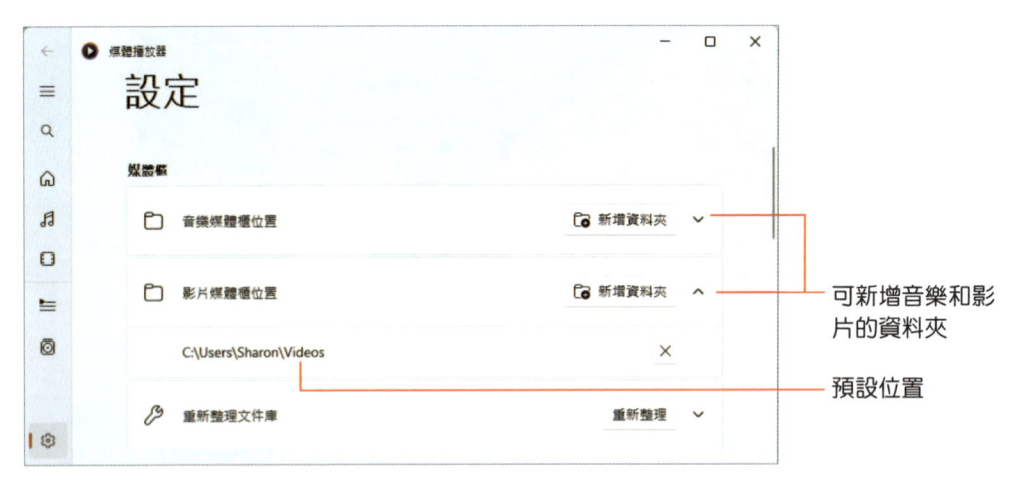

媒體櫃

- 音樂媒體櫃位置 ─────── 可新增音樂和影片的資料夾
- 影片媒體櫃位置
  - C:\Users\Sharon\Videos ─────── 預設位置

個人化

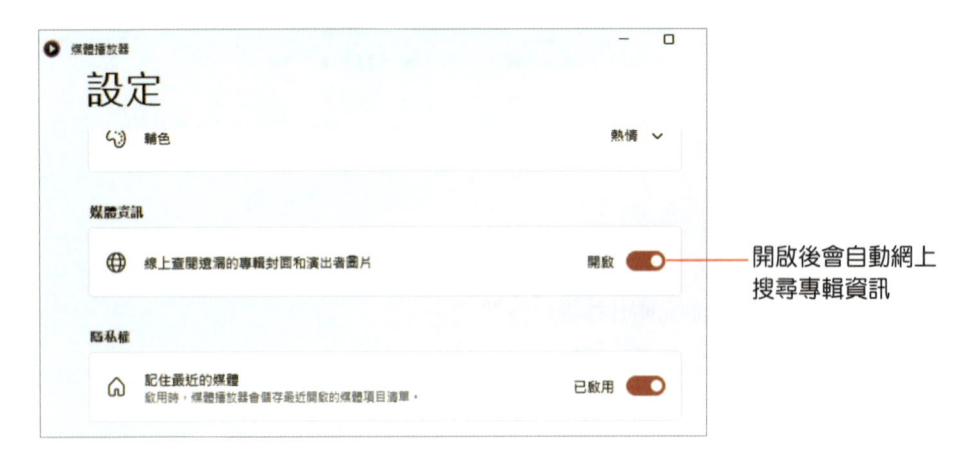

- 應用程式佈景主題　使用系統設定 ─────── 變更佈景主題
  - 淺色
  - 深色
  - 使用系統設定
- 輔色　熱情

媒體資訊

- 線上查閱遺漏的專輯封面和演出者圖片　開啟 ─────── 開啟後會自動網上搜尋專輯資訊

隱私權

- 記住最近的媒體
  啟用時，媒體播放器會儲存最近開啟的媒體項目清單。　已啟用

7-3. 相片

全新改版的 相片 應用程式能以簡單、有效的方式,加強您的數位回憶。您可以新增來自各種裝置中的相片和影片,將它們整合到一個可搜尋和排序的位置。除了本機電腦中的影像外,與雲端空間 OneDrive 和 iCloud 照片 整合在一起是一大特色,您可以快速的存取本機與網路空間的影像和影片,從手機拍下的影像也能同步到 相片,再將相片或影片進行分享,還可直接在應用程式中編輯。

7-3-1 匯入影像

22H2 年度更新後的 相片 應用程式,新的介面設計讓您在尋找、管理和瀏覽照片時變得更加容易。啟動 相片 時預設會匯入存放在 常用 > 圖片 中的影像,並顯示在 圖庫 中,如果已登入 Microsoft 帳戶,稍待一會就會載入 OneDrive 上的影像。若 圖片 中沒有任何內容,可以透過以下幾種方式將影像匯入:

STEP 1 從 檔案總管 拖曳影像到 相片 的 圖片 資料夾中。

STEP 2 連接外部裝置如：手機、磁碟機、USB、記憶卡…等，選擇要匯入的裝置、選取要匯入的影像，再點選【新增】鈕將其加入。

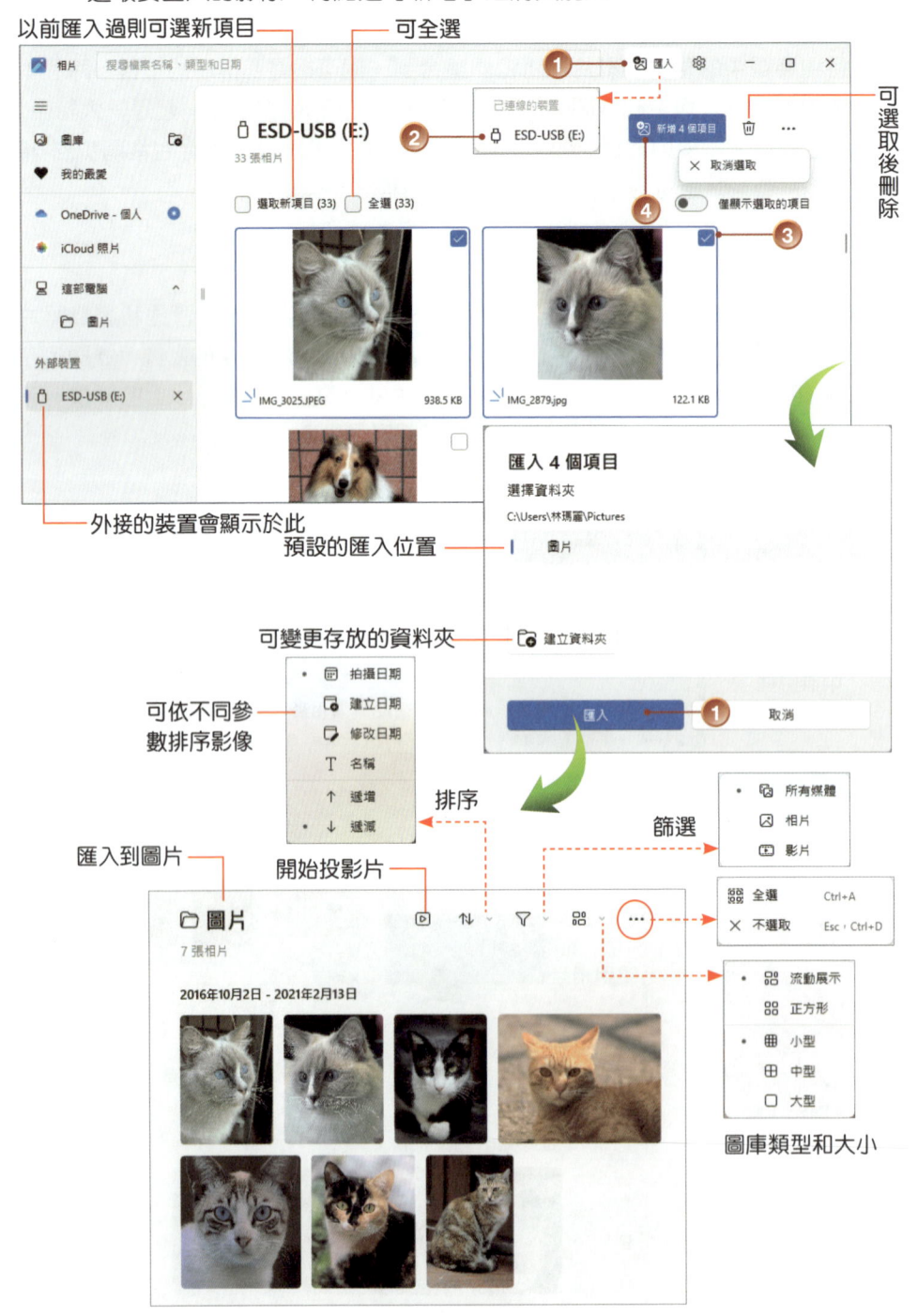

以前匯入過則可選新項目　　可全選

可選取後刪除

外接的裝置會顯示於此

預設的匯入位置

可變更存放的資料夾

可依不同參數排序影像

排序

匯入到圖片　　開始投影片　　篩選

圖庫類型和大小

7-22

STEP 3 連線到 OneDrive 帳戶後,可以在 OneDrive 查看所有相片和影片。

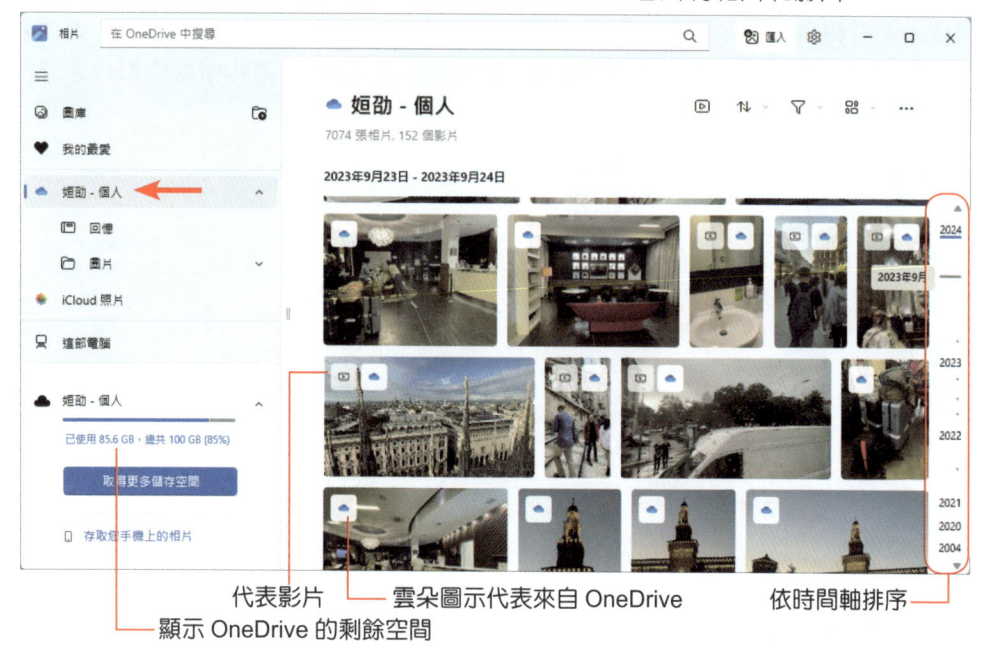

代表影片
雲朵圖示代表來自 OneDrive
依時間軸排序
顯示 OneDrive 的剩餘空間

STEP 4 展開視窗左側點選 圖庫,於右側點選 新增資料夾 圖示,將包含影像的資料夾加入。

資料夾會加入到「這部電腦」中
視窗下方會出現新增的訊息

所有加入、匯入（含自動匯入）的影像和影片，都會顯示在 **圖庫** 標籤，若有不再需要的圖片資料夾，可按右鍵選擇 **移除資料夾** 指令，將其從 **相片** 中 **移除**，這個動作不會自裝置中移除內容，除非您執行 **刪除資料夾** 指令，這些相片或影片才會從您的電腦中永久刪除。

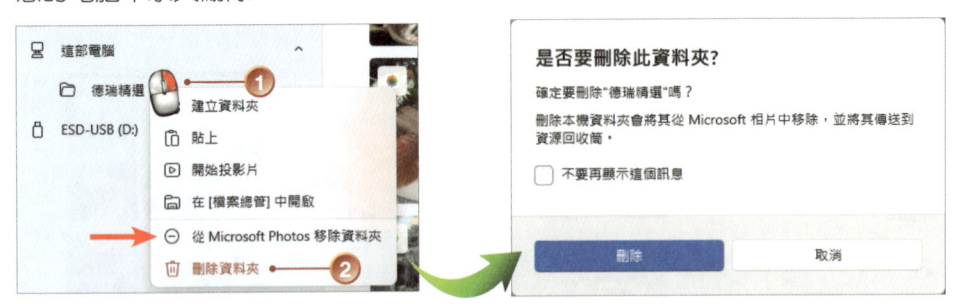

刪除選取的影像

> **說明**
> - 當您檢視影像或影片時，點選工具列上的 ♡ 圖示，可將其加入 **我的最愛** 標籤中，請參考 7-3-3 小節的說明。

- 點選 iCloud 照片，依指示安裝 iCloud 並登入，即可在此檢視您的 iCloud 相片，不過無法顯示 iCloud 相簿的內容。**相片** 應用程式只會從您的 iCloud 帳戶讀取，您在 Windows 上對 iCloud 資料夾內容所做的變更，都不會同步回 iCloud。

7-3-2 OneDrive 中的影像

相片 的 OneDrive 標籤中，預設只會顯示儲存在 OneDrive「圖片」資料夾中的內容，您可以利用前一小節的方式，將 OneDrive 中包含影像的資料夾加入，或是將 **圖庫** 中的影像備份到 OneDrive（參考 7-24 頁中間的圖）。若希望行動裝置上的照片和影片能自動上傳到 OneDrive，請參考 7-3-4 小節的設定。

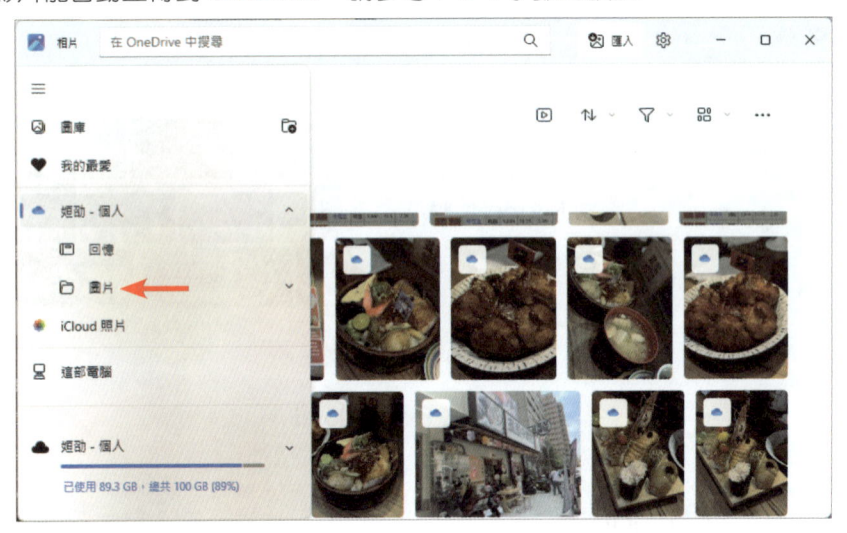

點選 OneDrive> 回憶 標籤，**回憶** 是由 OneDrive 自動產生的，透過分類瀏覽方式，讓您回味一年前或過去的照片，重溫美好的時光。點選其中的縮圖會開啟 OneDrive 網頁，讓您瀏覽 OneDrive Web 上的精采時刻。

會顯示登入的微軟帳戶，可再登出

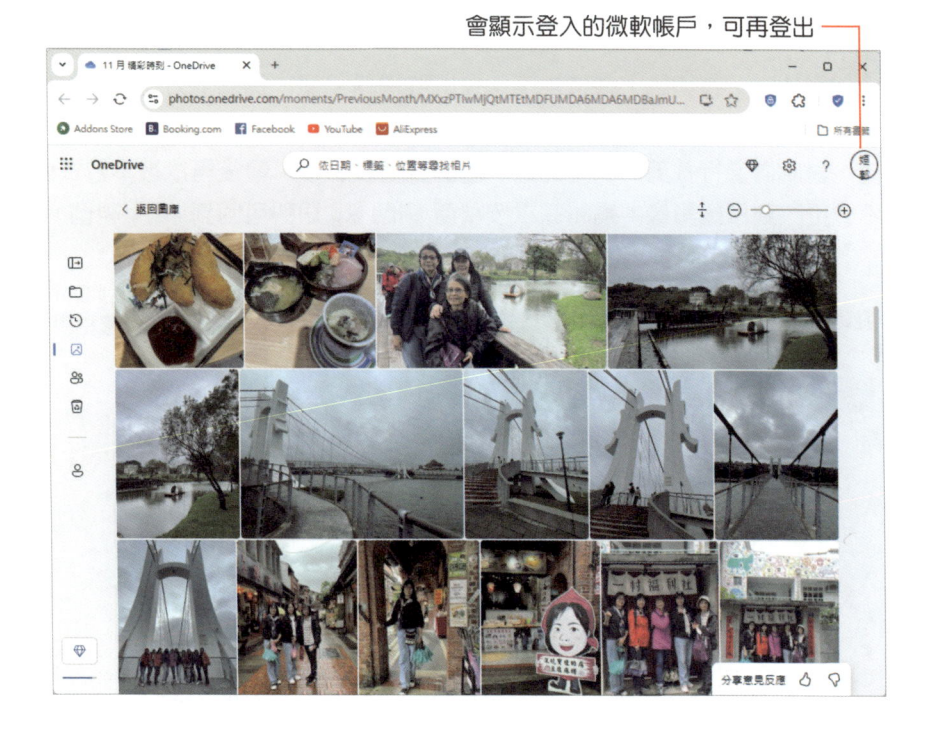

說明

- 您對 OneDrive 內容所做的變更，會同步變更儲存於 Windows 電腦上和 OneDrive 上的內容。

- 從 **相片** 中刪除的內容（相片、影片、資料夾）和 OneDrive 相片，會暫存於 Windows 電腦的 **資源回收筒**，也會從您的 OneDrive 帳戶中刪除，已刪除的 OneDrive 檔案將在 OneDrive **資源回收筒** 保留 30 天，之後將會永久刪除。

刪除本機影像　　　　　　　　　刪除 OneDrive 檔案

7-27

7-3-3 編輯影像

瀏覽影像或影片時,在縮圖上快按二下,會開啟編輯視窗,透過上方工具列的按鈕,可以進行各種編輯動作,還可設為桌面的背景或鎖定畫面。點選 **編輯影像** 可進入編輯視窗,對影像進行裁剪、調整光線、色調或繪製筆畫,最後再以複本方式儲存,這樣就不會更改到原始影像。編輯完畢按視窗 **關閉** ✕ 鈕即可回到 **相片** 視窗。

可以同時瀏覽多個影像，只要在下方的縮圖預覽上勾選影像，視窗中就會並排顯示。

可刪除影像或新增到「我的最愛」

使用 Designer 編輯

使用 Clipchamp 製作影片

接下頁 ➡

■ 7-29

旋轉

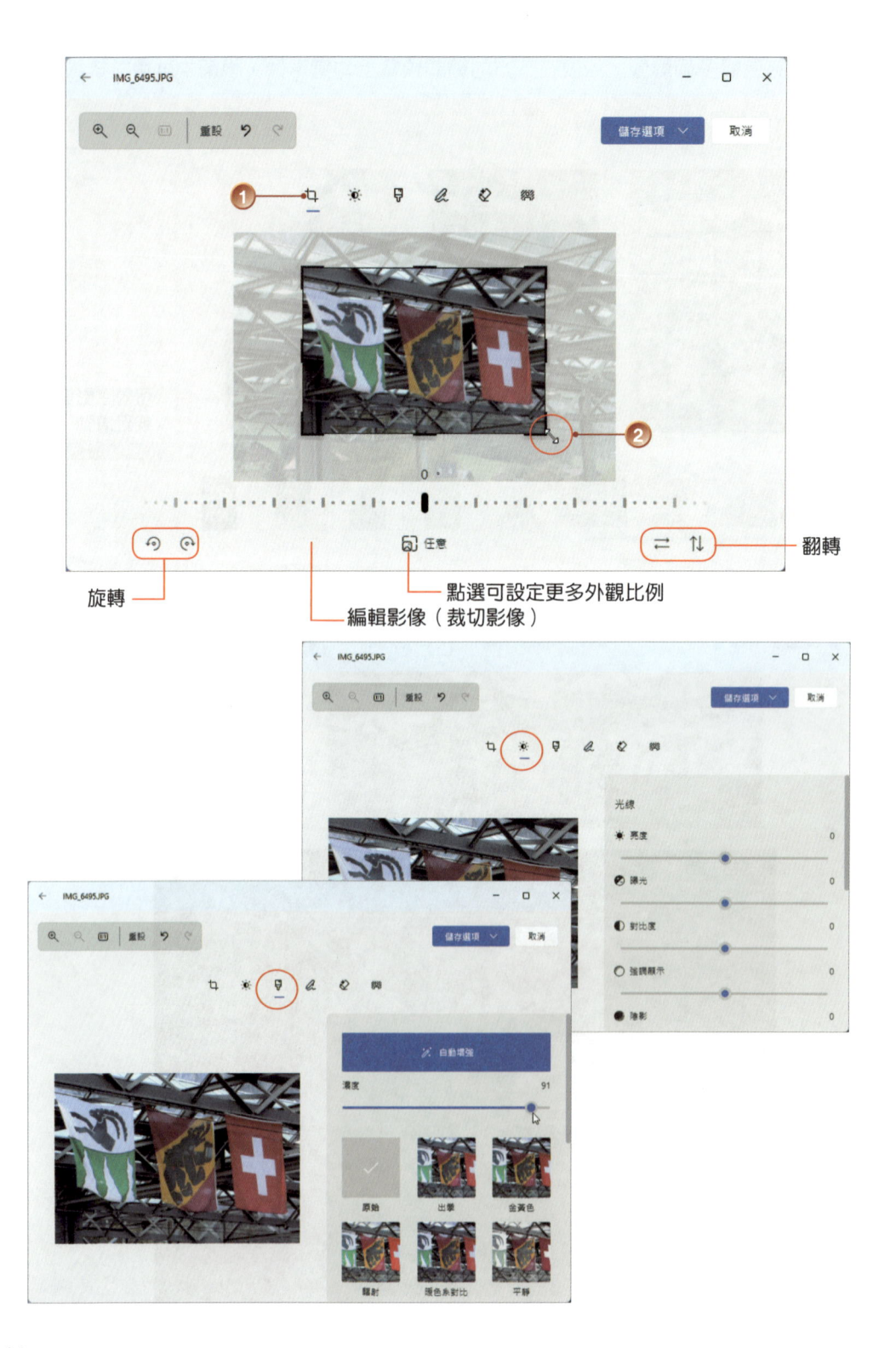

編輯影像（裁切影像）

點選可設定更多外觀比例

翻轉

7-30

另存複本於「圖片」資料夾

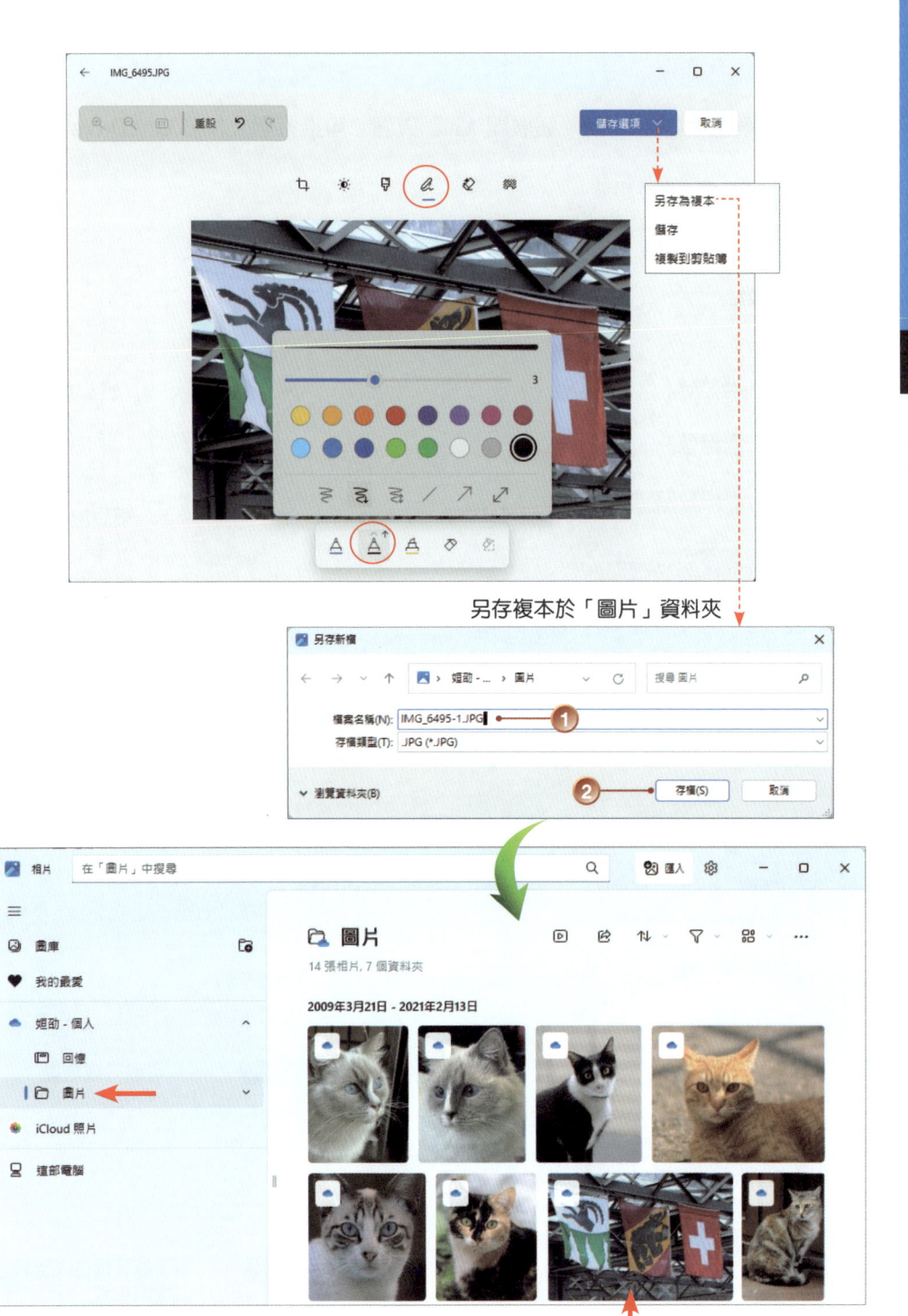

7-3-4 個人化的設定

點選 相片 視窗中的 設定 鈕展開 設定 頁面，可進行個人化及 OneDrive 帳戶的設定。

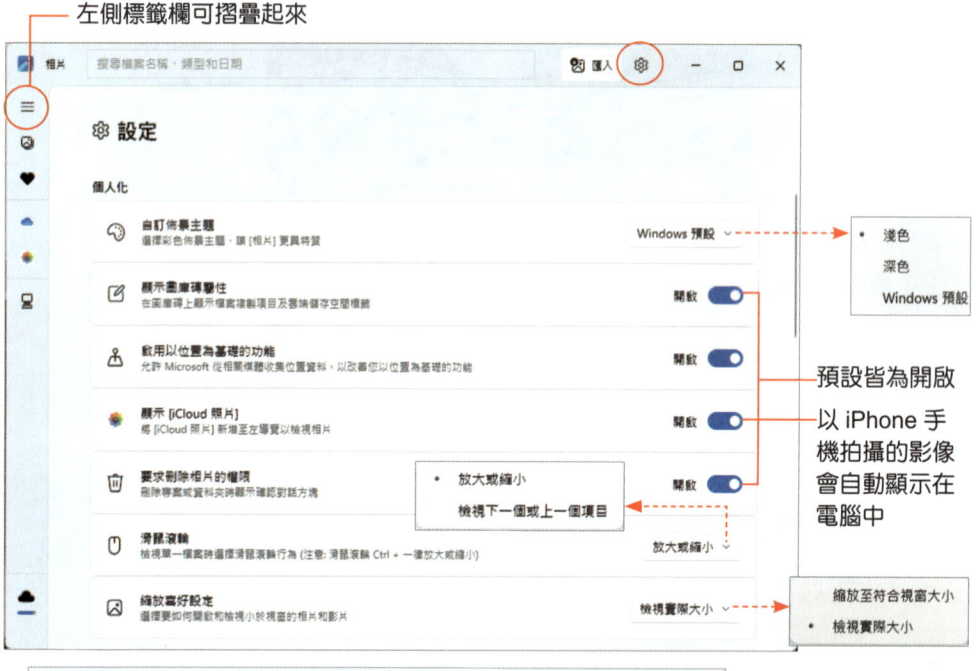

左側標籤欄可摺疊起來

預設皆為開啟

以 iPhone 手機拍攝的影像會自動顯示在電腦中

可取得或啟動 Clipchamp

下載舊版的「相片」應用程式

預設為深色佈景主題

說明

由於 Clipchamp 現在是 Windows 11 中新的內建影片編輯器，因此新版本的 相片 應用程式移除了影片編輯器和編輯影片的功能，如果您偏好舊版的 相片 功能，可以到 Microsoft Store 中下載舊版的應用程式。

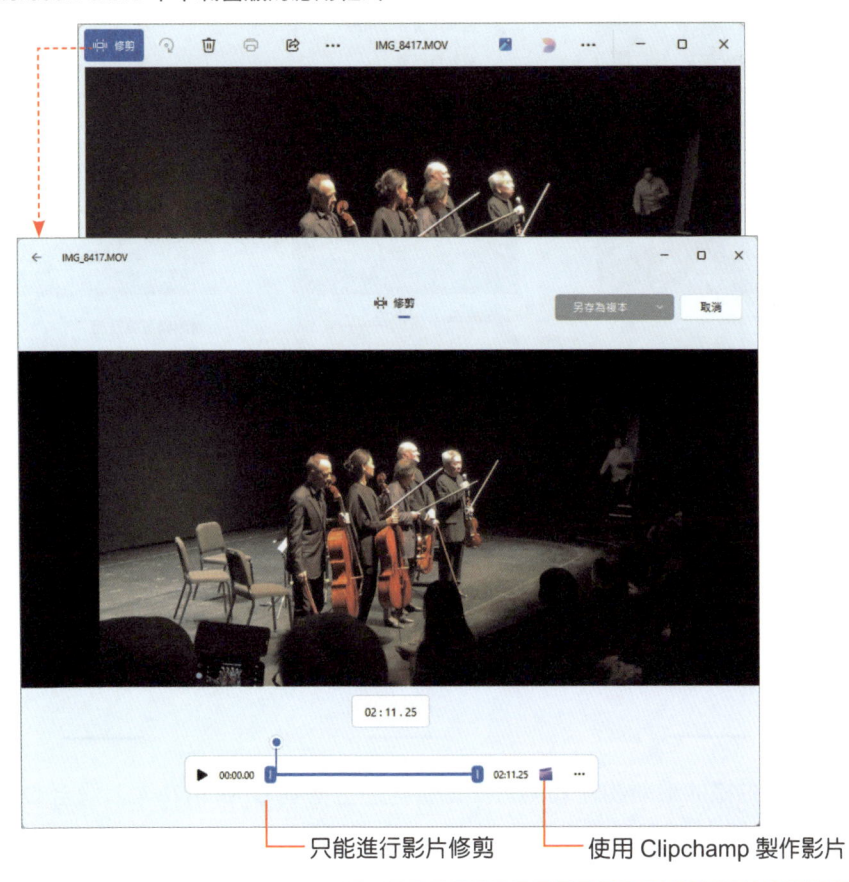

只能進行影片修剪　　使用 Clipchamp 製作影片

自動將行動裝置的相片和影片上傳到 OneDrive

以下設定從行動裝置（例如：手機），自動上傳所有照片和影片到 相片 應用程式。

STEP 1 在 Windows 電腦開啟 相片 應用程式，並登入 OneDrive。

STEP 2 在 iOS 或 Android 裝置上安裝 OneDrive 應用程式。

STEP 3 然後在行動裝置的 設定 中開啟 相機上傳 的功能。

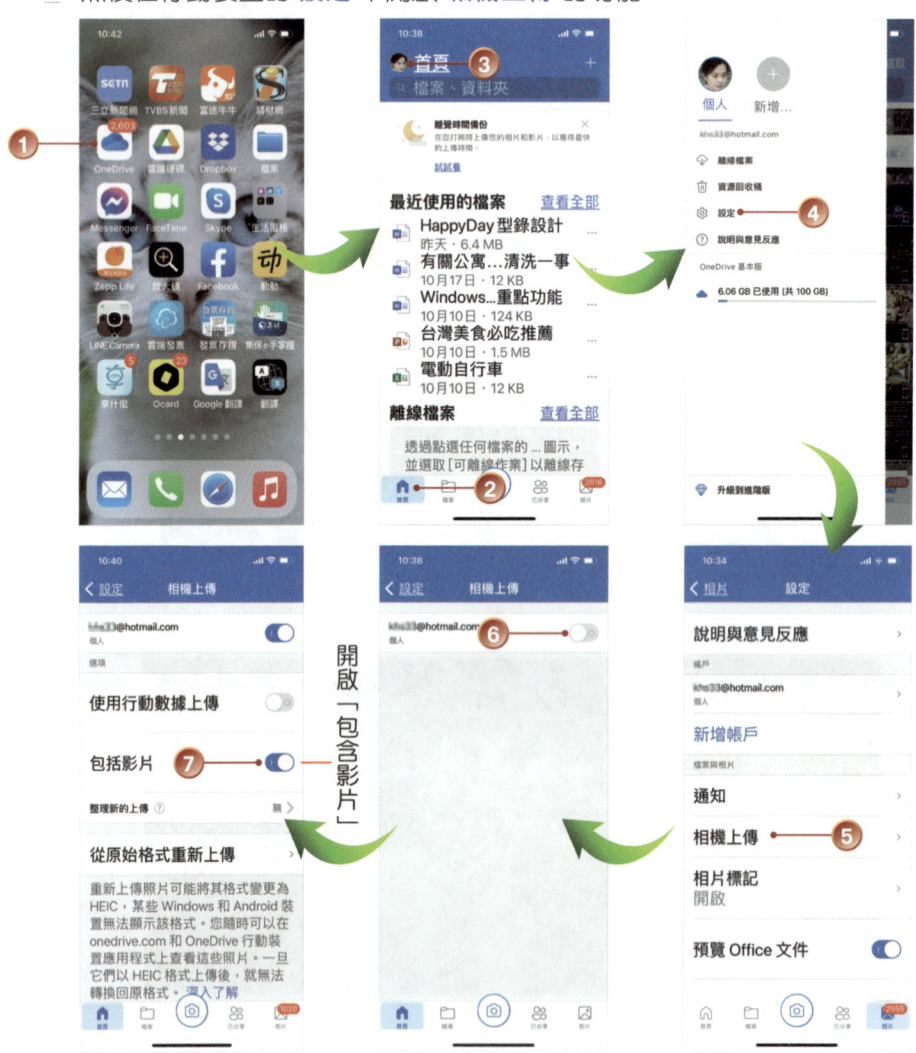

接下來您所拍攝的最新相片和影片，都會自動上傳到 OneDrive。上傳至 OneDrive 後，只要在 相片 應用程式中連線到 OneDrive，這些相片和影片就會自動出現在您電腦的 相片 應用程式中。

7-34

Chapter 8

高整合性的 Outlook 與 AI 助手

臉書、推特、Line、IG…是目前人們聯繫工作與生活的重要媒介,不過收發郵件仍扮演著不可缺少的角色。全新的 Outlook 除了支援各種郵件帳戶外,還整合各種應用程式,提昇了訊息傳達的效率。而 Copilot 的加入更是您不可錯過的 AI 助手!

許多人同時使用各種社交網站,並且擁有不同的登入帳戶或連絡人,因此對於帳戶與資訊的彙整問題特別有感。自從 Windows 8 使用「Microsoft 帳戶」進行郵件或訊息的整合方式後,許多應用程式(郵件、行事曆…)只需透過單一介面(Outlook)就能輕輕鬆鬆將它們串連在一起。

8-1. Outlook 中的郵件

熟悉多年的 郵件 應用程式已整合到 Outlook 中,它可以讓使用者在同一處查看自己的所有帳戶,無論是 Hotmail、Gmail、Outlook、iCloud 或其他 POP 3 郵件,都可進行設定。

8-1-1 新增帳戶

不管您是以「本機」或「Microsoft 帳戶」登入作業系統,要使用 Outlook 應用程式時,必須先設定好帳戶。許多人都擁有一個以上的郵件帳戶,有些人會將公務和私用的帳戶分開,不管哪一種帳戶都可以在 Outlook 中新增(如果已經先在 行事曆 中新增過該帳戶,那麼就不需要重複新增)。

STEP 1 點選 開始 功能表中的 Outlook,首次進入需要新增帳戶,可從建議的帳戶中選取,或自行輸入,按【繼續】鈕。

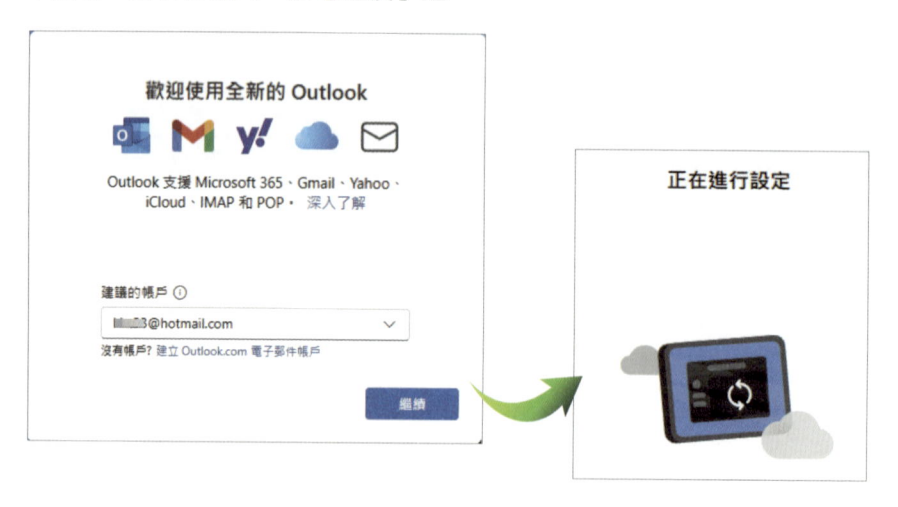

> **說明**
> 請依各帳戶的登入程序輸入 電子郵件地址 和 密碼,以便登入帳戶;本例中新增 Microsoft 帳號。

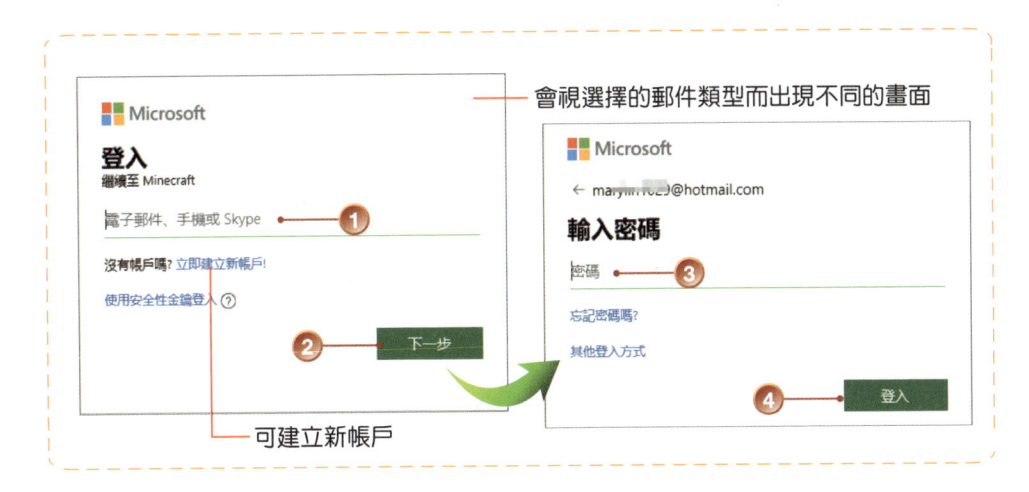

會視選擇的郵件類型而出現不同的畫面

可建立新帳戶

STEP**2** 新增完成後，自動進入 Outlook 的 郵件 視窗，並同步處理資料。

STEP**3** 要繼續新增帳戶，請點選 設定 ⚙ 圖示。

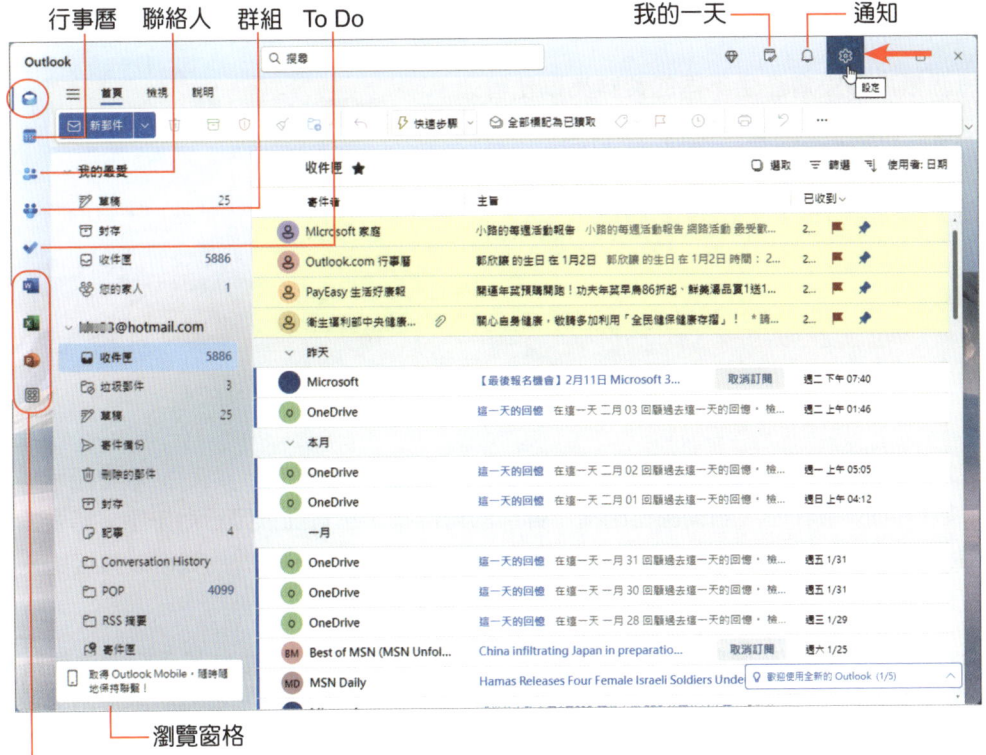

行事曆　聯絡人　群組　To Do　　　　　我的一天　　通知

瀏覽窗格

啟動 Microsoft 365 操作相同的應用程式，卻可使用更多 AI 支援的功能

■ 8-3

STEP **4** 開啟 **設定 > 帳戶** 視窗,在 **您的帳戶** 標籤點選【新增帳戶】鈕,回到步驟 1 的畫面,繼續新增帳戶。

每個帳戶預設會產生不同的資料夾以便管理信件,例如:**收件匣、草稿、寄件備份** … 等,在資料夾上按右鍵或點選右側的 **查看更多** 鈕,可將其釘選至 **我的最愛** 區段。

8-1-2 檢視與搜尋信件

進入 **Outlook** 後預設會位在 **郵件** 並顯示 **首頁** 畫面,左側的 **瀏覽窗格** 中會顯示郵件帳戶中的 **收件匣**,右側窗格則顯示郵件的寄件者、主旨並依照日期排序。若要閱讀完整的信件內容、回覆信件或是寫封新郵件,只要按一下該郵件就可以直接進入 **收件匣** 閱讀完整內容。

STEP **1** 在 **收件匣** 右側會顯示尚未讀取的信件數目,在信件左側以深色粗線做為醒目提示。讀取過的郵件,可再透過指令標示為「未讀取」,重要的信件可進行「分類」,或再設定為「標幟」,方便稍後篩選再檢視。

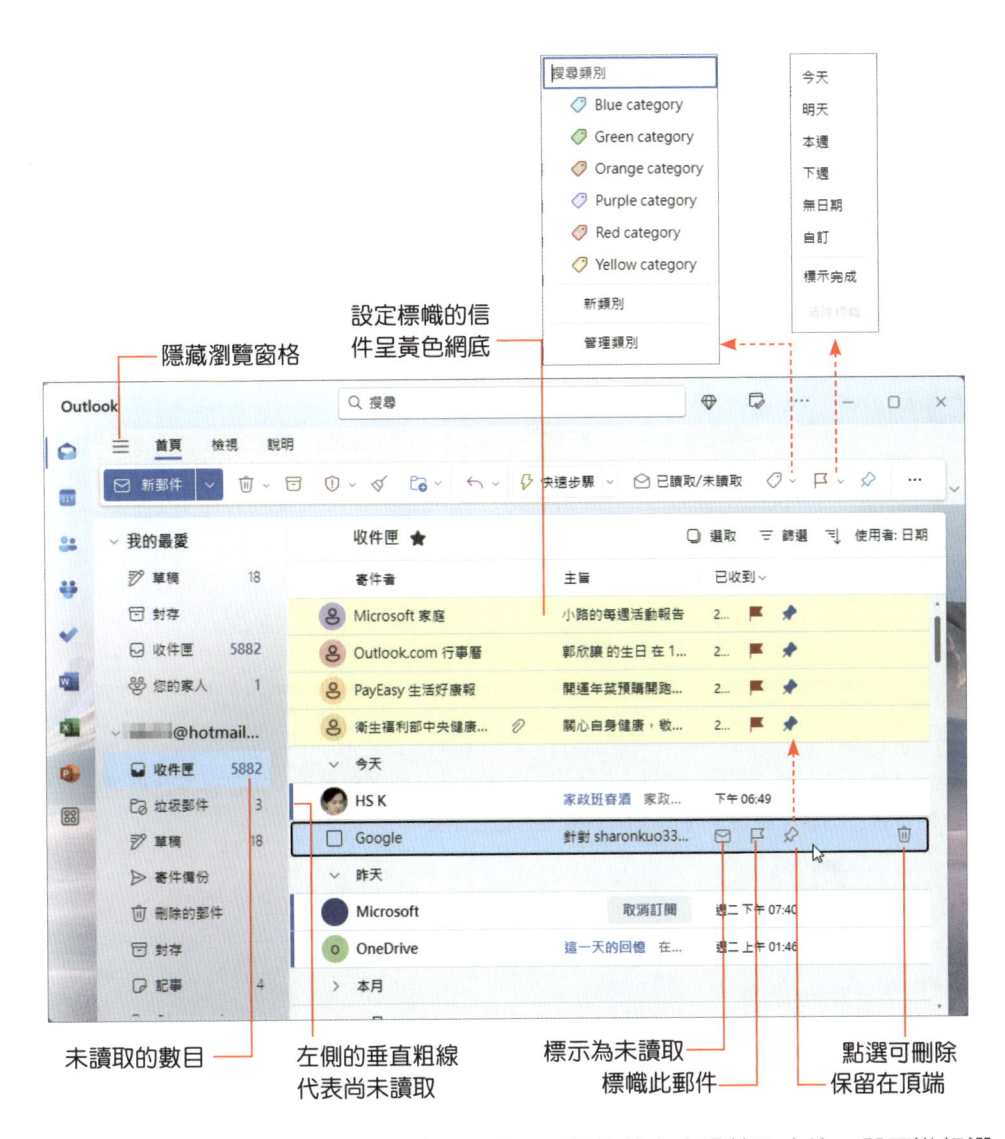

```
                                        搜尋類別                  今天
                                        🏷 Blue category          明天
                                        🏷 Green category         本週
                                        🏷 Orange category        下週
                                        🏷 Purple category        無日期
                                        🏷 Red category           自訂
                                        🏷 Yellow category        標示完成
                                                                  清除標幟
                 設定標幟的信         新類別
                 件呈黃色網底         管理類別
```

位置說明
隱藏瀏覽窗格
未讀取的數目
左側的垂直粗線代表尚未讀取
標示為未讀取／標幟此郵件
點選可刪除／保留在頂端

STEP**2** 要同時選取多個信件，可先按下 選取，信件前方出現核取方塊，即可進行選取。

■ 8-5

STEP 3 點選郵件後會顯示完整內容，再利用上方的功能列進行 **回覆**、**轉寄**、**刪除**、**列印**…等動作，不再檢視可按「X」關閉後回到 **收件匣**。

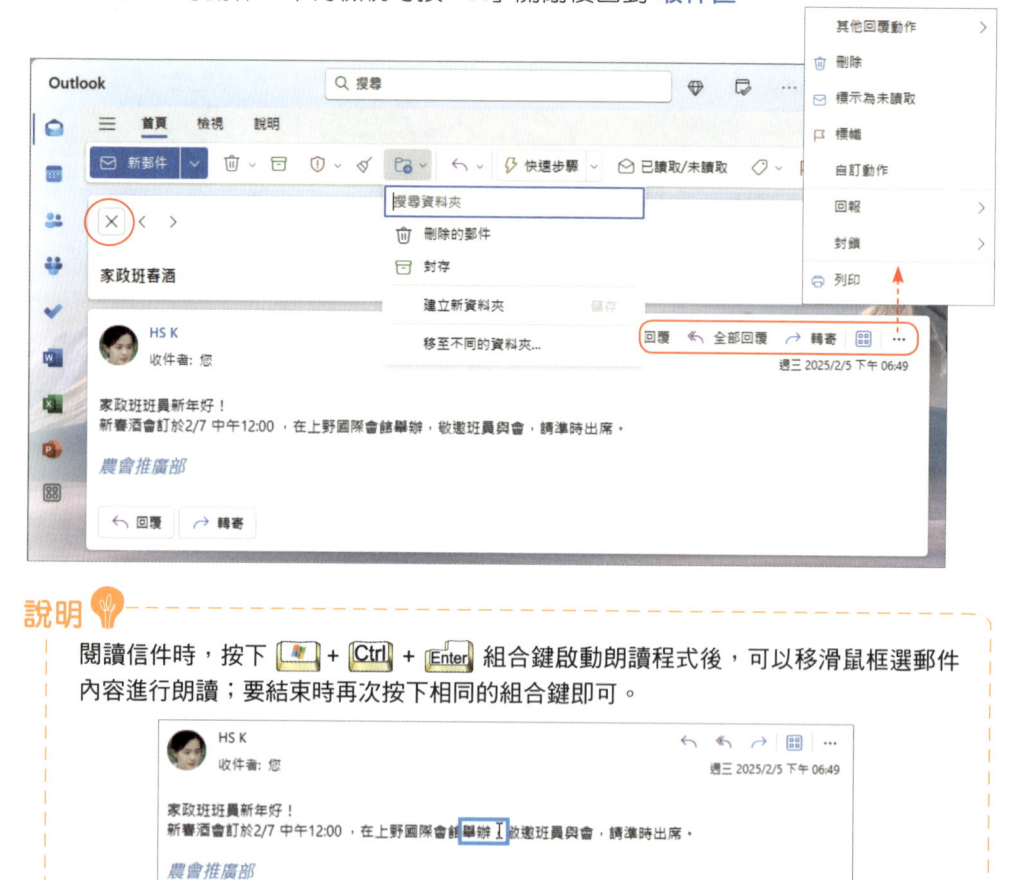

> **說明**
> 閱讀信件時，按下 ⊞ + Ctrl + Enter 組合鍵啟動朗讀程式後，可以移滑鼠框選郵件內容進行朗讀；要結束時再次按下相同的組合鍵即可。

STEP 4 要尋找某位寄件者的來信，或是特定信件標題和內容的信件，請於 **搜尋** 欄位中點選並輸入關鍵字，按 Enter 鍵或 **搜尋** 🔍 鈕，即可檢視搜尋結果。您還可以限制搜尋結果是 **所有資料夾**（包括：**寄件備份**、**草稿**、**垃圾桶**…）還是只有 **收件匣**。

搜尋到的關鍵
字呈黃色網底

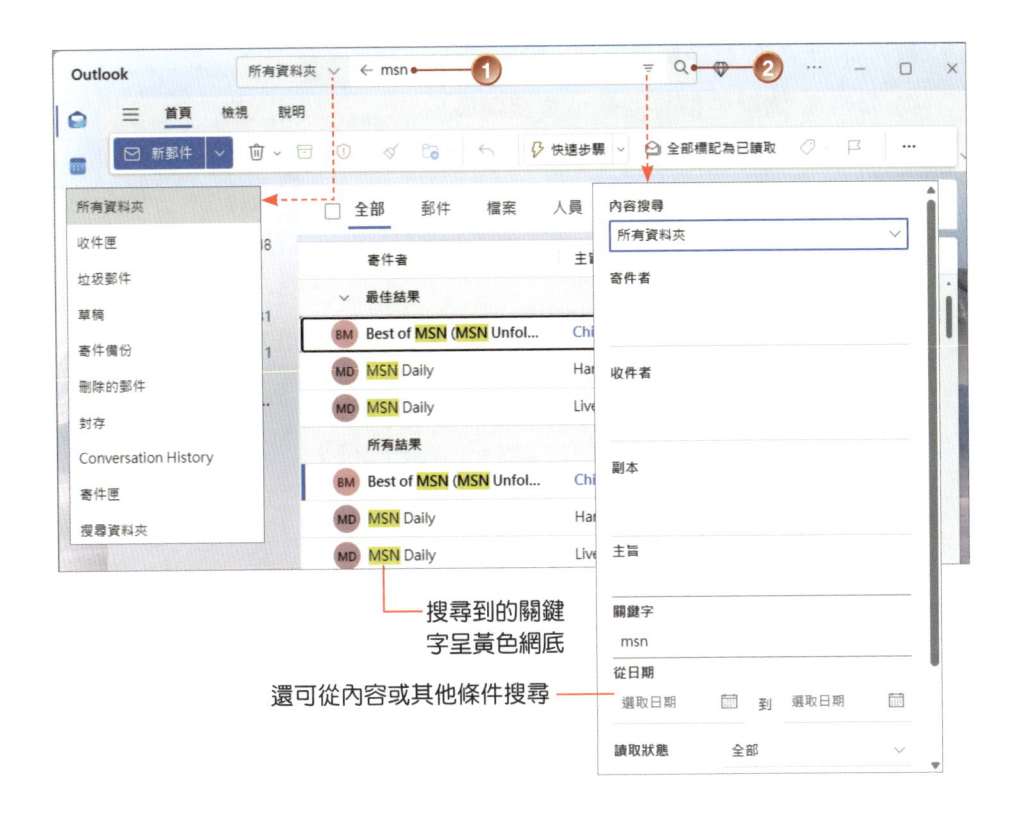

還可從內容或其他條件搜尋

8-1-3 撰寫與格式化郵件

收發郵件是許多人每天打開電腦第一件要做的事，除了接收各帳戶的郵件外，當要發封新郵件時，可以先切換到某個帳戶再來新增郵件。

STEP**1** 選擇要發信帳戶所在的 **收件匣**，點選【新郵件】鈕。

STEP2 輸入 **收件者** 的電子郵件地址，鍵入時會從 **聯絡人** 清單中搜尋並顯示建議清單，可以直接選取。

STEP3 鍵入 **主旨**，接著在內容窗格中撰寫新郵件，並使用上方 **設定文字格式** 索引標籤設定信件格式；選擇字型、字型樣式及段落配置，或套用預先定義的段落樣式。

點選會出現「副本」和「密件副本」欄位

STEP4 從 **插入** 索引標籤插入表格、圖片或檔案等附件，圖片可再旋轉、裁剪或指定大小。

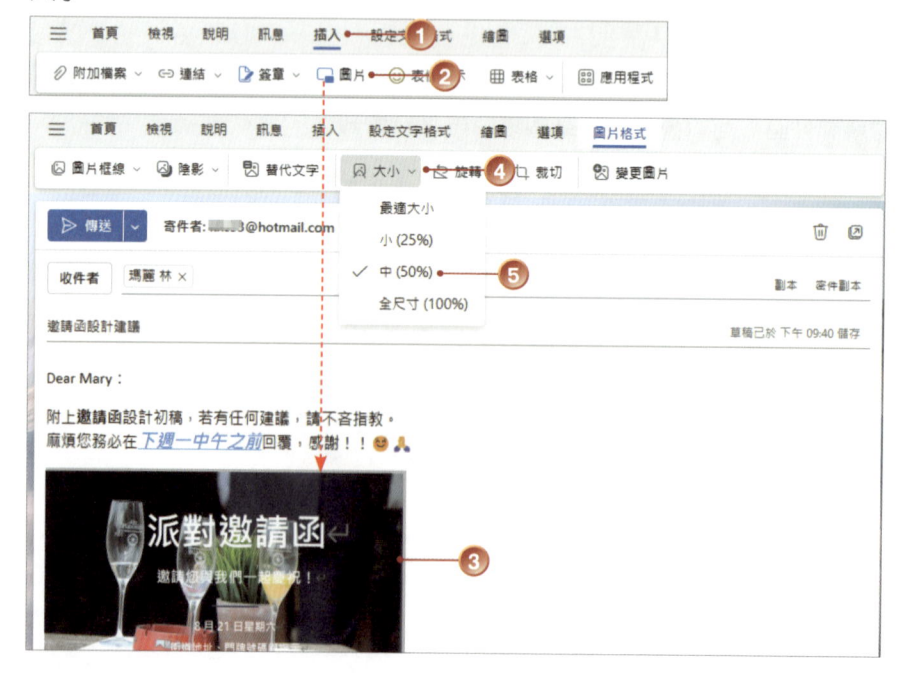

8-8

STEP5 選項 標籤可檢查拼字、標示重要性或限制權限。

STEP6 完成內容後按【傳送】鈕，若不要傳送郵件想刪除草稿，則選取 放棄 🗑 。

收件者收信情形

8-1-4 郵件的其他設定

點選視窗右上角的 設定 ⚙ 鈕可以進行以下的設定：

➡ **管理帳戶**：在 帳戶 標籤可以新增帳戶外，也可點選帳戶進行刪除。一旦刪除該帳戶，則相關連結的資訊將不再出現於 Outlook 應用程式中，包括：行事曆 與 連絡人。

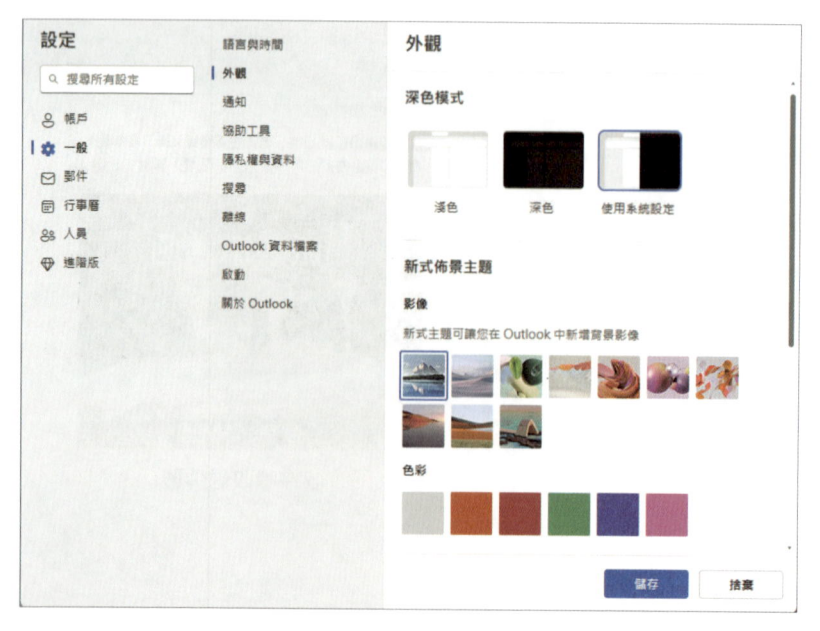

可新增簽名

➡ **個人化**：Outlook 預覽窗格中有預設的背景圖片和色彩，您可以在 一般 標籤中進行變更後儲存。

■ 8-10

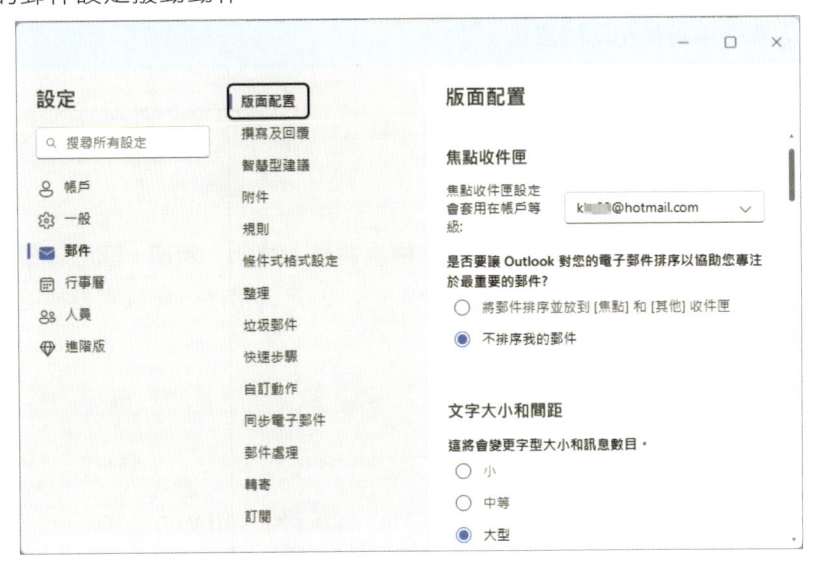

◉ **郵件**：可針對郵件的版面配置進行設定，包括：文字大小、瀏覽窗格的位置、郵件清單的格式、是否顯示預覽文字、郵件撰寫的格式、郵件處埋的方式 ... 等設定。使用觸控裝置時，可以用撥動或按一下的方式來處理 **收件匣**，如同我們在使用智慧型手機時，刪除訊息的操作方式，您可以為各帳戶的郵件設定撥動動作。

8-2. Outlook 中的連絡人

Windows 10 中原有的 **連絡人** 應用程式，在 Windows 11 中已整合到 **郵件** 和 **行事曆** 中，不再以獨立的應用程式存在，若是從 Windows 10 升級到 Windows 11 的電腦，仍會保留原有的連絡人資訊，因此在新增郵件並鍵入 **收件者** 資料時，會自動從連絡人清單中尋找相同的資訊。

從 Outlook 視窗切換到 **連絡人**，可在此檢視連絡人資訊，新增、刪除或編輯連絡人資料。在 **所有連絡人** 分項中，預設會 **依名字** 的方式排序，需經常聯絡的人員可以加到我的最愛，方便快速檢視。

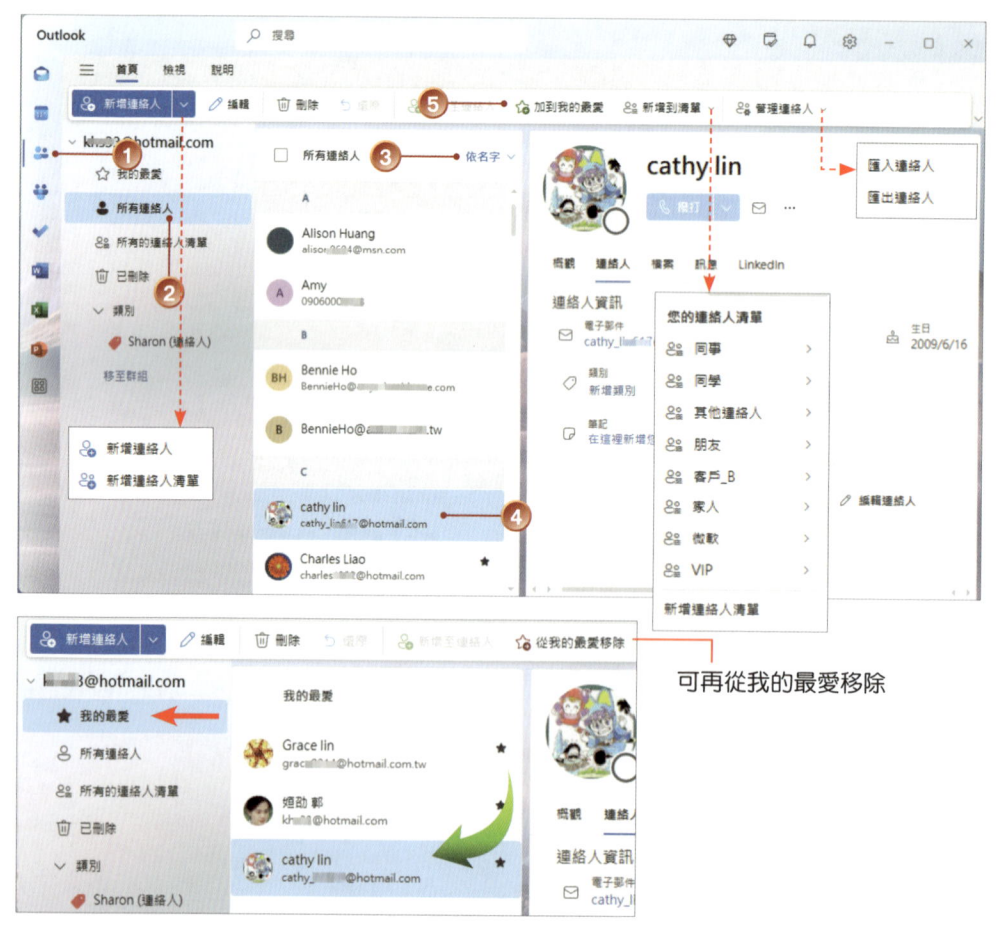

可再從我的最愛移除

■ 8-12

按下【新增連絡人】鈕，即可在目前指定的帳戶下新增連絡人資訊。新增連絡人清單 可以方便您建立一次傳送同一封郵件給許多人的郵件地址清單。

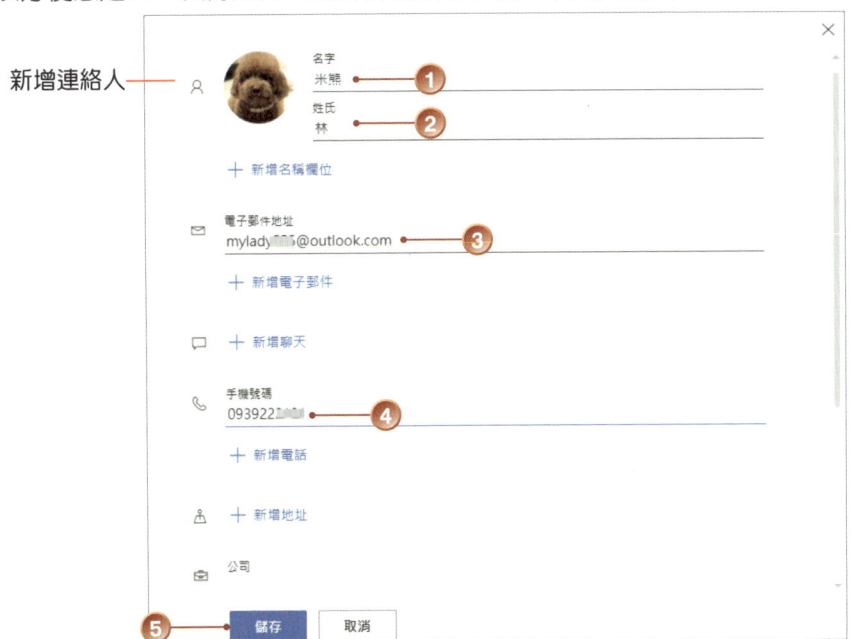

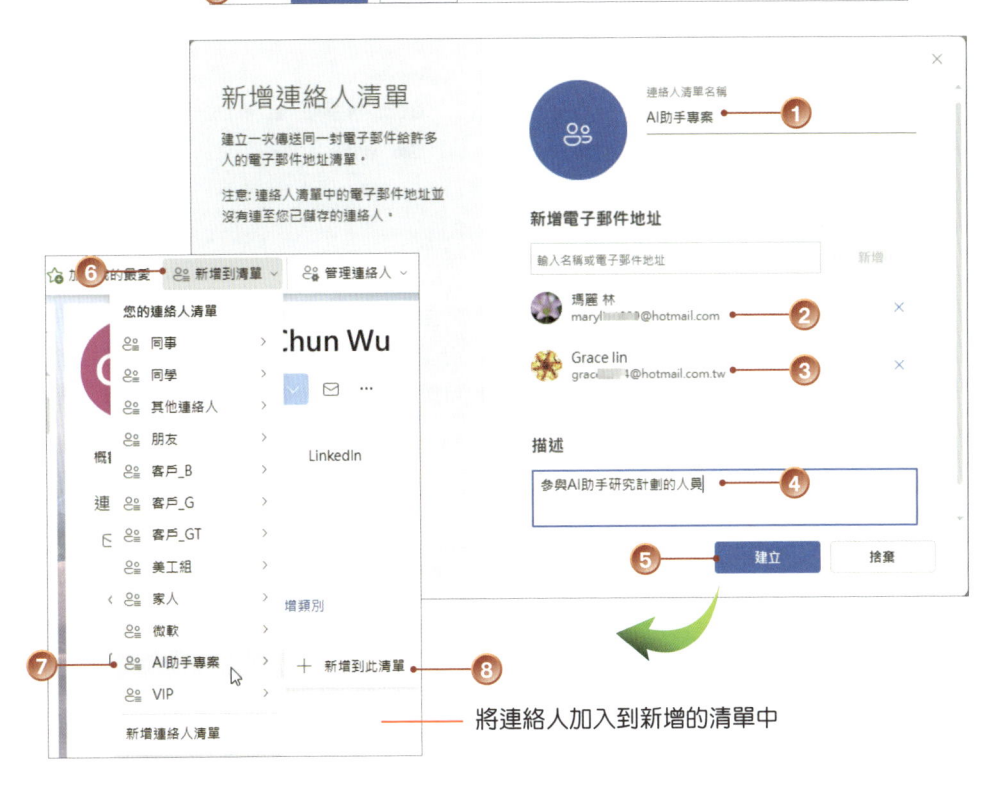

將連絡人加入到新增的清單中

日後需要發信件給該連絡清單中的所有人員時，只需要從該連絡人清單中選取 **傳送電子郵件**，即可一次選擇所有連絡人，而不須一個一個選擇連絡人了！

收件者欄位中會自動顯示該連絡人清單的名稱

說明

透過「Microsoft 帳戶」將使用者所連接的通訊錄清單同步備份到「雲端」，只要登入任何一部執行 Windows 11 的電腦，都會擁有同步且最新的朋友清單。除了「Microsoft 帳戶」外，其他帳戶的連絡人也可以一併整合進來。

8-3. Outlook 中的行事曆

Outlook 中的 **行事曆** 可以輕鬆地安排會議、聚餐、郊遊…等不同類型的活動，就像是私人小祕書。它和 **郵件** 一樣，可以將多種行事曆（例如：同步 Google 日曆）整合在一起，讓您集中追蹤所有約會。然後選擇以天、週或月的方式呈現，視需要還可以決定要顯示哪些行事曆內容或設定色彩。

8-3-1 檢視行事曆

切換到 **行事曆** 視窗，預設的檢視方式是 **月**，如下圖所示，如果有同步 Google 行事曆時，會以預設色彩顯示所設定的約會（事件）。除了顯示約會外，還會顯示連絡人生日的提醒、台灣假日以及天氣資訊，點選天氣圖示可進一步開啟 Edge 瀏覽器，進入 MSN 天氣顯示詳細氣象資訊。

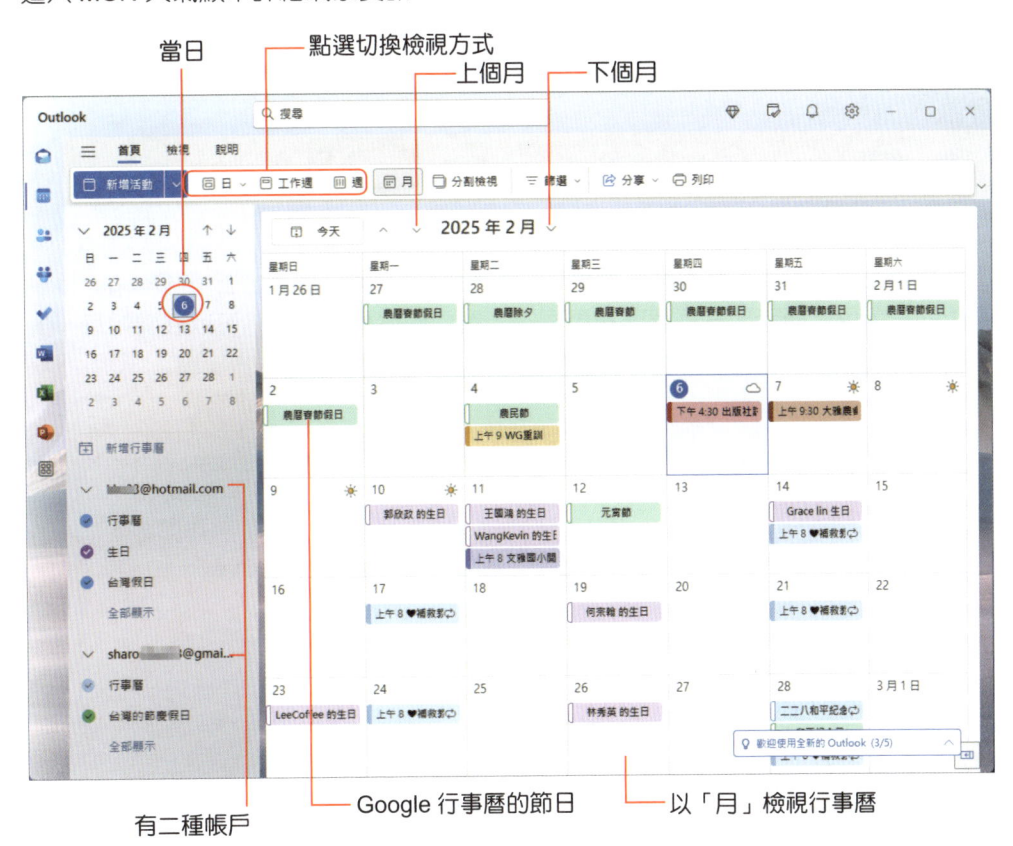

點選 隱藏瀏覽窗格 鈕隱藏瀏覽窗格中的帳戶清單，可以有更大的空間檢視行事曆，以「週」檢視行事曆會包含星期六和日的約會，以「工作週」檢視行事曆只會顯示週一至週五的工作日約會。

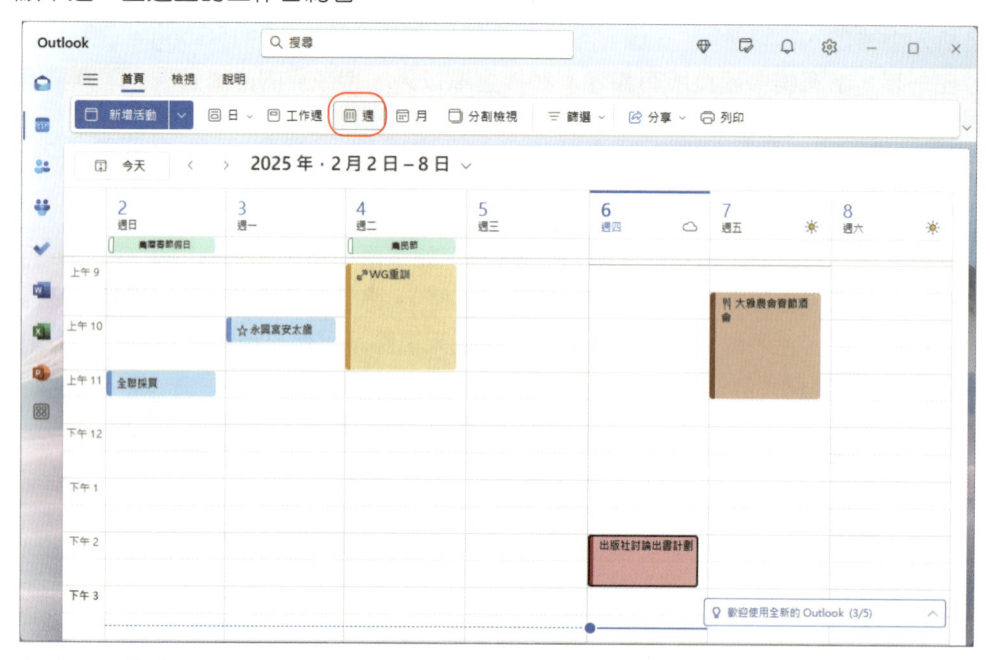

由於可以整合 Google 行事曆，因此，只要有新增 Gmail 帳戶，您在 Google 行事曆中的約會也會顯示。當行程安排緊密時，為了便於檢視約會，可以展開帳戶，下方會顯示行事曆類型，取消前方的選項鈕，可以只查看某類型的行事曆。

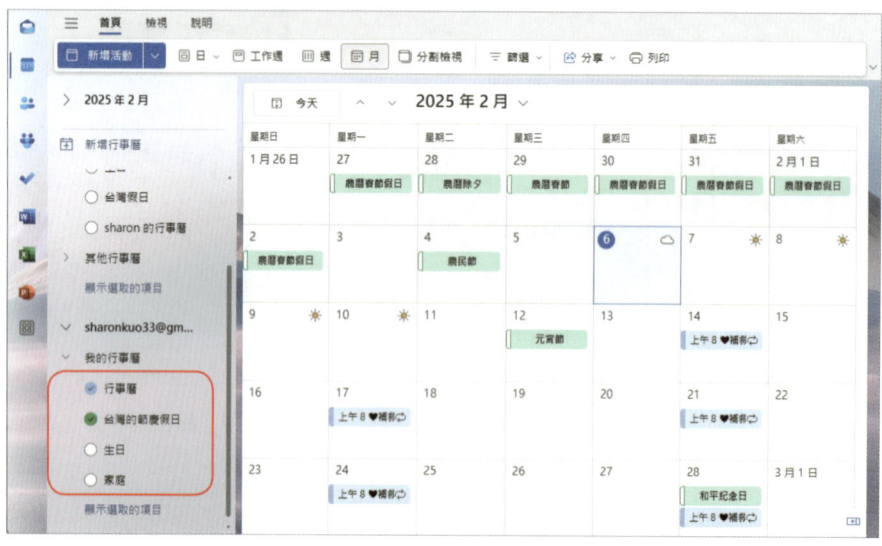

只檢視 Google 行事曆

> **說明**
> 瀏覽行事曆時,若要快速回到「今日」的位置,請按【今天】鈕。

8-3-2 新增、刪除與搜尋約會

無論使用哪一種方式檢視 行事曆,都可以快速的將任何約會或計劃新增到其中。

STEP**1** 在 行事曆 中點選要新增約會的日期或時段,例如:在「月」檢視下直接點選日期,在「日」檢視下點選時段。

STEP**2** 在展開的視窗中輸入事件名稱(新增標題),設定約會的時間(取消勾選 全天 才能設定時間)、設定提醒、位置及描述。

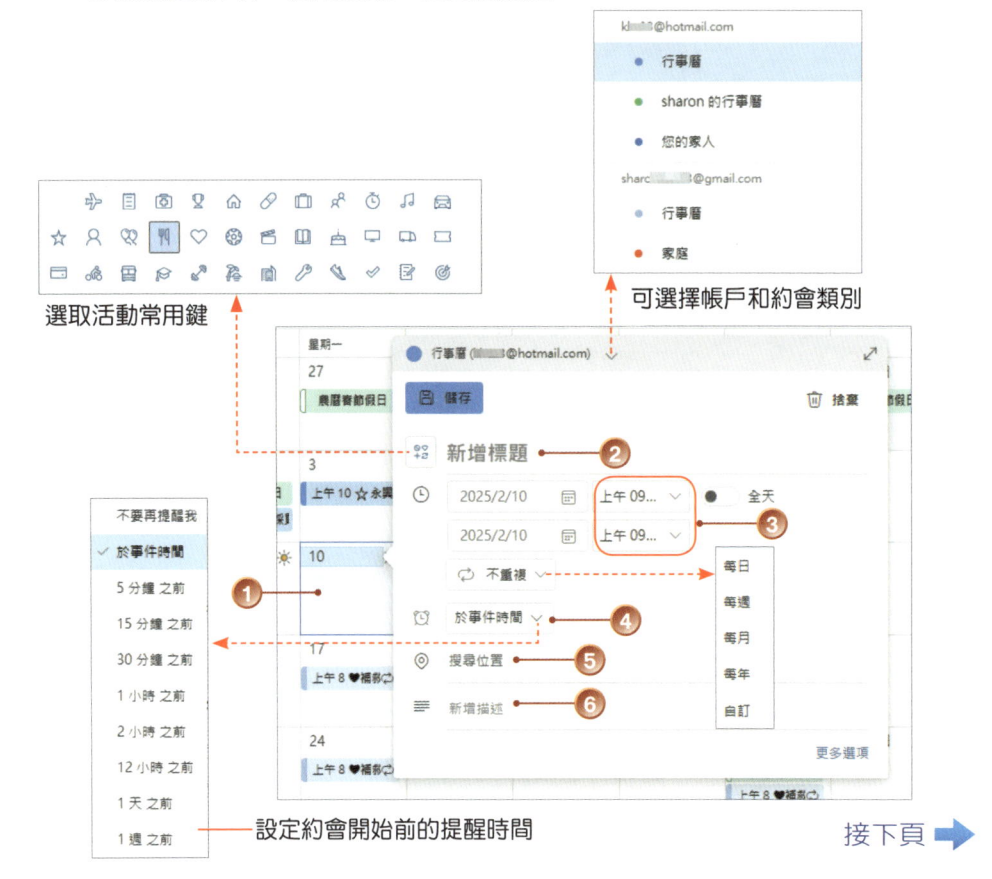

選取活動常用鍵

可選擇帳戶和約會類別

設定約會開始前的提醒時間

接下頁 ➡

■ 8-17

STEP 3 輸入完畢按【儲存】鈕。

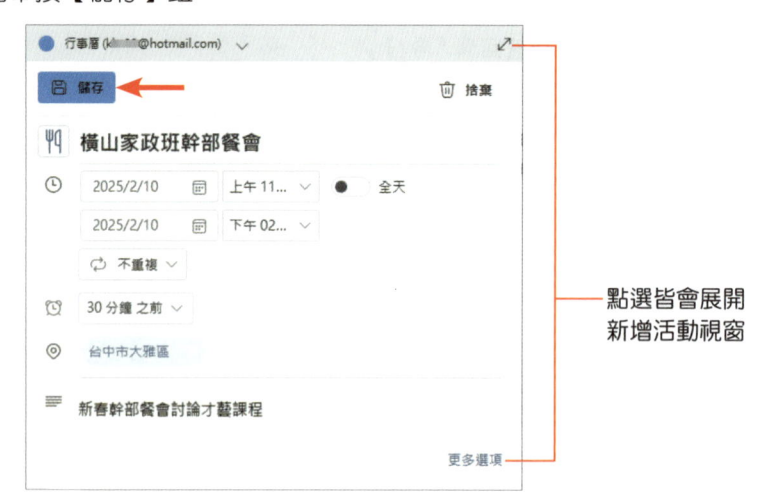

點選皆會展開新增活動視窗

說明

● 輸入事件名稱時，系統會自動判定而出現圖示，也可從清單中變更圖示。

● 點選【新增活動】鈕從清單中選擇 事件，會直接開啟 新增活動 視窗，在新視窗中建立新約會的屬性資料（步驟 5 的畫面）。

STEP 4 新增事件後，指到有約會的事件上停留一下，會出現事件內容；在事件上快按二下會開啟活動視窗，可以再進行編輯。若要在同一天新增約會，可點選該日期後執行 新增活動 > 事件。

8-18

STEP5 如果是會議邀請，可以在 人員 方塊中新增受邀者的電子郵件地址，這時候會出現 傳送 鈕，可以點選後傳送邀請。

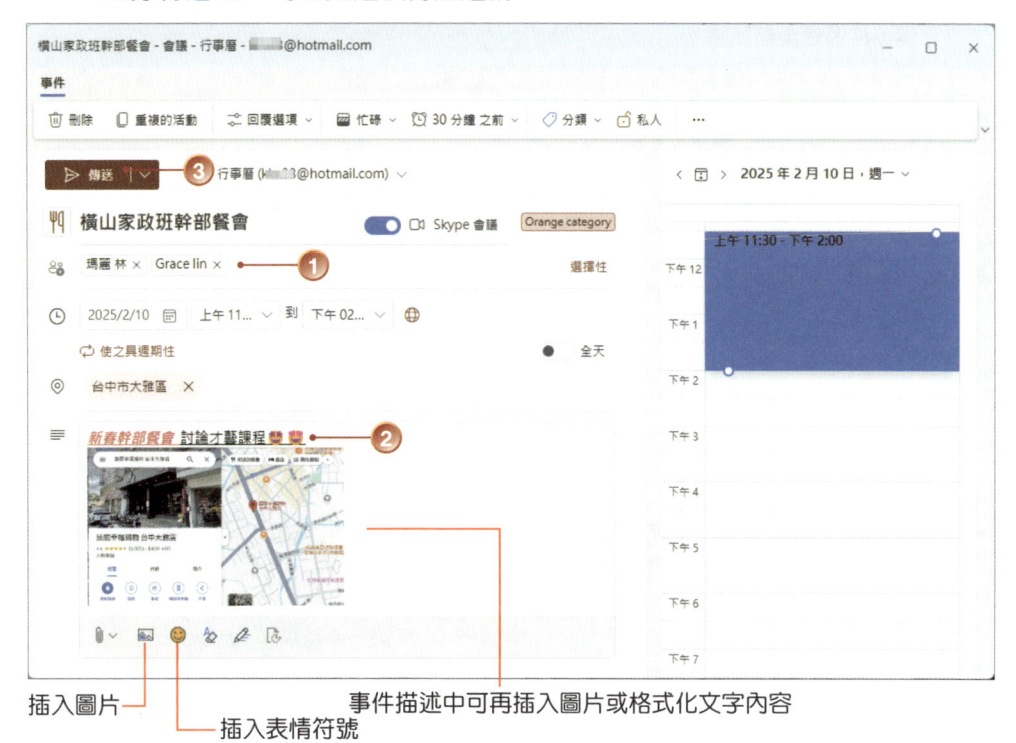

插入圖片
插入表情符號
事件描述中可再插入圖片或格式化文字內容

STEP6 編輯完畢點選 儲存，若有會議邀請則點選 傳送。

STEP7 如果要刪除某一個約會項目，只要在 行事曆 中指到要設定的約會並點選，出現內容後按【刪除】鈕再確認一次即可。

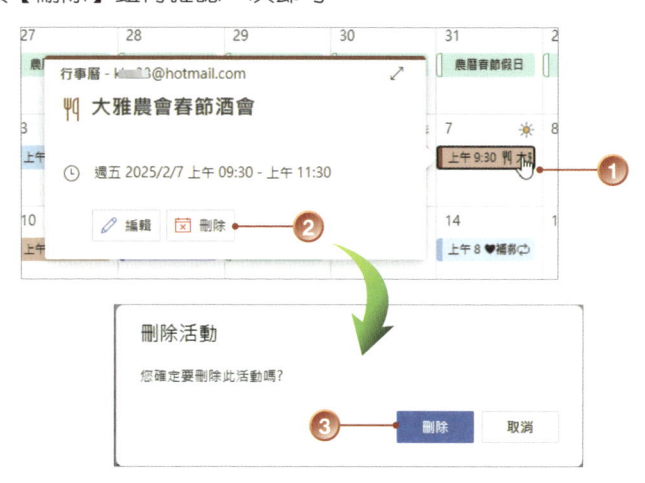

> **說明**
> 要刪除重複性的約會時，請進入其中的任一事件，按【刪除】鈕，選擇要刪除目前這一個事件還是全部刪除。

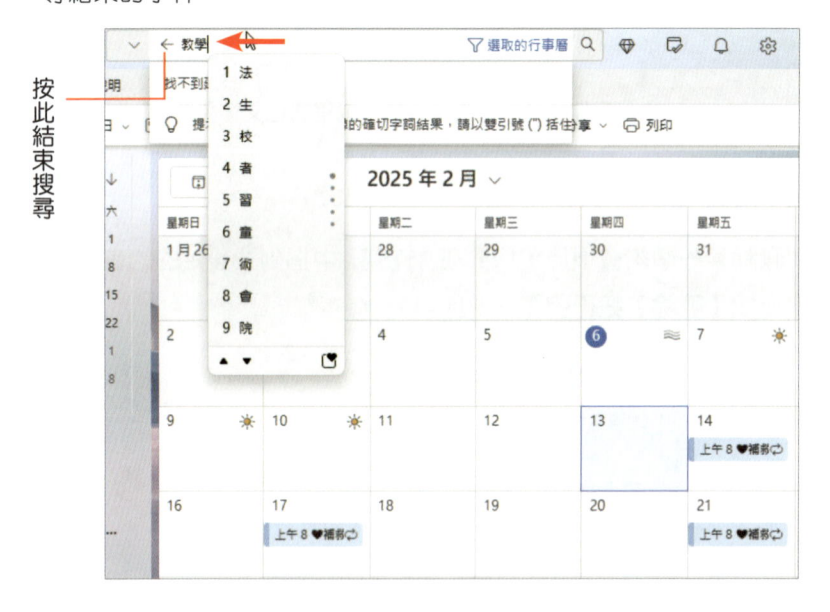

STEP **8** 想要搜尋約會事件，可在 搜尋 方塊中鍵入關鍵字，行事曆中只會顯示符合搜尋結果的事件。

按此結束搜尋

> **說明**
> 想要快速檢視當天或接下來幾天的約會安排，可以點選 Outlook 視窗右上方的 我的一天 鈕，展開當天的行事曆查看。

8-20

可切換到 To Do 查看待辦事項

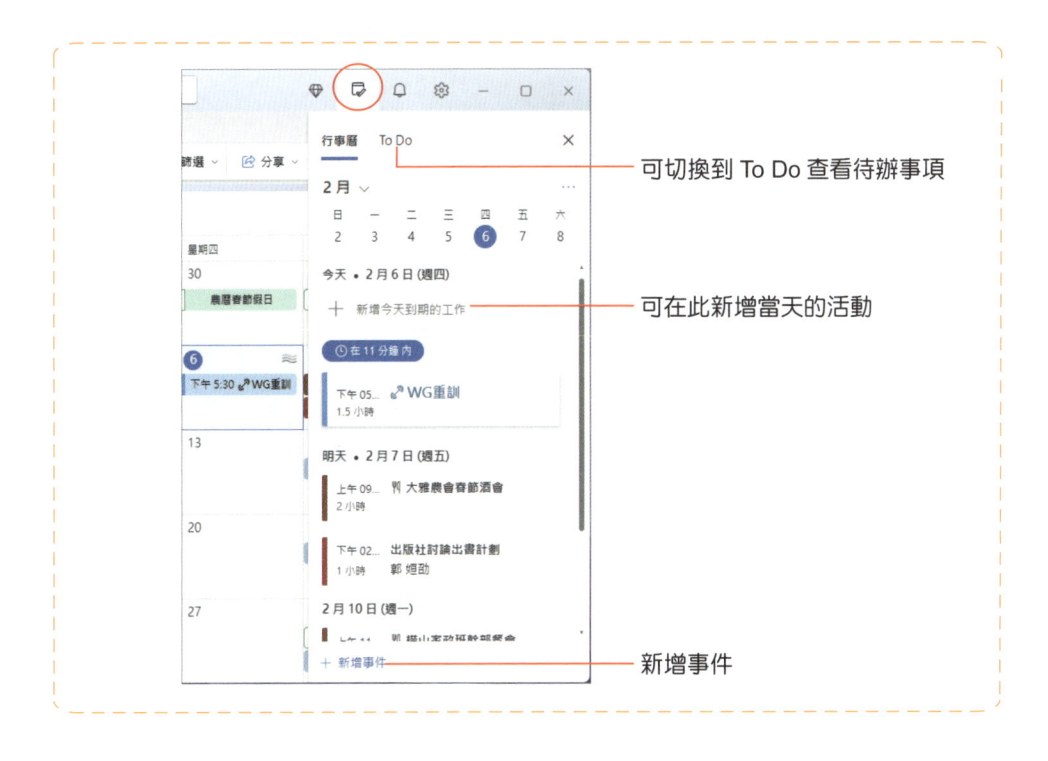

可在此新增當天的活動

新增事件

8-3-3 接受與拒絕約會邀請

當您收到約會邀請時，可以考慮接受或拒絕：

STEP**1** 於 **郵件** 中點選邀請信件。

STEP**2** 該事件的詳細資料會顯示在信件中，點選【接受】、【暫訂】或【拒絕】鈕。

8-21

STEP 3 若接受邀請，會立即回信給召集人（發信者，也就是會議的邀請者），同時約會也會自動加入自己的 **行事曆** 中。

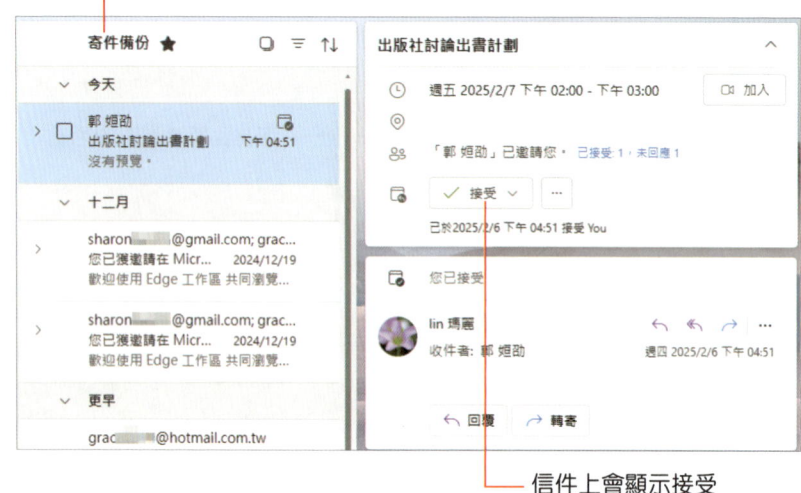

回覆信件後請到「寄件備份」資料夾查看

信件上會顯示接受

開啟行事曆查看

會有邀請者的頭像

約會已加入行事曆

如果有設定約會的 **提醒** 時間，那麼時間一到，螢幕會出現通知。視需要選擇【延遲】或【關閉】。

桌面顯示的提醒訊息

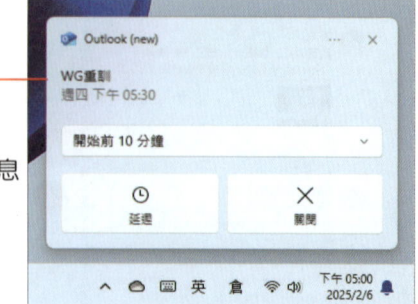

8-22

8-3-4 變更行事曆設定

行事曆 中一週的第一天預設是「星期日」，工作的開始和結束時間則從「上午 9 點」到「下午 5 點」，如果不適合用於您的排程時間，可以進入 **設定 > 行事曆** 中變更，您還可以新增 **全球行事曆** 的語言、與您的家人共用行事曆。

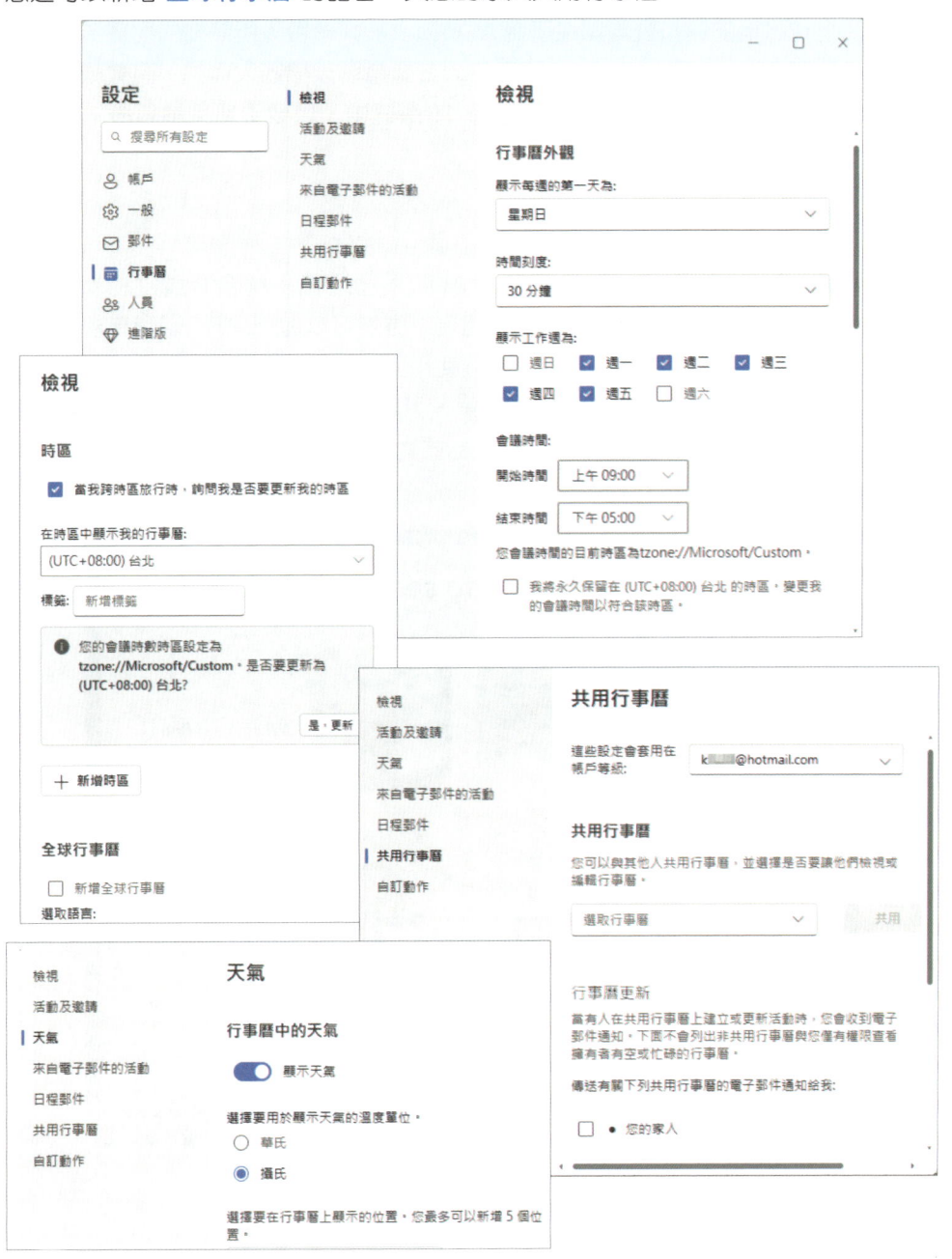

■ 8-23

8-4. AI 助手 Copilot

AI 人工智慧（Artificial Intelligence）無疑是近年來最熱門的技術與話題，所謂的人工智慧，就是電腦、機器、程式、原始程式碼透過模擬人類心智來解決問題及決策的能力。全球各地的科技公司都在研發 AI 技術，被大多數人所熟知的則屬造成風潮的鼻祖 ChatGPT，它是由 OpenAI 開發的人工智慧聊天機器人程式，而微軟則推出 Microsoft Copilot，其已內建於 Windows 11 系統中，只要更新到最新版本就可開始體驗它的強大功能！

8-4-1 認識 Copilot

Windows 11 23H2 秋季更新時，微軟的 AI 助手已經統一整合為獨立的新名稱：Microsoft Copilot，並以應用程式的方式呈現，讓您可以從 工作列 點選來啟用，經過一年多來的技術提昇而有了新的介面與使用方式。Copilot 擁有先進的 AI 技術，能理解您的問題和請求，並提供直接的答案、協助寫作與建立圖像；它會搜尋網路，並提供資料來源的簡明摘要；可以進行互動式對話，還能提升語言技能，例如：協助翻譯、學習新語言或提升寫作技巧。

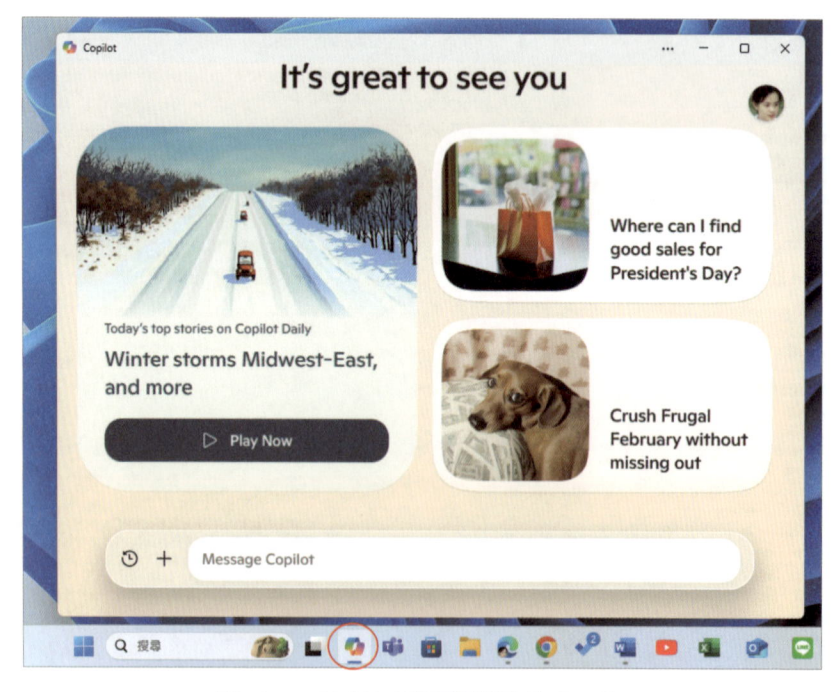

Windows 11 24H2 秋季更新時的 Copilot

8-24

Windows 11 24H2 秋季更新時，Copilot 以應用程式啟動的方式呈現新的介面和使用方法；不過，在 2025 年 2 月中旬，工作列 上的應用程式圖示消失了（Windows 10 中卻還存在），這種應用程式的啟動方式只能以訂閱 Microsoft 365 Copilot 來執行。還好免費的線上 Copilot 仍然可行，操作方法也無太大差異（只是少了 螢幕擷取畫面 的功能）。

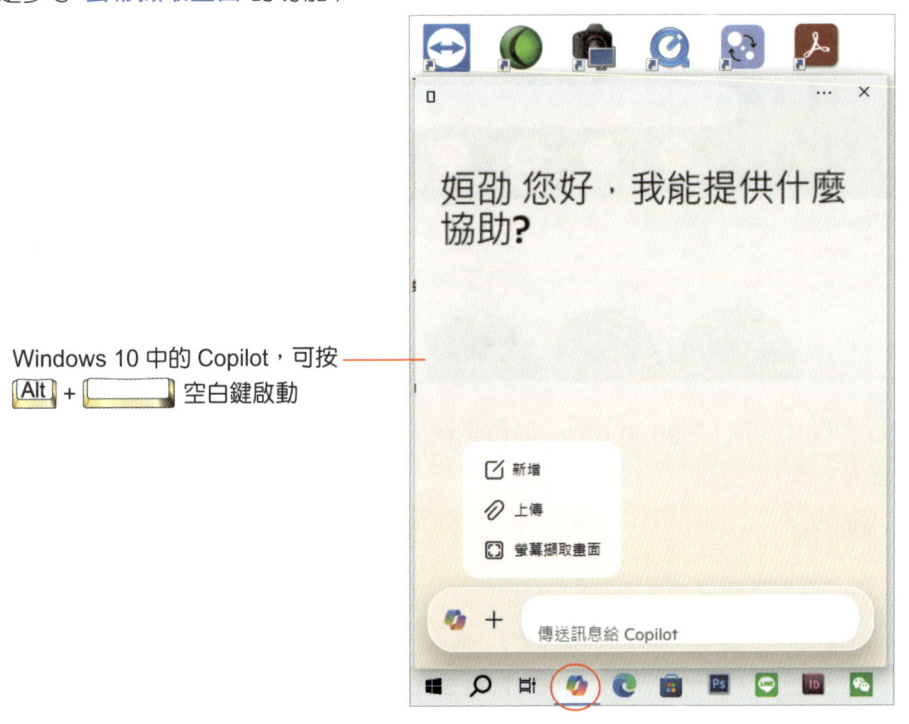

Windows 10 中的 Copilot，可按 [Alt] + [　　] 空白鍵啟動

Copilot 提供免費的基本體驗，而付費訂閱 Copilot Pro 可以解鎖更多進階功能，例如：在尖峰時段優先使用最先進的 AI 模型、延長 Copilot 語音功能的使用時間、搶先體驗實驗性功能，以及加速提升 AI 影像生成速度。

> **說明**
> - Copilot 仍持續不斷的實驗、改善與進化中，使用介面和提供的功能皆可能變動，請經常執行 Windows Update 以便獲得最新的介面和功能，也請您依照出現的畫面進行操作。
> - 有關微軟 AI 助手的演進過程，請參閱線上課程的介紹，於此不再贅述。

8-4-2 使用 Copilot

Copilot 的使用與一般的聊天機器人類似,可以透過輸入文字或語音交談(目前僅針對特定用戶)來提問:

STEP**1** 啟動 Microsoft Edge,在 MSN 首頁點選 Copilot 圖示 。

STEP**2** 點選右上角的【Sign in】鈕,以微軟帳戶登入,才可產生影像並保存對談記錄。

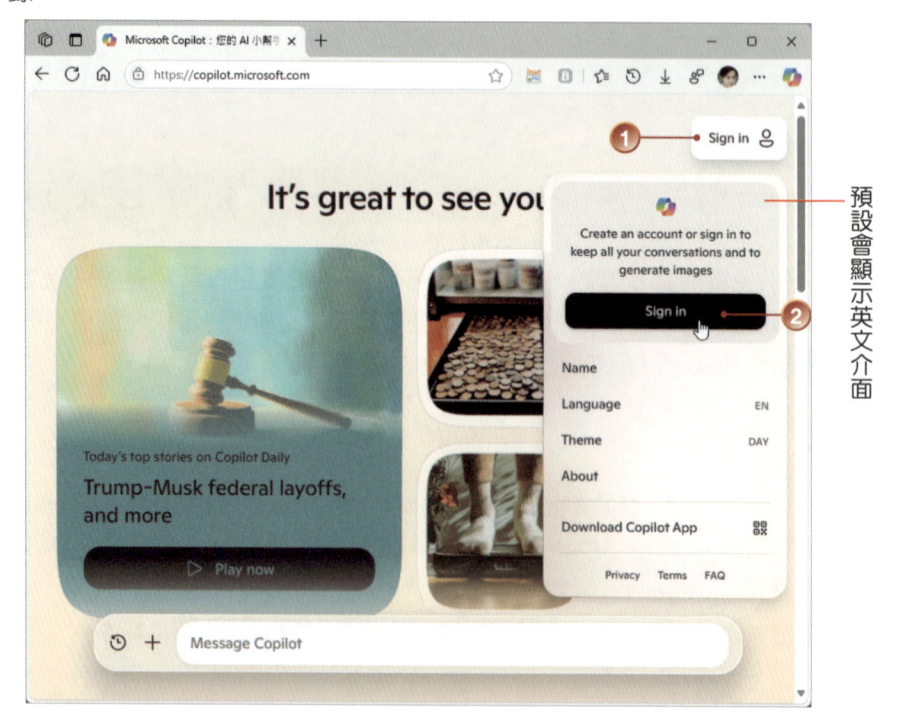

預設會顯示英文介面

Copilot 首頁

8-26

STEP**3** 登入後會顯示帳戶的登入頭像，若出現英文介面，可點選 Language 改為 **繁體中文**。

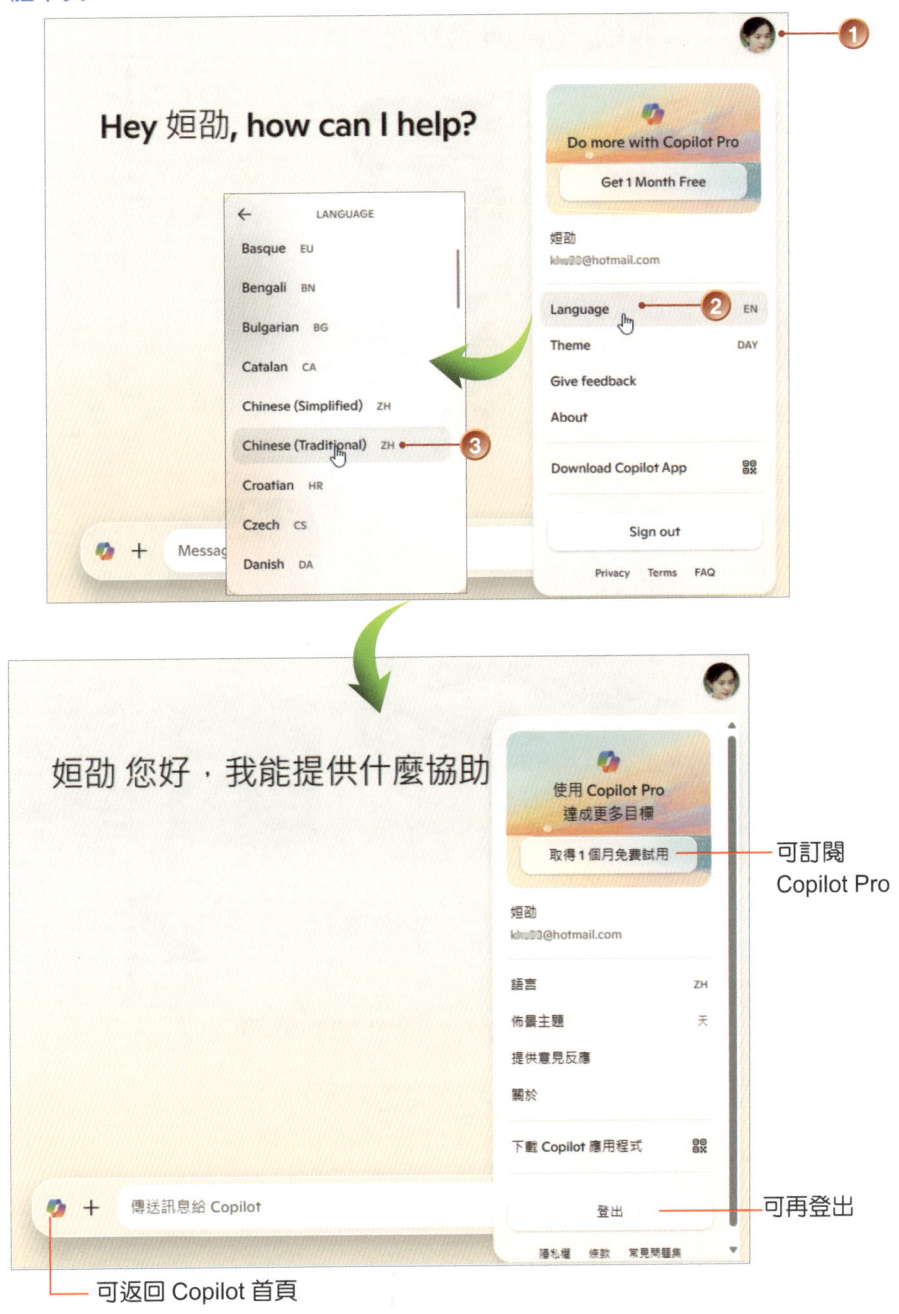

可訂閱 Copilot Pro

可再登出

可返回 Copilot 首頁

■ 8-27

STEP **4** 首頁中會預設各種情境和您可能會感興趣的主題,可直接點選。

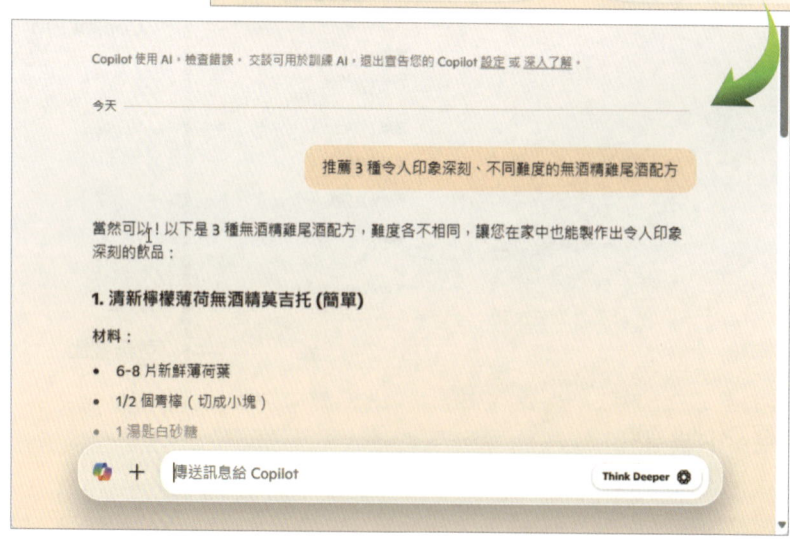

8-28

（出現建議的提示時可直接點選）

複製訊息內容
分享訊息和提示

說明

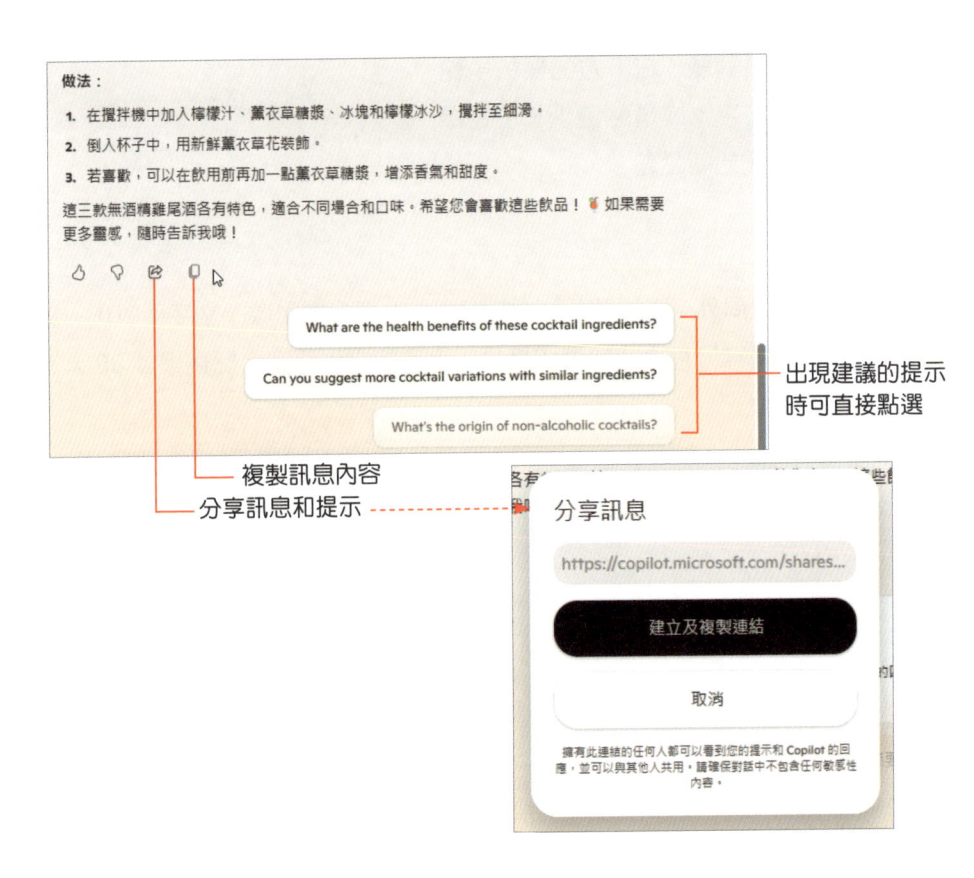

要允許 Copilot 記錄您的聊天記錄，以便呈現更多適合您個人興趣的主題，請在出現下圖的畫面時點選 設定，於 隱私權 中開啟 個人化。啟用後，微軟會使用您最近的 Copilot 對話和 Microsoft 活動（包括 Bing 搜尋、MSN 活動和推測的興趣），為您提供量身打造且相關的體驗。

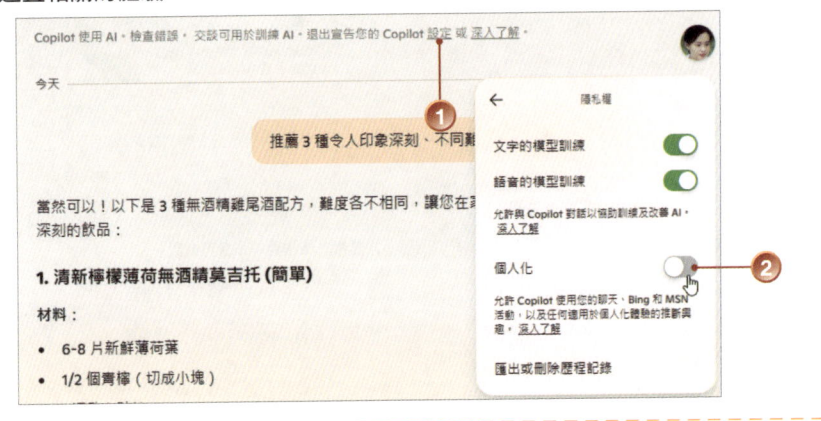

8-29

高整合性的 Outlook 與 AI 助手

STEP 5 您可以繼續話題,在下方的欄位中點選並輸入文字;或是點選「+」選擇 新增 重新開始新話題。

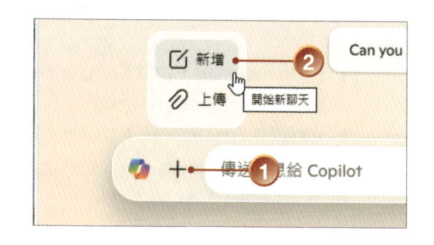

STEP 6 除了文字提問外,還可執行 上傳 指令,上傳各種影像、文字、PDF…等格式的檔案,請其分析內容或做出摘要;上傳的文件將安全儲存最多 30 天,然後會自動刪除。

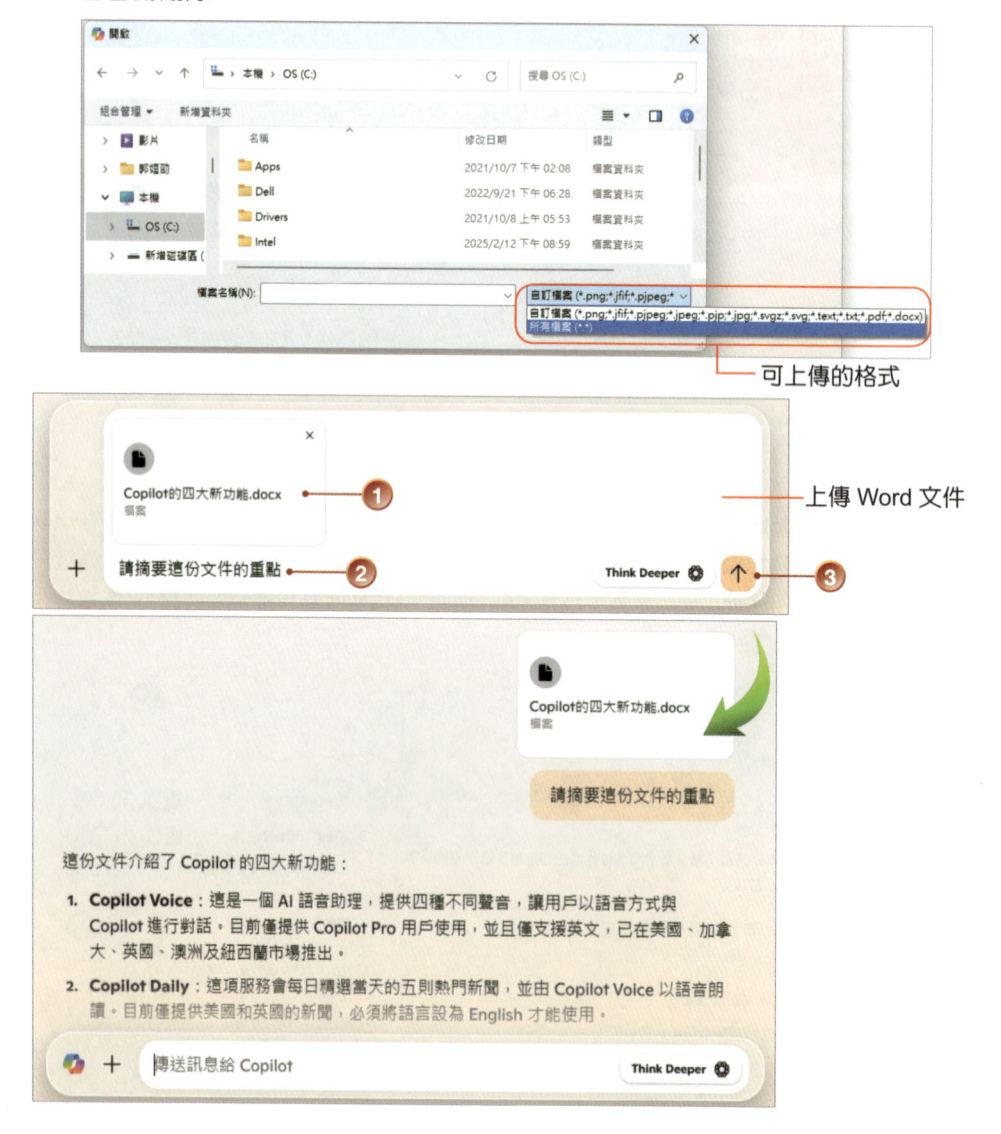

可上傳的格式

上傳 Word 文件

上傳 JPG

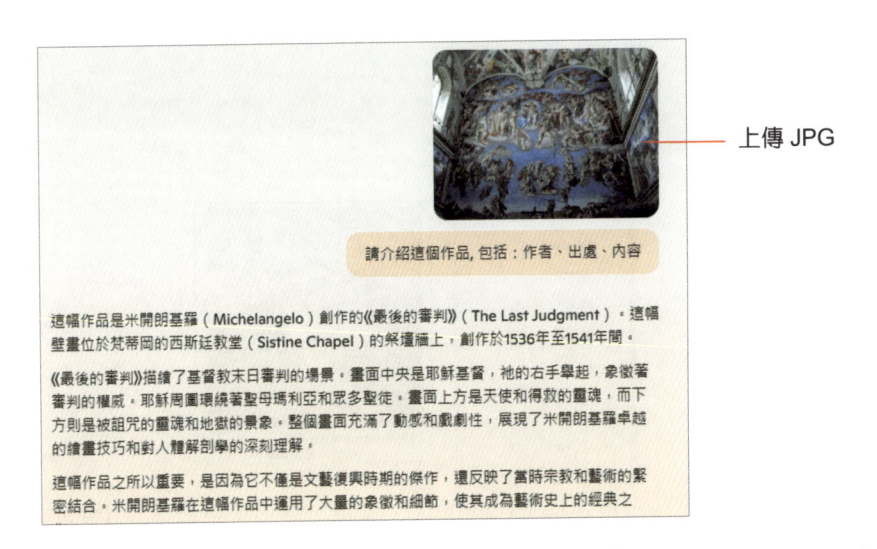

請介紹這個作品，包括：作者、出處、內容

這幅作品是米開朗基羅（Michelangelo）創作的《最後的審判》（The Last Judgment）。這幅壁畫位於梵蒂岡的西斯廷教堂（Sistine Chapel）的祭壇牆上，創作於1536年至1541年間。

《最後的審判》描繪了基督教末日審判的場景。畫面中央是耶穌基督，祂的右手舉起，象徵著審判的權威。耶穌周圍環繞著聖母瑪利亞和眾多聖徒。畫面上方是天使和得救的靈魂，而下方則是被詛咒的靈魂和地獄的景象。整個畫面充滿了動感和戲劇性，展現了米開朗基羅卓越的繪畫技巧和對人體解剖學的深刻理解。

這幅作品之所以重要，是因為它不僅是文藝復興時期的傑作，還反映了當時宗教和藝術的緊密結合。米開朗基羅在這幅作品中運用了大量的象徵和細節，使其成為藝術史上的經典之

STEP **7** Copilot 除了回答提問、規畫行程、製作文件和簡報外，還可依輸入的條件產生影像。

請依以下條件產生影像：一隻可愛的雙色布偶貓，在黃昏的城堡花園中,追逐飛舞的蝴蝶 ❶

❷ 下載

滿意了可下載，預設會儲存在「下載」資料夾

❸

下載
一隻可愛的雙色布偶貓,在黃昏的城堡花園中,追逐飛舞的蝴蝶 (1).png
開啟檔案 ❹
查看更多內容

接下頁 ➡

■ 8-31

PNG 格式

STEP 8 您可以嚐試各種提示與 Copilot 進行溝通，直到產生您理想中的內容。在尚未開始新主題聊天前，可以捲動視窗捲軸檢視對話記錄。若要檢視曾經交談的主題和內容，可以點選 前往首頁 ◎ 圖示回到首頁後，再點選 檢視歷程記錄 ◎ 圖示，出現 我們一起的交談 視窗，選取要檢視的主題即可。目前可以將對話儲存 18 個月。

不需記錄的主題可刪除
分享交談內容
開始新聊天
關閉歷程記錄

💡 **說明**

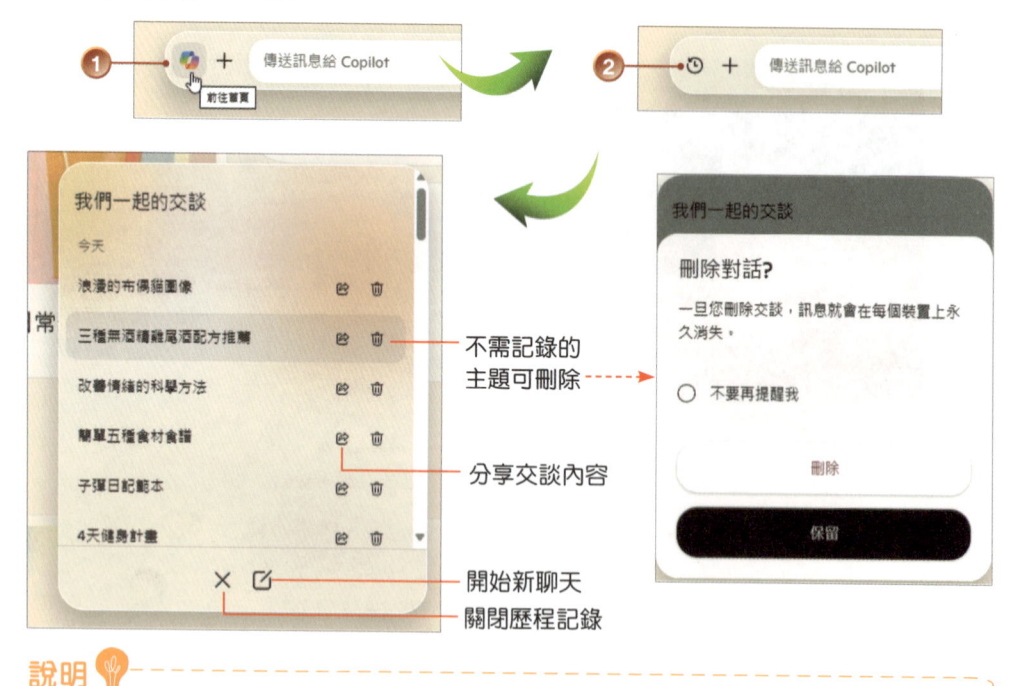

請注意！目前的 Copilot 無法直接打開或操作您電腦上的應用程式。

8-32

其他存取 Copilot 的方法

以下幾種方式也可以存取 Copilot：

- 開啟任意瀏覽器後，輸入網址：https://copilot.microsoft.com 開啟線上 Copilot。
- 於手機或平板下載 Copilot APP。
- 於 Edge 瀏覽器中點選 Copilot 圖示。

當您點選 Edge 瀏覽器中的 Copilot 圖示後會展開窗格，它與 Copilot 應用程式的核心功能和使用方法是類似的，包括回答問題、提供建議、生成文本、進行搜尋…等。Edge 中的 Copilot 注重在與瀏覽器相關的功能，例如：搜尋網頁內容、管理書籤…等。而 Copilot 應用程式則著重於對話和溝通，除了聊天和回答各種問題外，還能提供建議和創意點子。

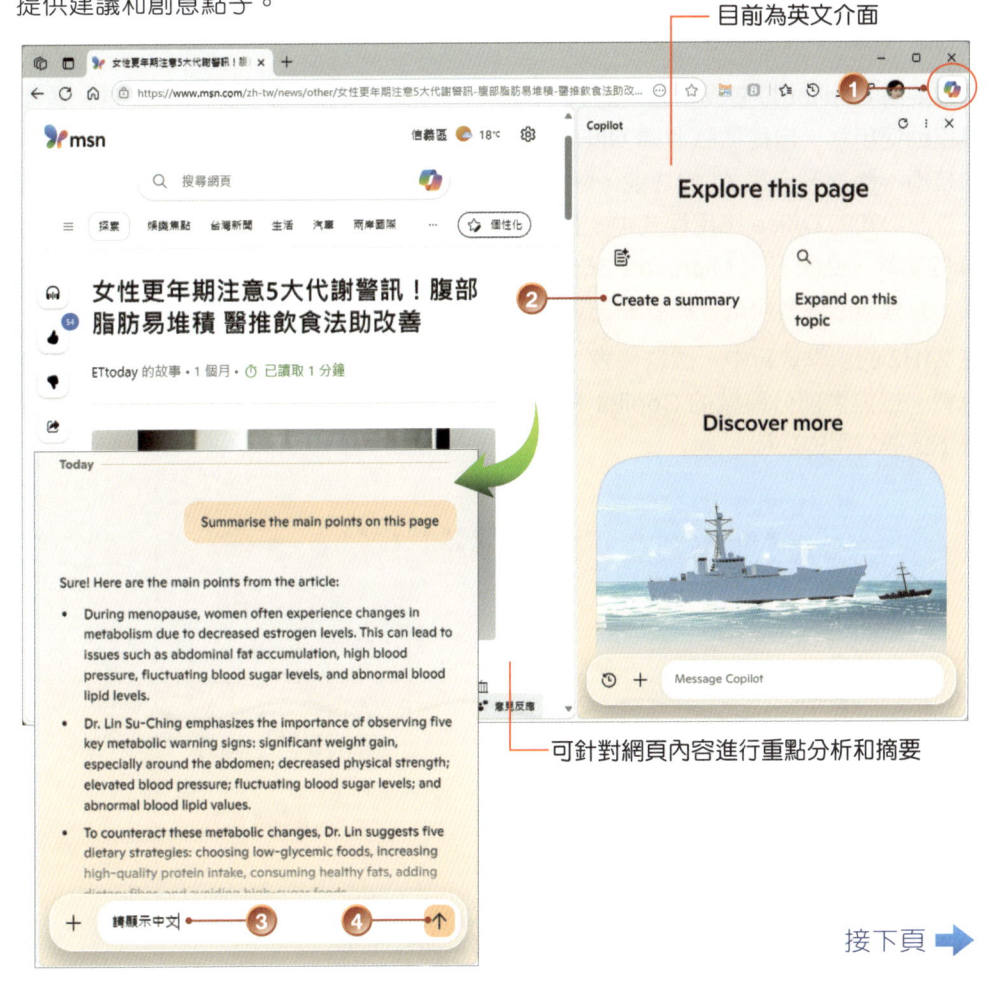

目前為英文介面

可針對網頁內容進行重點分析和摘要

接下頁

請它以中文顯示

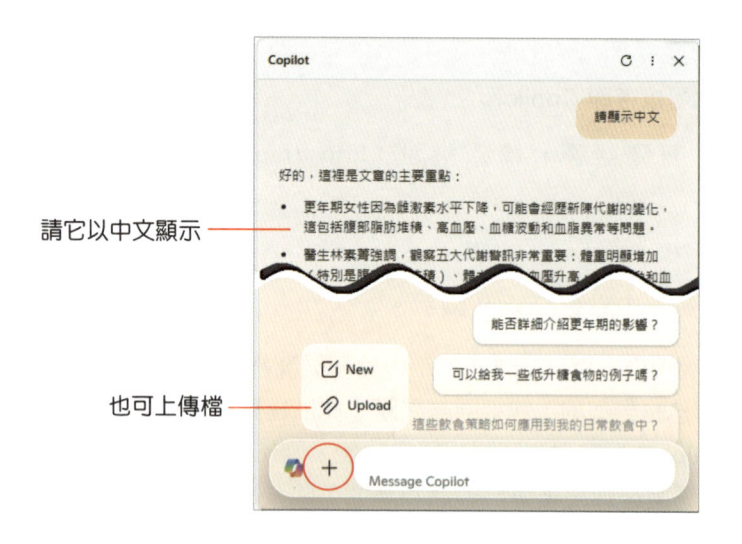

也可上傳檔

8-4-3 Copilot 的其他功能

微軟要將 Copilot 打造成為個人的 AI 伴侶，不只解決問題，還能陪伴、支持、教導與協助使用者。自從微軟收購 GitHub 並成為 OpenAI 的大股東後，透過 ChatGTP 的技術不斷提升自家 AI 的功能，除了 Windows 系統中的 Copilot 外，並將其應用在許多熟知的 Office 應用程式中，甚至是 小畫家。不過，要在這些應用程式中使用 AI 的功能，必須訂閱 Microsoft 365，微軟採計點制，以消耗點數的方式提供 AI 服務，有興趣的讀者可以上微軟網站查詢。

在 24H2 的秋季更新中，微軟發表了各種實驗性的新 AI 功能，目前這些功能已部分免費，或提供部分區域的 Copilot Pro 用戶以付費訂閱的方式使用，以下就來了解一下這些好用的功能。

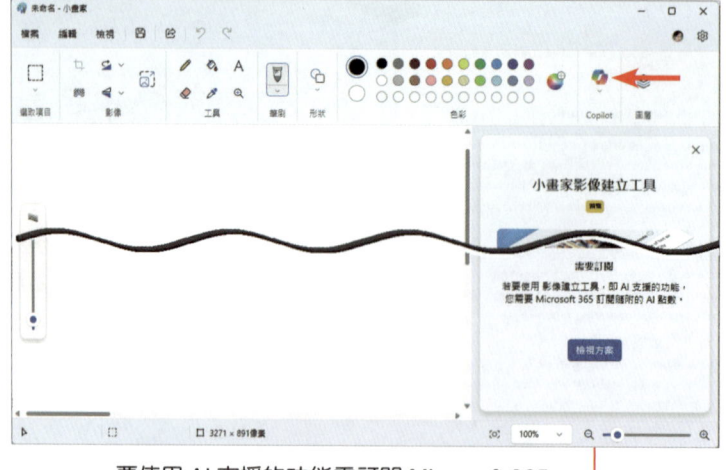

要使用 AI 支援的功能需訂閱 Microsoft 365

Copilot Voice

Copilot Voice 是一個 AI 語音助理，讓使用者以語音方式交談，它提供 4 種不同的聲音，對談的方式就像是朋友之間的聊天一樣，目前僅提供 Copilot Pro 用戶且只支援英文，且已在美國、加拿大、英國、澳洲及紐西蘭市場推出，日後會拓展到更多國家和語言。不過您可以下載手機或平板的 Copilot APP，免費體驗一下與 Copilot 中文語音交談的樂趣。

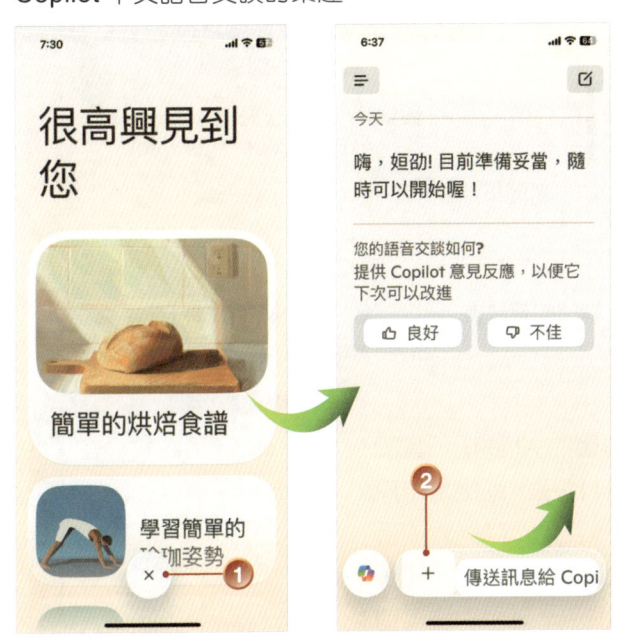

執行手機版的 Copilot

Copilot Daily

Copilot Daily 是基於 Copilot Voice 的服務之一，目前會每天精選 5 則當天的熱門新聞，透過 Copilot Voice 的 AI 語音為您朗讀新聞與天氣重點。現有的合作對象包括路透社（Reuters）、Axel Springer、Hearst Magazines、USA TODAY Network 與金融時報（Financial Times）等，之後會陸續新增內容的合作夥伴，現在已於美國及英國上線。由於目前只提供美、英新聞，因此只要將 語言 設定為 English，就可以在 首頁 畫面點選【Play Now】鈕，開始聆聽當日的 5 則新聞，順便訓練一下自己的英聽能力！

接下頁 ➡

跳到下一則

新聞來源

關閉回到首頁

Copilot Vision

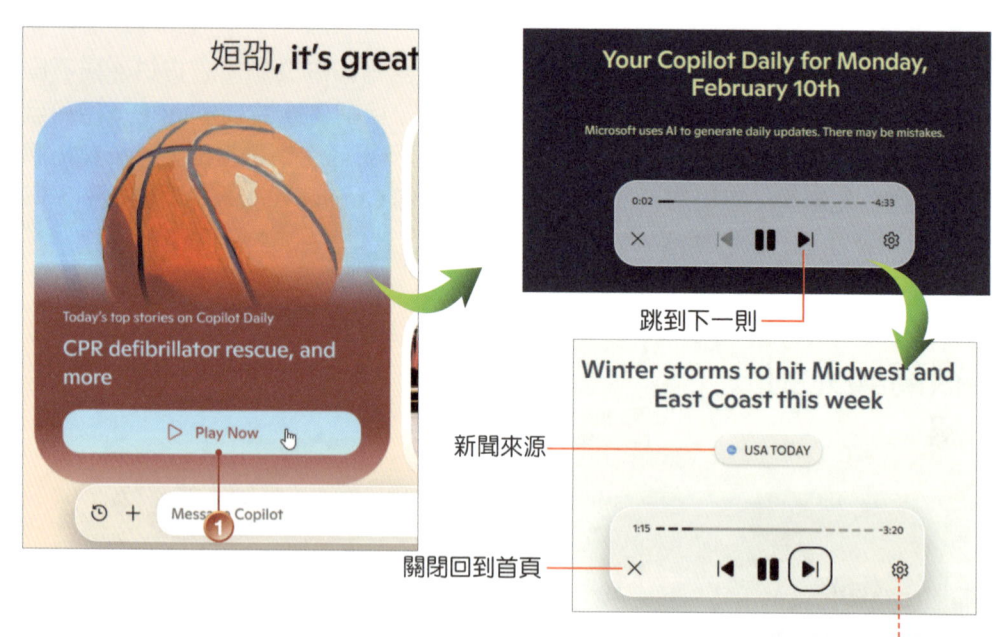

Copilot Vision 是 Edge 瀏覽器專屬的 AI 助理，其設計的目的是扮演用戶上網時的最佳助手，就像是用戶的第二雙眼睛，可以與開啟的網頁互動，其強大的螢幕分析能力會關注使用者在電腦上的一舉一動，理解目前所查看網頁的內容而做出回應。一旦用戶碰上問題，可透過與它交談來獲得解決之道，例如解答疑問、摘要、翻譯、提供分析意見、購物指引或提供行程建議…等任務。也更注重穩私，會在與用戶對話後刪除資料，處理後的音訊、圖像或文字不會被儲存或用於訓練模型。此功能仍在實驗階段，目前僅開放美國少數付費的用戶使用。

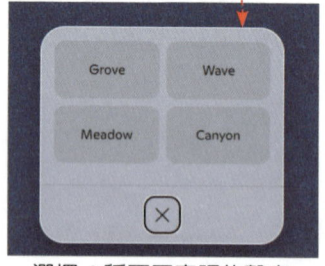

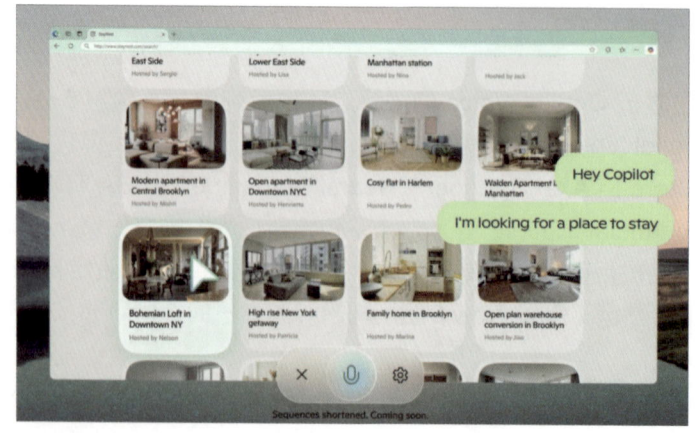

選擇 4 種不同音調的聲音

語音交談

8-36

Think Deeper

Think Deepe 使用 OpenAI 的「o1 推理模型」，具備更好的推論能力，能夠處理更複雜或需要深度分析的問題，例如：解決高難度的數學題、制定個人計畫或評估多種情境，並提供詳細的逐步回應。目前手機版及網頁版的免費用戶也可使用，不過，免費用戶每週僅能使用三次，而 Pro 訂閱者的限制則根據伺服器負載及使用情況動態調整。由於計算過程較為複雜，回應速度比一般 Copilot 回應較慢（約 30 秒的回應時間）。同樣的此功能仍屬於實驗階段，將持續的改良與精進中。

在 MSN 首頁點選 開啟 Copilot 圖示 並以微軟帳戶登入後，下方輸入列的右側就會出現【Think Deeper】鈕，提出問題後按此鈕即可。

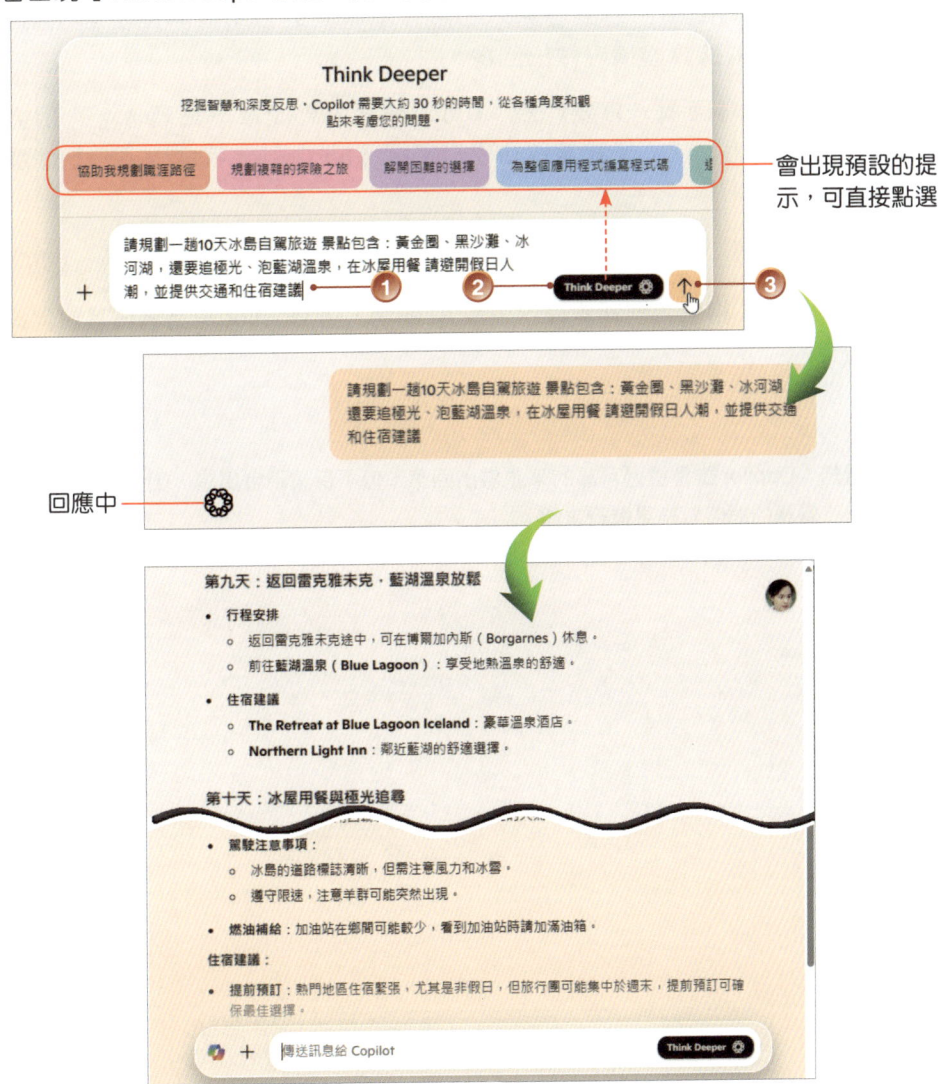

8-4-4 如何有效率的使用 Copilot

在聊天機器人出現前，大部分的人都是透過網路搜尋來找到所需的答案，輸入不同的關鍵字所得到的結果也就不同。身處 AI 時代，如何將需求精準的向聊天機器人表達，以便有效率的依照我們的要求輸出準確且實用的結果，顯得格外重要。若要改善 Copilot 的整體體驗，微軟建議您嘗試下列的操作：

- 使用自然的語言互動，就像在跟朋友聊天一樣。此將有助於 Copilot 了解您的偏好，並在您的所有對話中提供更具吸引力、更為實用的體驗。

- 提出問題並追蹤後續。Copilot 會提供直接的答案並記住您的後續問題，以提供有意義的回覆。無論想深入了解、重新表述答案或對回覆提出質疑，Copilot 都會依據具體情況做出回覆。`

- 請 Copilot 改寫回覆。只要您說：「可以解釋得更簡單一點嗎？」、「用更簡單的詞彙說明」或「把我當作初學者來解釋」，Copilot 就會以更容易理解的方式回答您。

- 要求不同的格式。您可以要求用清單或表格的方式顯示答案。

掌握上述的原則，相信我們就能輕鬆駕馭 AI 助手，讓 Copilot 成為名符其實且得力的副駕駛。

> **說明**
>
> 提醒您：Copilot 雖會透過可靠的來源做出回應，但不保證不會出錯，因此讀者應以更小心、嚴謹的態度對結果進行求證。

Chapter 9

世界級效能的瀏覽器 Microsoft Edge

全新的 Micorsoft Edge 背後採用與 Google Chrome 相同的開放原始碼技術，卻不會佔用太多的記憶體，可提供頂級的網頁與延伸模組相容性，在您瀏覽網站時更有效率、提供更多的隱私與更高的價值！

9-1. 網頁的搜尋與閱覽

微軟於 2022 年 6 月正式終止 Internet Explorer，IE 這個超過 25 年的瀏覽器終於劃下句點，改由 Windows 10 世代開始服役的 Micorsoft Edge 接續這個重任，繼續服務全球廣大的用戶。Microsoft Edge 中多樣化的網頁內容，包括：新聞、娛樂、生活、運動、天氣、財經…等，豐富您的知識與視野之外，還提供快速搜尋功能，只要從 網址列 或 搜尋框 輸入部分搜尋字詞或 URL，即可取得來自網站和您瀏覽歷程記錄的搜尋建議，加上 Copilot 這個稱職的 AI 助手，使得瀏覽器更聰明，讓您隨心所欲的暢遊於網路世界。

說明

- 對於原本專為 IE 建置的網站或應用程式，微軟建議可以使用 Edge 中內建的 IE 相容瀏覽模式（從 設定及其他 ... > 設定 > 預設瀏覽器 中啟動），來存取這些資源。由於 Edge 具有雙引擎，因此在支援舊版網站的同時，也具有用戶存取現代網站的能力。

- 本章中與 Copilot 有關的操作，請參考第八章的介紹，於此不再贅述。
- 再次提醒您！網頁瀏覽器中的內容會經常更新，請依實際顯示的畫面操作。

9-1-1　從開始頁面搜尋

點選 **工作列** 上的 Microsoft Edge 圖示開啟瀏覽器的「首頁」畫面（內容會經常更新），首次啟動會提示您進行各種設定，包括：登入微軟帳戶、匯入密碼、歷程記錄、自訂主題 ... 等內容，請依畫面指示完成設定，或您可以稍後再進行設定。

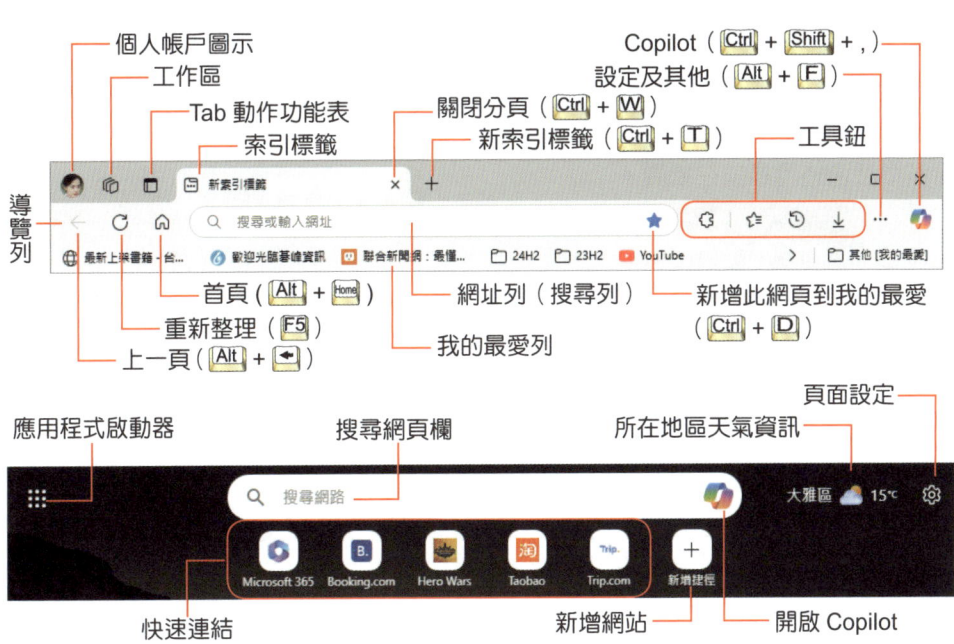

進入 Microsoft Edge 時預設會開啟 新索引標籤 並顯示 我的訂閱內容，這些內容摘要以「卡片」的方式整齊排列，資訊來自 MSN、各種新聞媒體及廣告，您可以切換到不同的專題瀏覽。在這些資訊卡片上點選會自動開啟新索引標籤讓您瀏覽內容，按 返回 ← 鈕會關閉該索引標籤回到前畫面。

想要搜尋特定網站時，在 搜尋網路 的欄位鍵入關鍵字或網址，出現建議清單，找到目標後點選，會開啟 Microsoft Bing 搜尋頁面，即可選擇超連結目標前往網頁。

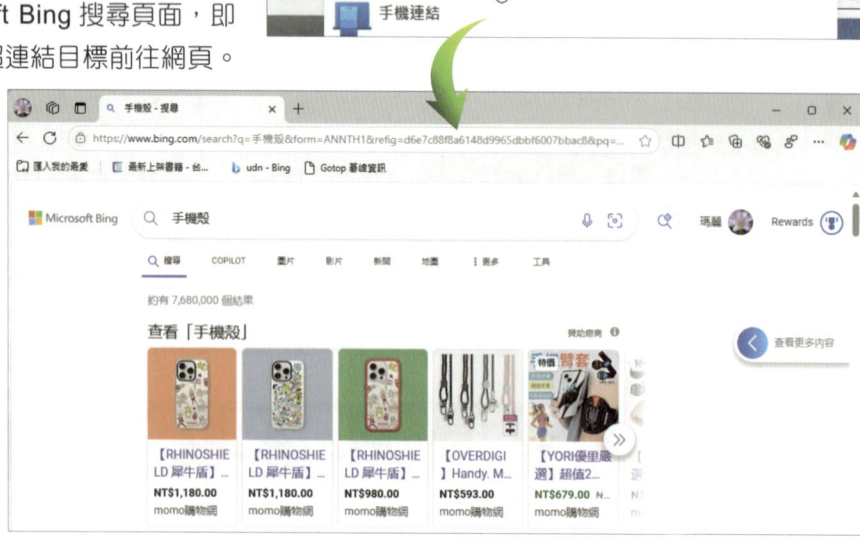

如果電腦有連接麥克風,可以點選 **語音搜尋** 🎤 鈕,以口說的方式來輸入搜尋關鍵字,在 Microsoft Bing 中還可以圖片進行搜尋。

可優化搜尋結果

以圖片進行搜尋

> **說明** 💡
>
> - Microsoft Edge 的網址列右側,會隨著網頁內容的差異而出現不同的圖示,在瀏覽時請隨時注意,以便做出對應的操作。
>
> - **應用程式啟動器** 提供了微軟網頁版的應用程式,例如:Office 365,讓您可以從任何位置啟動雲端程式。

9-1-2 新增索引標籤

點選有些網頁中的超連結時，會自動開啟新的分頁（索引標籤）顯示內容，有些則會在原有的分頁中顯示。當您希望以「新索引標籤」方式，顯示不同的網站或是網頁中的超連結內容時，請以滑鼠右鍵點選超連結文字或圖片，執行：

- **在新索引標籤中開啟連結** 指令，會開啟新索引標籤並顯示連結內容。

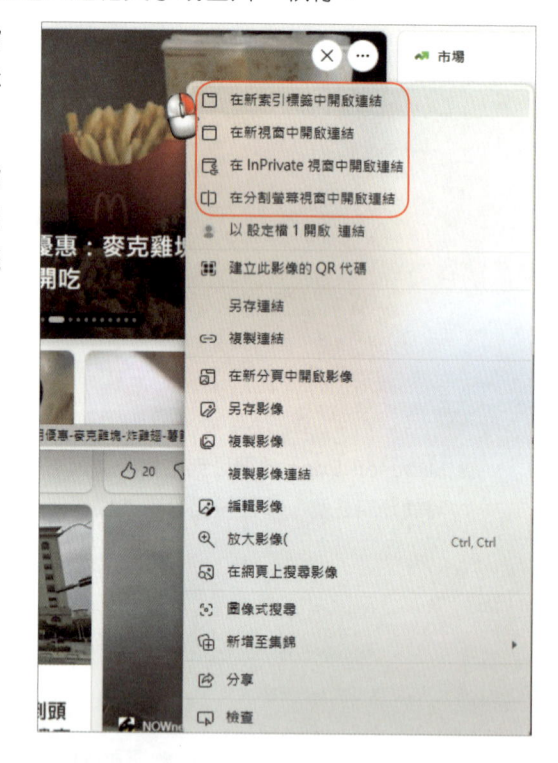

- 選擇 **在新視窗中開啟連結** 指令，會開啟新的視窗來顯示網頁的內容，或是拖曳索引標籤也可在新視窗中獨立顯示。

- 執行 **在分割螢幕視窗中開啟連結**，則螢幕會水平分割後並列二個網頁內容。

「分割螢幕」圖示呈作用中

點選 **新增索引標籤**「+」，會開啟新的索引標籤，經常瀏覽的網站縮圖會列在 **快速連結** 列，點選即可快速前往，按 **+ 新增網站** 可以新增。

9-6

在索引標籤上停留會顯示網頁縮圖，有音效的網頁可在索引標籤上按喇叭圖示成為「靜音」。

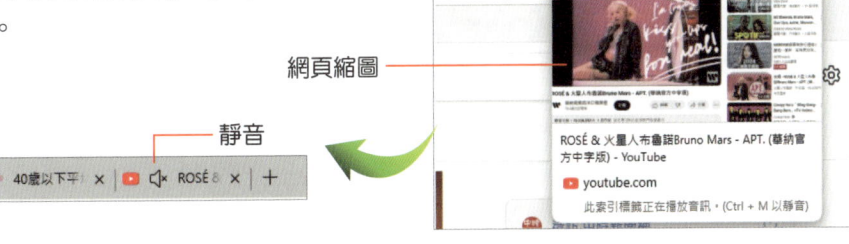

網頁縮圖

靜音

在索引標籤上按右鍵，可以執行多項動作，例如：關閉右邊或其他索引標籤、重新開啟已被關閉的索引標籤、新增到我的最愛，還可「釘選」該索引標籤，讓您每次開啟瀏覽器時，將最愛的網站保留在相同位置（可再按右鍵取消釘選）。

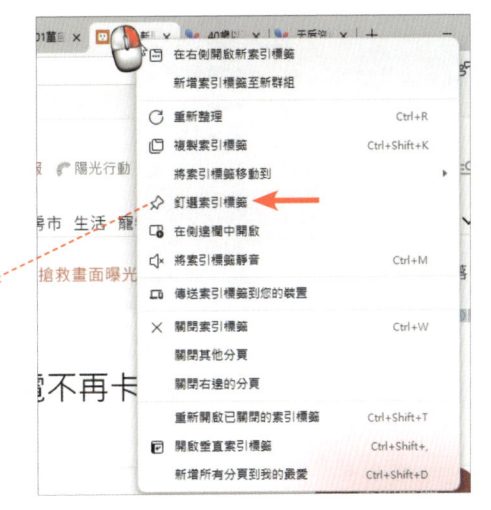

已釘選的網站會置於最左側

點選索引標籤的「X」關閉鈕可將其關閉，點選 Microsoft Edge 視窗關閉 ❌ 鈕則離開應用程式。

9-7

9-1-3 在頁面上尋找與縮放內容

瀏覽網頁時,如果想快速找到需要的內容所在,可以利用關鍵字尋找。

STEP1 先開啟目的網頁,展開 設定及其他 ⋯ 鈕選擇 在頁面上尋找 指令。

STEP2 網頁內容上方會出現「尋找列」,鍵入要尋找的關鍵字。

STEP3 網頁上立即以黃色的醒目提示標註找到的內容,並以黃底色顯示目前找到的項目,點選工具列的上、下箭頭移動到下一個位置。

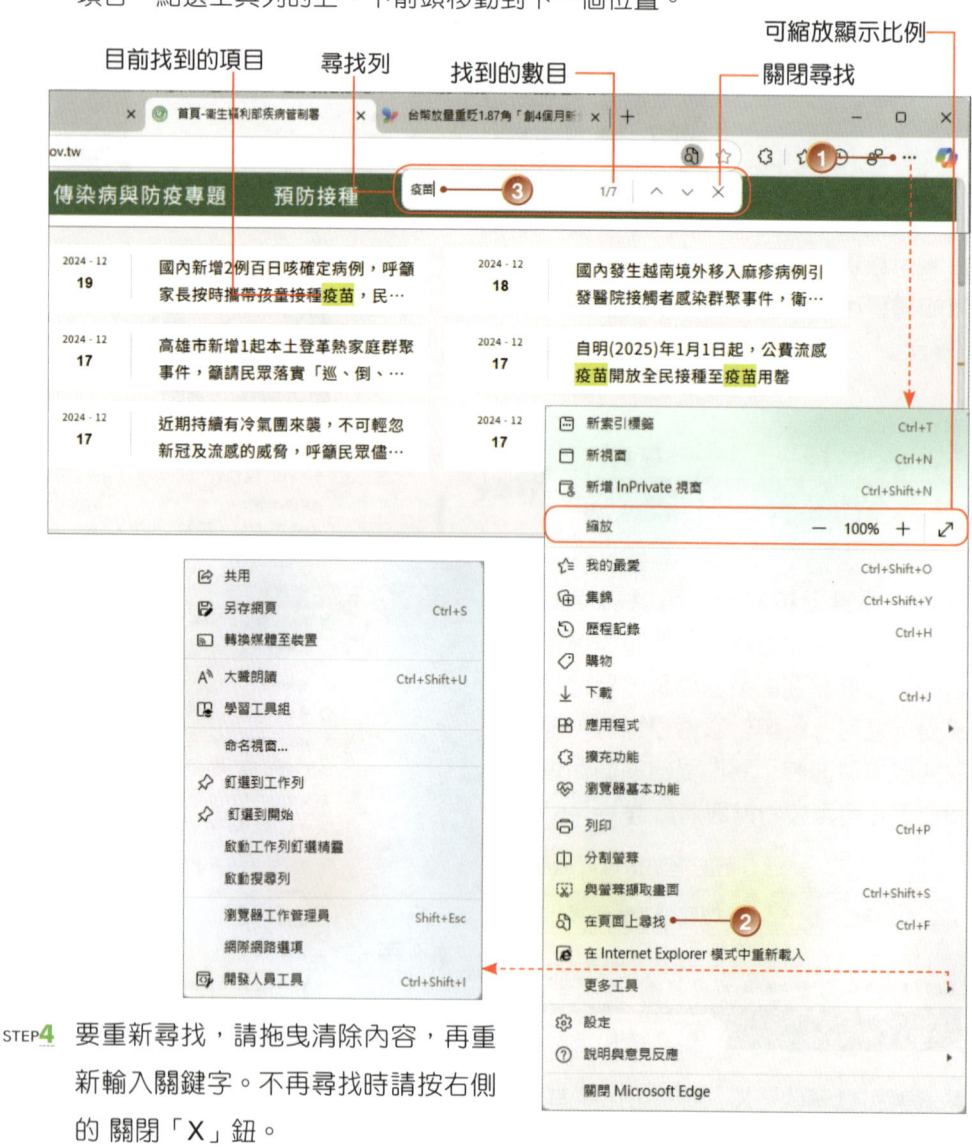

目前找到的項目　　尋找列　　找到的數目　　關閉尋找　　可縮放顯示比例

STEP4 要重新尋找,請拖曳清除內容,再重新輸入關鍵字。不再尋找時請按右側的 關閉「X」鈕。

STEP.5 瀏覽網頁內容時,只要調整過縮放比例,**網址列** 中就會顯示 **縮放** 鈕,點選「-」縮小或「+」放大顯示內容(或按 `Ctrl` + `+` 放大、`Ctrl` + `-` 縮小的快速鍵),按【重設】鈕回復到 100%。

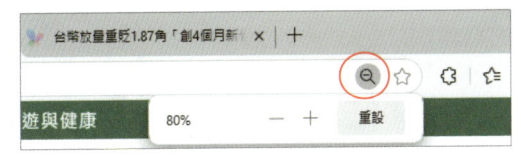

> **說明**
> - 如果受限於平板裝置的閱讀空間,想要把網頁中的文字或圖片看得更清楚,只要以手指在圖片或文字上輕按二下就能放大內容,或是以二指張合操作進行。
> - 透過滑鼠和鍵盤操作時,請將滑鼠游標停在網頁中,按住 `Ctrl` 鍵再滑動滑鼠滾輪,也可以快速縮放檢視網頁內容。

9-1-4 設定首頁的內容偏好

開啟 Microsoft Edge 時會有預設的訂閱內容與版面配置,在首頁畫面可以點選 **頁面設定** 展開清單,點選要設定的項目進行設定。

接下頁 ➡

顯示小工具

自訂背景

內容設定

9-10

從各種資訊卡片上快速瀏覽到感興趣的內容後，點選 查看更多 ⋯ 鈕選擇 增減文章類別，開啟 我的興趣 類別，可增減感興趣的主題。

點選可關注此主題

說明

資訊卡片中的內容可視需要編輯，例如：點選天氣資訊卡片中的 查看更多 ⋯ 鈕，可以新增要顯示的位置和變更單位。不同性質的資訊卡片，可執行的內容也不相同。

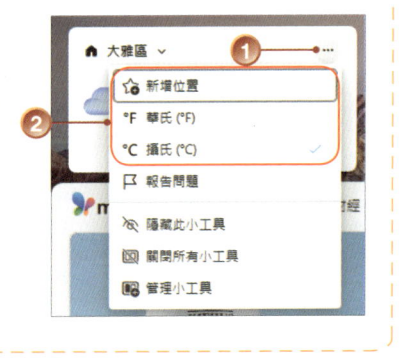

9　世界級效能的瀏覽器 Microsoft Edge

9-11

9-2. 網頁瀏覽新體驗

Microsoft Edge 中最吸引人的特色之一，就是全新的網頁瀏覽體驗，您可以在干擾較少的情況下專心閱讀網頁內容，讓 Edge 為您大聲朗讀文字內容，還可以在網頁上塗鴉、加註重點或筆記，然後將結果分享出去。

9-2-1 沉浸式閱讀檢視

相信您一定有這樣的經驗，在閱讀網頁內容時，廣告內容太多、會突然出現，或是被四周不相干的導覽列、超連結和主題干擾，而不能專注於網頁的實際內容。只要在 **網址列** 右側看到 **閱讀檢視** 圖示，就表示可以進入此簡化的閱讀模式瀏覽內容。請點選此圖示（或按 **F9** 鍵），進入 **沉浸式閱讀檢視模式**，內容會在正中央。

網頁內容繁複

上方會顯示 **選項** 列，**文字偏好設定** 工具可變更文字大小、字型及佈景主題。**文法工具** 可以在英文內容中醒目顯示名詞、動詞或形容詞的詞性，以及將單字分音節，提升英文閱讀和書寫技巧。

選項列

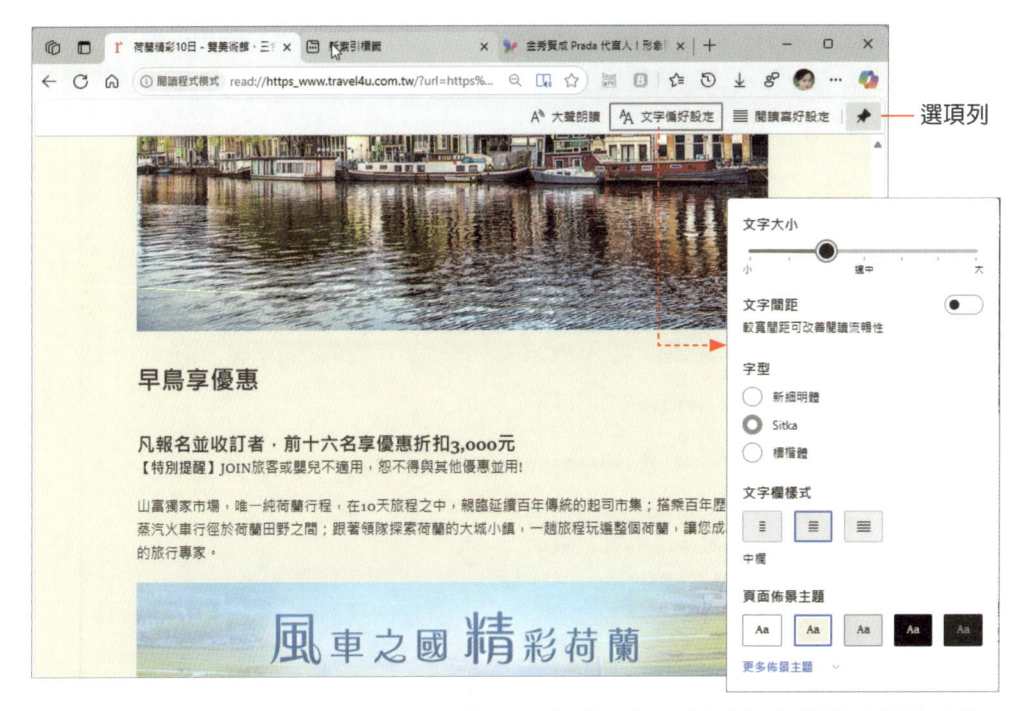

啟動 **閱讀喜好設定** 可以醒目提示一行、三行或五行,幫助您在閱讀時保持專注,您還可以將整頁翻譯成所要的語言。再按一次 圖示可關閉沉浸式閱讀模式。

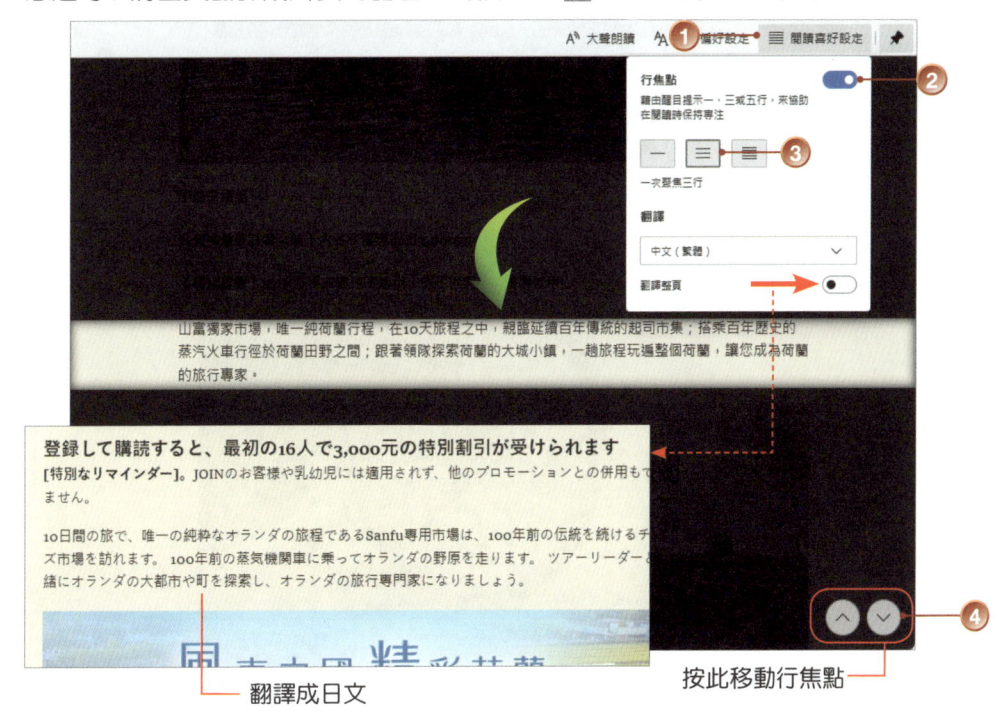

翻譯成日文

按此移動行焦點

9-13

如果瀏覽的網頁沒有在 網址列 顯示 閱讀檢視 圖示，您可以手動選取網頁內容後按右鍵，選擇 在 [沉浸式閱讀程式] 中開啟選取項目 指令，在此模式下不受干擾的檢視網頁內容。

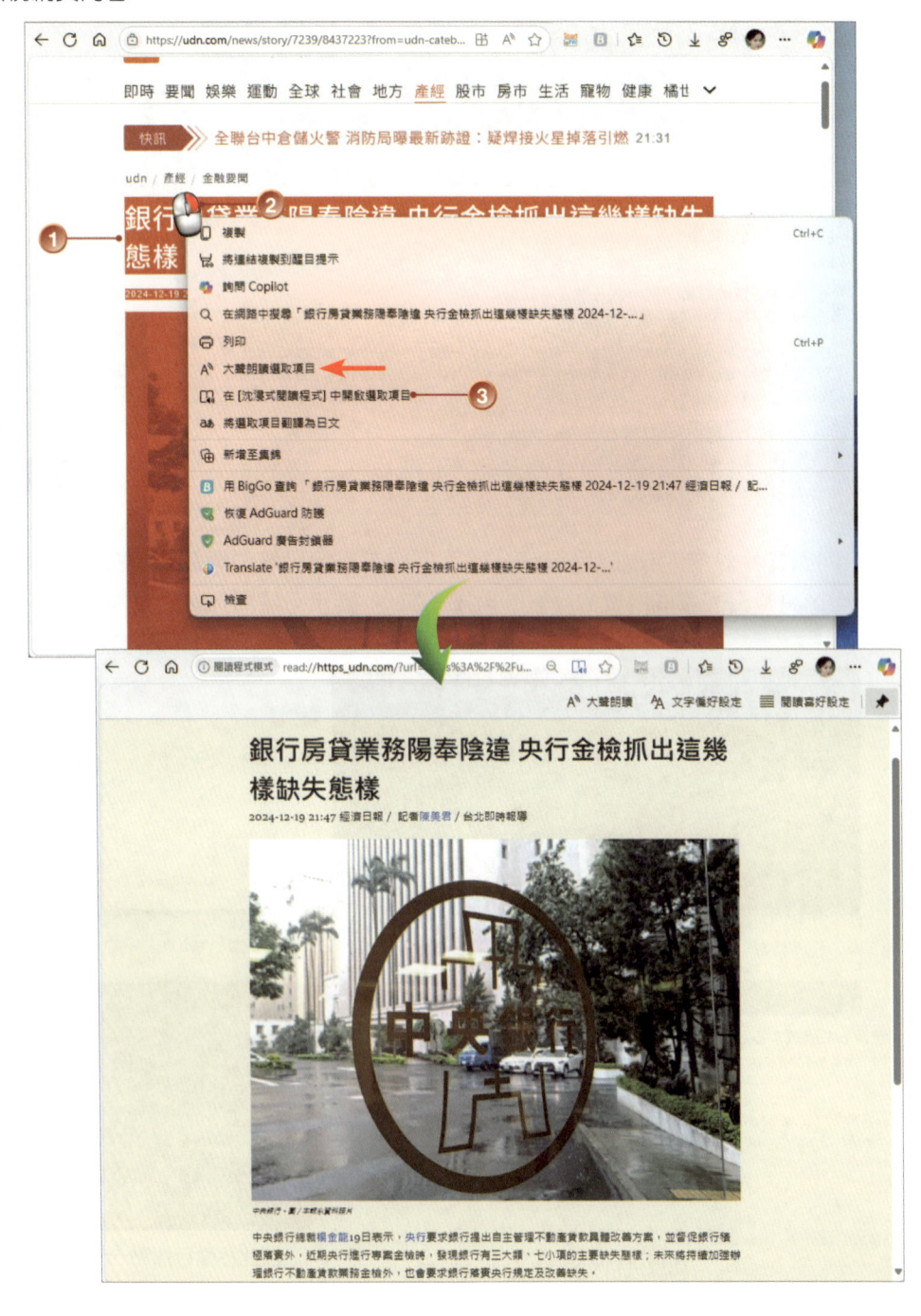

■ 9-14

9-2-2 大聲朗讀

在沉浸式閱讀檢視時,可以按下 選項 列的 大聲朗讀,讓 Edge 為您朗讀文字內容。頁面上方會出現工具列,可控制前後段落的移動或暫停,點選 語音選項 可以設定聲音的速度,還可以選擇不同的口音來為您朗讀。

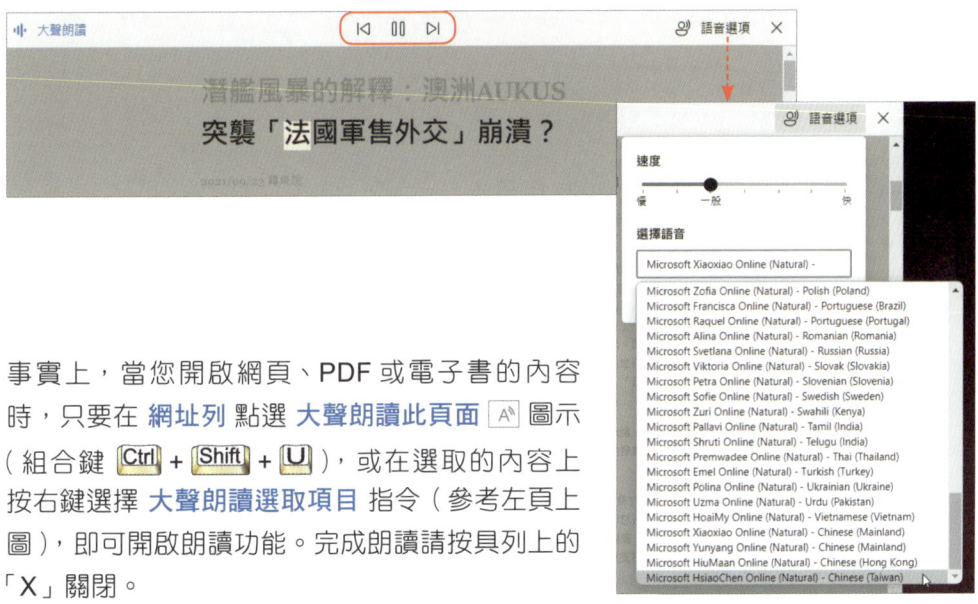

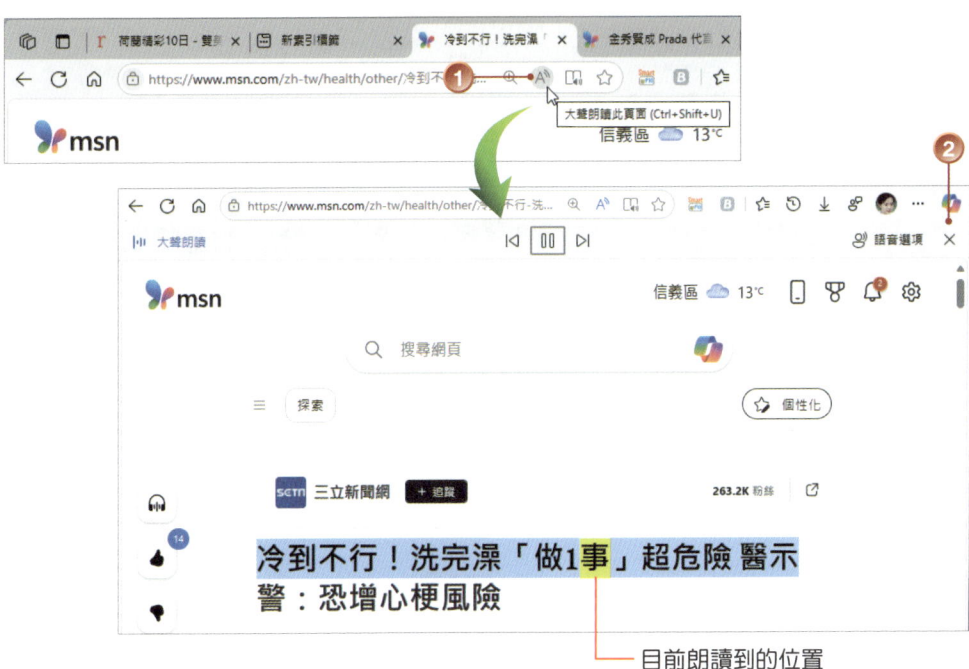

事實上,當您開啟網頁、PDF 或電子書的內容時,只要在 網址列 點選 大聲朗讀此頁面 圖示(組合鍵 Ctrl + Shift + U),或在選取的內容上按右鍵選擇 大聲朗讀選取項目 指令(參考左頁上圖),即可開啟朗讀功能。完成朗讀請按具列上的「X」關閉。

目前朗讀到的位置

9-2-3 網頁擷取與分享

想要分享精彩的網頁內容，可以執行 **設定及其他** ⋯ **> 更多工具 > 共用** 指令，選擇共用的方式：郵件、社群網站…等，可分享的方式視您電腦安裝的應用程式而定。

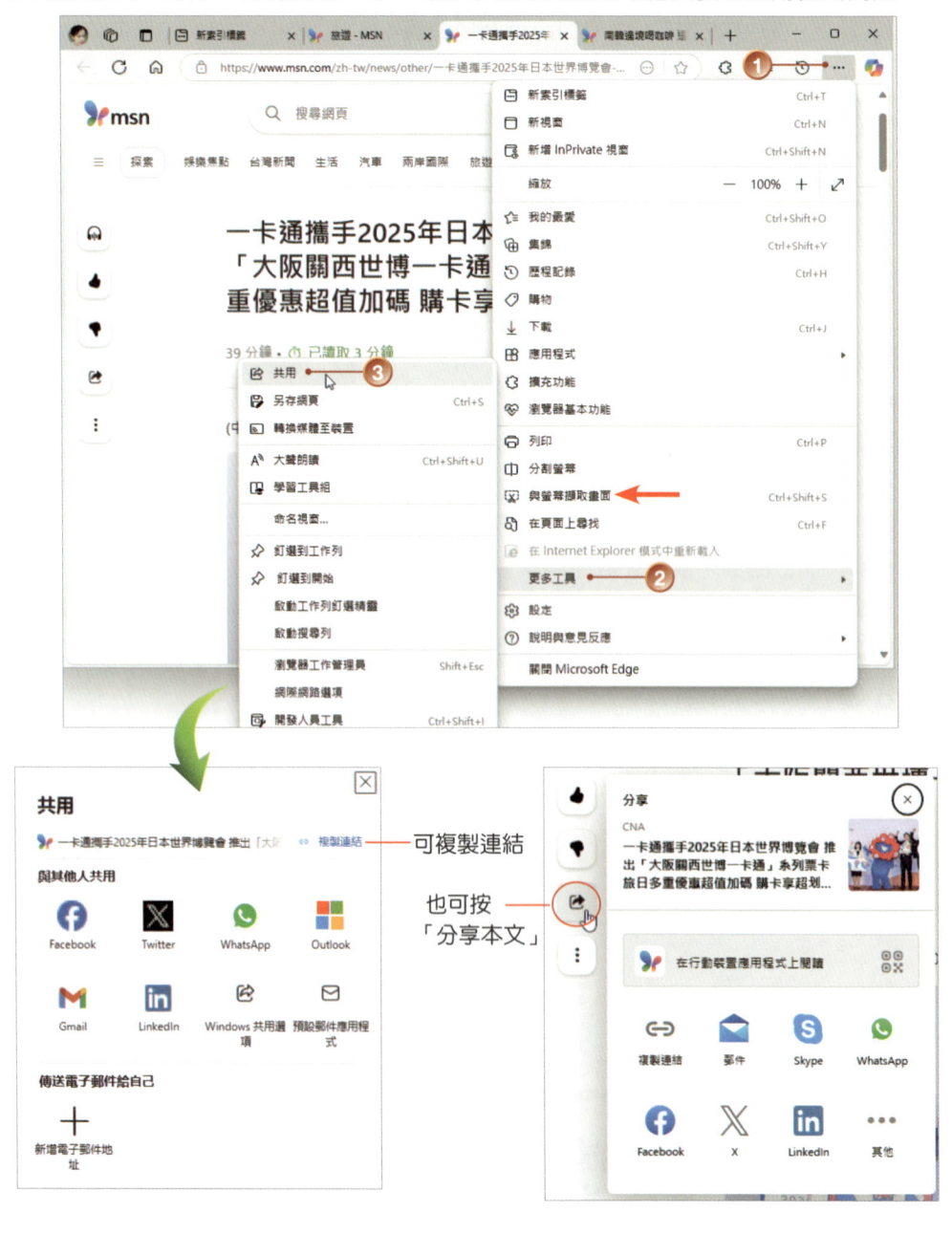

可複製連結

也可按「分享本文」

「共用」的分享方式是傳送網頁的連結，而透過 **網頁擷取** 的方式則可以分享網頁中部分精彩的內容，或是整頁的完整資訊。

STEP**1** 顯示要分享的網頁內容，執行 **設定及其他** ⋯ **> 與螢幕擷取畫面** 指令（參考左頁上圖）。

STEP**2** 出現 **擷取工具列**，選擇 **擷取區域** 後，在網頁拖曳要擷取的範圍。

STEP**3** 放開滑鼠後，在右下方出現的選單中選擇要執行的項目，選擇 **複製** 可於其他應用程式中貼上，請選擇 **標記擷取**。

可以此圖像進行搜尋

> **說明** 💡
> 事實上 Microsoft Edge 的「智慧型複製」功能，可以讓您輕鬆地從網路選取任何內容 **複製** 後再 **貼上**，而不必擔心格式，甚至是複雜的 HTML 或表格，並維持格式和連結。

9-17

STEP**4** 出現 **螢幕擷取畫面** 工具列,可在擷取的內容加註筆記或繪圖(參考 9-2-3 小節),然後 **儲存**、**複製** 或 **共用**。按「X」可離開。

儲存時出現下載到本機的訊息

STEP**5** 步驟 2 若選擇 **擷取整頁**,會擷取完整的網頁內容,不用再像從前很麻煩的分段擷取網頁、再進行拼接!

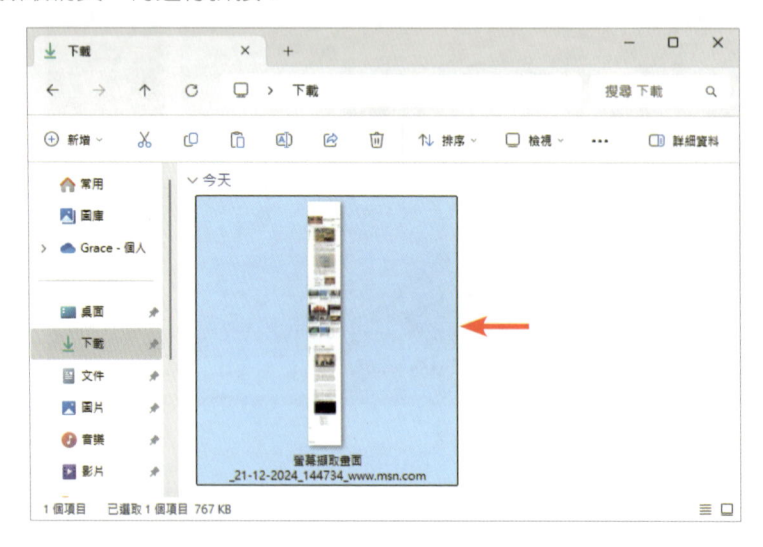

9-18

產生 QR code 分享

除了上述幾種分享網頁的方式外,手機掃描 QR code 開啟網頁是近年來最常使用的操作,Microsoft Edge 中也內建了這項便利的功能,讓您不用額外使用 QR code 產生器就能執行。以滑鼠右鍵在網頁中點選一下,從快顯功能表選擇 建立此頁面的 QR 代碼,畫面下方顯示 QR 代碼,按【下載】鈕。

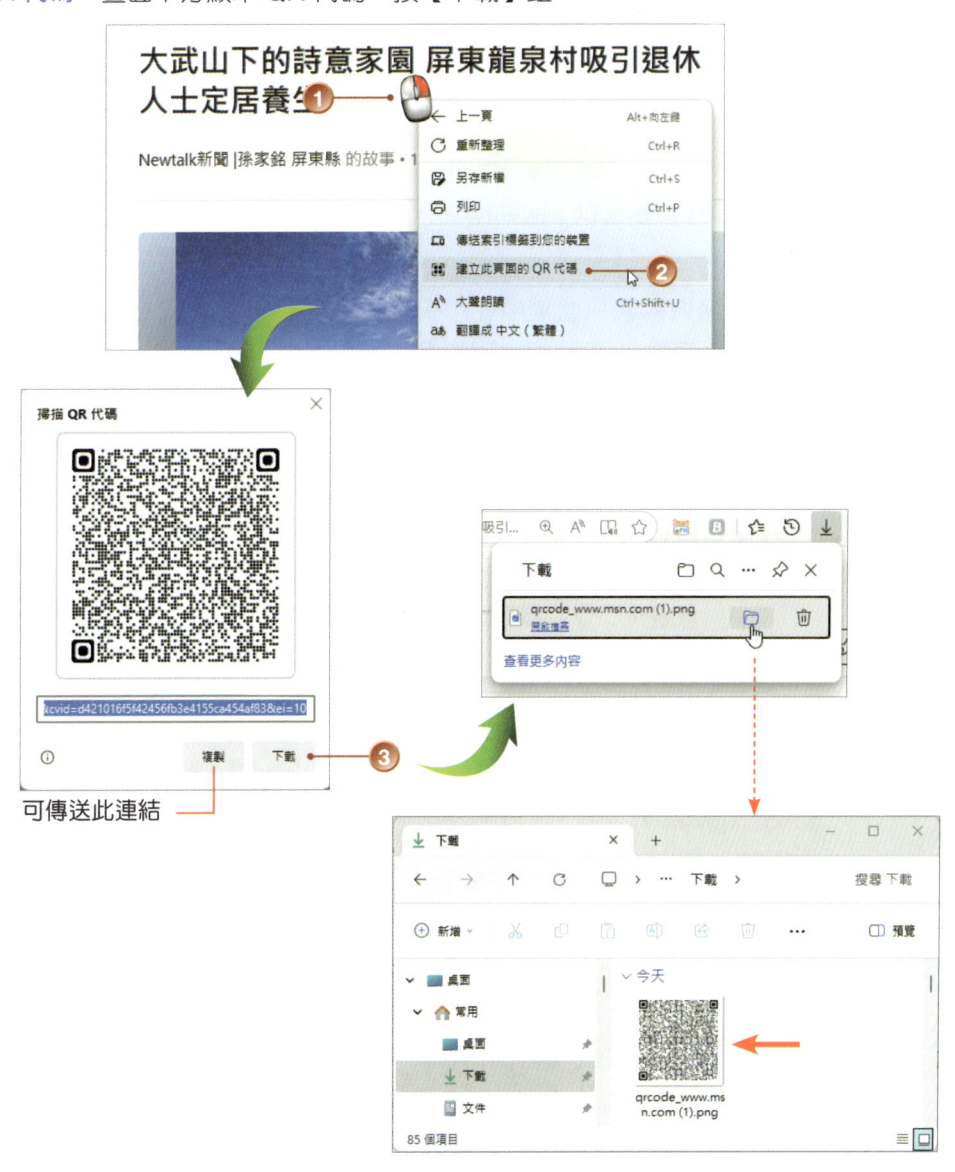

開啟預設的 下載 資料夾,就會看到產生的 QR 代碼,可將此 PNG 圖片插入要使用的檔案中,只要掃描此圖片即可開啟網站。

9-19

9-3. 更有效率的使用 Microsoft Edge

更新後的 Microsoft Edge 中有許多值得稱讚的設計和功能，可以提昇網頁瀏覽的效能，例如：「垂直式」的索引標籤可以更清楚辨識網頁內容，啟動「眠睡模式」節省電腦資源，「集錦」功能協助您追蹤在網頁上的想法，還是只想在上次瀏覽的位置繼續操作。

9-3-1 Tab 動作功能表

點選索引標籤左側的 **Tab 動作功能表** 鈕展開清單，其中的指令可以執行以下的動作：

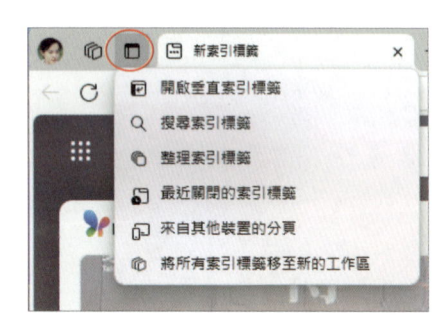

- **開啟垂直索引標籤**：現在的螢幕大都是寬螢幕，有些網頁內容只會集中在中央而二邊留白，**垂直索引標籤** 可以讓寬螢幕有更佳的顯示方式。且若開啟的索引標籤很多時，水平顯示會看不清楚索引標籤名稱，改為垂直顯示並釘選，就可清楚切換到要檢視的網頁。可由 [Ctrl] + [Shift] + [鍵] 組合鍵切換，類似 **檔案總管** 的介面，更方便切換到所需頁面，再執行一次指令可關閉垂直索引標籤。

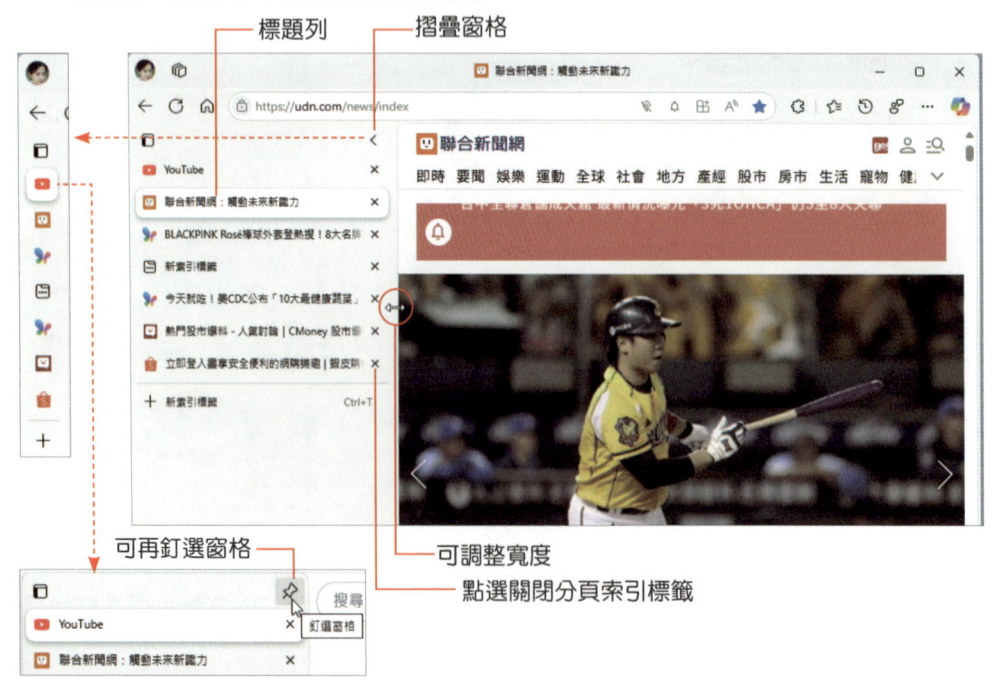

- **搜尋索引標籤**：當開啟的索引標籤很多時，此指令（組合鍵為 Ctrl + Shift + A）可以進行搜尋，還可以從最近關閉的項目中點選將其再次開啟。

- **整理索引標籤**：會自動將已開啟的索引標籤進行分組，歸納為同組的會以顏色群組，可收合或展開群組進行瀏覽。您可以在群組之間拖曳標籤重新群組，或是將整個群組的索引標籤全數拖出來；將索引標籤拖曳到另一個標籤上方即可建立新群組。展開群組右側的功能鈕可重新命名群組、變更群組色彩或取消群組。完成編輯動作後按【群組索引標籤】鈕完成套用。

點選可收合

按右鍵可將索引標籤移出群組、移動到其他群組或建立新群組

收合群組

➡ **最近關閉的索引標籤**：執行後會展開 歷程記錄 窗格，顯示最近曾瀏覽過的網頁清單，點選即可回到想找的頁面。

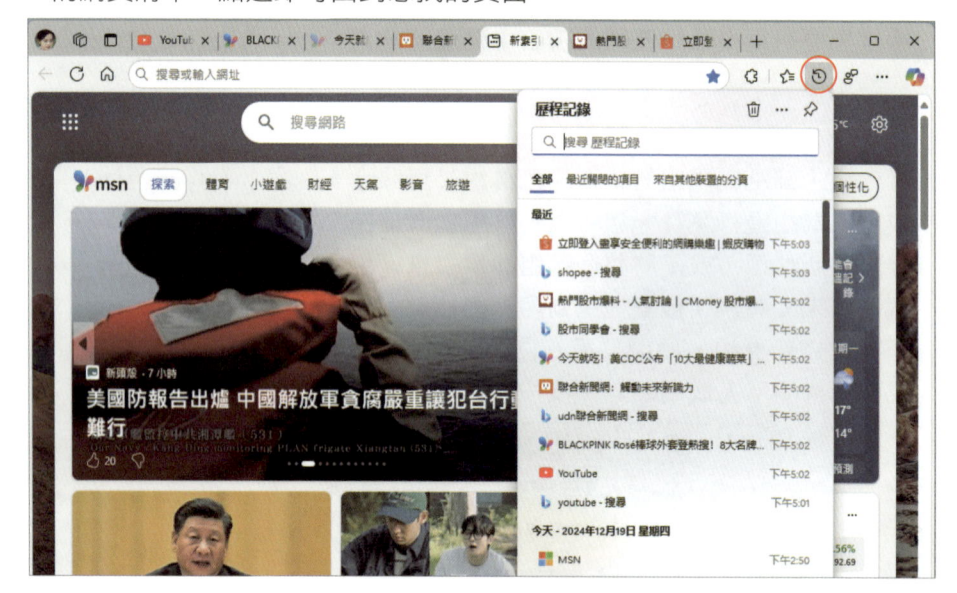

➡ **來自其他裝置的分頁**：如果您曾以同一個微軟帳戶在其他裝置上（例如：平板或手機），使用 Edge 瀏覽過網頁，回到電腦後執行此指令，會顯示 歷程記錄 窗格，並呈現曾在這些裝置上瀏覽過的網頁清單，方便您無縫接續瀏覽。

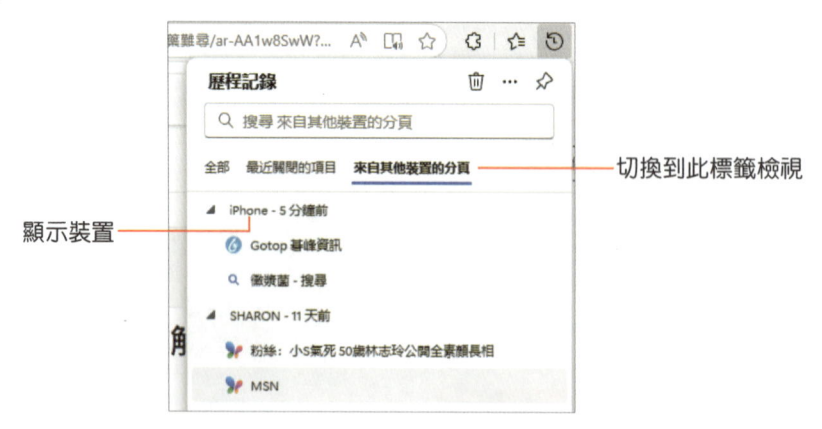

顯示裝置 ──── 切換到此標籤檢視

➡ **將所有索引標籤移至新的工作區**：使用 工作區 可以組織您任務群組的所有瀏覽活動，並與他人共用、共同瀏覽。顧名思義此指令可將開啟的所有索引標籤移至指定的工作區。有關 工作區 的使用請參考書附 PDF 電子書的說明。

■ 9-22

> **說明**
>
> 若視窗中未出現 Tab 動作功能表 🔲 鈕，請執行 **設定及其他 > 設定 > 外觀**，在 **自訂工具列** 區段將其開啟。

9-3-2 淡化睡眠索引標籤

當您開啟愈多的索引標籤，就會佔用愈多的系統資源，因此 Microsoft Edge 提供最佳化效能的功能，可以讓非使用中的索引標籤在指定的時間後進入「睡眠模式」，釋放該頁面使用的 CPU 和記憶體，提供給其他分頁或執行中的應用程式使用，如此便能節省系統資源。在 **設定及其他 > 設定 > 系統與效能** 的 **最佳化效能** 區段中開啟此項功能，同時將 **淡化睡眠索引標籤** 開啟，並指定時間（預設為 1 小時）。

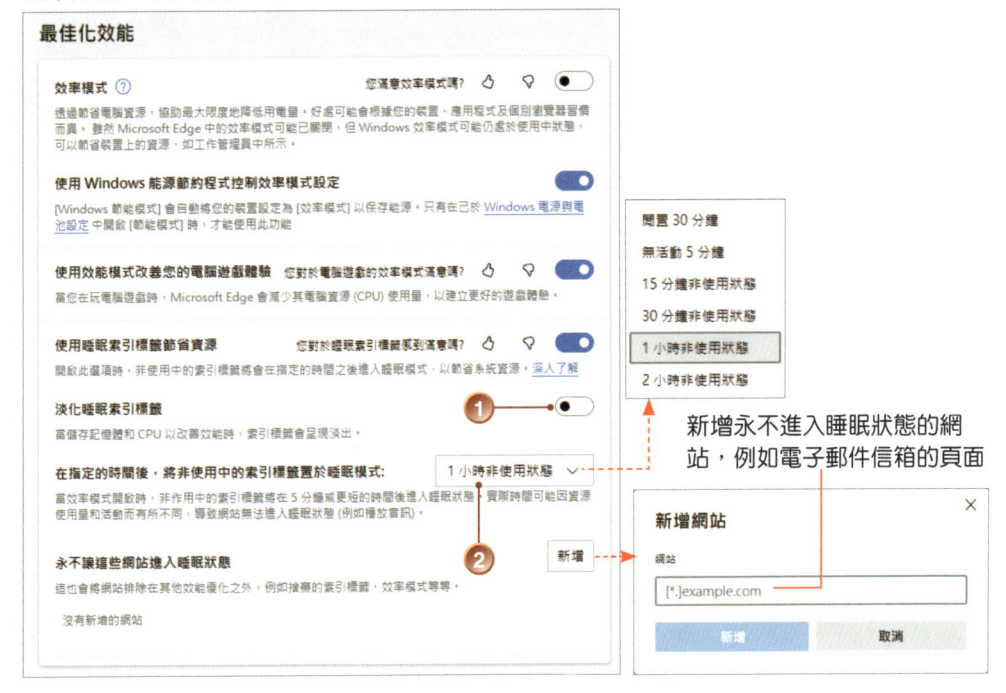

新增永不進入睡眠狀態的網站，例如電子郵件信箱的頁面

當指定的時間一到，非使用中的索引標籤會淡化，將滑鼠移到標籤上會出現「此分頁正在休眠以儲存資源。」的提示，代表該標籤已進入睡眠狀態。當您再次點選進入睡眠的分頁時，內容會立即顯示，完全感受不到因為進入睡眠而造成的延遲。

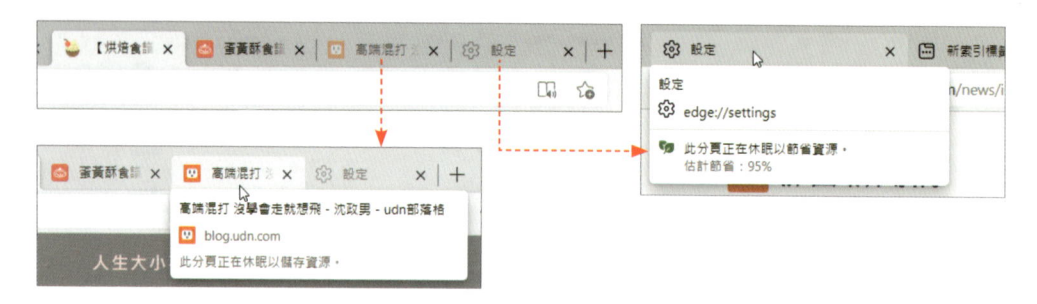

9-3-3 新增與管理我的最愛

當瀏覽到不錯的網站，日後還想造訪時，可以加入 我的最愛。

STEP1 點選 新增此網頁到我的最愛 ☆ 鈕（或按 Ctrl + D 組合鍵）。

STEP2 視需要變更 名稱，選擇資料夾或按【更多】鈕建立新資料夾。

新增完變成藍色

STEP3 日後要再造訪該網站時，請點選 網址列 上的 我的最愛 鈕（或按 Ctrl + Shift + O 組合鍵），展開清單點選即可快速前往。

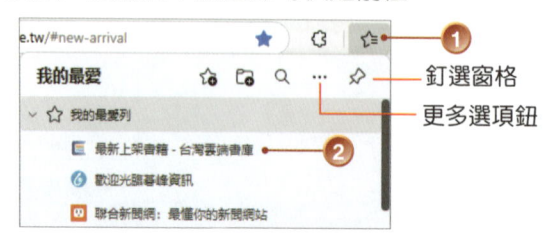

釘選窗格
更多選項鈕

9-24

STEP**4** 預設並不會顯示 我的最愛列，執行 我的最愛 > 更多選項 展開選單，選擇 顯示我的最愛列，從清單中選擇 永遠 或 僅限新分頁上 的選項即可。

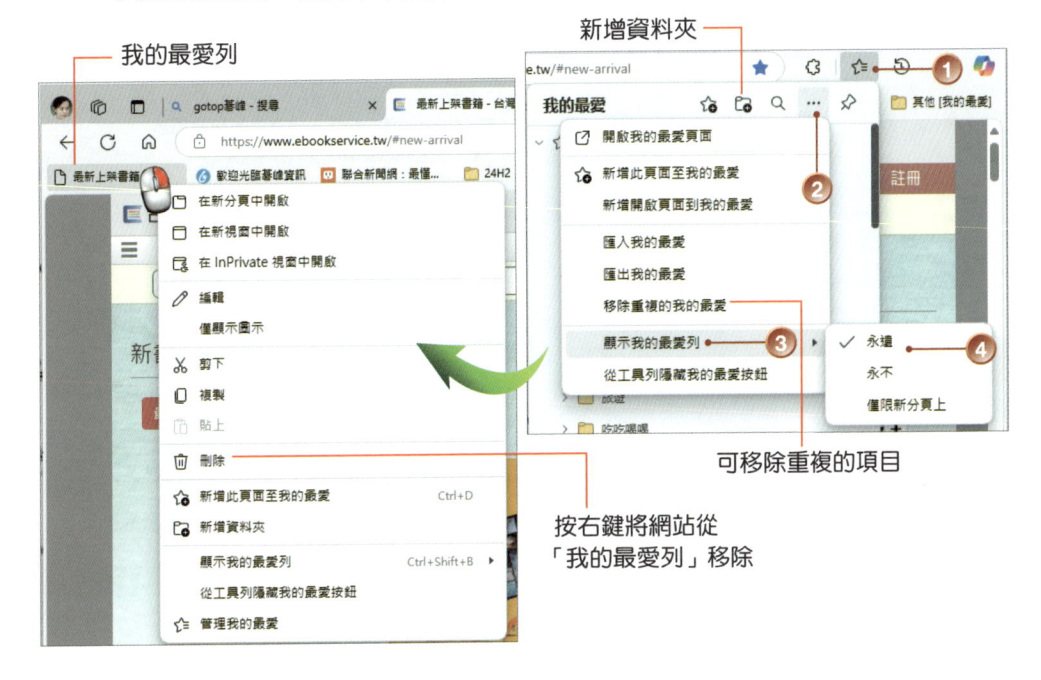

- 我的最愛列
- 新增資料夾
- 可移除重複的項目
- 按右鍵將網站從「我的最愛列」移除

管理我的最愛

我的最愛 中的清單內容會隨著使用時間累積，在從前，如果更換電腦，都得將瀏覽器中的 我的最愛 匯出，再匯入新電腦中。現在只要您以 Microsoft 帳戶登入，那麼您瀏覽器中的 我的最愛、我的最愛列、歷程記錄 和 儲存的密碼 都會儲存在雲端，不管登入哪部 Windows 電腦，都能使用相同的設定。

STEP**1** 點選 我的最愛 清單，先按下 釘選我的最愛 鈕將其固定在視窗。

STEP**2** 點選 更多選項 鈕展開清單，可以選擇要匯入或匯出我的最愛（參考上圖）。

> **說明**
> 以「Microsoft 帳戶」登入後，從 我的最愛 清單中可以檢視所有裝置中已加入我的最愛的內容，您再也不用在各裝置進行「匯入 / 匯出」我的最愛的動作，輕鬆享受同步化的好處。

接下頁

執行匯入我的最愛

執行匯出我的最愛

STEP 3 執行 **開啟我的最愛頁面**，可以管理我的最愛、刪除不再瀏覽的網站、新增資料夾或拖曳項目重新調整上下順序。

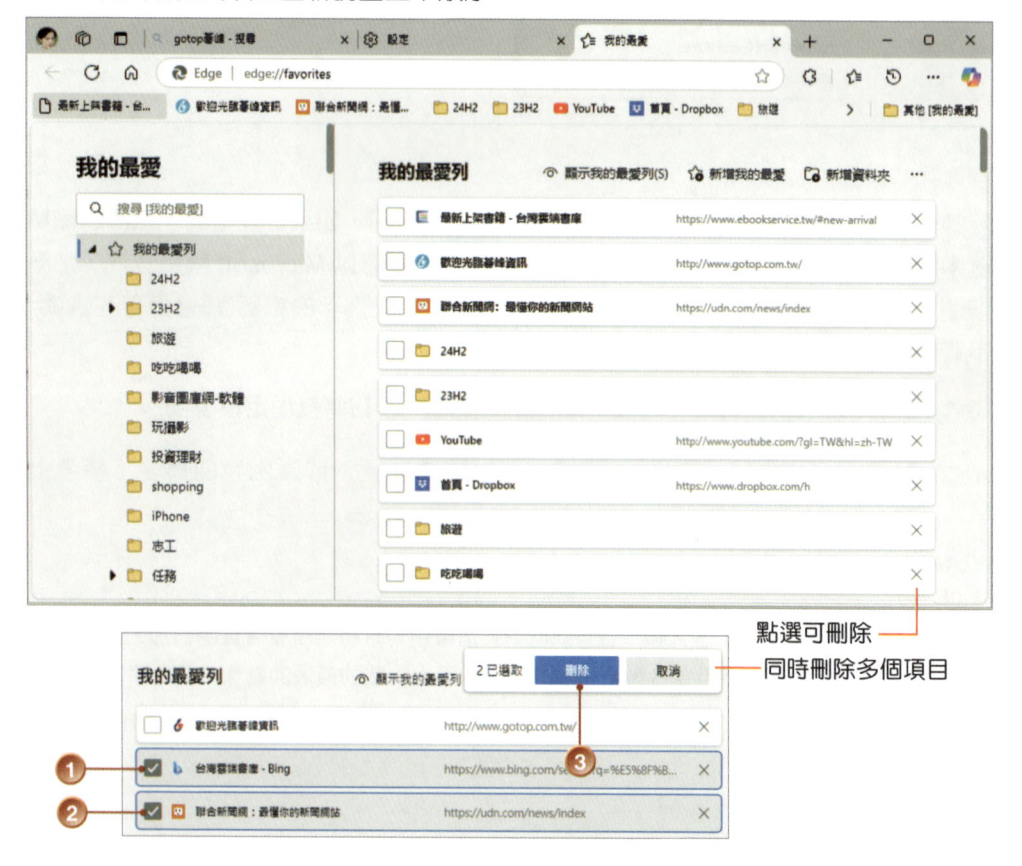

點選可刪除
同時刪除多個項目

■ 9-26

9-3-4 集錦

集錦 (集合) 是一種進階版的「我的最愛」，可以讓您在瀏覽網頁時追蹤和記錄想法，無論是購物、規劃行程、收集研究筆記，或是單純的想在上次瀏覽的位置繼續操作。您可以將整個網頁內容儲存到集合中，再依需求井然有序的建立各種分類，協助您保存和組織搜尋到的內容。當然還可以在所有已登入相同帳號的裝置（電腦與行動裝置）上同步 集錦。

STEP1 找到所需的網頁後，點選網址列最右側的 集錦 鈕（或按 Ctrl + Shift + Y 組合鍵）展開視窗，預設有 4 個分類，目前皆為 0 個項目。

STEP2 在所屬的分類中點選「＋」新增目前頁面。

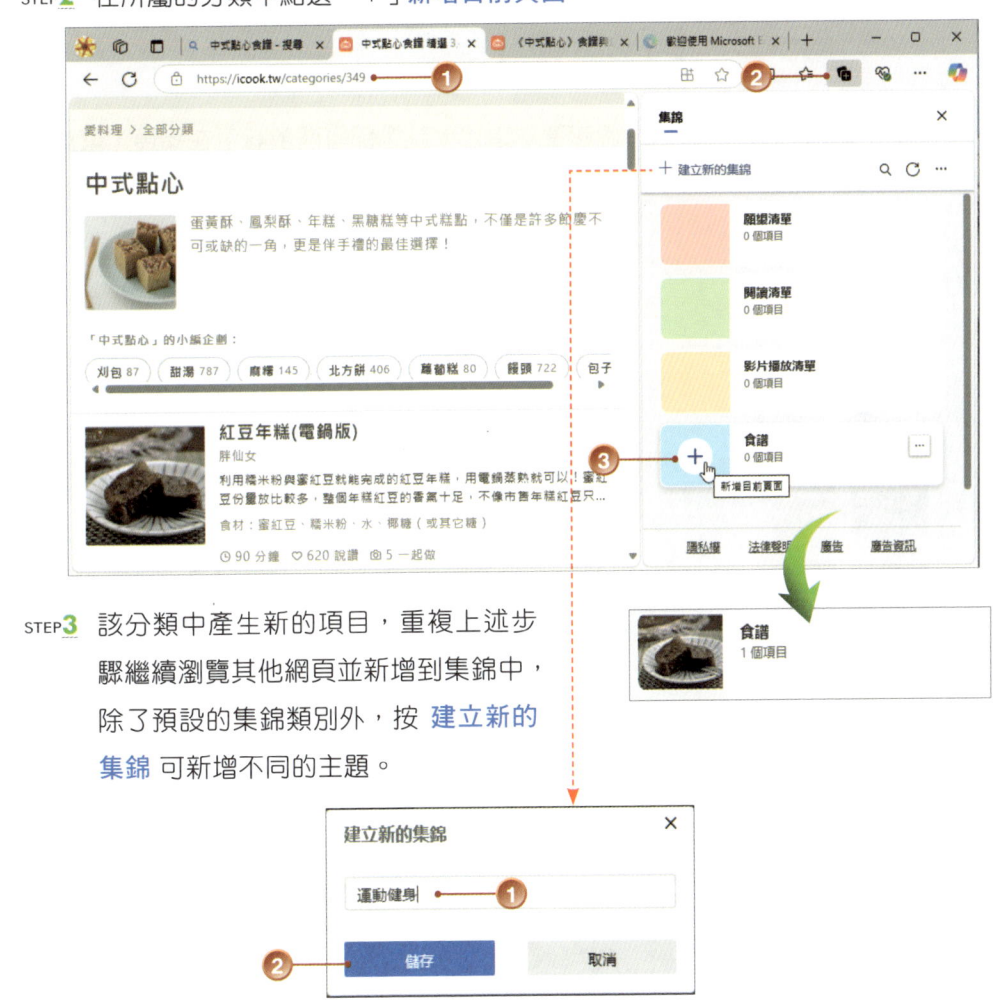

STEP3 該分類中產生新的項目，重複上述步驟繼續瀏覽其他網頁並新增到集錦中，除了預設的集錦類別外，按 建立新的集錦 可新增不同的主題。

STEP 4 點選新增的集錦類別，Edge 會自動搜集相關主題，可將有興趣的內容加入集錦中。

STEP 5 每一個新增的卡片都是一個超連結項目，點選即可開啟該所在網頁，讓您快速瀏覽。點選卡片上 其他選項功能表 鈕，可將項目移除、複製、重新命名、移位 … 等執行各種動作。

新增備註

STEP**6** 點選最上層的 其他選項功能表 ⋯ 鈕選擇 管理，可重新拖曳排序集錦後儲存。

取消排序

拖曳此圖示改變卡片位置

STEP**7** 建立了集錦清單後，可從選單中執行刪除、重命名和不同的開啟方式。

STEP**8** 不再使用集錦時可關閉視窗，您可以在手機等行動裝置上，以相同的帳號登入 Microsoft Edge，展開 集錦，應該會看到已同步的清單。

9-29

9-3-5 網頁歷程與下載記錄

「凡走過，必留下痕跡」，網頁 歷程記錄 和 下載 中，會記錄您曾經到訪過的網頁和下載過的項目，方便您回頭尋找。若不想留下記錄，可以選擇 清除瀏覽資料。點選 Tab 動作功能表 ▢ > 最近關閉的索引標籤 指令會展開 歷程記錄 清單，全部 標籤中會有所有的歷程記錄。

歷程記錄
下載
點選也可開啟清單

> **說明**
> 如何替 PDF 文件加註、在工具列上顯示歷程記錄與下載按鈕，以及更多有關外觀、首頁、新增設定檔、建立安全密碼及延伸模組的介紹，請參閱線上課程和 PDF 電子書。

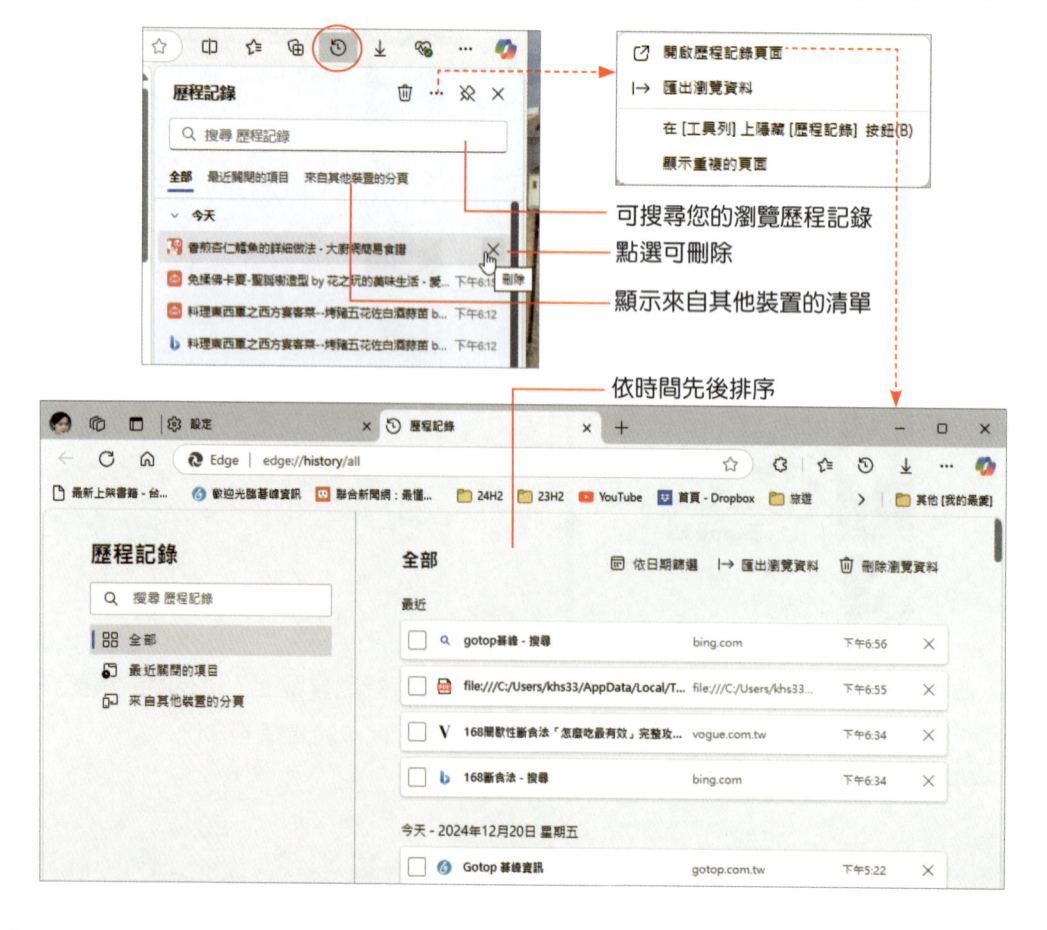

可搜尋您的瀏覽歷程記錄
點選可刪除
顯示來自其他裝置的清單
依時間先後排序

9-30

說明

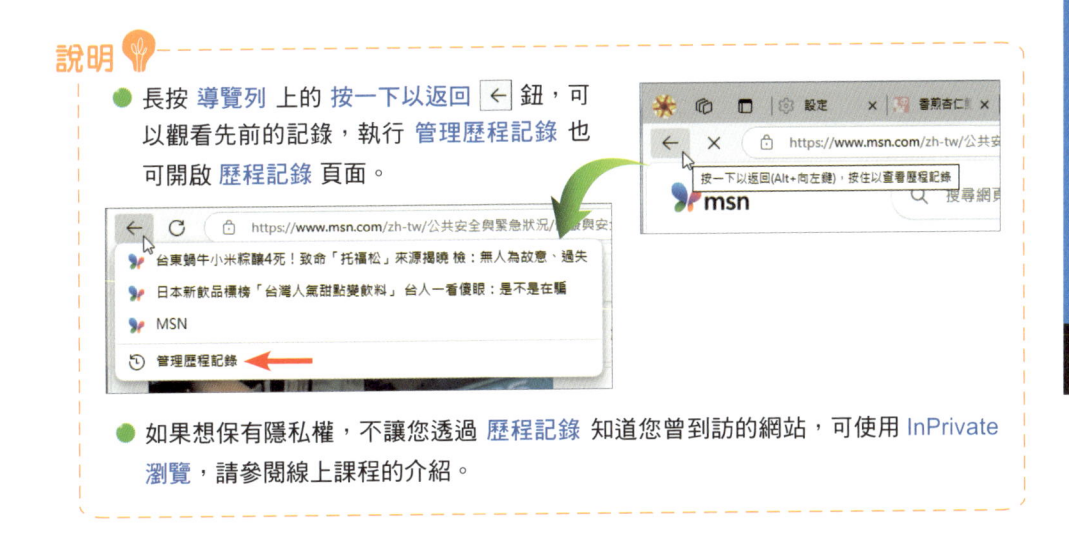

- 長按 導覽列 上的 按一下以返回 ← 鈕，可以觀看先前的記錄，執行 管理歷程記錄 也可開啟 歷程記錄 頁面。

- 如果想保有隱私權，不讓您透過 歷程記錄 知道您曾到訪的網站，可使用 InPrivate 瀏覽，請參閱線上課程的介紹。

下載記錄

如果瀏覽網頁時有下載的動作或是執行 網頁擷取 指令，導覽列 上會顯示下載狀態，預設會儲存到 本機 > 下載 資料夾。點選 下載 ⬇ 鈕展開清單，會顯示下載的來源，點選 開啟檔案 可以預設的應用程式開啟。

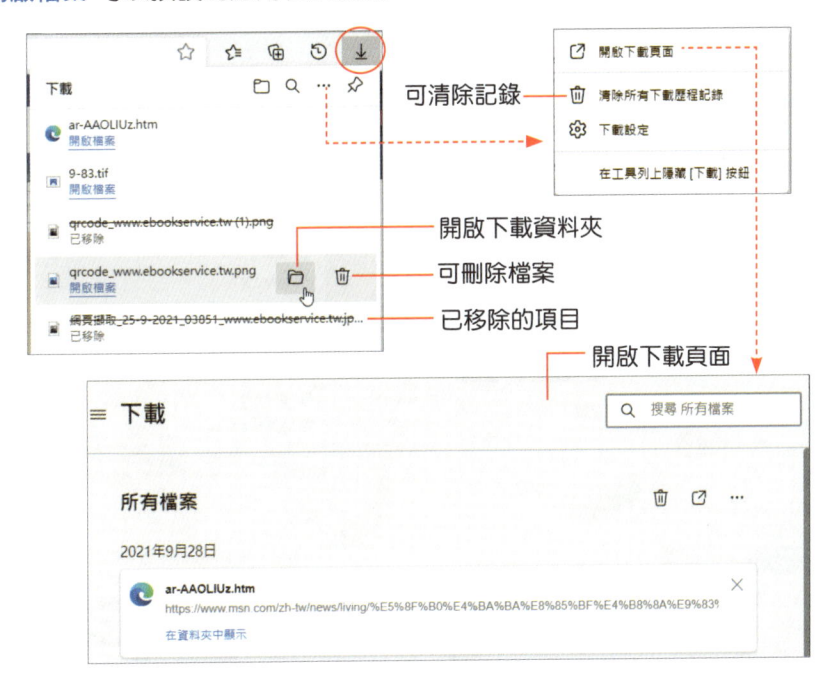

- 可清除記錄
- 開啟下載資料夾
- 可刪除檔案
- 已移除的項目
- 開啟下載頁面

在 設定及其他 ⋯ > 設定 > 下載 頁面中，可以變更下載的預設位置，以及是否顯示下載功能表的設定。

9-3-6 將網站新增為應用程式

有些經常造訪的網站，雖然可以新增為 我的最愛 或是加入 集錦，但還是得過幾關才能開啟，執行 設定及其他 > 應用程式 > 將此網站新增為應用程式，可將網站安裝為應用程式後，釘選在 工作列 或 開始 功能表，方便日後快速啟動。

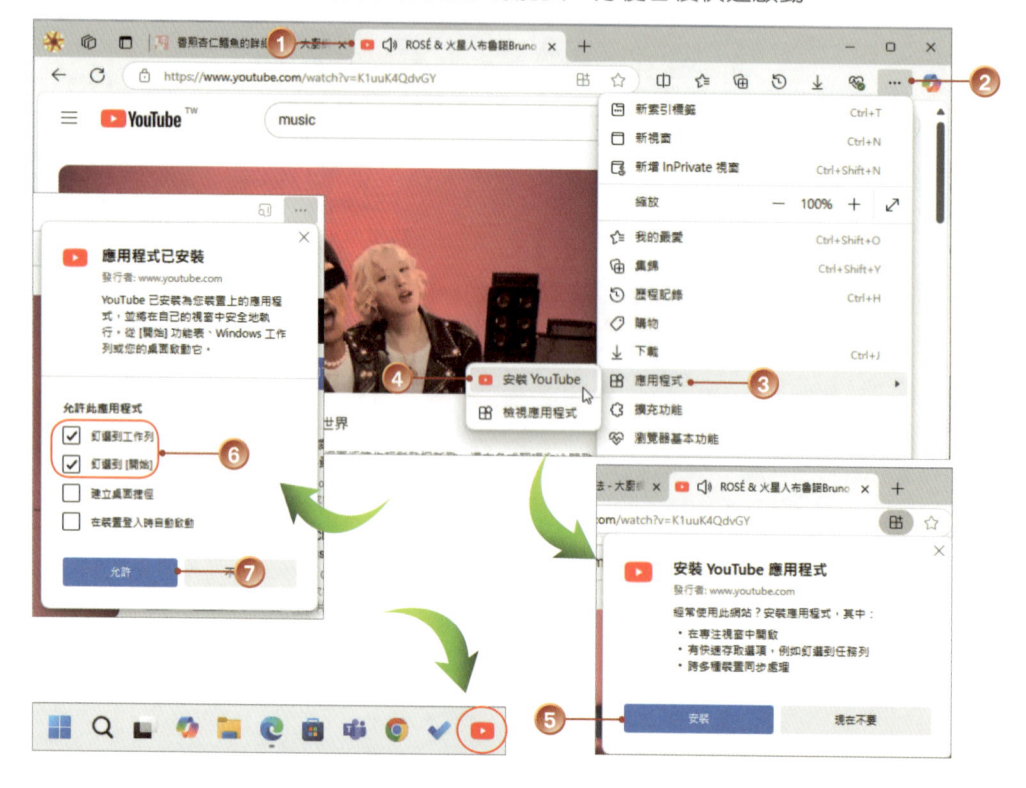

9-32

Chapter 10

電腦資源共用與雲端分享

「共用與分享」是網路用戶最基本的要求，設備、裝置或檔案皆然。資料可以透過網際網路或區域網路傳輸，本機電腦中的資料，可以和其他電腦或儲存空間中的內容互通有無。讓您不管身在何處，隨時可以透過雲端存取最新的資訊，再也不用擔心忘了攜帶重要資料。

10-1. 設定網路與資源共用

只要是透過網路的活動，先決條件就是要連接上網，例如：收發 E-mail、觀看網路新聞、與人聊天或 Line 一下、軟體下載與更新…等。通常網路連線會在安裝作業系統時就進行設定，隨著軟體與硬體的不斷進步，不管是升級或重新安裝作業系統，使用者幾乎不用做什麼設定，就可以在過程中完成連線。您只需要將網路線連接好，或取得無線基地台的名稱和密碼，就可以輕輕鬆鬆完成連線設定。

10-1-1 檢視網路設定

所謂的「網路」，是指將二部以上的電腦連接起來，使得電腦和電腦之間可以做資訊上的交流與溝通。通常我們將電腦網路區分為以下二種：第一種是透過網路卡與網路線來連接，此種類型稱為 區域網路（LAN）。第二種則是透過數據機、寬頻線路 ADSL、光纖、Cable 連接到 網路服務公司（ISP）的主機，例如：HiNet、新世紀資通（原 SeedNet）、台灣固網、凱擘…等，這種類型稱為 網際網路（Internet）；如果是大型企業透過網際網路提供內部使用，則稱為 企業內部網路（Intranet）。

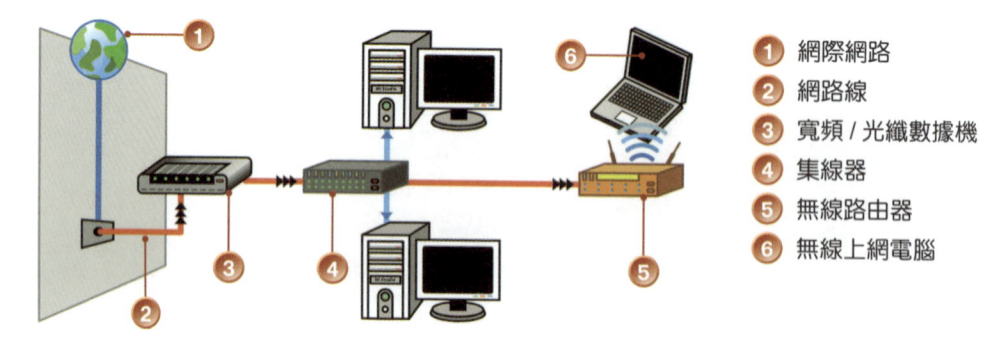

① 網際網路
② 網路線
③ 寬頻 / 光纖數據機
④ 集線器
⑤ 無線路由器
⑥ 無線上網電腦

從 Windows 8 開始，網路連線的設定簡化了許多，Windows 11 除了可以透過 快速設定 面板檢視連線狀態外，還提供捷徑進入 設定 中進行網際網路的相關設定。

在網路圖示上按右鍵

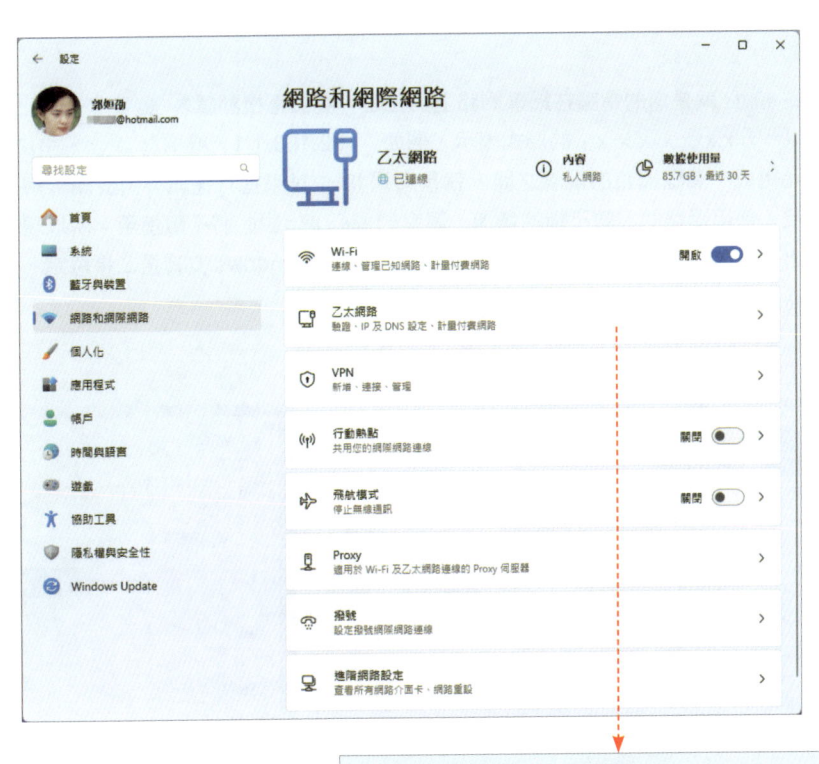

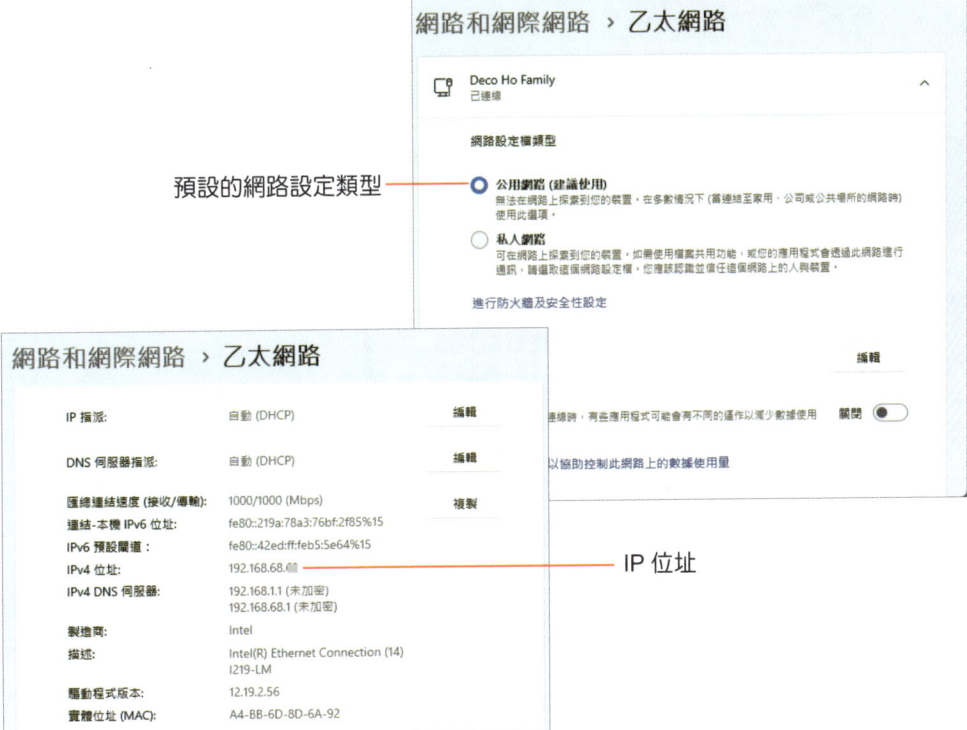

網路和網際網路

乙太網路
已連線

Wi-Fi
連線、管理已知網路、計量付費網路　　　　　開啟

乙太網路
驗證、IP 及 DNS 設定、計量付費網路

VPN
新增、連接、管理

行動熱點
共用您的網際網路連線　　　　　關閉

飛航模式
停止無線通訊　　　　　關閉

Proxy
適用於 Wi-Fi 及乙太網路連線的 Proxy 伺服器

撥號
設定撥號網際網路連線

進階網路設定
查看所有網路介面卡、網路重設

網路和網際網路 > 乙太網路

Deco Ho Family
已連線

網路設定檔類型

預設的網路設定類型 ── ● 公用網路 (建議使用)
無法在網路上探索到您的裝置。在多數情況下 (當連結至家用、公司或公共場所的網路時) 使用此選項。

○ 私人網路
可在網路上探索到您的裝置，如需使用權案共用功能，或您的應用程式會透過此網路進行通訊，請僅取消網路設定檔，您應該認識並信任這個網路上的人與裝置。

進行防火牆及安全性設定

網路和網際網路 > 乙太網路

IP 指派:	自動 (DHCP)	編輯
DNS 伺服器指派:	自動 (DHCP)	編輯
匯總連結速度 (接收/傳輸):	1000/1000 (Mbps)	複製
連結-本機 IPv6 位址:	fe80::219a:78a3:76bf:2f85%15	
IPv6 預設閘道:	fe80::42ed:ff:feb5:5e64%15	
IPv4 位址:	192.168.68.何 ──── IP 位址	
IPv4 DNS 伺服器:	192.168.1.1 (未加密) 192.168.68.1 (未加密)	
製造商:	intel	
描述:	Intel(R) Ethernet Connection (14) I219-LM	
驅動程式版本:	12.19.2.56	
實體位址 (MAC):	A4-BB-6D-8D-6A-92	

> 說明 💡
> - **IP 位址** 就是您的電腦在網際網路上的位址，英文直接翻譯為 網際協定位址。通常以「xxx.xxx.xxx.xxx」的形式表示，例如：192.168.1.1，或稱為 IPv4，是由 32 位元組成。網際網路的電腦之間，就是透過 IP 位址來進行通訊。由於網際網路的普及，使用網路的人數不斷的增加，專家們擔心 IP 位址 將不敷使用。所以現在發展出以 128 位元所組成的 IP 位址，稱之為 IPv6，Windows 支援這二種協定。
> - 啟動 飛航模式 會關閉無線網路連線。

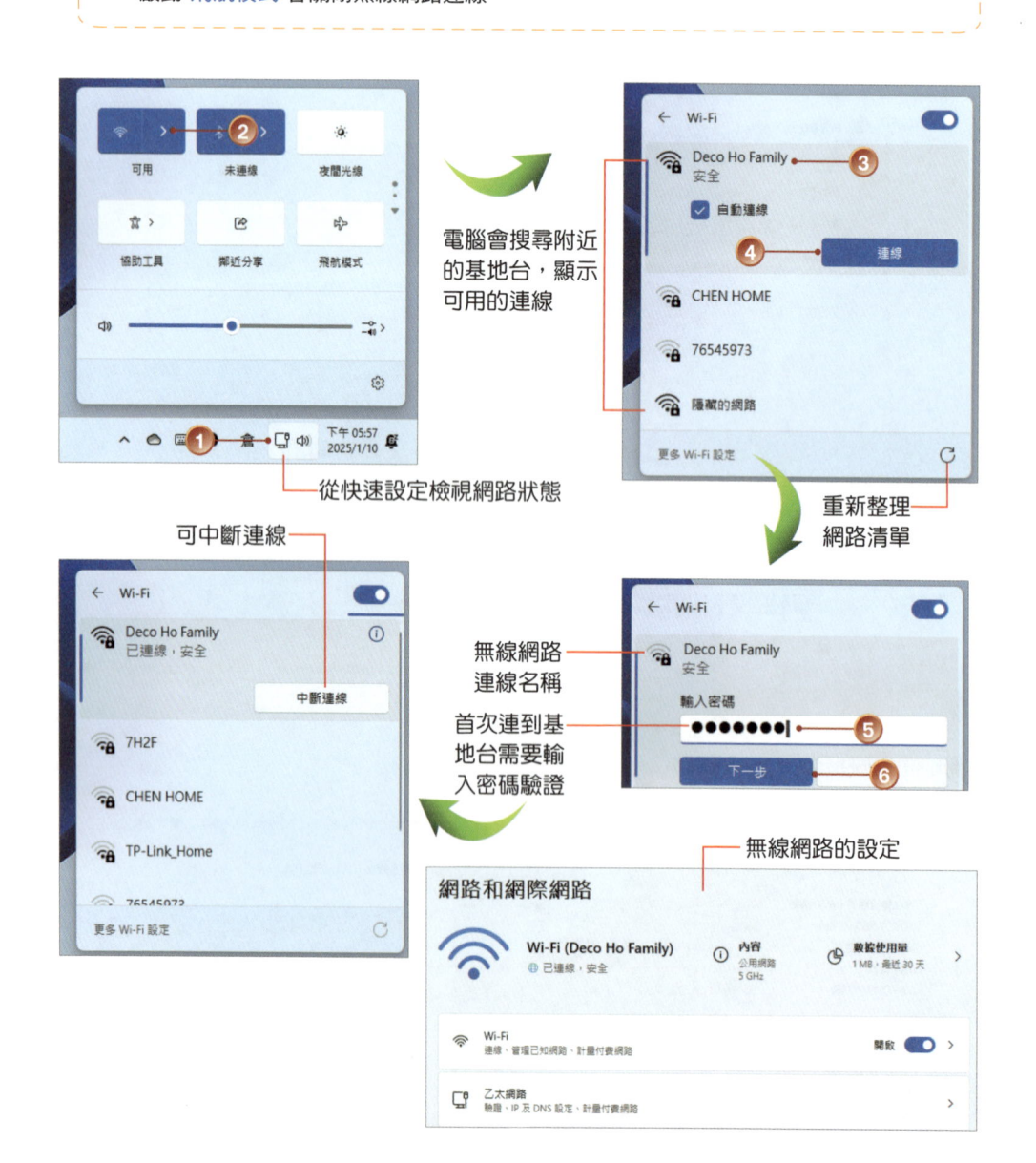

電腦會搜尋附近的基地台，顯示可用的連線

從快速設定檢視網路狀態

可中斷連線

重新整理網路清單

無線網路連線名稱

首次連到基地台需要輸入密碼驗證

無線網路的設定

10-4

開啟 設定 > 網路和網際網路 視窗後（參考 10-3 頁的上圖），可以檢視連線狀態、數據使用量、新增 VPN（Virtual Private Network，虛擬私人網路）連線、設定新連線…等，進行與網際網路有關的各種設定。點選 進階網路設定，可以檢視或停用網路介面卡、了解數據使用量、硬體及連線內容或重設網路。

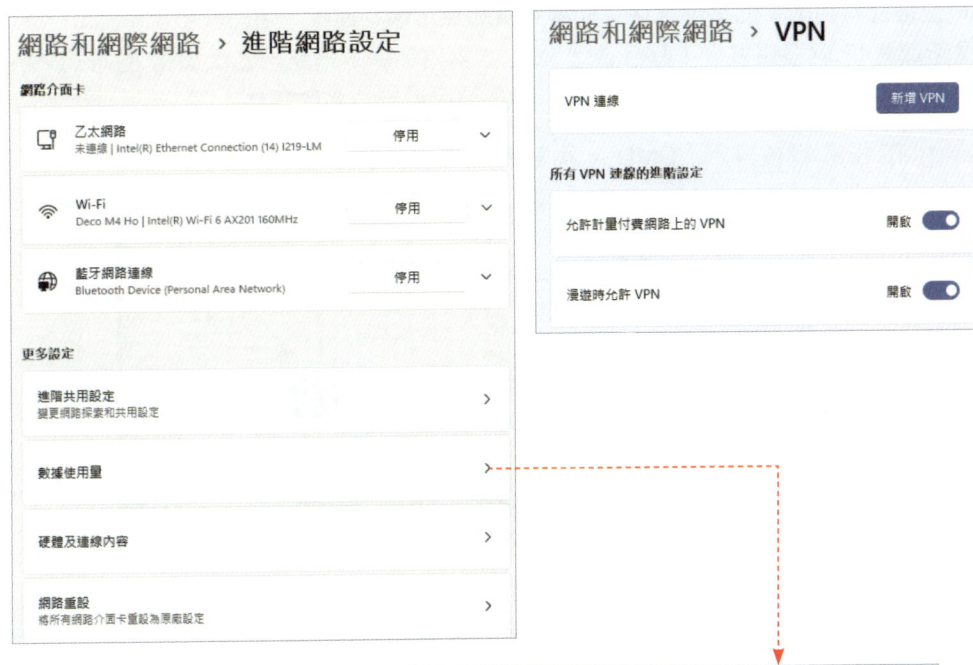

10-1-2 網路位址的取得與更新

已經連線的電腦都會有一個 IP 位址做為身分識別，除非申請了「固定 IP」，否則一般用戶多為「浮動 IP」，它會隨著電腦開機、關機，或是 ISP 業者重新派送 IP 位址而變動。區域網路中的多部電腦，會經由路由器分送 IP 位址給不同的電腦，有時候 IP 位址會有相衝突的情形發生，而導致電腦無法順利連線，這時候檢視電腦 IP、及重新取得 IP 就很重要了！除了透過 設定 > 網路和網際網路 > 乙太網路 的方式來檢視 IP 位址外，使用 命令提示字元（cmd） 可以進行更多的操作：

STEP 1 在 搜尋 欄位鍵入「CMD」，再點選 命令提示字元。

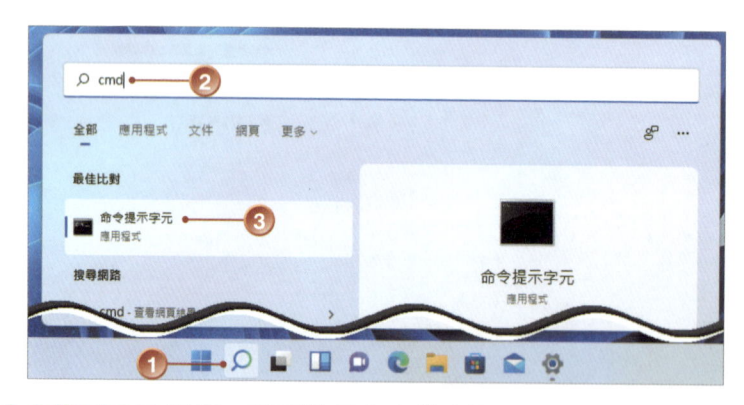

STEP 2 開啟 命令提示字元 視窗，即可使用命令模式操作，例如：輸入「ipconfig」，按 Enter 鍵，隨即顯示 Windows IP 設定 的相關資訊。

電腦的 IP 位址

10-6

STEP3 查詢 IP 常用的命令如下:

- ipconfig:顯示有關 IP 位址的相關資訊。

- ipconfig / release:釋放原 IP 位址。

- ipconfig / renew:重新取得新的 IP 位址。

- ipconfig / ?:顯示說明訊息(Help)。

10-1-3 開啟網路探索與共用

區域網路中的電腦若想互通有無、分享檔案或傳送資料,首先必須開啟「網路探索」的功能,才可以在網路環境中看到彼此的電腦和裝置。假設家中有多部電腦都使用相同的網路連線(不管是透過 IP 分享器或無線基地台連接),想要在電腦間進行檔案的存取,可以依照以下步驟操作:

STEP1 開啟 **檔案總管**,在 **瀏覽窗格** 點選 **網路**,出現下圖的警告訊息,按【確定】鈕。

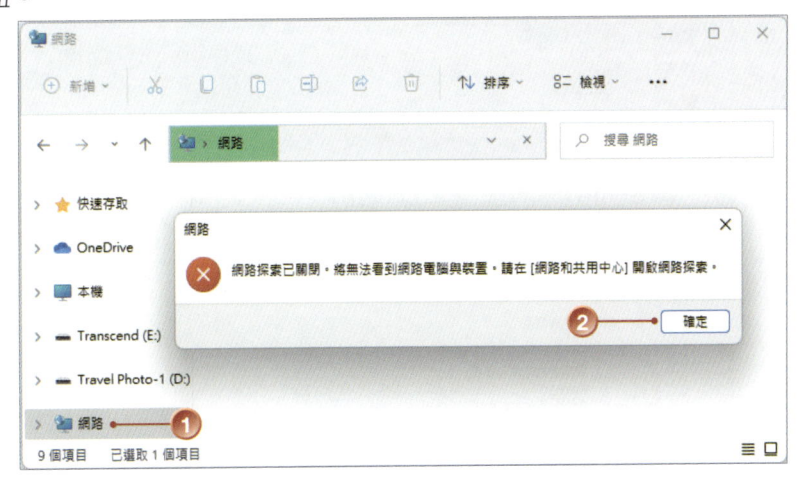

STEP2 在 **通知列** 上點選並選擇 **開啟網路探索與檔案共用**。

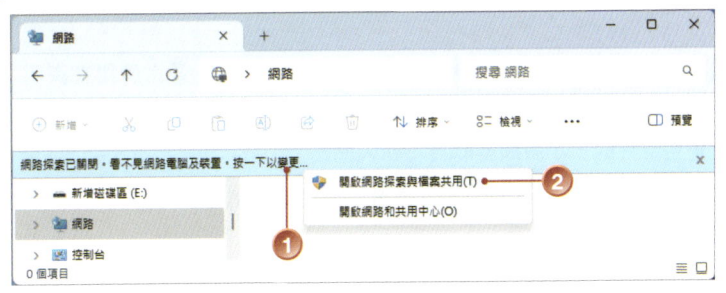

STEP 3 出現「是否開啟所有公用網路的網路探索與檔案共用」訊息，選擇「否」會將網路類型由「公用網路」改為「私人網路」；選擇「是」則不變更網路類型，但會開啟所有公用網路的 網路探索 與 檔案共用。此處選擇第一個選項。

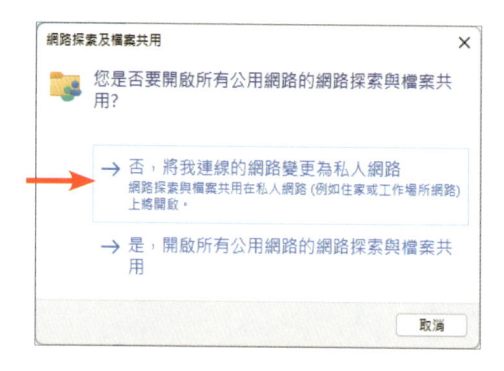

STEP 4 此時 網路 中可以看見其他裝置了，網路設定檔類型 也自動改為「私人網路」。

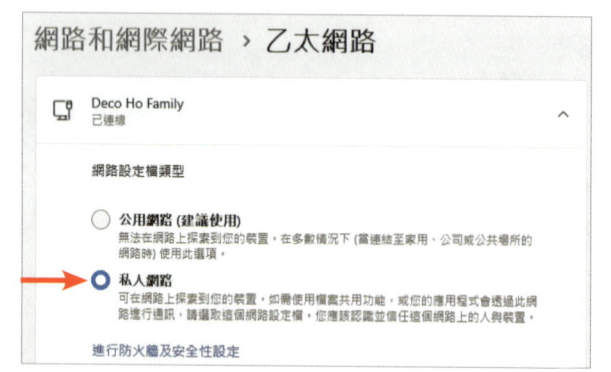

說明

- 安裝完作業系統後，預設的網路類型是「公用網路」，通常應用在家用、公司或公共場所的網路環境，因此無法在網路上探索彼此的裝置。請確認區域網路中的電腦彼此是可信任的，才將類型改為「私人網路」。
- 要能存取其他裝置中的資料夾或檔案，還必須先將資料夾設為「共用」，此部分請參考 10-2-2 小節。

10-1-4 網路和共用中心

除了在 設定 > 網路和網際網路 中檢視網路連線設定外，我們也可以透過 網路和共用中心 來控制並管理所有的網路連線設定，以及檔案和印表機的共用行為，使用者可以立即查看網路的狀態，並針對問題進行解決方案。

STEP 1 開啟 檔案總管，在 瀏覽窗格 的 網路 圖示上按右鍵，選擇 內容。

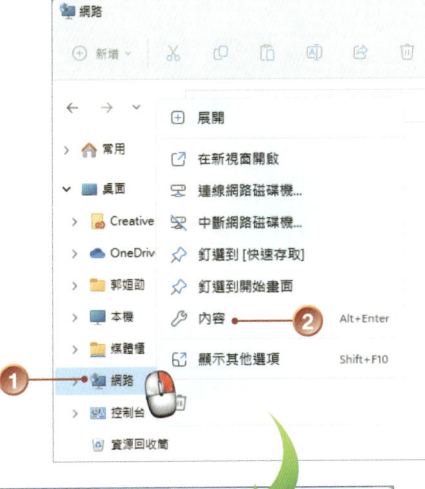

STEP 2 開啟 網路和共用中心 視窗，可以看到目前連線的狀態，於視窗左側的工作 清單中點選 變更進階共用設定。

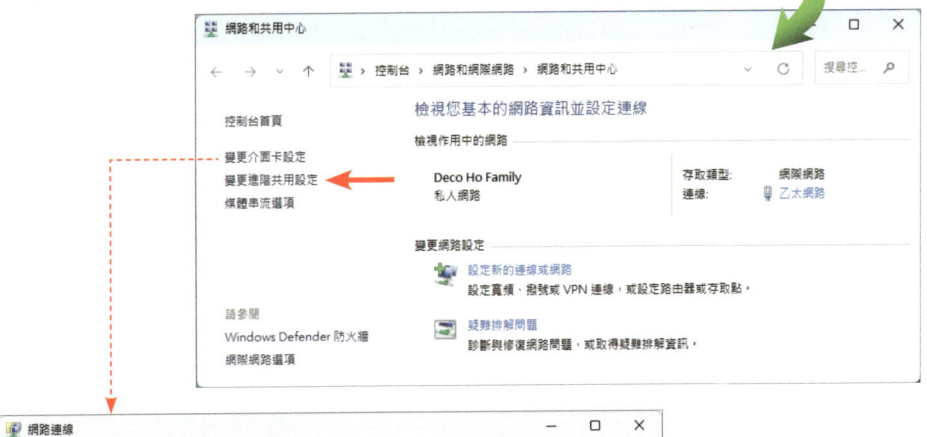

也可按右鍵進行各種與網路連線相關的設定

■ 10-9

STEP**3** 會切換到 **設定 > 網路和網際網路 > 進階網路設定 > 進階共用設定** 頁面，此處提供包括檔案、資料夾、印表機…等資源的共用，以及啟用或關閉「網路探索」功能，可以視需要分別點選所要開啟或關閉的項目。

網路位置的類型有以下三種，在安裝的過程中，Windows 會依據不同的類型，自動設定適當的防火牆與安全性設定：

- 私人（家用）網路：家用網路或您認識並信任網路上的人員與裝置時，可以選擇這種類型。開啟「網路探索」可以讓您看到網路上的其他電腦與裝置，也可以讓其他網路使用者看到您的電腦。這種網路位在網際網路閘道裝置的背後，閘道裝置會對網際網路的連入流量提供防火牆的功能。

- 工作場所網路：電腦有加入 Active Directory 網域控制站 的網路環境，例如：小型辦公室或其他工作地點的網路。您可以看到網路上的其他電腦與裝置，也可以讓其他網路使用者看到您的電腦。

- **公用網路**：電腦直接連線到網際網路的網路，例如：在機場、圖書館和網咖…等公共場所的網路。這種位置是設計用來保護您的電腦，不讓周圍的其他電腦看到，並可保護電腦不受到網際網路上任何惡意軟體的危害，在公用網路上會關閉網路探索。

設定為「家用」或「工作場所」的網路類型屬於「私人網路」，網路探索 會自動開啟，您可以決定是否要開啟其他共用選項，包括檔案及印表機。當所有共用和搜索選項都啟動以後，這部電腦將可以搜尋網路環境中其他的電腦和裝置，也可以讓其他電腦找到自己，然後共用某個資料夾、或共用其「公用」資料夾和印表機。還可以要求想連線到這部電腦，使用其「共用」資料夾和印表機的其他電腦，提供使用者名稱和密碼（請繼續看以下各節的介紹）。

10-2. 資料夾與檔案的分享

將檔案、資料夾或連線的印表機設為「共用」，網路上的其他人就可以進行存取。而要讓使用者易於存取，所有共用或存取共用資源的電腦都必須是同一個 工作群組 的成員，這時當您開啟 網路 視窗時，就可以看見整個 工作群組，因此可以簡化檢視和存取共用資源的過程（如何檢視電腦的基本資訊及所屬的工作群組，請參閱 3-3-1 小節）。

10-2-1 認識資料夾的種類

當一部電腦有多人共同使用時，該電腦的系統管理者會先建立不同的使用者帳戶，供不同的使用者登入之用。當這些使用者登入電腦後，Windows 會自動建立這個使用者各種專屬的資料夾，並且有預設的權限設定。

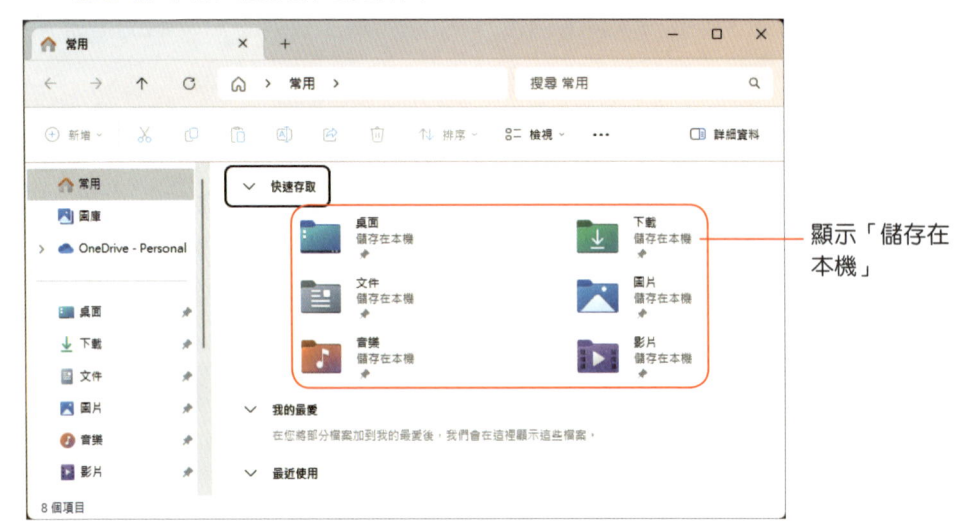

STEP1 本機使用者「漢克」登入電腦後,開啟 **檔案總管**,預設會顯示 **常用**,在 **快速存取** 中有六個預設的資料夾。

顯示「儲存在本機」

STEP2 展開 **本機**,在「C:\使用者」資料夾下會看到本機的其他使用者名稱,點選「漢克」,可以看到系統預設所建立好的各種分類資料夾。

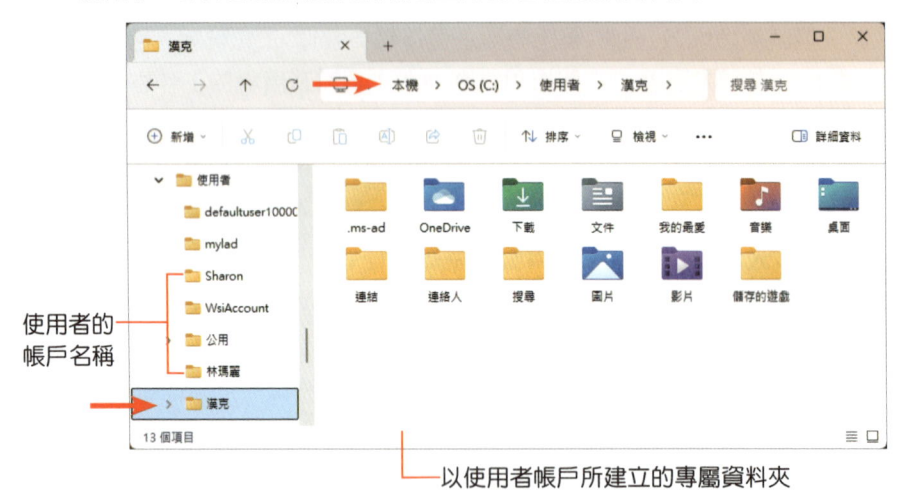

使用者的帳戶名稱

以使用者帳戶所建立的專屬資料夾

這個使用者名稱的資料夾是個人專屬的資料夾,系統會自動設定權限,只有當事人和具備管理者身分的帳戶才能瀏覽該資料夾內容,並進行刪除與編輯等動作。雖然其他的本機使用者在展開「C:\使用者」資料夾時,可以看到所有其他本機使用者帳戶的資料夾,不過除非擁有權限,否則是無法將其開啟的。

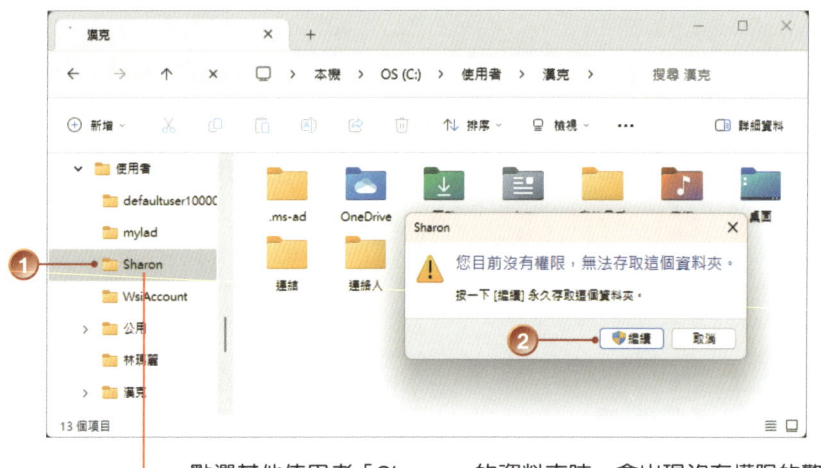

點選其他使用者「Sharon」的資料夾時，會出現沒有權限的警告訊息

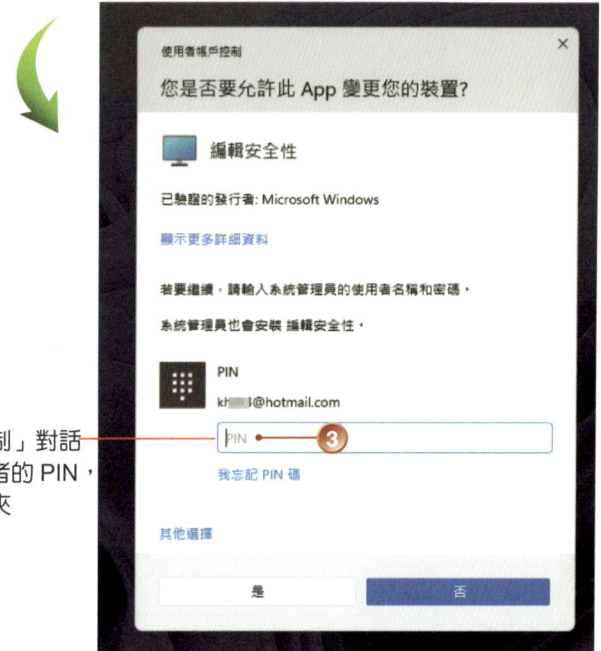

當出現「使用者帳戶控制」對話方塊時，必須輸入管理者的 PIN，驗證身分才能開啟資料夾

要將檔案與指定的他人共用，可以將磁碟機上所建立的「任一資料夾」設定為「共用」後，讓您與本機其他指定帳戶的使用者，以及相同網路上其他電腦的使用者，可以共用檔案或資料夾，請參閱下一小節的說明。

說明

- 要讓區域網路上的其他使用者，能夠存取您的「公用」資料夾，請確認 進階共用設定 中 所有網路 的 公用資料夾共用 選項是開啟的。

網路和網際網路 > 進階網路設定 > 進階共用設定

所有網路

公用資料夾共用
允許網路上的其他人讀取及寫入公用資料夾中的檔案   開啟

檔案共用連線
針對支援 128 位元加密的裝置加以使用   128 位元加密 (建議)

以密碼保護的共用
只有在此電腦上擁有使用者帳戶和密碼的人員可以存取共用的檔案、印表機和公用資料夾   開啟

這部電腦的所有成員都能存取「公用」資料夾

- 開啟 以密碼保護的共用 時，網路上的其他人若想存取共用的資料夾，必須輸入該部電腦的使用者名稱和密碼。

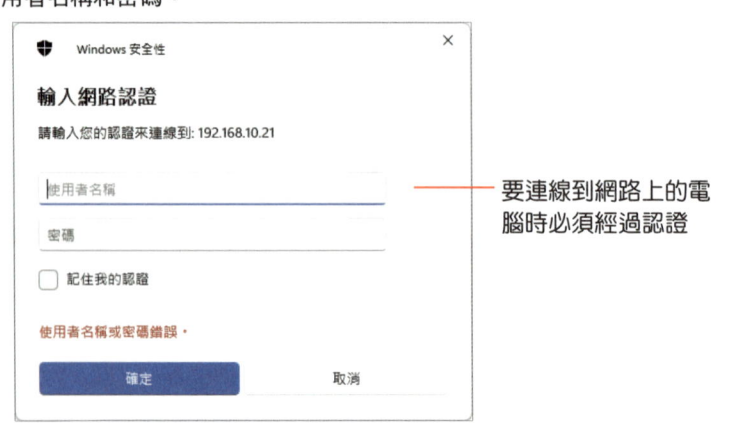

Windows 安全性

輸入網路認證

請輸入您的認證來連線到: 192.168.10.21

使用者名稱

密碼

記住我的認證

使用者名稱或密碼錯誤。

確定　　取消

要連線到網路上的電腦時必須經過認證

- 當您以 Microsoft 帳戶登入，並使用 OneDrive 雲端空間後，預設會將 桌面、文件、圖片 等資料夾內容同步到 OneDrive，請參閱 10-4 節的說明。

10-2-2 將資料夾設定為共用

如果想讓某些特定的使用者,經由網路存取共用的資料夾或檔案,那麼可以將該資料夾設定為「共用」。

STEP**1** 在 **本機** 視窗中,將要共用之資料夾顯示在視窗右側。

STEP**2** 以右鍵點選該資料夾,選擇 **內容**。

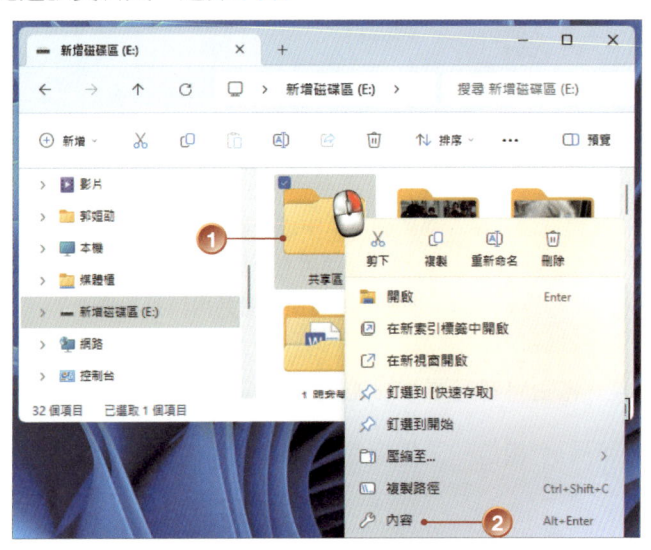

STEP**3** 切換到 **共用** 索引標籤,按下【共用】鈕。

STEP 4 開啟 **網路存取** 對話方塊，從清單中選擇要共用的人員，按【新增】鈕加入。

本機的使用者帳戶會顯示於此

可建立新使用者

> **說明**
> 若有「啟用」密碼保護共用，那麼從清單中選取能存取共用資料夾的使用者及權限等級時，選擇「Everyone」可以允許所有使用者存取。如果「停用」密碼保護共用，則選取「Guest」或「Everyone」即可讓所有使用者共用該資料夾。

STEP 5 重複步驟 4，將使用者名單一一加入。

STEP 6 接著在 **權限層級** 欄位一一指定使用者的共用權限，設定完成後請按【共用】鈕。

- **讀取**：限制其只可檢視共用資料夾中的檔案。
- **讀取 / 寫入**：允許其可檢視及新增檔案、變更或刪除自己新增的檔案。
- **擁有者**：允許檢視、變更、新增及刪除共用資料夾中的所有檔案。

■ 10-16

STEP 7 出現資料夾已共用的訊息，按【完成】鈕，再按【關閉】鈕。

STEP 8 開啟 檔案總管，按一下該共用的資料夾，右側的 詳細資料窗格 中會顯示可分享者的名稱。

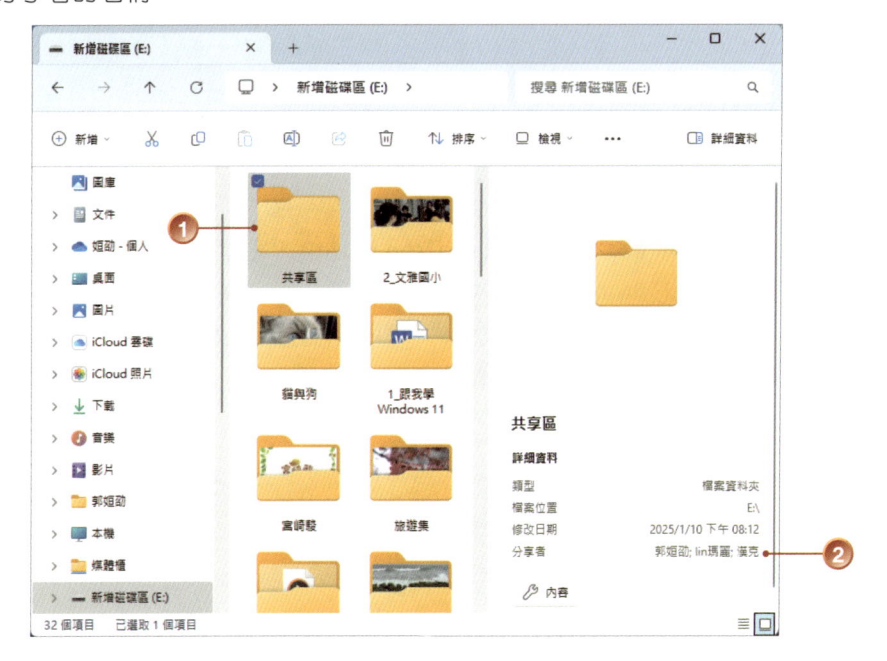

> **說明**
> 為了避免共用資料夾的連線失敗,您可以有二種方式執行:
> - 將相同的帳戶和密碼新增至網路上的所有電腦(建議選擇此方式)。
> - 停用「密碼保護共用」。

變更或取消共用的資料夾

若要變更共用資料夾的權限,請再次開啟 **網路存取** 對話方塊進行變更工作(參考 10-16 頁步驟 6 的圖)。若要取消共用,可以選取該共用資料夾後,進入其 **內容** 對話方塊,點選【進階共用】鈕(參考左頁步驟 7 的圖),取消勾選 **共用此資料夾** 核取方塊,按【確定】鈕,即可取消資料夾的共用。

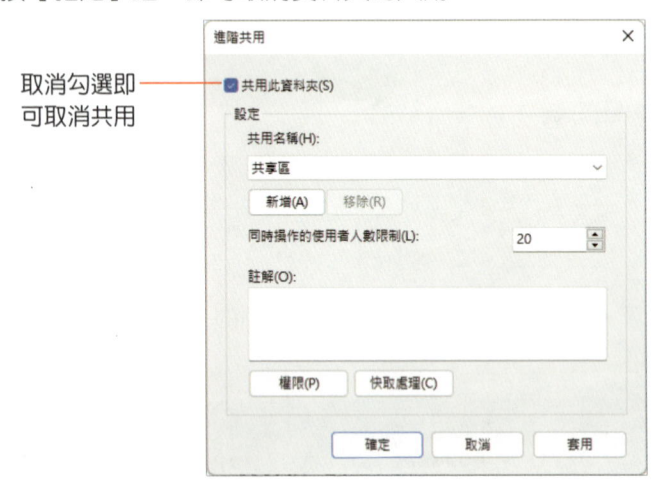

取消勾選即可取消共用

10-2-3 鄰近分享

使用蘋果裝置的用戶應該都很熟悉 AirDrop 的功能,它能在蘋果設備之間無線互傳檔案。現在微軟也在 Windows 11 中導入了這種無線且快速交換檔案的功能,稱為 **鄰近分享**。要使用這項功能的先決條件,就是兩方的裝置必須具備「藍牙」功能,即使在沒有網路的環境,只要裝置靠的夠近、能找到對方,就可進行檔案傳輸。

> **說明**
> 鄰近分享 有 藍牙 和 Wi-Fi 二種通訊方式,Windows 會自行判斷使用何種方式進行傳輸。

STEP 1 要進行傳輸的二部裝置請先開啟 **藍牙** 功能。

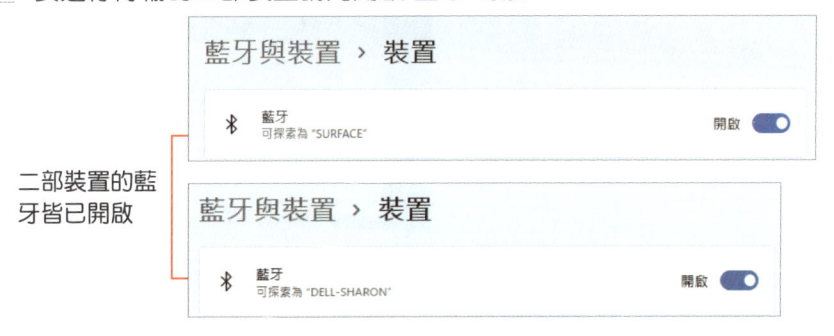

二部裝置的藍牙皆已開啟

STEP 2 在 **檔案總管** 中選取要傳送的檔案,選擇 **分享**。

STEP 3 出現視窗顯示分享項目,將 **鄰近分享** 設定為 **附近所有人**。

STEP 4 系統開始搜尋,找到後會顯示可傳送的裝置,請點選該裝置。

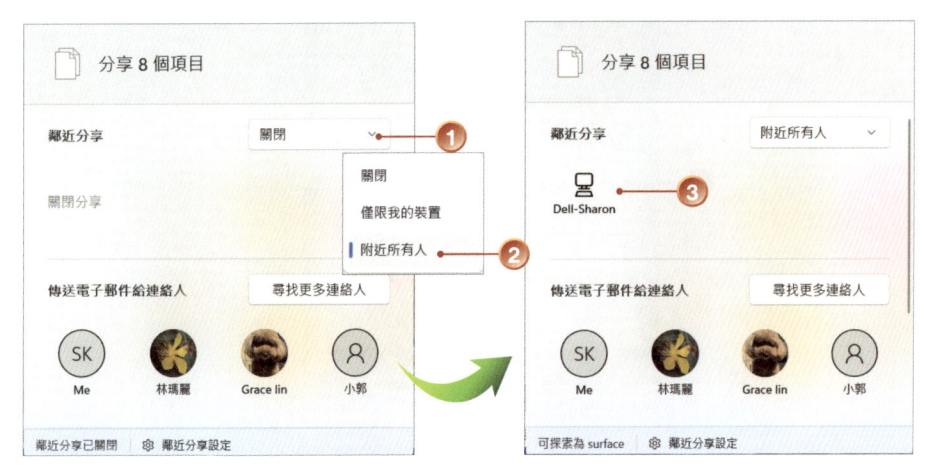

10-19

STEP 5 出現正在共用到裝置的訊息。

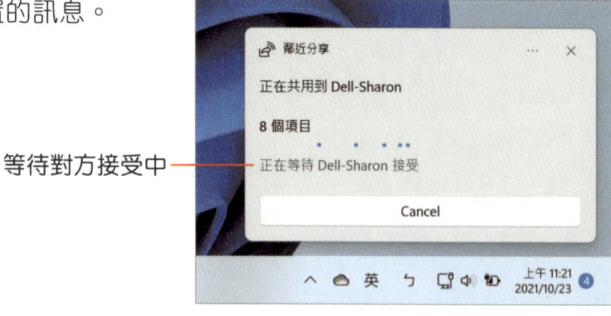

等待對方接受中

STEP 6 對方收到共用通知，按下【儲存】鈕，開始接收。

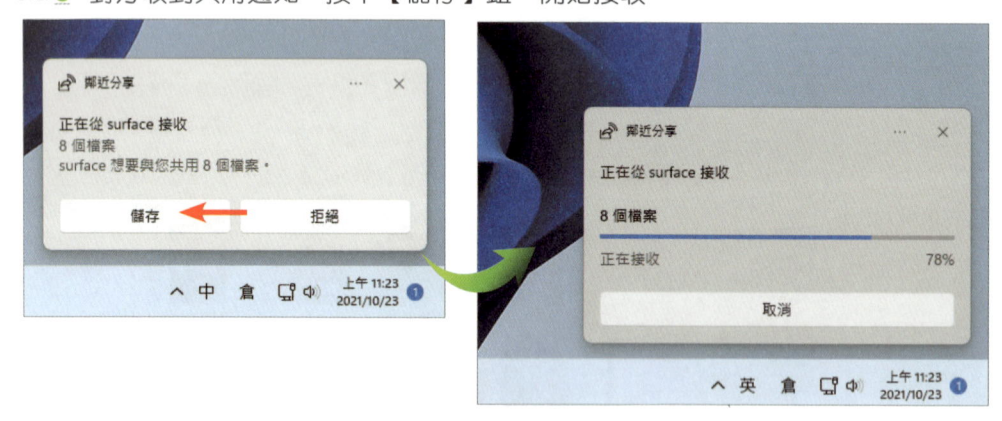

說明

請注意！通知會在 5 秒左右消失，此時請展開 通知中心，進行儲存動作。

10-20

STEP **7** 接收完畢，預設會儲存在 **下載** 資料夾，可開啟查看。

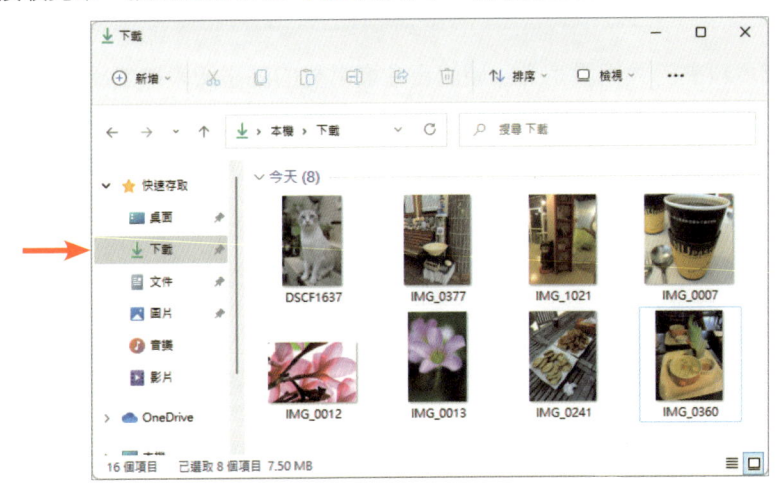

> **說明**
>
> 從 設定 > 系統 > 鄰近分享 頁面也可以啟動這項功能，並變更接收檔案的儲存位置。
>
> 點選以變更接收檔案的位置

10-3. 硬體資源的共用設定

除了檔案或資料夾的共用設定外，硬體資源最常見的就是印表機或網路磁碟機的共用。在網路環境中，多部電腦共用印表機是一件很平常的事，因此本節將說明如何將連接在某部電腦上的印表機，分享給區域網路中的使用者共用，達到資源共享與管理的目的。

> **說明**
> 印表機的使用通常有兩種方式：一種是直接連線至網路，通常是連線到稱為「列印伺服器」的機器，而非特定電腦，這種稱為「網路印表機」。另一種則是「本機印表機」，會連接至網路上的單一電腦（如何新增「網路印表機」請參考第 3 章的說明）。

10-3-1 分享印表機

要讓網路環境中的所有使用者，都能使用連接在本機的印表機之前，必須先將要分享的印表機設定為「共用」，才能讓網路上的其他電腦使用。以下我們就要把連接在 A 電腦的印表機設定為共用。

STEP 1 請先進入 網路和共用中心，點選 變更進階共用設定，開啟 進階共用設定 視窗，確認點選了 開啟檔案及印表機共用 選項（參考 10-10 頁的上圖）。

STEP 2 進入 設定 > 藍牙與裝置 > 印表機與掃描器 頁面，點選要使用的印表機。

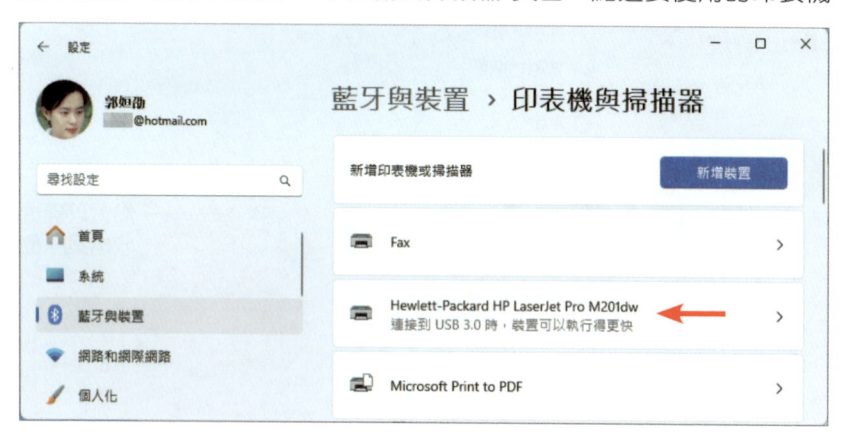

STEP 3 點選 更多裝置和印表機設定。

10-22

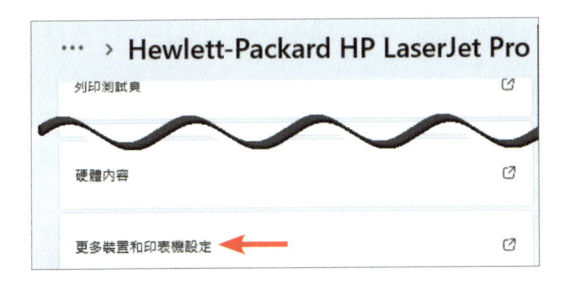

STEP4 點選要分享的印表機，按右鍵選擇 印表機內容 指令。

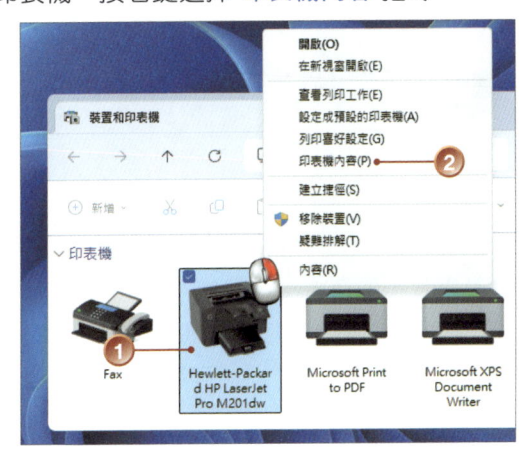

STEP5 開啟對應的 內容 對話方塊，選擇 共用 索引標籤，勾選 共用這個印表機 核取方塊，並輸入 共用名稱（或採預設值），按【確定】鈕。

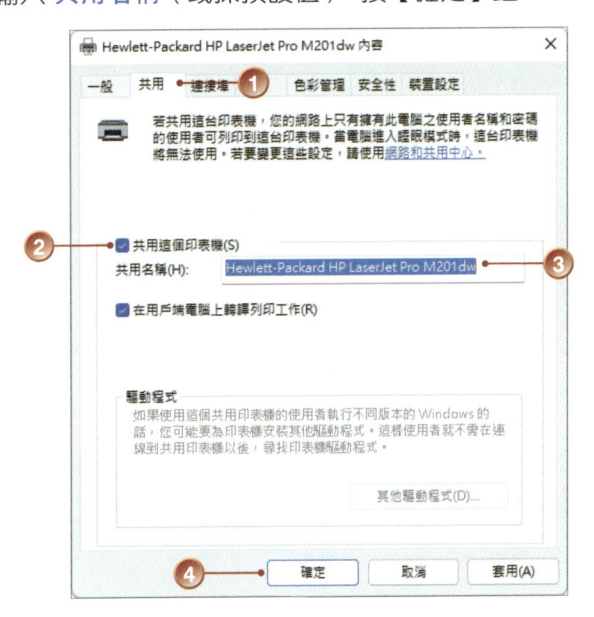

10-23

STEP6 網路環境中的其他電腦,可以開始使用此共用的印表機進行列印了。

出現分享的圖示

10-3-2 連線網路磁碟機

如果網路環境中某部 A 電腦中的資料夾,是經常會被其他網路使用者存取的,那麼可以考慮建立一個 連線網路磁碟機。如此一來,您就不用每次都在 網路 視窗中,逐層尋找 A 電腦中的資料夾了。例如:將所有裝置的驅動程式都集中放置在一起,要使用時就在此網路磁碟機中點選。

建立連線網路磁碟機

STEP1 開啟 A 電腦的 檔案總管 視窗,畫面中內容區的資料夾已先設定為共用。

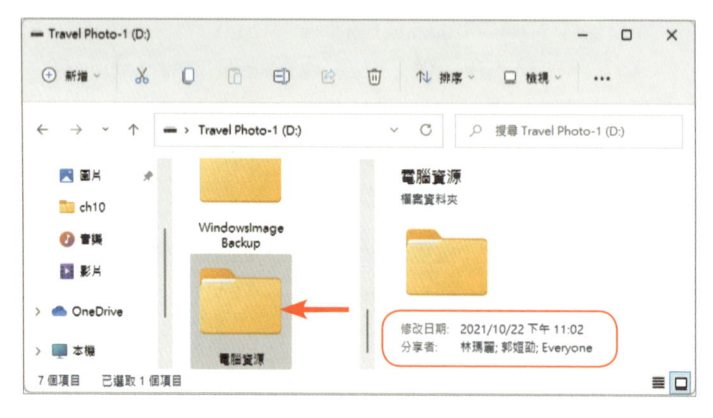

STEP2 接著開啟 B 電腦的 檔案總管,於 瀏覽窗格 點選 本機,點選 查看更多 ⋯ > 連線網路磁碟機 指令。

10-24

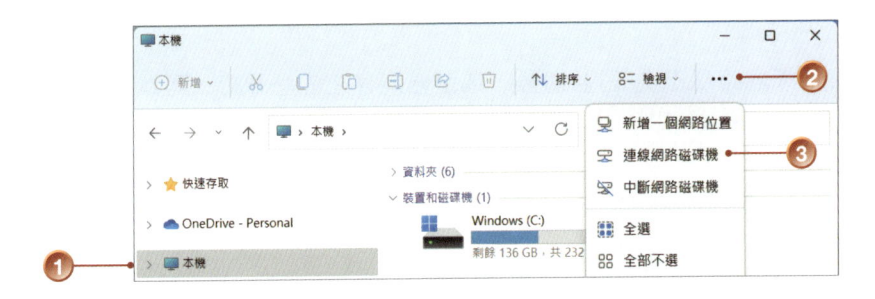

STEP3 開啟 連線網路磁碟機 精靈，先選擇 磁碟機 代號（或採預設值），再按【瀏覽】鈕。找到要連線的 A 電腦及已分享的資料夾名稱並點選，按【確定】鈕。過程中若出現要求輸入網路密碼的視窗，請輸入密碼。

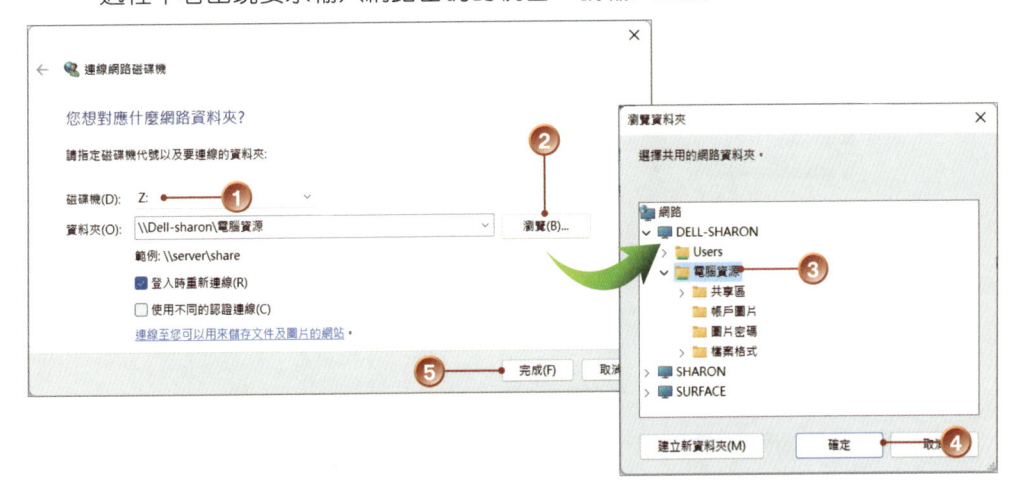

STEP4 回到 連線網路磁碟機 對話方塊，按【完成】鈕。

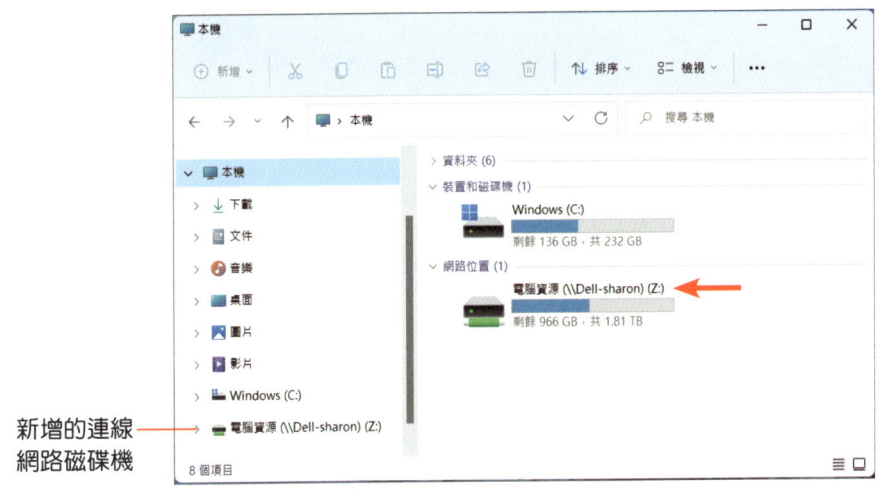

新增的連線網路磁碟機

中斷連線網路磁碟機

當所建立的 **連線網路磁碟機** 日益增多，或是已無存在的必要時，可以將連線中斷或刪除。開啟 **檔案總管** 視窗，點選要中斷的網路磁碟機，執行 **查看更多 > 中斷網路磁碟機** 指令。

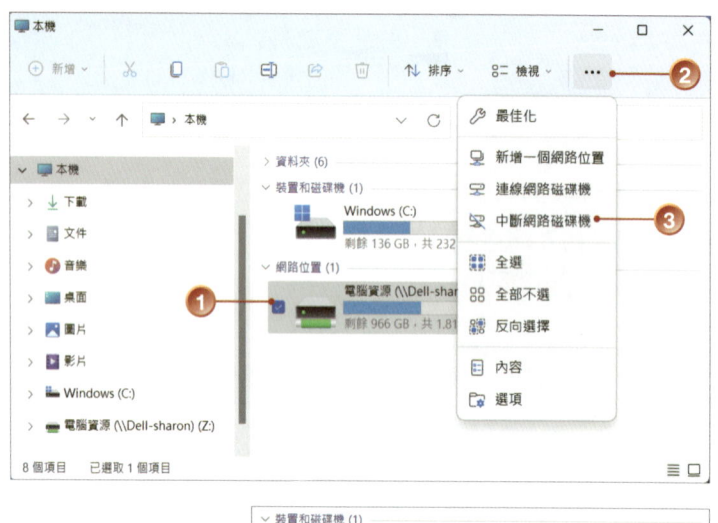

也可按右鍵選擇「中斷」

10-3-3 遠端桌面連線

遠端桌面連線 與 **遠端協助** 一樣都是可以透過網際網路連線至遠端的電腦，不過使用目的卻不相同。**遠端協助** 大部分用於求助者與協助者之間的關係上，主要是為了解決電腦問題，雙方都可同時看到一樣的畫面，且求助者可以停止對方的操控權；不過，這項功能幾乎已被一些好用的免費軟體例如：Team Viewer、AnyDesk…等所取代。

而 **遠端桌面連線** 則是單純為了讓使用者可以在遠方的某部電腦中，連線到自己家中或公司的電腦，以便做一些緊急的處理。在使用的權限上是屬於個人掌控而非 **遠端協助** 的雙方關係。雖然您可以請朋友透過 **遠端桌面連線** 來解決您電腦的問題，但是我們不會建議這麼做，因為當對方登入您的電腦後，您的電腦將會自動「登出」，除非您百分之百的信任對方，否則建議以「遠端協助」的方式來請求協助就可以了。

基本上，要順利連線至遠端的電腦，必須要取得遠方電腦的正確名稱（或 IP 位址）及使用者登入密碼，並且先開通 **允許遠端桌面連線** 的設定（預設並不允許連線）。連線後，您就可以存取該電腦的所有程式、檔案及網路資源，如同在家使用電腦一樣。

開通允許遠端桌面連線

請以系統管理員身份執行以下的操作：

STEP 1 進入 **設定 > 系統 > 遠端桌面** 頁面，將 **遠端桌面** 功能開啟。

預設未開啟

STEP 2 出現確認的訊息，按【確認】鈕。

STEP 3 點選 **遠端桌面使用者**，新增可連線到此電腦的使用者。

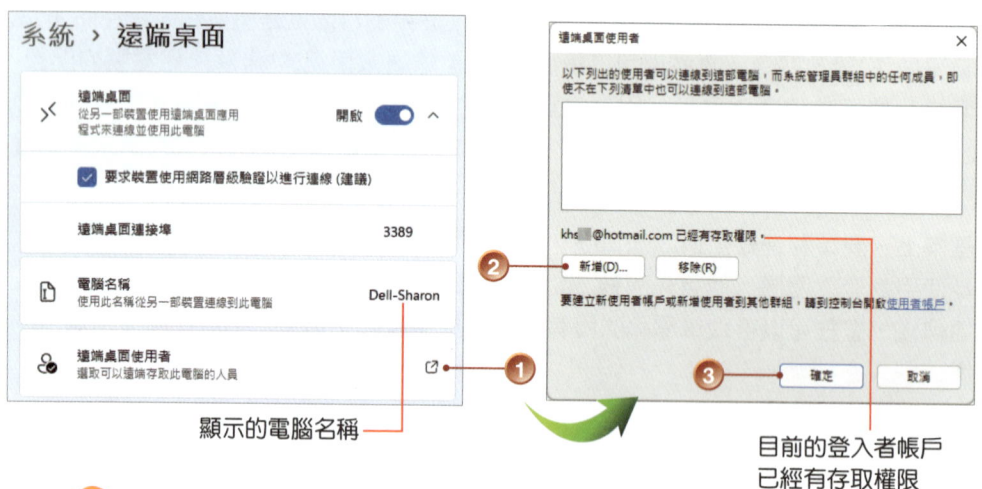

顯示的電腦名稱

目前的登入者帳戶已經有存取權限

> **說明**
> 如果是自己要遠端連線到電腦，就可省略步驟 4 的操作。

查詢電腦 IP

要連線到遠端的電腦，必須先知道遠端電腦的名稱或 IP 位址，才能透過網際網路進行連線。請參考 10-1-2 小節的操作，記下遠端電腦的名稱及 IP 位址，然後再到另一部電腦中以此名稱或 IP 位址進行連線。**電腦名稱** 可於 **系統** 視窗中得知。

連線至遠端電腦

得知要連線之遠端電腦的名稱或 IP 位址後，接下來到另一部電腦中登入，準備進行連線：

10-28

STEP`1` 在 **搜尋** 欄位輸入「遠端」，點選 **遠端桌面連線**。

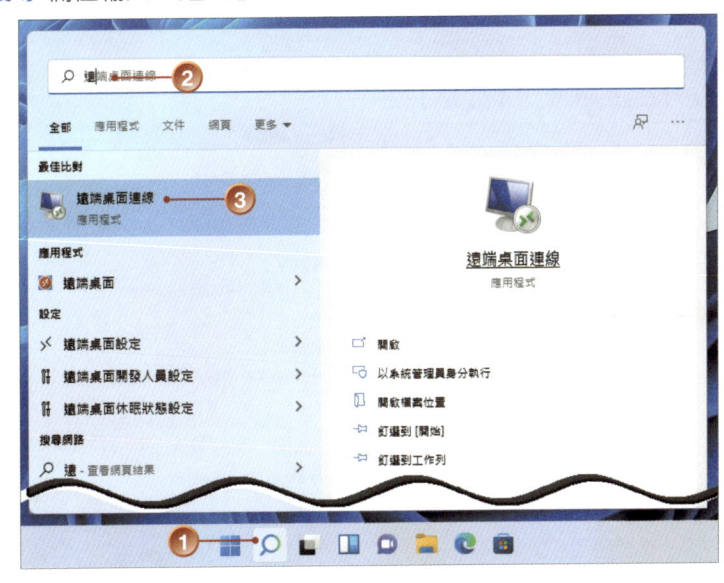

STEP`2` 開啟 **遠端桌面連線** 對話方塊，在 **電腦** 欄位中輸入遠端電腦的名稱或 IP 位址，按【連線】鈕。

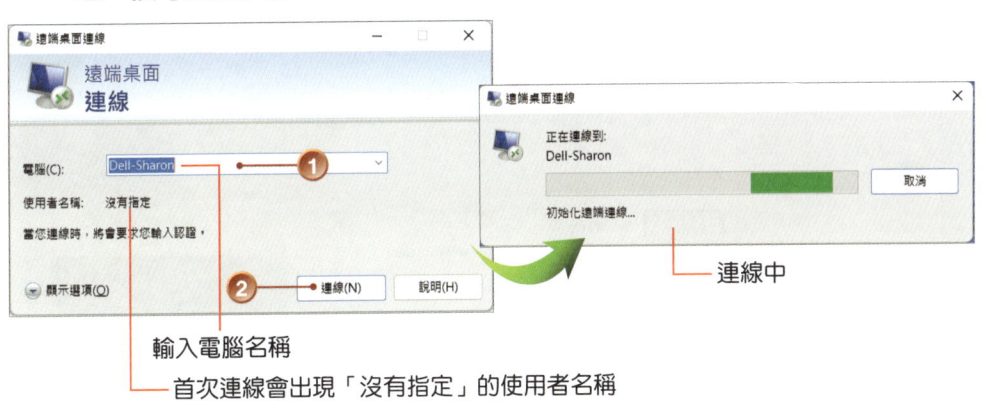

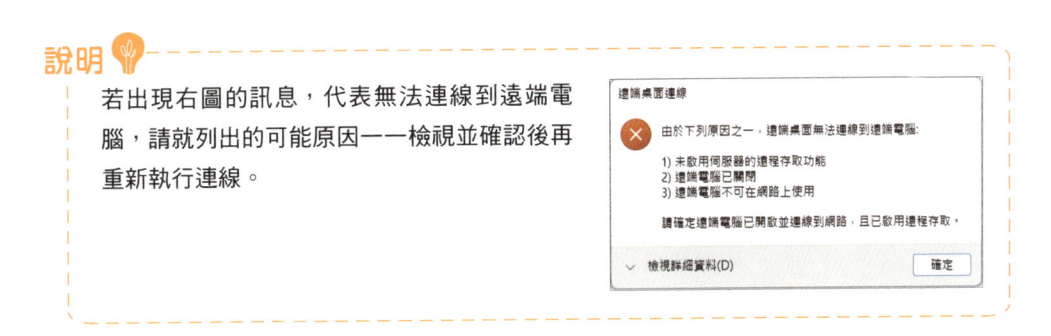

輸入電腦名稱

首次連線會出現「沒有指定」的使用者名稱

連線中

說明

若出現右圖的訊息，代表無法連線到遠端電腦，請就列出的可能原因一一檢視並確認後再重新執行連線。

10 電腦資源共用與雲端分享

10-29

STEP 3 出現 Windows 安全性 對話方塊，輸入遠端電腦的使用者及密碼，按【確定】鈕。

STEP 4 出現驗證警告的訊息，按【是】鈕。

STEP 5 接下來就會看到遠端電腦的桌面，可以開始執行所需的操作了。

上方會顯示電腦名稱

STEP **6** 此時遠端電腦會自動登出而呈現 鎖定畫面，當您不再連線時可以關閉遠端桌面連線，出現中斷連線訊息時，按【確定】鈕即可結束連線。

STEP **7** 下次再次連線遠端桌面時，會自動顯示電腦名稱和使用者名稱。

說明

Windows 內建的 快速助手 應用程式是一種 遠端協助 的功能，可以讓兩個人透過遠端連線共用一部電腦，以協助他人或請求協助來解決電腦問題，詳細的操作與設定請參閱線上 PDF 電子書的介紹。

10-31

10-4. 免費的網路空間—OneDrive

OneDrive 是微軟提供的雲端服務之一，它是隨附在您 Microsoft 帳戶上的線上儲存空間，您可以隨時隨地從任何可登入的裝置中自由存取、編輯和共用您的檔案，就算遺失裝置，儲存在 OneDrive 中的檔案也不會遺失。您還可以使用 Office 應用程式與家人或同事共用文件和相片，並即時進行共同作業。

10-4-1 認識 OneDrive

網路市場競爭激烈，「雲端服務」的品質和效能是消費者考量的基本因素，這使得各家網路或軟體公司不斷提昇免費空間的上限，消費者可說是最大的贏家。微軟不但直接將 OneDrive 應用程式內建在 Windows 中，就連 Office 軟體也與它形影不離。

OneDrive 是微軟推出的網路硬碟與雲端整合工具，只要您有「Microsoft 帳戶」並且已經 登入 過，它就會將原先的 Windows Live ID 與 OneDrive 的空間完美的整合在一起。將任何檔案儲存至 OneDrive 之後，只要處於連線狀態，就能透過不同載具取得，不需要再費時的進行同步或使用線材傳輸，您再也不用擔心忘了攜帶重要的文件檔案、相片和影片。

目前微軟將每個 Microsoft 帳戶的免費儲存空間設定為「5GB」，可以儲存 2500 張相片，這個空間的大小會改變（曾經為 15GB），請隨時留意微軟網站提供的訊息。如果您覺得免費的空間不夠用，也可以自費「升級」，享用更多的儲存空間（Office 365 的訂戶目前最多有每人「1TB」）與服務（欲了解更多相關資訊可上網瀏覽）。

使用 OneDrive 有哪些好處呢？

- 可以直接從 Windows 的 檔案總管 存取 OneDrive 中的資料，包括：相片、文件和所有重要檔案，也可以快速將檔案上傳到 OneDrive。
- 提供「檔案隨選」的功能，只在需要時才下載雲端資料夾中的檔案，因此不會佔用電腦上的空間。
- 輕鬆組織檔案和資料夾，就如同處理一般資料夾一樣；由於資料都集中儲存在 OneDrive，因此檔案內容永遠保持同步。
- 可以從「OneDrive.live.com」連線到您開啟中的電腦取得資料。
- 共用您 OneDrive 中的任何檔案或資料夾，共用的對象可以使用任何瀏覽器或裝置（手機、平板或電腦）存取共用檔案。
- 透過使用者帳戶限制不同的存取權限。

● 在線上檢視 Office 檔案，並與其他人在線上一起編輯文件。

> **說明**
> OneDrive 提供適用於 iPhone、iPad、Mac 或 Android 作業系統的各種應用程式，可免費下載後安裝。

10-4-2 首次登入 OneDrive

在 Windows 11 中點選 OneDrive 應用程式（可釘選到 **開始** 功能表）時，會直接進入 **檔案總管**，如果尚未以「Microsoft 帳戶」登入過電腦，第一次開啟 OneDrive 時會要求登入，已經在使用 OneDrive 的用戶，在未登入過的電腦中使用 OneDrive 時，也要執行「Microsoft 帳戶」登入的程序。此時請依畫面指示操作。

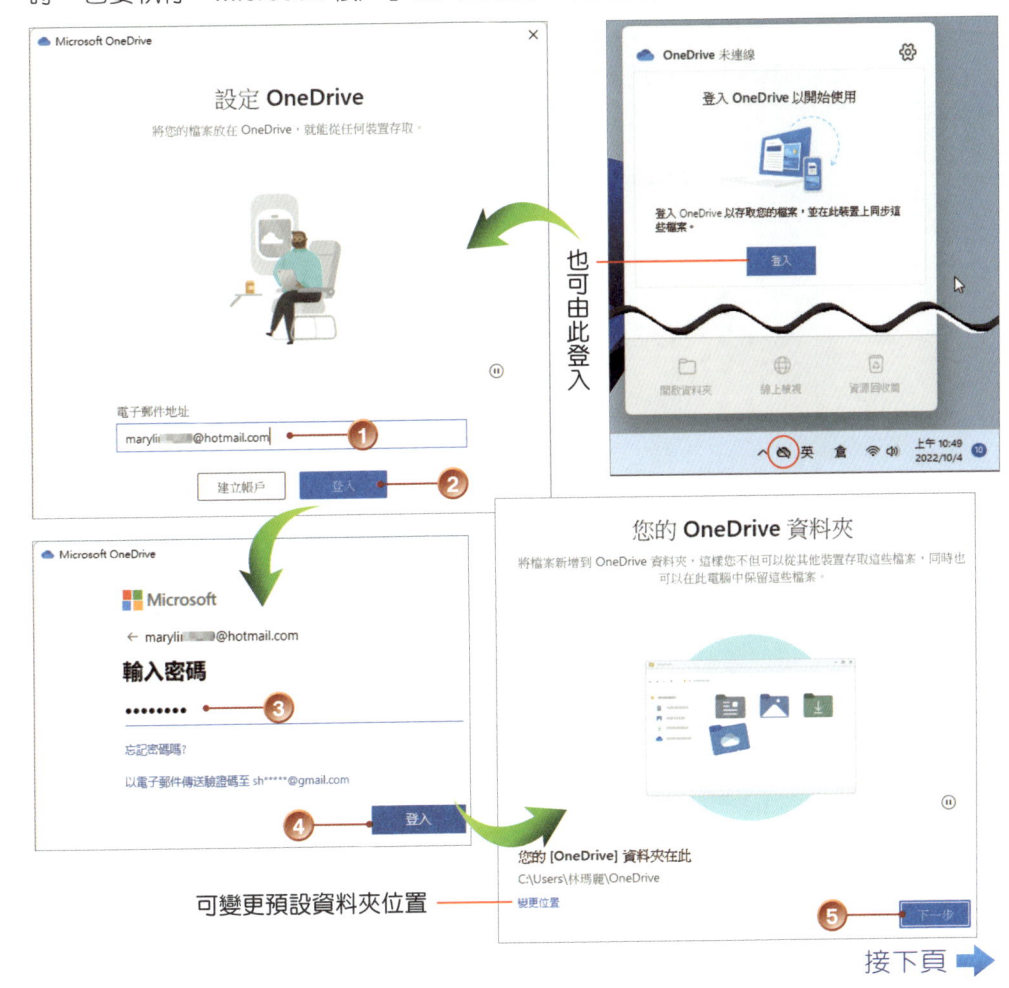

可變更預設資料夾位置

接下頁 ➡

備份您的資料夾

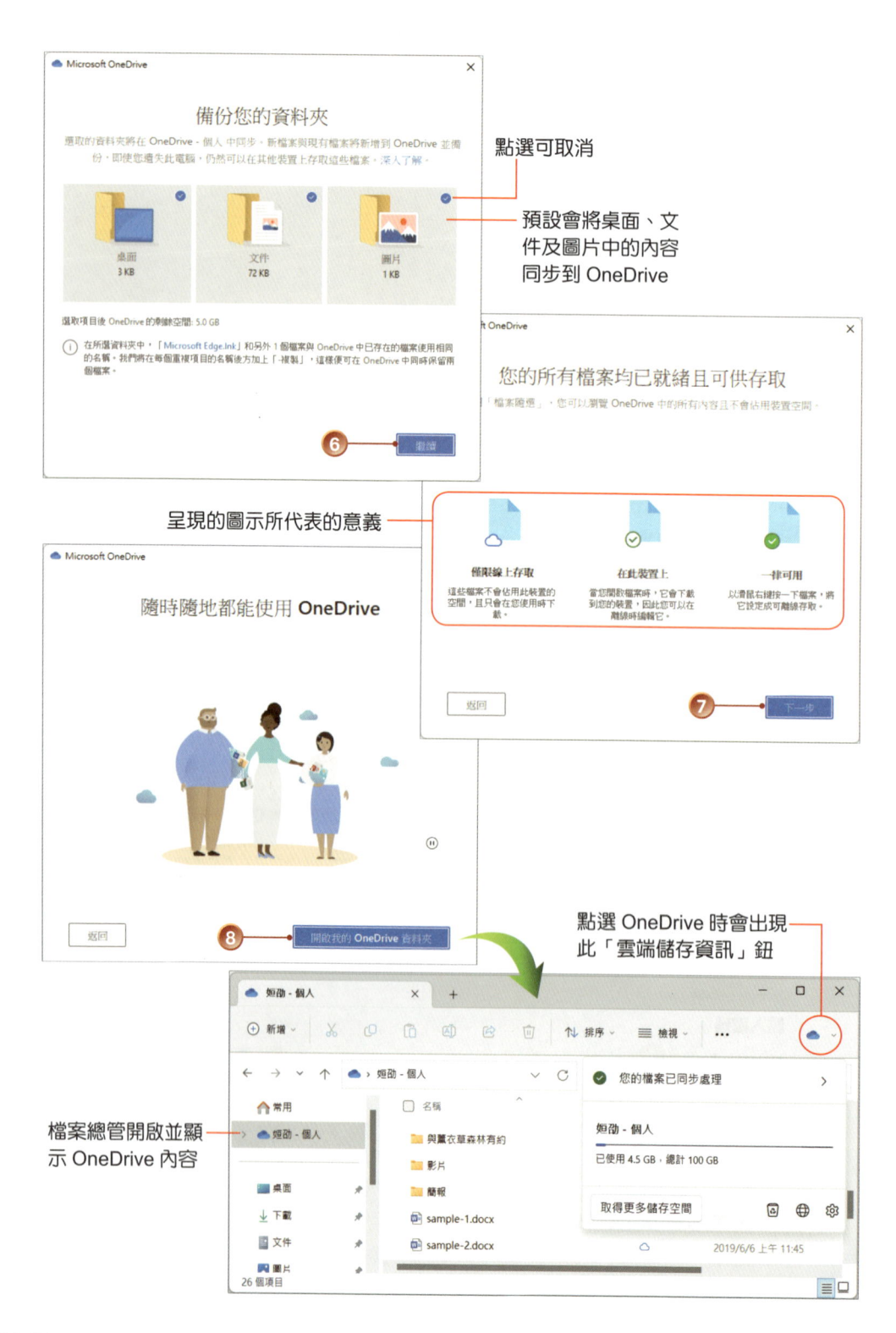

選取的資料夾將在 OneDrive - 個人 中同步。新檔案與現有檔案將新增到 OneDrive 並備份，即使您遺失此電腦，仍然可以在其他裝置上存取這些檔案。深入了解。

- 桌面 3 KB
- 文件 72 KB
- 圖片 1 KB

選取項目後 OneDrive 的剩餘儲存空間: 5.0 GB

在所選資料夾中，「Microsoft Edge.lnk」和另外 1 個檔案與 OneDrive 中已存在的檔案使用相同的名稱。我們將在每個重複項目的名稱後方加上「-複製」，這樣便可在 OneDrive 中同時保留兩個檔案。

點選可取消

預設會將桌面、文件及圖片中的內容同步到 OneDrive

⑥ 繼續

您的所有檔案均已就緒且可供存取

「檔案隨選」，您可以瀏覽 OneDrive 中的所有內容且不會佔用裝置空間。

- 僅限線上存取：這些檔案不會佔用此裝置的空間，且只會在您使用時下載。
- 在此裝置上：當您開啟檔案時，它會下載到您的裝置，因此您可以離線時編輯它。
- 一律可用：以滑鼠右鍵按一下此檔案，將它設定成可離線存取。

呈現的圖示所代表的意義

返回　　⑦ 下一步

隨時隨地都能使用 OneDrive

返回　　⑧ 開啟我的 OneDrive 資料夾

點選 OneDrive 時會出現此「雲端儲存資訊」鈕

檔案總管開啟並顯示 OneDrive 內容

- 姐勁 - 個人
- 與薰衣草森林有約
- 影片
- 簡報
- sample-1.docx
- sample-2.docx

您的檔案已同步處理

姐勁 - 個人
已使用 4.5 GB, 總計 100 GB

取得更多儲存空間

2019/6/6 上午 11:45

■ 10-34

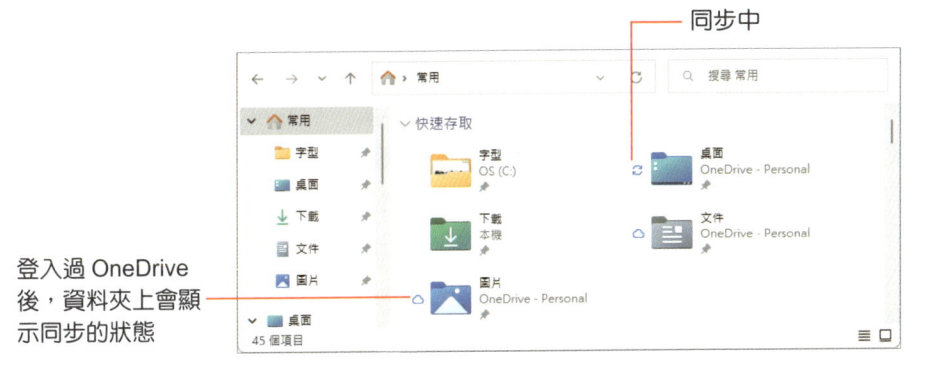

登入過 OneDrive 後，資料夾上會顯示同步的狀態 ── 同步中

以瀏覽器連上「OneDrive.live.com」的畫面如下圖所示，隨著日後陸續將檔案上傳，可以建立各種資料夾來分類存放檔案。

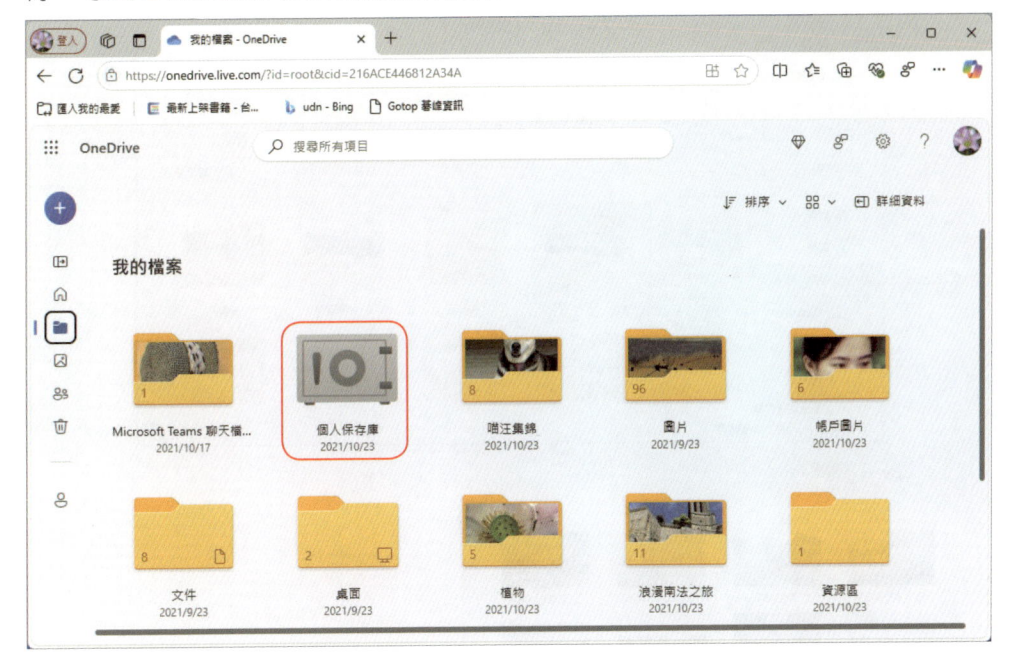

說明

- 個人保存庫 可以儲存您最重要或敏感的檔案和照片，存取時需透過身份驗證，例如：指紋、臉部、PIN、電子郵件或簡訊發送代碼，因此可以保障您檔案的安全性。不過，如果您沒有訂閱 Microsoft 365，就只能在 個人保存庫 中儲存三個檔案。
- OneDrive 網頁上的畫面會經常更新，登入的過程和畫面也可能異動，請依呈現的畫面指示執行。

10-4-3 上傳檔案到 OneDrive

從前面的介紹我們可以知道，使用 OneDrive 可以經由二種最常見的方式，一個是執行 OneDrive 應用程式，另一個則是以瀏覽器連上「OneDrive.live.com」。為了因應疫情導致的檔案傳輸需求，微軟表示經由瀏覽器進行檔案上傳時，檔案的大小限制已由「15GB」升級為「250GB」。那麼要如何將檔案上傳到 OneDrive 呢？以下就介紹這二種方式。

執行 OneDrive 應用程式

STEP 1 點選 OneDrive 會開啟 **檔案總管**，先新增所需之資料夾，例如：釜山旅遊。

STEP 2 找到要上傳的檔案或資料夾，使其顯示在 **內容區**，將選取的檔案或資料夾，拖曳到 **瀏覽窗格** 的 OneDrive 資料夾中。

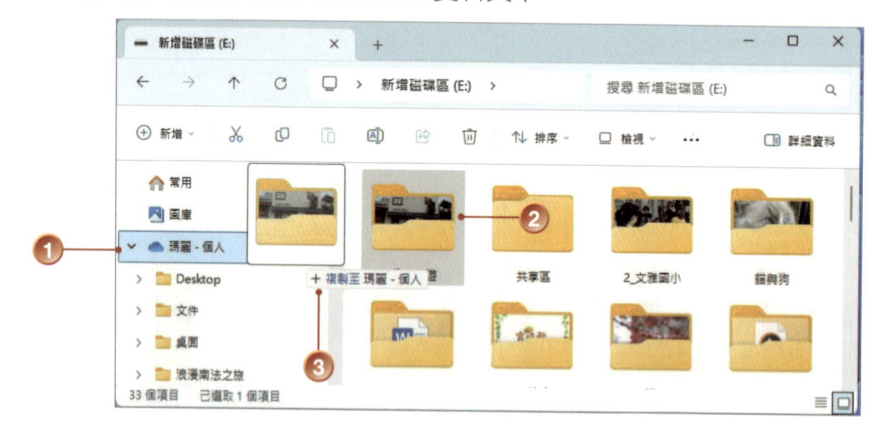

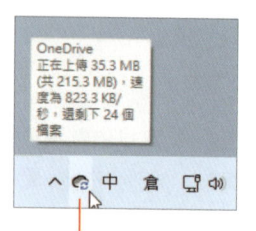

出現正在同步的圖示

工作列上顯示處理中的圖示

10-36

說明

- 若已透過 **您的手機** 將手機連接到電腦中,那麼手機中的相片或影片會自動匯入到 **圖片** 資料夾。

- 除了從 **檔案總管** 進行檔案的存取外,在 Windows 11 的許多應用程式中,也可以直接存取 OneDrive 中的內容,在 Office 應用程式中也是一樣。

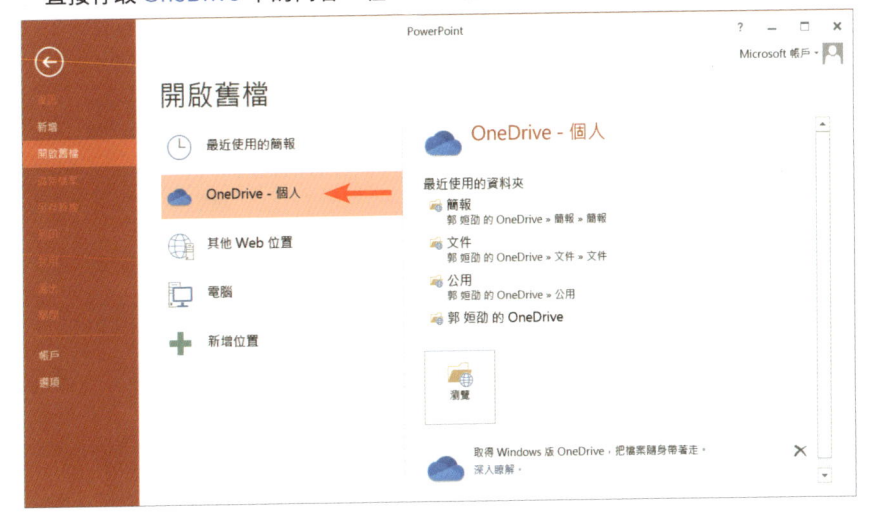

透過 OneDrive.live.com

STEP **1** 在 **工作列** 的 OneDrive 圖示上點選,展開清單後選擇 **線上檢視**。

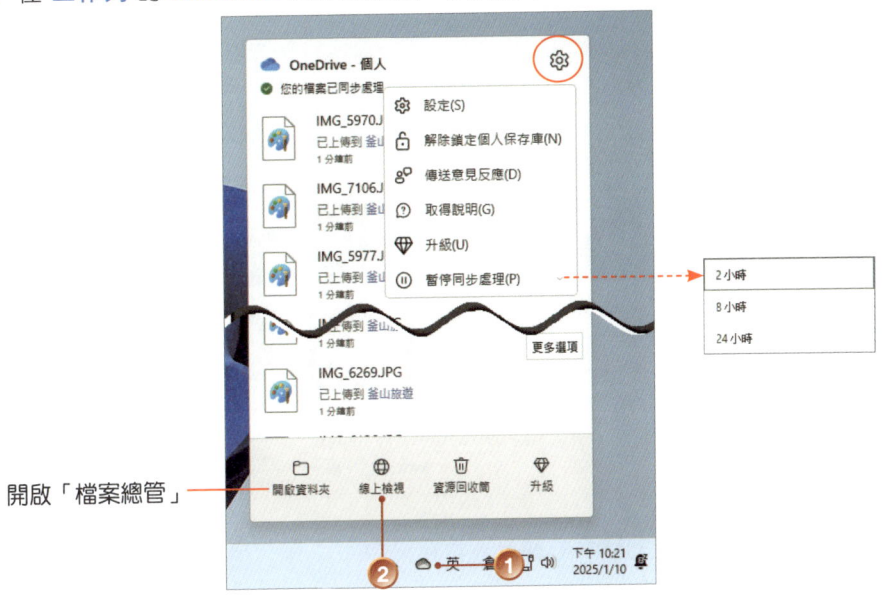

STEP 2 以 Microsoft 帳戶登入後會進入 OneDrive 頁面，切換到 我的檔案，新增一資料夾並命名，然後在資料夾上點選將其開啟。

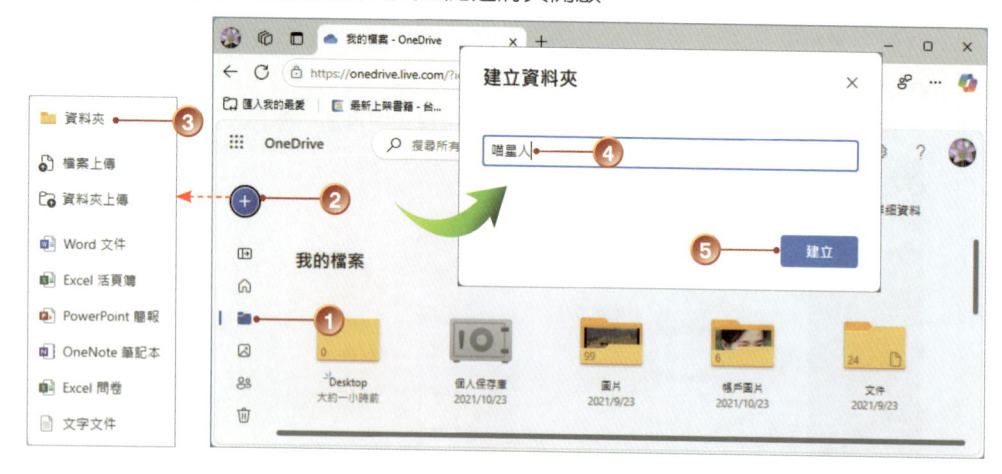

STEP 3 執行 檔案上傳 或 資料夾上傳，找到要上傳的檔案或資料夾並選取，按【開啟】鈕。

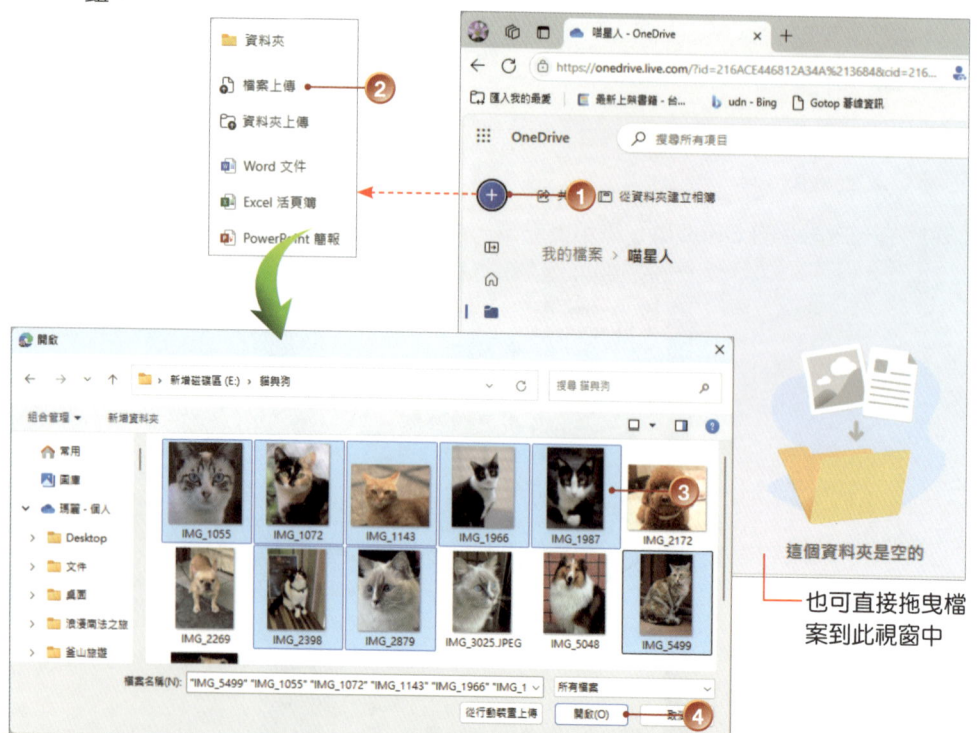

STEP 4 上傳完畢，選取的檔案已顯示在資料夾中。

10-38

STEP5 透過功能表列上的指令,可以將 OneDrive 上選取的檔案,下載 到本機中、刪除、新增至相簿、新增為封面、移動或複製到指定位置。

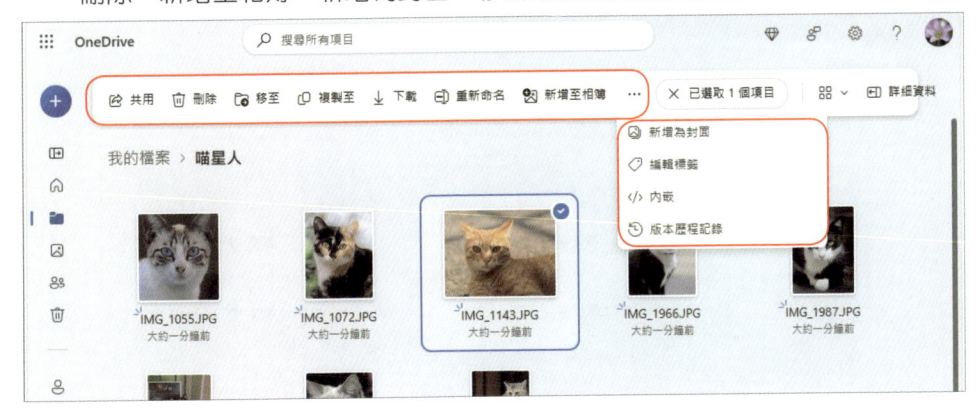

隨選檔案下載

登入 OneDrive 後,電腦中預設會在 OneDrive 資料夾中顯示所有資料夾和檔案,如果本機硬碟空間有限,OneDrive 中的檔案又很多時,必須刪除部分檔案以釋放空間,但這也使得雲端中的資料同步被刪除。「隨選檔案」的功能,讓您只保留部份檔案在本機,雲端的檔案依然保存完整。這項功能預設是啟動的,可以透過以下步驟確認:

STEP1 在 工作列 的 OneDrive 圖示點選展開清單,按下 ⚙ 鈕選擇 設定(參考 10-37 頁步驟 1 的圖)。

STEP2 開啟 OneDrive 設定 視窗,位在 同步與備份 頁面,在頁面下方展開 進階設定,在 檔案隨選 中點選【釋放磁碟空間】鈕,再按【繼續】鈕。

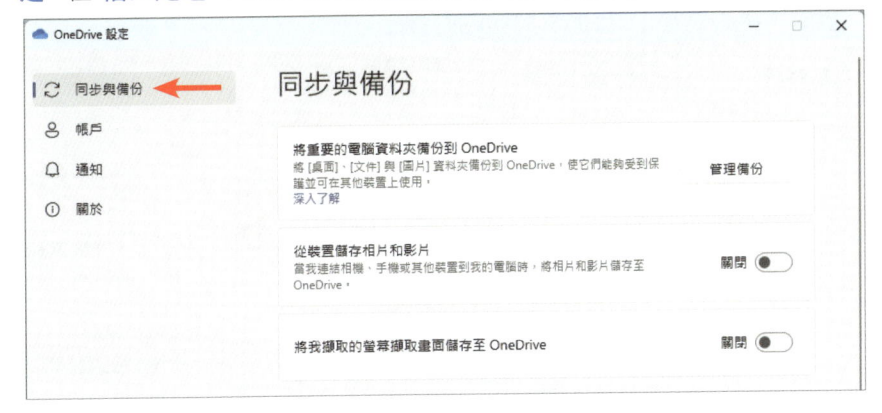

接下頁 ➡

10-39

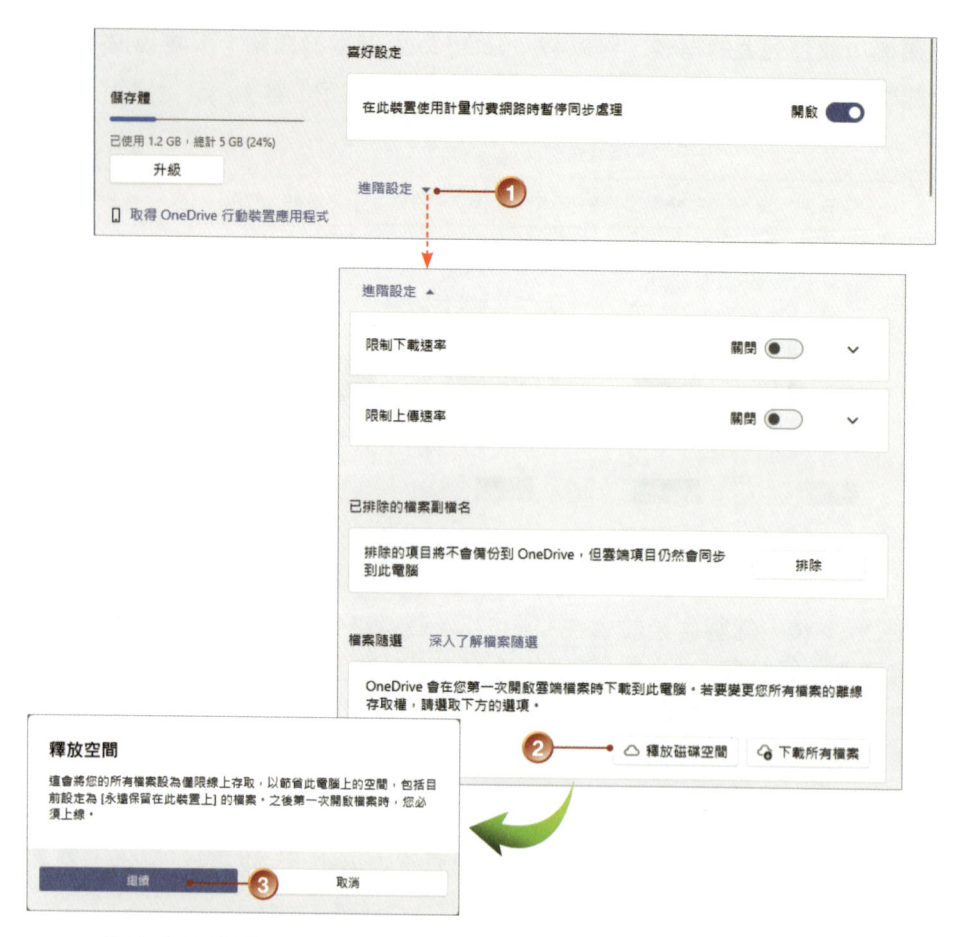

STEP 3 此時會自動開啟 檔案總管，並展開 OneDrive 資料夾。若某些項目想永久保留在本機時，在該檔案或資料夾上按右鍵選擇 永遠保留在此裝置上，圖示會變成「實心綠勾」，且仍會與雲端同步。

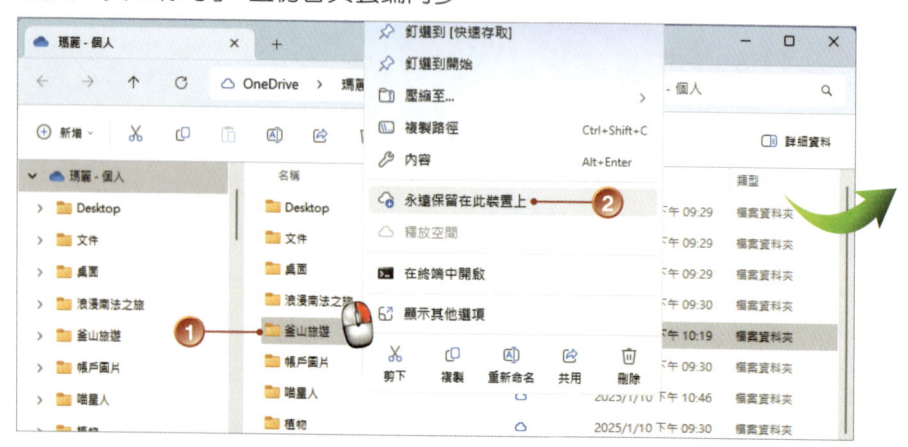

選取時顯示此訊息

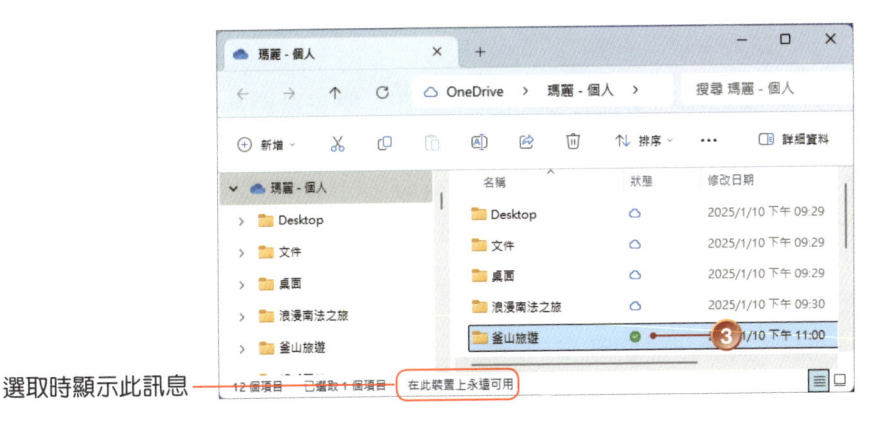

STEP 4 當本機硬碟空間不夠用時,可再將這些本機中的檔案執行 **釋放空間** 指令,圖示會改變,表示本機中的檔案已刪除,只保留在雲端了。

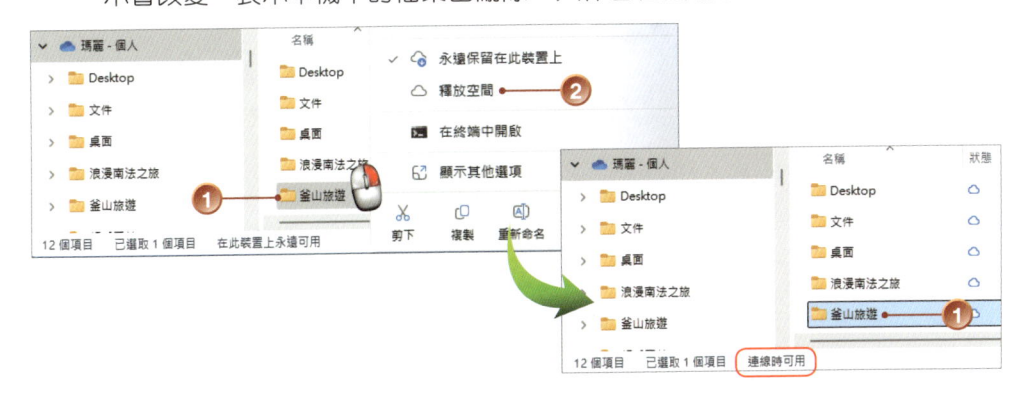

說明

檔案或資料夾名稱前方會呈現幾種圖示,分別代表:

- ☁ :僅限線上檔案,檔案儲存在雲端,連線時才可用。
- ⊘ :在此裝置上可用,已經下載在本機,即使沒連線也可存取,若需要更多空間,可將檔案變更回僅限線上。
- ● :在此裝置上永遠可用,已經下載到裝置中,永遠可用的檔案會佔用空間。
- ⟳ :正在處理變更中。
- ☁👤 :檔案或資料夾已與其他人共用。

10-41

10-4-4 中斷 OneDrive 的連線

在 工作列 上會顯示已安裝的 OneDrive 圖示，點選會顯示更新的情形。如果您目前使用的是多人共用或是暫時借用的電腦，當完成從 OneDrive 取得檔案的程序後，為避免 OneDrive 上的資料被其他人任意存取，可以中斷連線後，將 檔案總管 中的 OneDrive 資料夾移除，或是以其他「Microsoft 帳戶」重新登入。

STEP 1 點選 OneDrive 圖示展開清單，按下 ⚙ 鈕選擇 設定 指令。

STEP 2 出現 OneDrive 設定 視窗，切換到 帳戶 標籤，點選 取消連結此電腦 超連結。

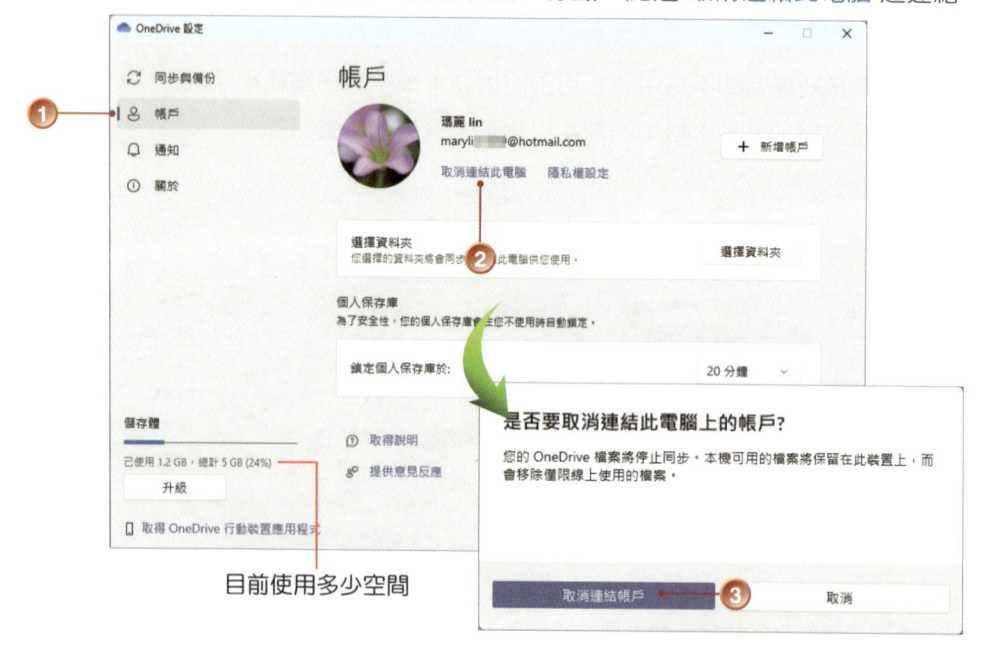

目前使用多少空間

STEP 3 出現確認訊息，按【取消連結帳戶】鈕。

STEP 4 會再次回到「設定 OneDrive」的畫面（參考 10-33 頁的圖），此時可以輸入不同的「Microsoft 帳戶」登入，或是按視窗 關閉 ❌ 鈕離開此對話方塊。登出後，再次開啟 檔案總管，不會再看見 OneDrive 資料夾。

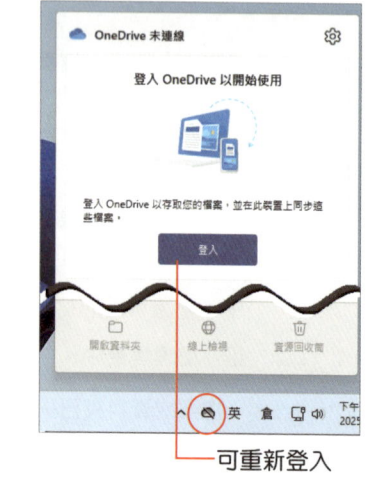

可重新登入

說明 💡
更多 OneDrive 的介紹請參閱線上教學課程。

Chapter 11

電腦更新與安全性設定

對於經常連線到網際網路、與多人共用一台電腦或與其他電腦共用檔案的使用者，啟動電腦的安全防護機制是非常必要的動作，這樣才能減低電腦被破壞的可能。所幸在 Windows 作業系統中，這些安全防護措施大部分的預設值都是啟動的，只要採取幾個簡單的步驟，就能保護電腦遠離這些傷害。

11-1. 使用者帳戶的控制

使用者帳戶控制（User Account Control，簡稱 UAC）用來協助您保有電腦控制權，當我們對電腦進行了需要系統管理員權限的變更時，UAC 就會出現並通知您，而且通常桌面會變暗（稱作 **安全桌面**，此時其他程式都無法執行）；在您核准或拒絕要求後，才可再進行其他動作。

在第 4 章我們已經知道新增的使用者帳戶分為「系統管理員」和「標準使用者」二種不同的等級，預設的狀態下，系統管理員可以執行電腦的所有功能；標準使用者則會受到限制而無法任意修改系統設定值。當使用者在進行變更時，UAC 機制就會進行身分識別，以判斷是否可以執行動作。如果經辨識為系統管理員，可以直接按【是】或【繼續】鈕執行動作。若辨識為標準使用者，則必須取得系統管理員的允許，並輸入系統管理員的密碼才能執行。

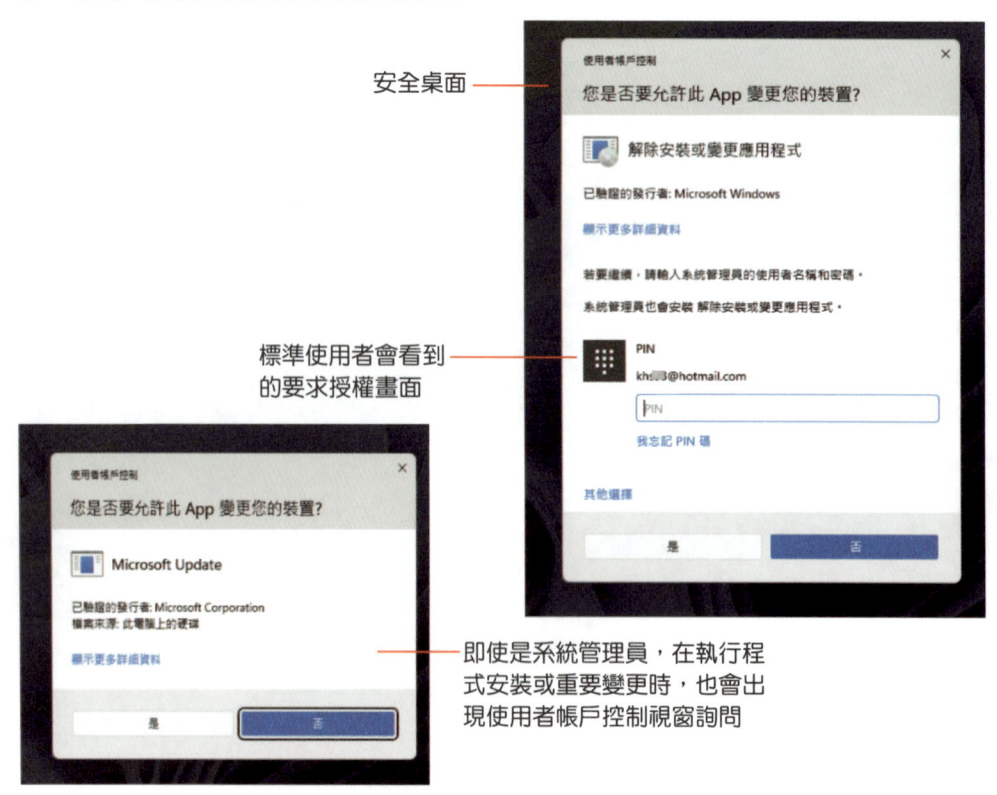

安全桌面

標準使用者會看到的要求授權畫面

即使是系統管理員，在執行程式安裝或重要變更時，也會出現使用者帳戶控制視窗詢問

UAC 會透過使用者帳戶的權限等級來運作，系統管理者可以視需要調整 UAC 通知頻率，也就是變更使用者帳戶控制的行為。不過，建議您在非必要的情形下，不要任意變更此設定。

STEP**1** 以系統管理員帳戶登入電腦後，開啟 控制台 > 使用者帳戶 視窗，點選 變更使用者帳戶控制設定 項目。

通常有出現「盾牌」圖示的設定，執行時就會出現要求確認的畫面

STEP**2** 開啟 使用者帳戶控制設定 視窗，共有四種等級的設定：

預設的等級，拖曳可改變等級

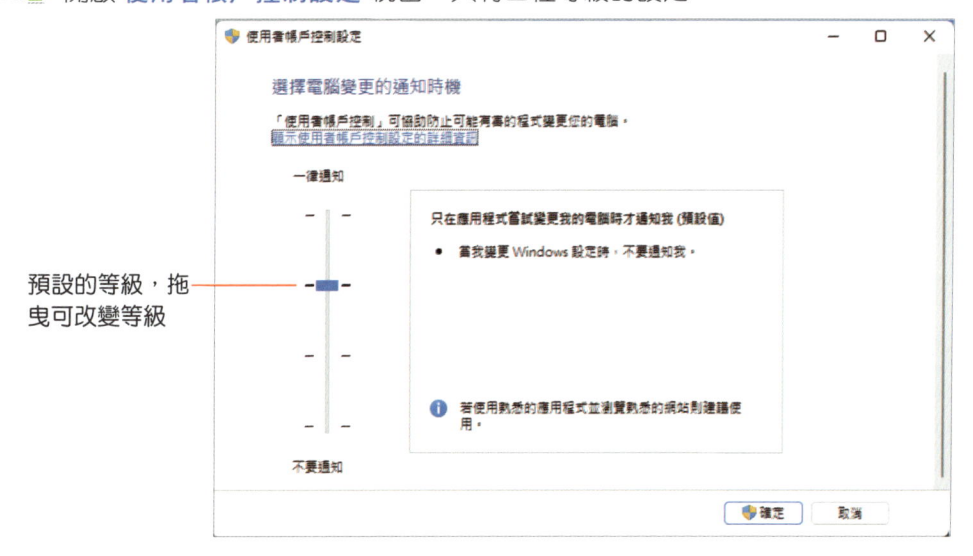

- **一律通知**：在程式對電腦或 Windows 設定進行需要系統管理員權限的變更前收到通知，例如：安裝軟體或變更 Windows 設定。此時 桌面 會變暗，在核准或拒絕要求後，才能進行其他動作。如果在 30 秒內未點選【是】鈕，UAC 會自動拒絕要求，這是最安全的設定。當經常需要安裝軟體和瀏覽不熟悉的網站時，建議設定此等級。

電腦更新與安全性設定

■ 11-3

- **應用程式嘗試變更電腦時才通知**：此為預設的選項（參考 11-3 頁步驟 2 的圖），會在程式或 Windows 以外的程式，對電腦進行需要系統管理員權限的變更前收到通知，在您回應之前無法進行其他工作，變更 Windows 設定則不會收到通知。經常使用熟悉的應用程式並瀏覽熟悉的網站者，建議設定此等級。

- **應用程式嘗試變更電腦時才通知（不要將桌面變暗）**：與前項設定相同，但是不會以 **安全桌面** 的方式通知，所以其他程式仍可繼續執行。如果有惡意程式在您的電腦上執行，就會有安全上的風險，所以並不建議使用。

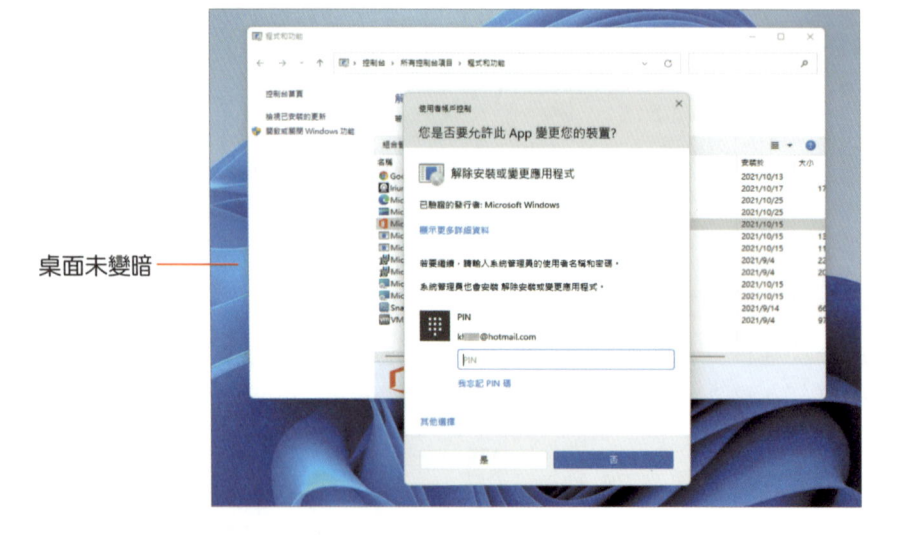

桌面未變暗

- **不要通知**：是最不安全的設定，這個選項會停用 UAC，所以不會在電腦進行任何變更前收到通知，因此不建議設定。如果以系統管理員的身分登入，就會在未收到通知的狀況下，對電腦進行變更。若是以標準使用者的身分登入，則會自動拒絕所有需要系統管理員權限才能進行的變更，即使已通過系統管理員的身分認證。

STEP3 調整滑桿設定等級後,按【確定】鈕,出現 使用者帳戶控制 視窗,按【是】鈕即可完成變更。

說明
- 變更通知等級不需要重新啟動電腦,提醒您,要執行這個程序,必須以本機系統管理員身分登入,或提供本機 Administrators 群組成員的認證。
- 要以系統管理員身分執行某些程式時,請選擇 以系統管理員身分執行 指令,若是標準帳戶仍需經過驗證程序。

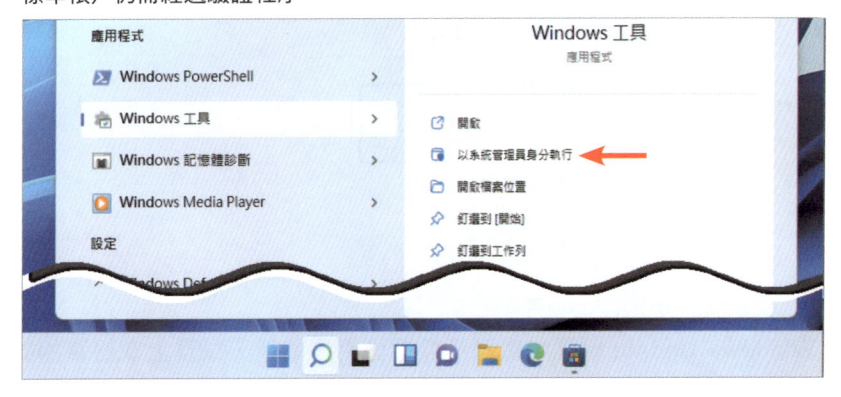

11-2. Windows Update

從 Windows 10 開始，作業系統的更新經由雲端來進行，透過 Windows Update 提供自動下載與安裝最新功能、安全性選項、驅動程式與其他重要更新，協助電腦永遠保持在安全的最佳狀態，這就是微軟所指的「Windows 即服務」(Windows as a Service)。從前當電腦用起來不太順暢的時候，就會想到可能是很久沒進行更新作業，現在則完全不用擔心更新問題。微軟強調，Windows 11 中減少了 Windows Update 的檔案大小，並且以更有效率的方式在背景中執行，因此只要處於網路連線狀態，更新作業預設就會自動進行。Windows Update 除了提供作業系統的更新選項之外，如果電腦中有安裝 Microsoft 的相關軟體，例如：Office，也可以一併顯示更新項目供使用者安裝。Windows Update 還提供暫停自動更新的選項，以及自動偵測使用習慣以便調整安裝更新時間的功能。

11-2-1 檢視更新狀態

基本上，使用者不需要做任何事，只要電腦接上電源且處於網路連線狀態下，當作業系統有更新可用時，就會自動下載及安裝，我們可以進入 設定 來檢視。

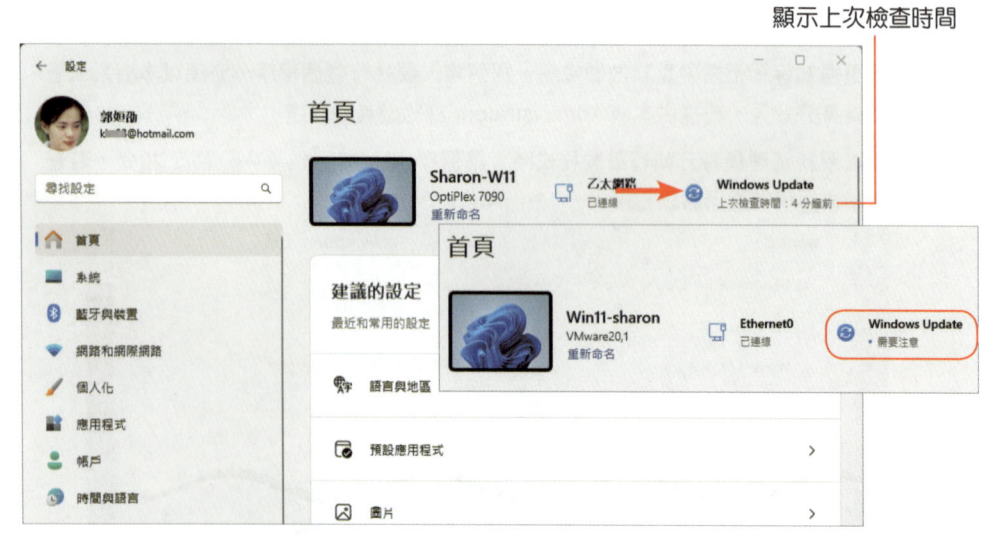

STEP 1 按下 ⊞ + Ⅰ 組合鍵進入 設定 視窗，在 首頁 中會顯示 Windows Update 上次檢查的時間，或出現「需要注意」的提示，點選即可切換到 Windows Update 頁面。

顯示上次檢查時間

STEP 2 Windows Update 頁面中會顯示裝置是否是最新，以及上次檢查的時間，點選【檢查更新】鈕立即檢查更新。

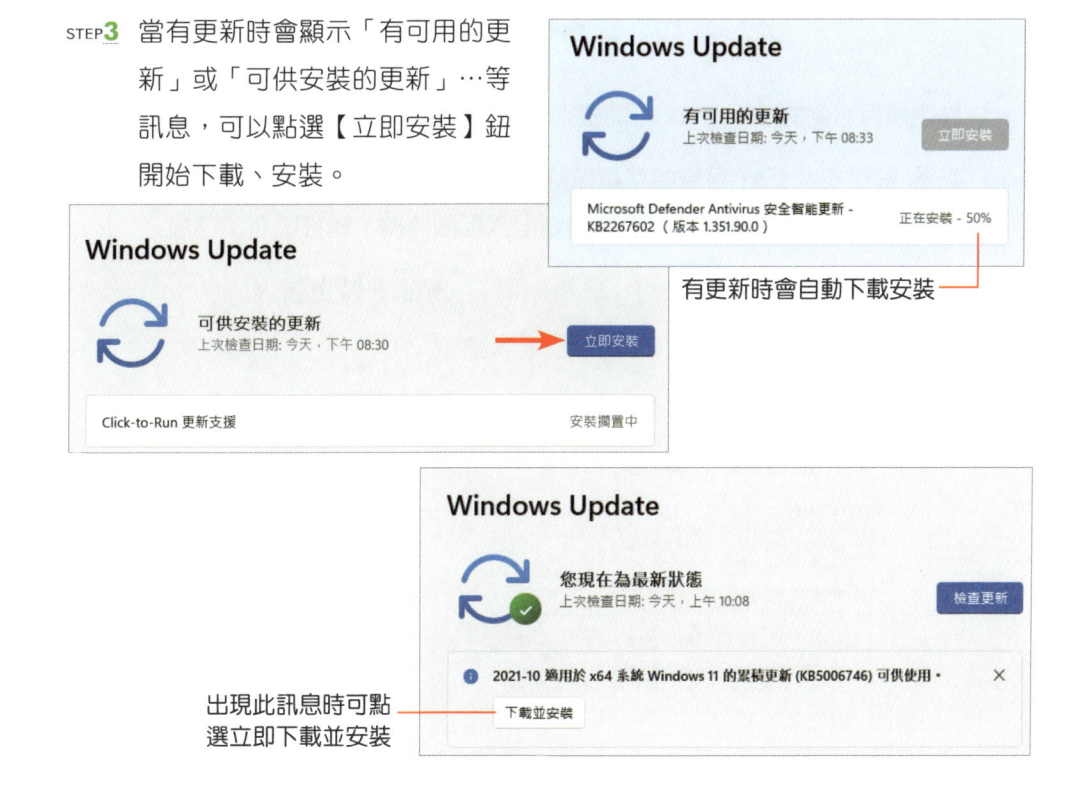

STEP 3　當有更新時會顯示「有可用的更新」或「可供安裝的更新」…等訊息，可以點選【立即安裝】鈕開始下載、安裝。

有更新時會自動下載安裝

出現此訊息時可點選立即下載並安裝

STEP 4 點選 **更新記錄**，會顯示各種更新類型以及更新的項目數，展開類別即可檢視更新項目。

STEP 5 點選項目右側的 **深入了解** 可開啟網頁，進一步了解更新的內容。

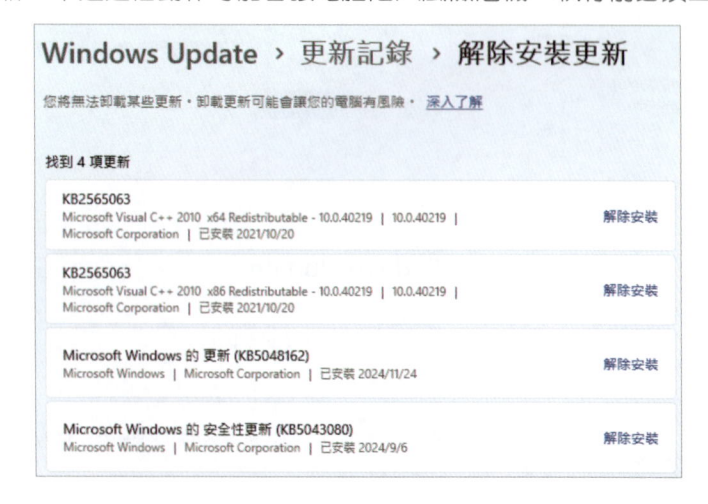

STEP 6 點選 **解除安裝更新** 可檢視可以解除安裝的項目，執行 **解除安裝** 即可卸載某些更新，不過這個動作可能會讓電腦陷入風險危機，執行前必須三思。

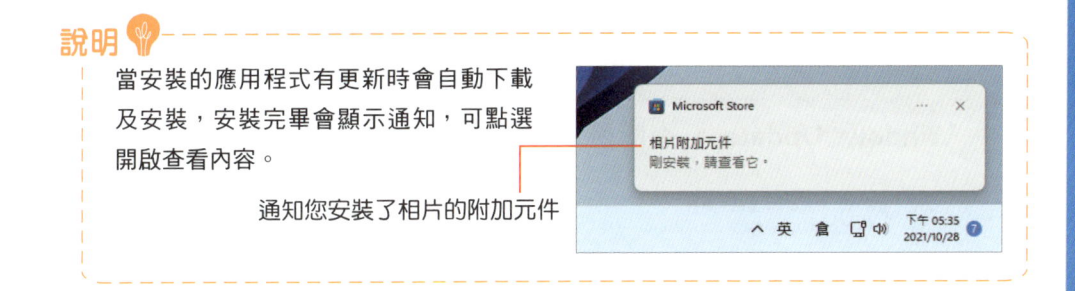

> **說明**
>
> 當安裝的應用程式有更新時會自動下載及安裝，安裝完畢會顯示通知，可點選開啟查看內容。
>
> 通知您安裝了相片的附加元件

11-2-2 更新設定

更新會自動下載及安裝，如果需要重新啟動以便安裝更新，電腦會避開您經常使用的時間再重新啟動，您也可以視需要變更「使用時間」。當顯示需要重新啟動的訊息時，可以立即重新啟動或排定重新啟動的時間；相反的，如果因為某些因素必須暫停系統自動更新作業，可以將更新暫停。

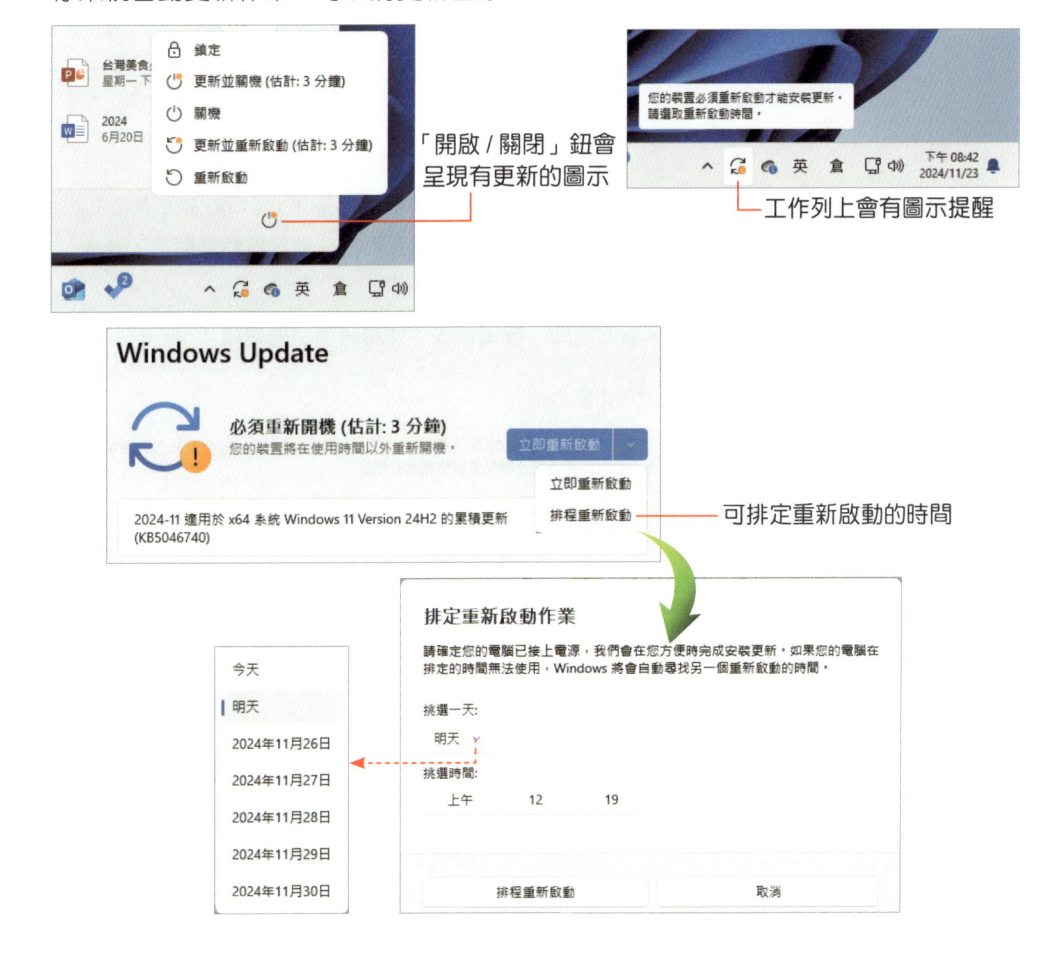

「開啟 / 關閉」鈕會呈現有更新的圖示

工作列上會有圖示提醒

可排定重新啟動的時間

11-9

STEP**1** 點選 **進階選項**（參考 11-7 頁步驟 2 的圖），展開 **使用時間**，預設的使用時間是上午 08：00 到下午 05：00，時間長度會介於 1-18 小時之間。

（圖：Windows Update > 進階選項畫面）

- 開啟會同時提供微軟其他產品的更新
- 可視需要開啟這些選項

說明 💡

- 當系統因更新而需要重新啟動時，就不會在這段時間內（上午 08：00 到下午 05：00）自動啟動，以免中斷了您正在進行的操作，而且系統在重新啟動電腦前，也會檢查是否正為使用中。
- Windows 還會根據您使用電腦的時間，提出修改「使用時間」的建議。

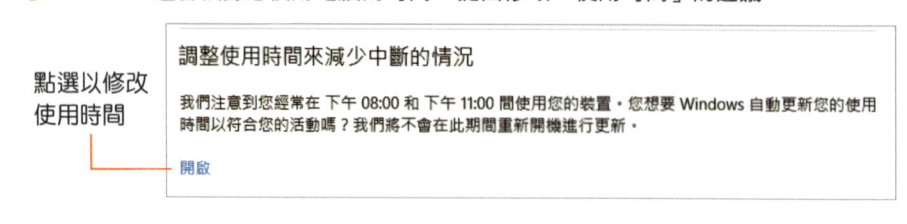

點選以修改使用時間

> **調整使用時間來減少中斷的情況**
> 我們注意到您經常在 下午 08:00 和 下午 11:00 間使用您的裝置。您想要 Windows 自動更新您的使用時間以符合您的活動嗎？我們將不會在此期間重新開機進行更新。
>
> 開啟

STEP**2** 您可以改為 **手動**，再根據自己平常使用電腦的時間重新指定 **使用時間**。

建議的時間

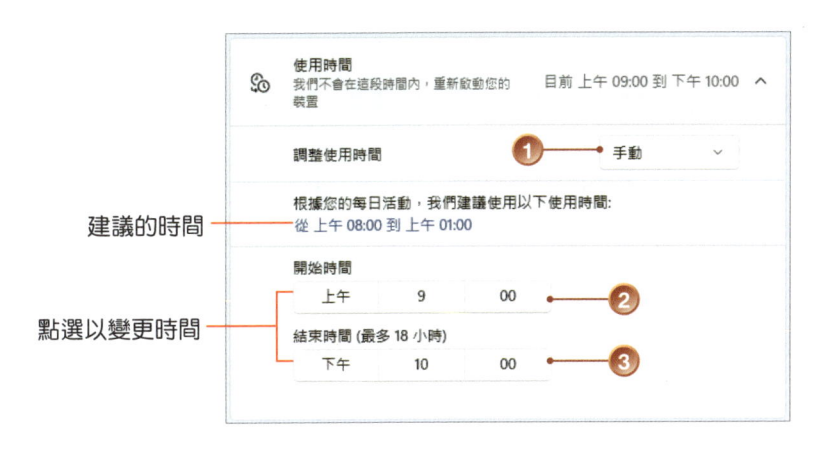

點選以變更時間

STEP**3** 若因特殊需要必須暫停更新,請回到 Windows Update 頁面,在 **暫停更新** 中選擇暫停的時間長度,例如:**暫停 1 週**,畫面會呈現「更新已暫停」的訊息,並告知 7 天後才會繼續更新。

按此恢復更新

可再延長時間

11-11

> **說明**
> - 有些更新會要求您重新啟動電腦，才能完成安裝，重新開機前請確認是否有文件未儲存，再執行重新啟動。
> - 日後 Windows 的小更新將會非常頻繁，由於 Windows 10 太頻繁的系統更新造成用戶的不便，微軟表示 Windows 11 會有更快的下載和安裝 Windows 更新，因為 Windows 11 的更新體積累積會減少 40%，同時累積更新、安全、驅動程式的更新會在背景執行，不會讓用戶察覺。因此使用者只需配合執行「重新啟動」的作業即可保持在最新狀態。

11-2-3 傳遞最佳化

「Windows Update 傳遞最佳化」可協助您更快速穩定地取得 Windows 更新與 Microsoft Store 應用程式。「傳遞最佳化」會以安全的方式，讓您透過 Microsoft 以外的來源，取得 Windows 更新與應用程式，它會根據您的設定，將更新與應用程式，從您的電腦傳送到您區域網路上的其他電腦或網際網路上的電腦。也就是說，當 A 電腦先下載了更新檔案並儲存在電腦後，若其他使用者也需要此更新檔案，可以從 A 電腦中分享；在電腦之間共用資料，有助於降低所需的網路頻寬。「傳遞最佳化」會建立本機快取，並將下載的檔案存放在該快取中一段時間，但無法存取您的個人檔案或資料夾，且不會變更您電腦上的任何檔案。

點選 **進階選項** 中的 **傳遞最佳化** 開啟頁面，預設此項功能是開啟的，也就是允許從其他電腦下載，這樣除了從微軟下載更新和應用程式外，也可從網路上的其他電腦下載，加快應用程式與更新的下載速度。

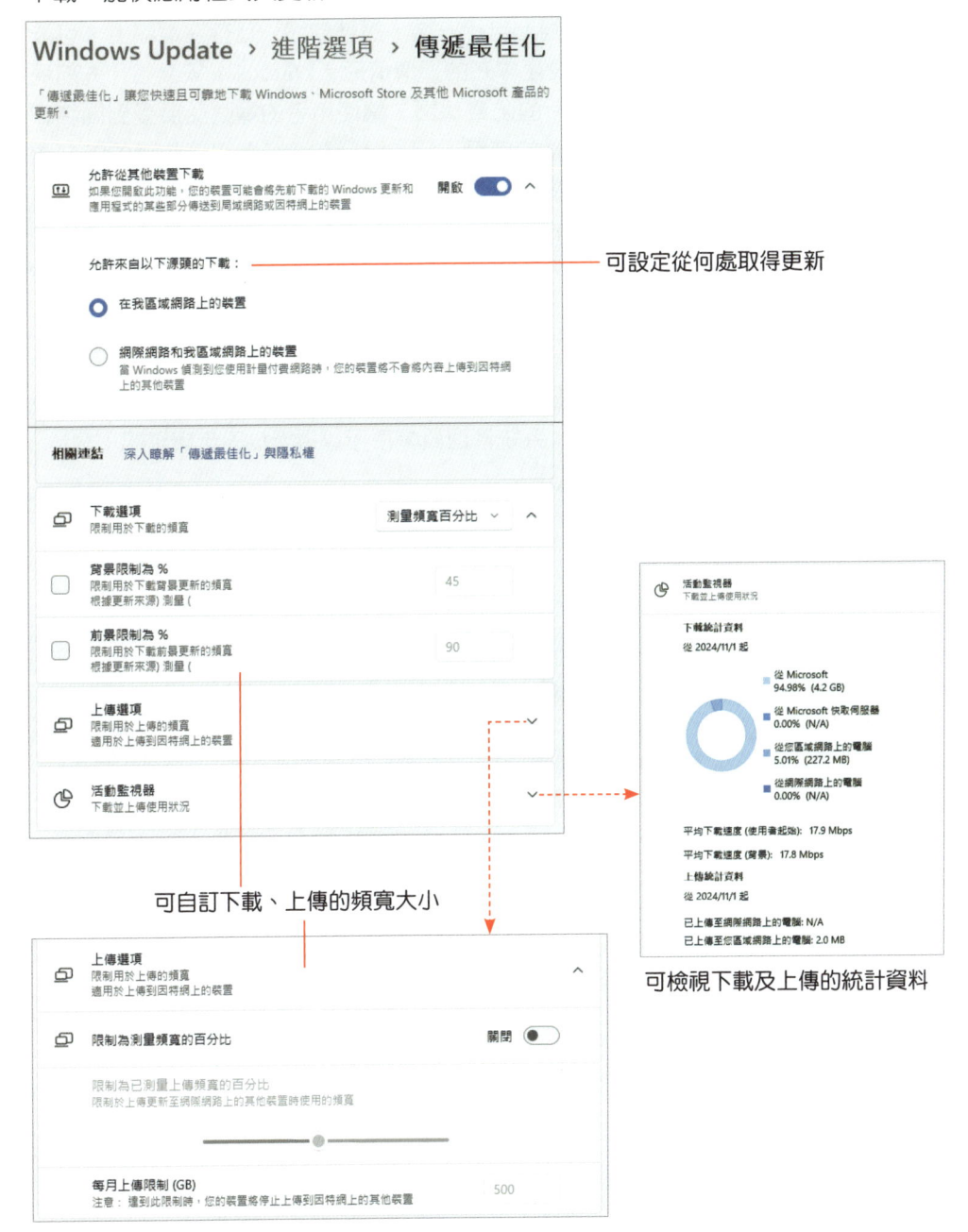

可設定從何處取得更新

可自訂下載、上傳的頻寬大小

可檢視下載及上傳的統計資料

11-13

11-3. 隱私權與安全性

在連線到網際網路，或是從 CD、DVD 及其他媒體安裝某些程式時，一些惡意軟體和其他潛在的垃圾軟體會嘗試在電腦上自行安裝，這種軟體一旦存在電腦上，可能會立即或無預期地執行，而使電腦發生未知的損壞情形。Windows 安全性（先前稱為 Windows Defender）會提供最新的防毒保護，讓使用者的電腦免於受到間諜軟體和快顯視窗的攻擊，以減低安全性的威脅。它會隨時監控任何可疑軟體的安裝或變更的服務，讓使用者可以選擇要安裝在電腦上的軟體。Windows 安全性 同時具有掃描、移除、隔離和預防惡意程式碼的功能，並且會自動下載更新惡意軟體的定義，以防止被最新的惡意軟體入侵。

11-3-1 開啟 Windows 安全性

Windows 安全性 的功能預設是啟動的，無須使用者設定，系統即會自動建立保護機制，讓電腦處於安全無慮的環境。系統管理員帳戶可以透過以下步驟確認：

STEP 1 進入 設定 > 隱私權與安全性 視窗，點選 Windows 安全性，按下【開啟 Windows 安全性】鈕。

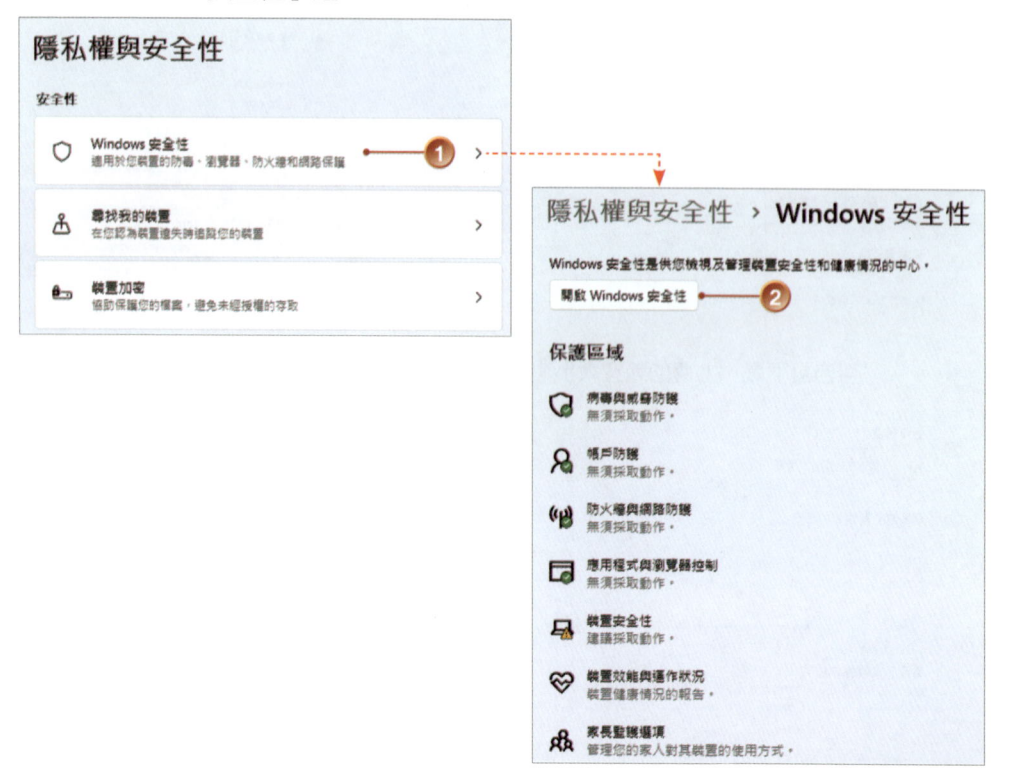

> **說明**
>
> 展開 顯示隱藏的圖示，在 Windows 安全性 圖示上按右鍵選擇 檢視安全性儀表板，也可開啟 Windows 安全性。
>
> 出現此圖示提醒您要採取動作

STEP **2** 開啟 Windows 安全性 視窗，下方會顯示八大功能，點選可進入相關頁面進行設定：

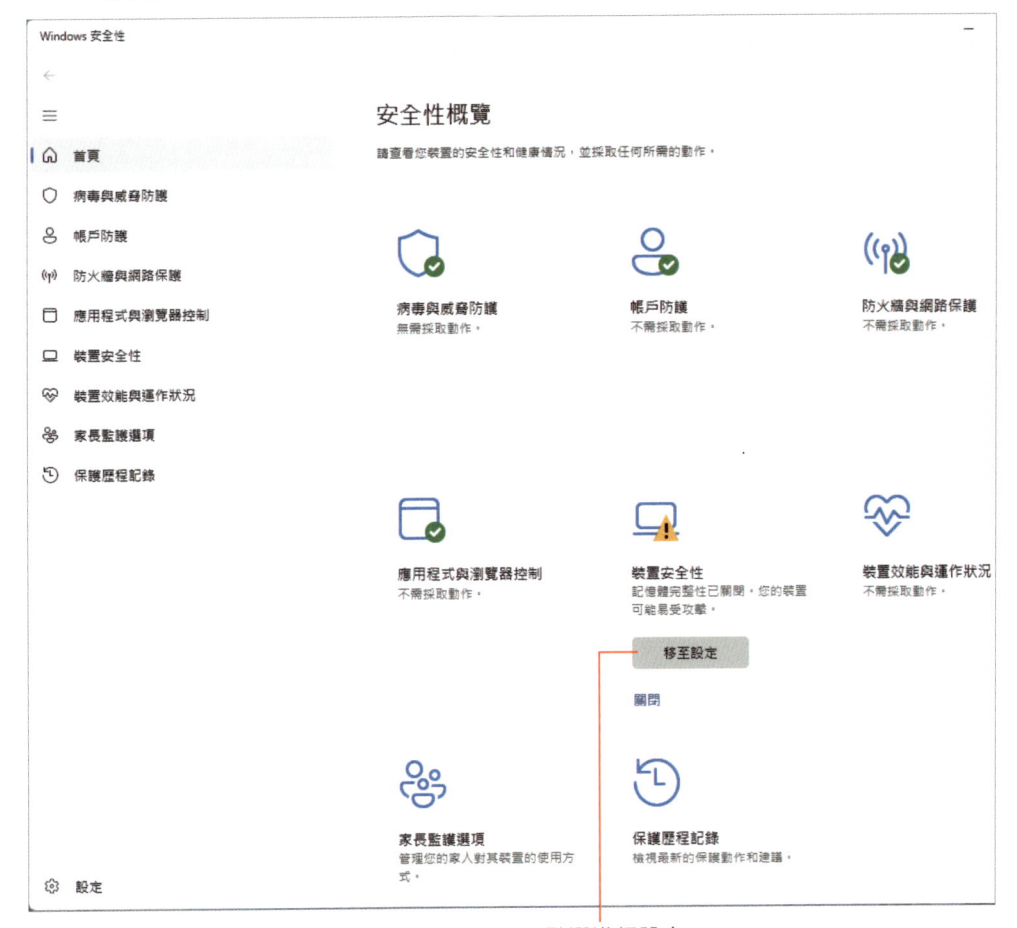

可點選進行設定

11-15

- **病毒與威脅防護**：監視裝置所面臨的威脅，掃描電腦有沒有病毒、惡意程式和廣告軟體等可疑檔案，並將他們移除，取得更新以協助偵測最新的威脅。

- **帳戶防護**：針對使用者帳戶和登入選項的安全性進行保護，包括 Windows Hello 和動態鎖定。

- **防火牆與網路保護**：設定電腦的防火牆功能，監視網路和網際網路連線的即時狀況。

- **應用程式與瀏覽器控制**：為應用程式、Microsoft Store 和 Microsoft Edge 瀏覽器設定 SmartScreen 篩選工具，以檢查來自網路的不明應用程式安裝和檔案下載檔有無安全問題，免於惡意網站的入侵與下載。

- **裝置安全性**：檢視裝置內建核心軟體與硬體功能的安全性選項，以協助保護您的裝置不遭受惡意軟體的攻擊，其內容會依裝置不同而異。

- **裝置效能與運作狀況**：檢視裝置效能運作狀況的相關資訊，包括電腦的儲存容量、驅動程式及電池等有無問題，以便即時處理。

- **家長監護選項**：追蹤子女的線上活動與您家中的裝置。家長可以在此設定子女使用電腦的規定，以免使用電腦太長時間或瀏覽到不該看的網頁。

- **保護歷程記錄**：可以檢視 Windows 安全性提供的保護動作和建議，如果您確定隔離的檔案不是威脅，可以在此將它還原或是移除。

Windows 安全性 視窗中會以狀態圖示指出目前的安全性層級：

- **綠色**：裝置受到充分保護，沒有任何建議的動作。
- **黃色**：有建議您採取的安全動作，變更時會出現 使用者帳戶控制 視窗。
- **紅色**：警告，提醒某個項目需要立即採取動作

11-3-2 病毒與威脅的處理

當 Windows 發現病毒與威脅時會顯示通知,在通知區域或進入 Windows 安全性視窗時,會顯示建議或警告圖示,此時可以執行以下的動作:

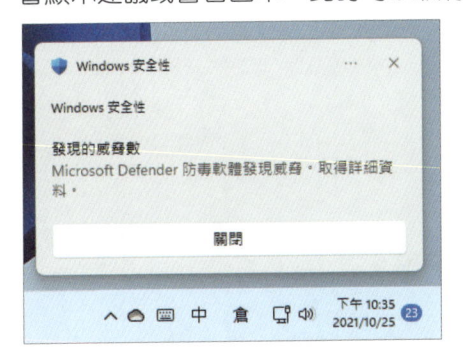

STEP**1** 點選 **病毒與威脅防護** 進入其頁面,會顯示發現的威脅,稍待一會 Windows Defender 會自動處理,或是點選【開始動作】鈕,隨即開始進行處理作業。

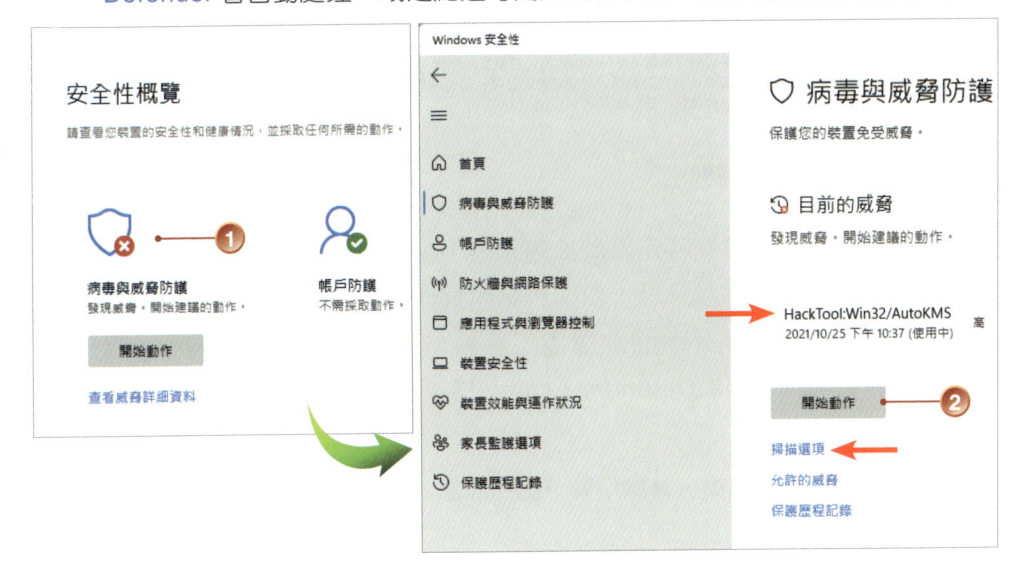

STEP**2** 為確保裝置安全,您可以執行掃描動作,請點選 **掃描選項**,Windows 安全性提供幾種不同程度的掃描層級,視需要選擇後按【立即掃描】鈕。

- **快速掃描**:系統會掃描電腦上最有可能被間諜軟體入侵的位置。
- **完整掃描**:會針對系統中所有的檔案及軟體進行偵測,不過需要執行較久的時間,而在掃描的期間也會拖慢電腦的速度。

接下頁 ➡

■ 11-17

- **自訂掃描**：當您懷疑特定區域被感染時，則可以執行 **自訂掃描**，以便選擇想要掃描的檔案或資料夾，如此可以節省掃描的時間。

- **Microsoft Defender Offline 掃描**：針對特別難以從裝置中移除的惡意軟體，執行 Microsoft Defender Offline 掃描 會使用最新的威脅定義檔來尋找並移除。

STEP**3** 執行 **快速掃描** 完畢，會顯示如下圖的訊息。

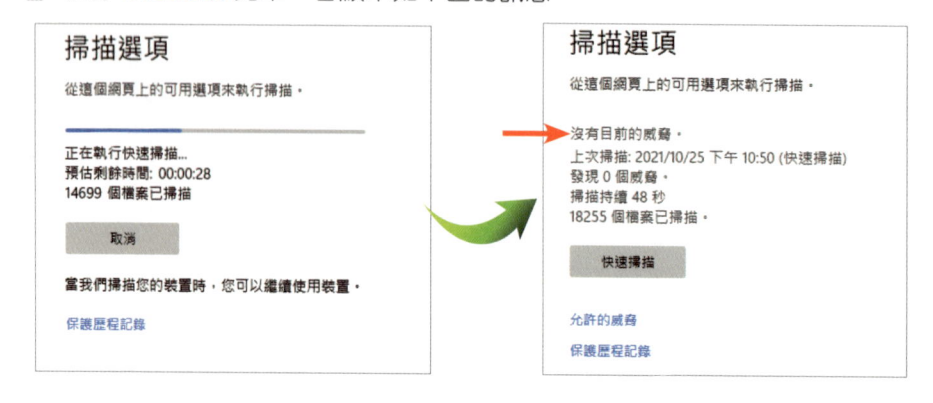

若有掃描到「威脅」，點選 **保護歷程記錄** 會顯示「已隔離威脅」或「已封鎖威脅」。展開「已隔離威脅」選項，可以檢視詳細資料並採取 **還原** 或 **移除** 的 **動作**。展開「已封鎖威脅」的項目後，若發現是可接受的狀態，可以執行 **允許** 的 **動作**，該項目將會顯示在 **允許的威脅** 清單中，未來掃描時將不會偵測到它。

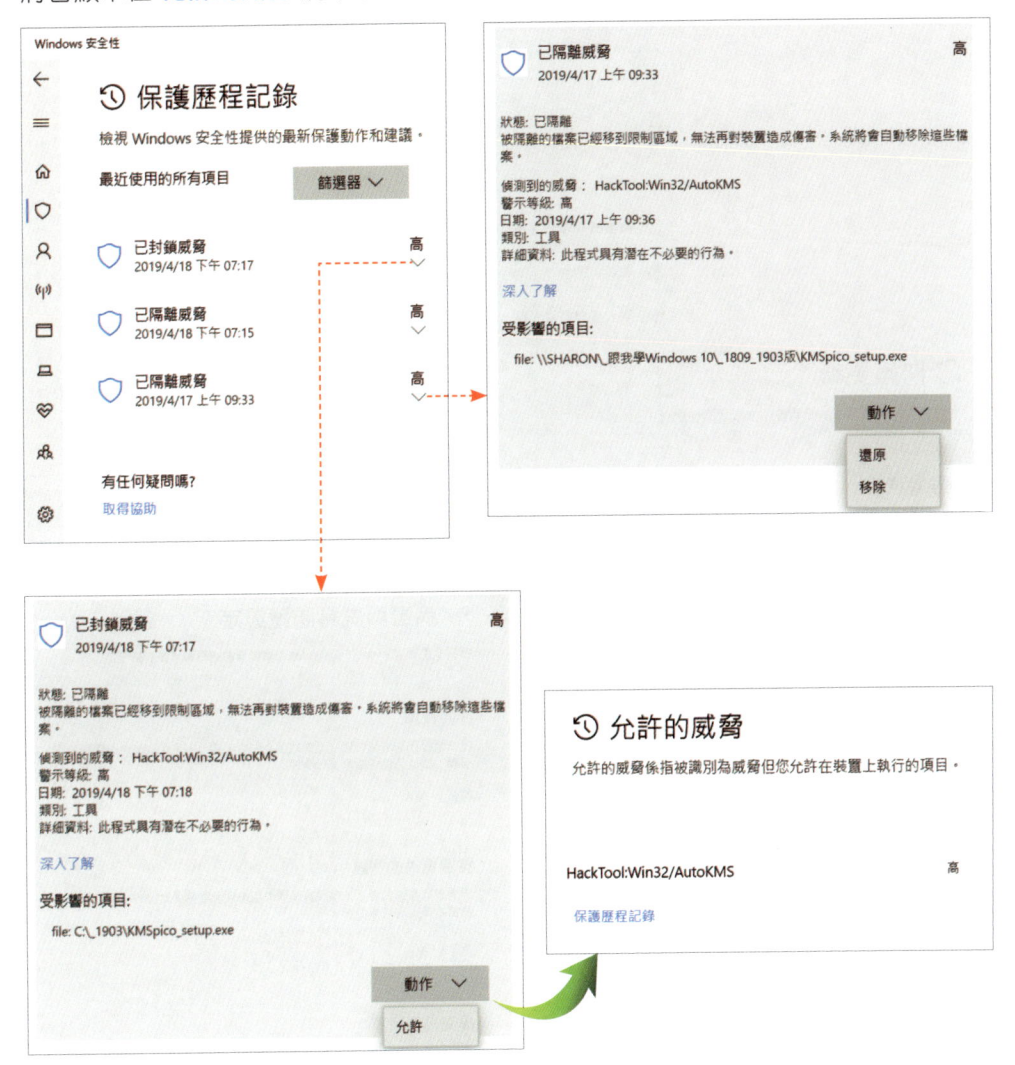

11-3-3 防護更新與設定

為了因應間諜軟體的不斷翻新，Windows 安全性 會在掃描前自動確保它已含有最新的定義。如果您要確認系統已自動更新定義，請在 病毒與威脅防護 視窗點選 防護更新，再點選【檢查更新】鈕，若有更新軟體，將會順便下載及安裝。

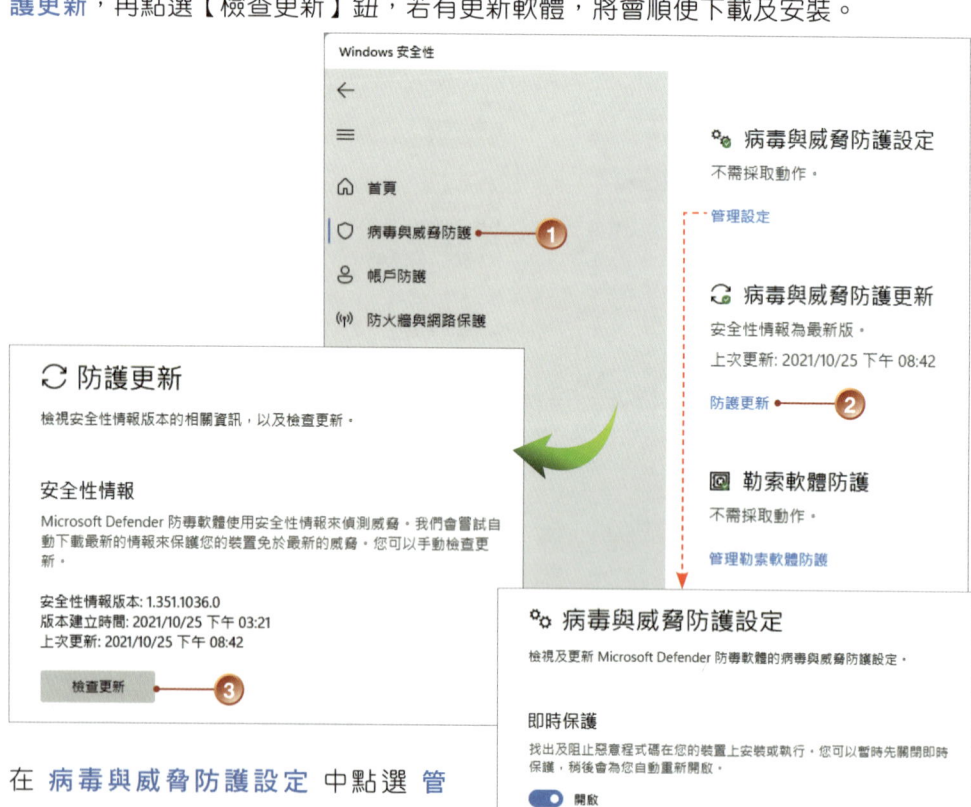

在 病毒與威脅防護設定 中點選 管理設定，可以檢視及更新 Microsoft Defender 防毒軟體的病毒與威脅防護設定，所有的選項預設都是開啟的。

■ 11-20

進入 Windows 安全性 的 設定 視窗，可以管理安全性提供者和通知設定。預設會開啟各項「通知」，以便接收最近的防毒軟體活動和掃描結果，並在防火牆封鎖新應用程式時收到通知。

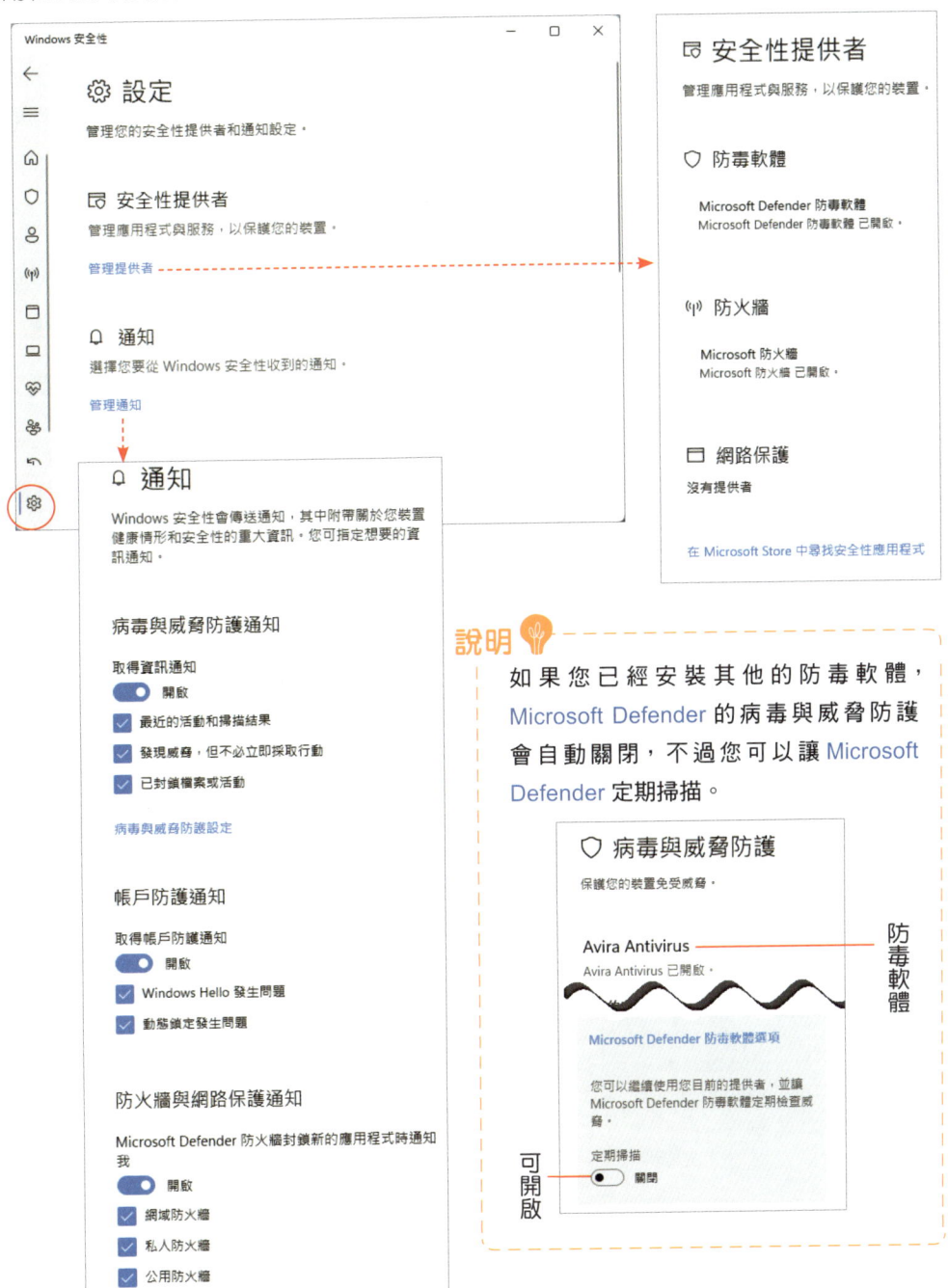

> **說明**
> 如果您已經安裝其他的防毒軟體，Microsoft Defender 的病毒與威脅防護會自動關閉，不過您可以讓 Microsoft Defender 定期掃描。

■ 11-21

11-4. 防火牆與網路保護

「防火牆」可以協助防止駭客或惡意軟體，透過區域網路或網際網路來存取您的電腦。它是一個監視和防止惡意程式的軟體或硬體，依照您對防火牆的設定，可以決定讓什麼裝置可以存取您的網路。對於一般的個人用戶而言，Windows 中內建的防火牆程式或許已經足夠，如果是擁有 2 部以上網路介面的電腦，可能還是需要專業的防火牆設備，才能杜絕有心人士的惡意攻擊。

11-4-1 開啟或關閉防火牆

在 Windows 作業系統中，防火牆 的預設值為開啟，使用者只要一啟動電腦登入系統，防火牆就會開始保護電腦。我們可以透過以下的程序來確認防火牆是否已開啟。

STEP 1 開啟 Windows 安全性 視窗，點選 防火牆與網路保護。(參考 11-15 頁步驟 2 的圖)

STEP 2 顯示防火牆已開啟，在此可以進行防火牆的通知設定，或將防火牆還原為預設值。

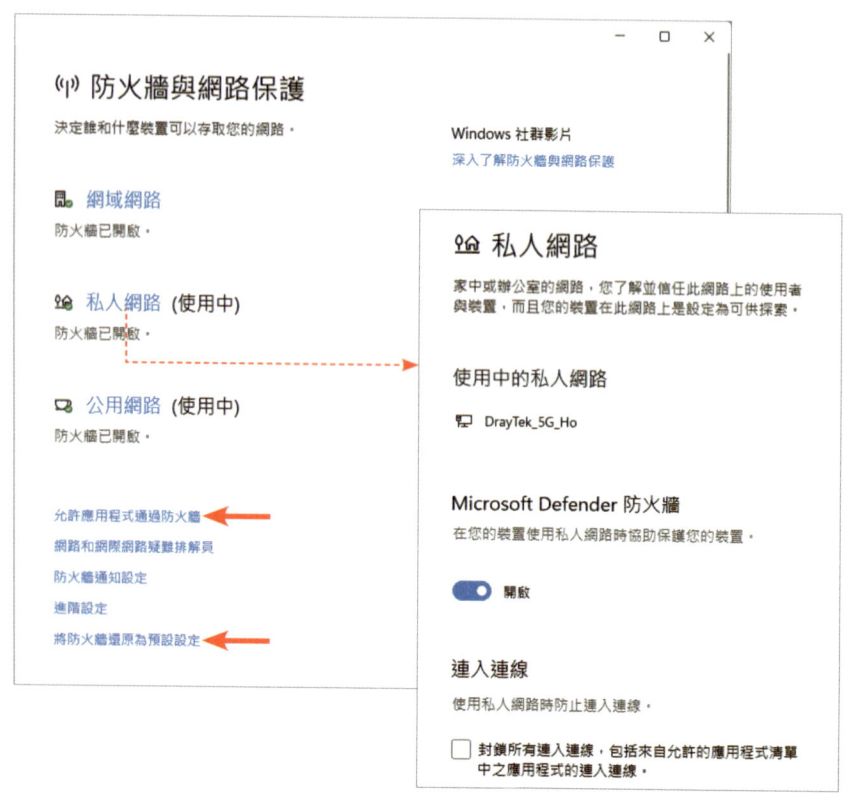

11-22

除了從 Windows 安全性 視窗檢視防火牆的設定外，進入 控制台 的 Windows Defender 防火牆 視窗，也可以進行與防火牆相關的設定。

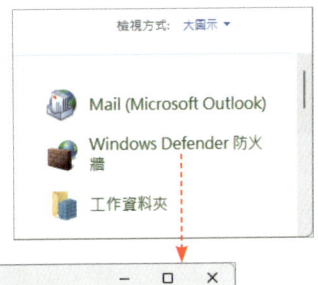

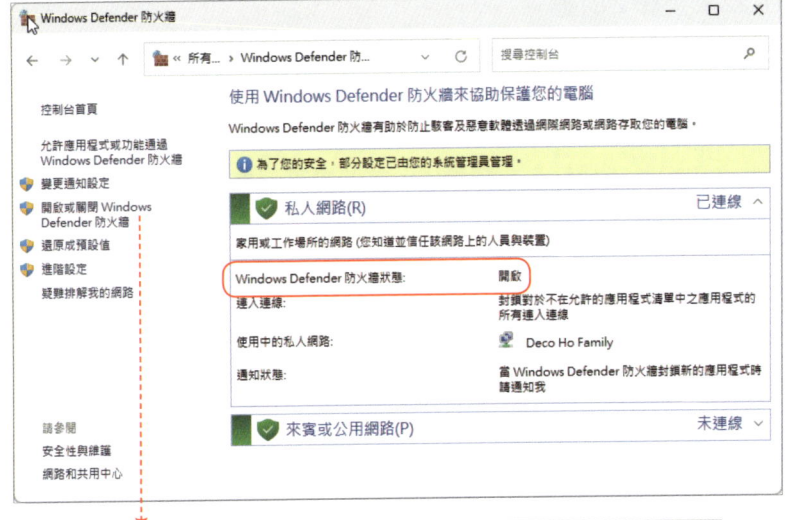

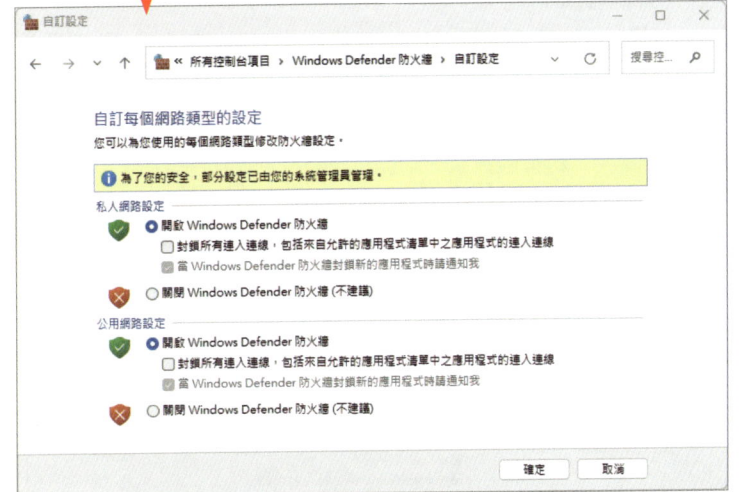

> **說明**
> Windows 防火牆 並不能判斷電子郵件（E-mail）的內容，也就是說，它並不能防範經由電子郵件所散發的病毒或惡意程式。因此建議您，在開啟電子郵件的附件以前，先使用防毒軟體進行掃描，確認要開啟的附件是安全的。

11-23

11-4-2 設定允許的程式

有時候在安裝新的程式或連接埠時，**防火牆** 在第一時間不一定會認得這個新的程式，此時您可以用手動的方式來設定新增程式或連接埠，以便允許這些特例通過防火牆。

STEP 1 於 **防火牆與網路保護** 視窗中點選 **允許應用程式通過防火牆** 項目（參考 11-22 頁步驟 2 的圖）。

STEP 2 會進入 **控制台**，在 **允許的應用程式** 視窗中，先按下【變更設定】鈕之後，下方清單的核取方塊即可勾選。

STEP 3 這些應用程式或功能會有預設值，若要變更，請在 **名稱** 前方取消或勾選核取方塊，並勾選 **私人** 或 **公用** 的網路位置類型。

STEP 4 變更完畢，按【確定】鈕。

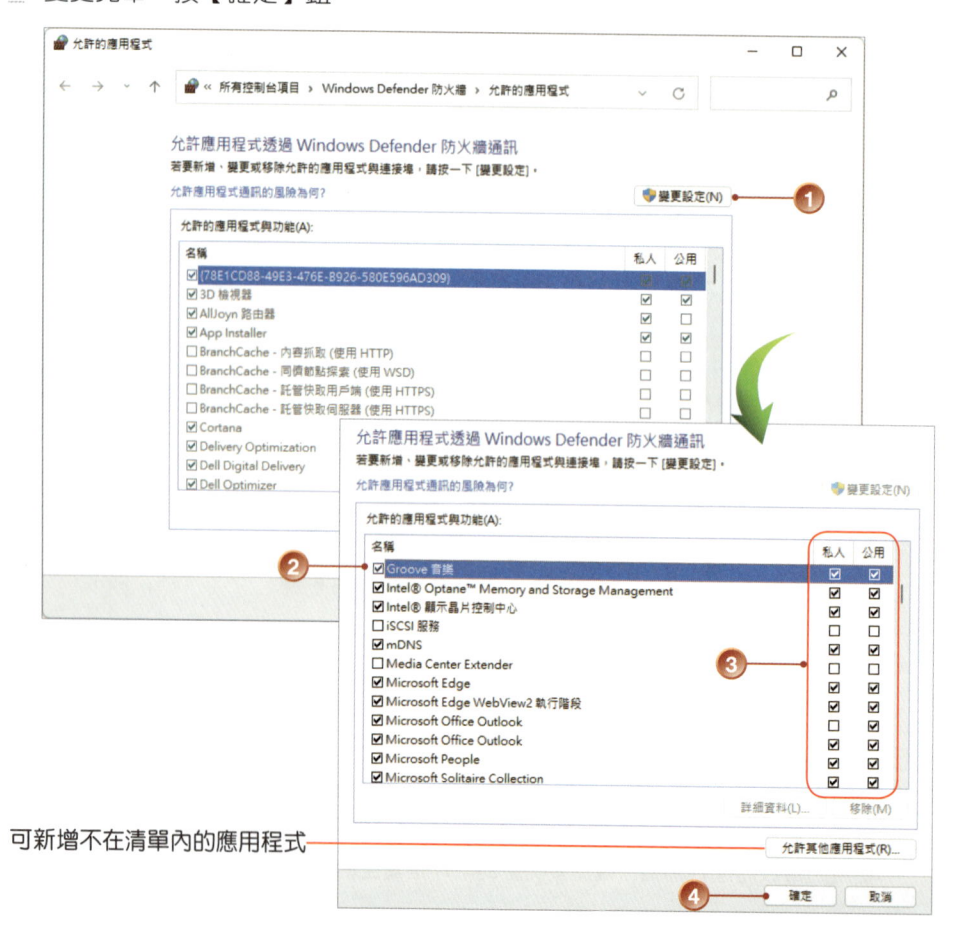

可新增不在清單內的應用程式

■ 11-24

Chapter 12

系統修復與管理

Windows 針對電腦系統的修復與還原，提供了不少好用的功能，讓您能夠更輕鬆的掌管自己的電腦。例如：「檔案歷程記錄」功能，讓您在不小心刪錯或誤改檔案內容時，可還原到先前的版本。當系統不穩定或有不正常的現象時，可透過系統還原或修復的功能，將電腦還原到先前正常時的狀態。

12-1. 系統還原

「系統還原」顧名思義是將作業系統還原至某個時間點的狀態。有時候在安裝了新的驅動程式、應用程式或是改變 Windows 設定後，本來運作正常的電腦，會開始發生未預期的狀況，就算將應用程式解除安裝還是無法正常作業！這時候可以透過 **系統還原** 功能，移除任何自上次電腦正常運作之後所做的變更。**系統還原** 不會影響到您個人的資料檔，因此並不會失去文件、圖片或電子郵件等資料。不過，有可能會移除最近安裝的應用程式與驅動程式。

12-1-1 建立系統還原點

當系統遭遇到重大變更時，例如：安裝應用程式或驅動程式，就會自動建立 **還原點**，以做為下次執行 **系統還原** 時的依據。除了系統自動建立外，您也可以視需要隨時建立自己的還原點，一旦發生任何失誤時，只要選擇其中一個還原點，Windows 即會移除該還原點之後所做的任何系統變更。

> **說明** 💡
> - 請注意！**系統還原** 不是用來備份個人資料的，因此無法協助您復原已經刪除或損毀的個人檔案。要備份個人檔案請參閱 12-3 節的操作。
> - 本章大部分的操作都會受到使用者帳戶控制，因此請以系統管理員帳戶登入執行。

STEP 1 進入 **設定 > 系統 > 系統資訊** 頁面，在 **相關連結** 點選 **系統保護**。

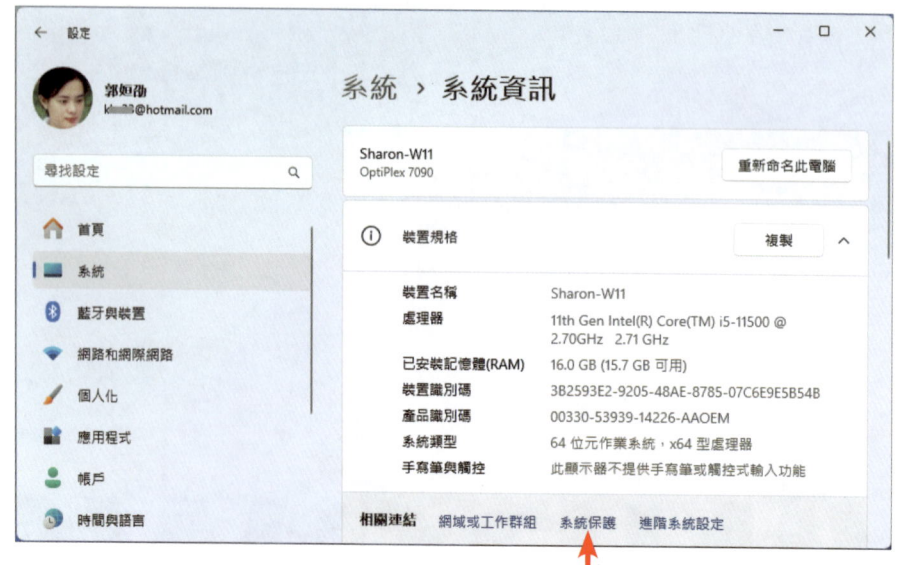

STEP2 開啟 系統內容 對話方塊，並自動切換至 系統保護 標籤，目前系統保護的功能並未開啟，先按下【設定】鈕。

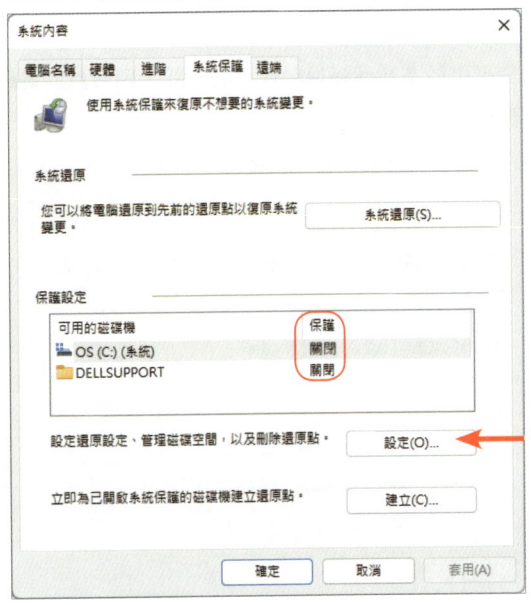

STEP3 開啟 系統保護 對話方塊，選擇開啟選項，接著可調整 磁碟空間使用量，或採預設值，按【確定】。

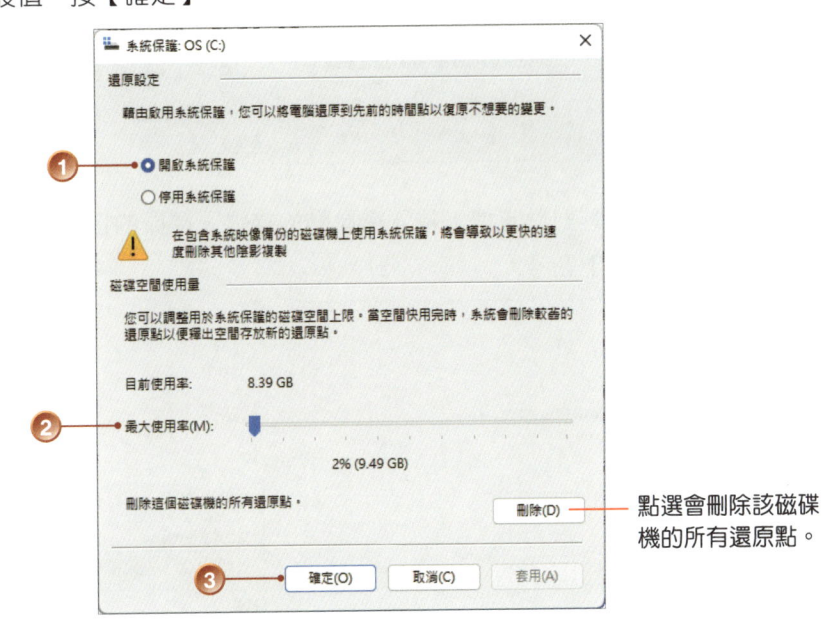

點選會刪除該磁碟機的所有還原點。

12-3

> 說明
> - 系統還原可能會使用每個硬碟上百分之三到五的空間，當空間被還原點填滿時，系統還原會刪除較舊的還原點，以提供空間給新的還原點。
> - 若磁碟空間減少至小於系統保護目前使用的空間，則較舊的還原點（包括檔案先前的版本）將會被刪除。
> - 在小於 1 GB 的磁碟上，無法執行系統還原。

STEP**4** 回到 **系統內容** 對話方塊，選取您要建立還原點的硬碟，按【建立】鈕。

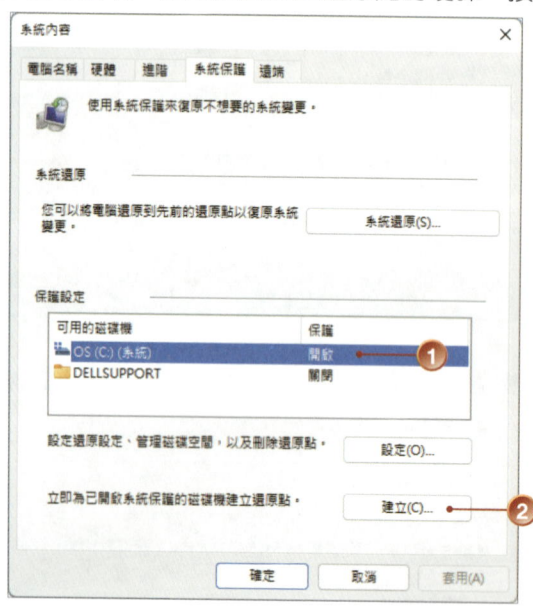

STEP**5** 出現 **系統保護** 對話方塊，輸入還原點的描述，還原的日期和時間會自動加入，按【建立】鈕。

STEP6 顯示「還原點已順利建立」訊息，按【關閉】鈕，回到 系統內容 對話方塊，按【確定】鈕即完成還原點的建立。

12-1-2 執行系統還原

當您發現系統出現問題時，可以將其回復到先前運作正常的狀態，請依照下列操作步驟執行。

STEP1 進入 設定 > 系統 > 系統資訊 頁面，在 相關連結 點選 系統保護（參考 12-2 頁步驟 1 的圖），再次進入 系統內容 對話方塊，按【系統還原】鈕（參考左頁步驟 4 的圖）。

STEP2 啟動 系統還原 精靈，按【下一步】鈕。

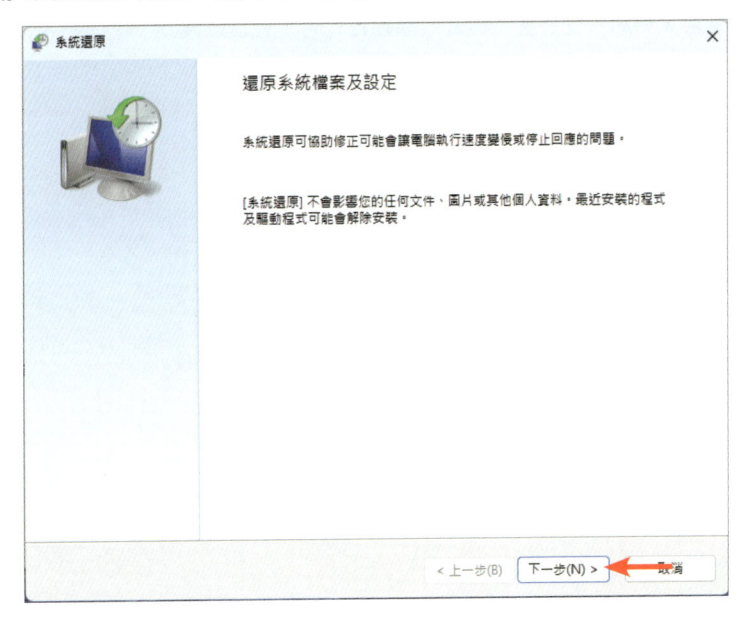

STEP 3 選擇所要的還原點,按【下一步】鈕。

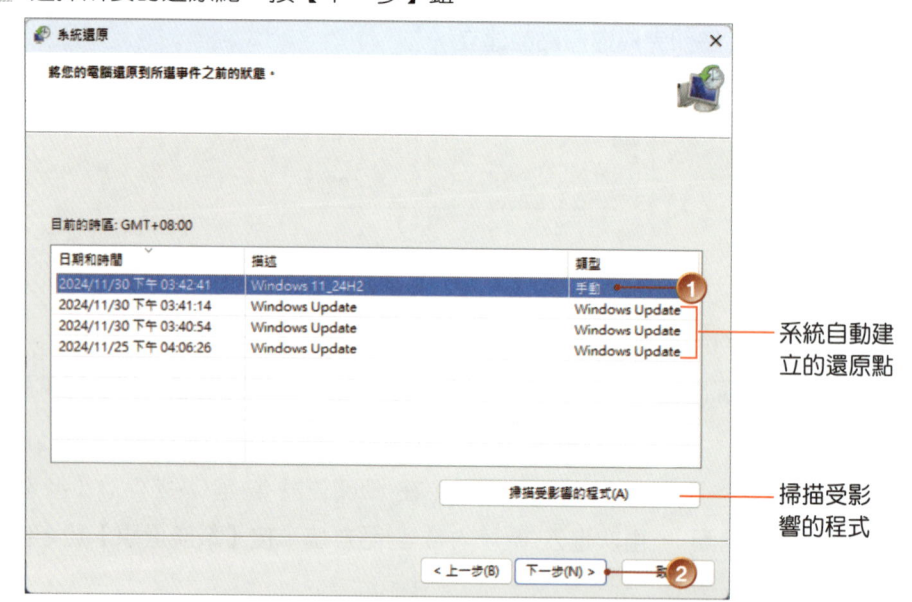

———— 系統自動建立的還原點

———— 掃描受影響的程式

> **說明**
> 當系統有重大更新、安裝應用程式或驅動程式時,會自動建立 還原點,例如上圖中除了 手動 的 類型 外,其他皆是系統自動建立的還原點。

STEP 4 確認所選擇的還原點與磁碟機,按【完成】鈕。

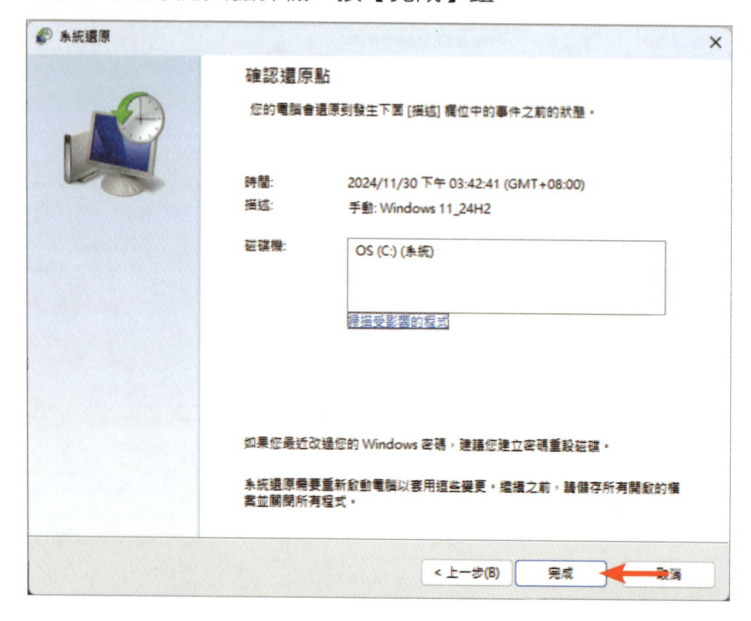

12-6

STEP **5** 出現警告訊息,提醒您在完成前將無法中斷系統還原工作,按【是】鈕。

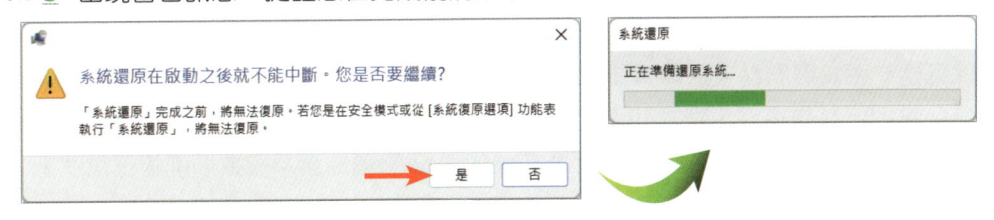

STEP **6** 系統將重新啟動電腦,並執行還原的工作。重新啟動後進入 Windows,會有訊息顯示系統還原已順利完成,按【關閉】鈕。

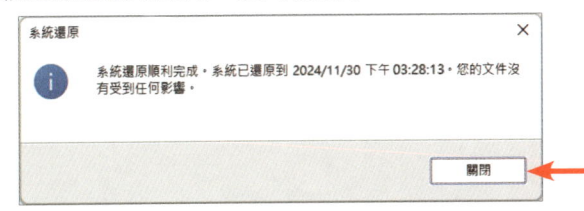

說明 💡

您也可以取消上次的系統還原動作,操作方法與執行還原相同,當進入 **系統還原** 精靈時,會顯示 **復原系統還原** 的選項,或是改選 **選擇其他還原點**,然後選擇其他 **類型**,步驟與執行還原相同。

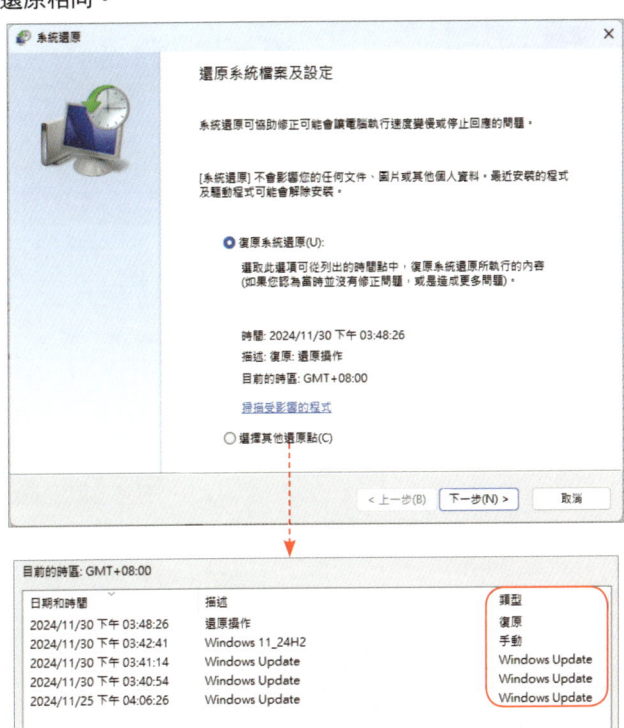

12-2. 系統映像備份與還原

除了建立系統還原點來還原系統之外，**建立系統映像** 功能會建立整部電腦的映像備份，包括所有的檔案、程式和系統設定值。當硬碟損毀、中毒，甚至是不小心將系統磁碟機整個格式化時，可以利用 **系統映像備份** 來還原至系統損壞前的正常狀態。

12-2-1 建立系統映像

STEP 1 開啟 控制台，在 類別 檢視下點選 系統及安全性 > 備份與還原（Windows 7）。

STEP 2 開啟視窗後，點選左側的 建立系統映像。

STEP 3 出現 建立系統映像 精靈，選擇儲存備份的位置，按【下一步】鈕。

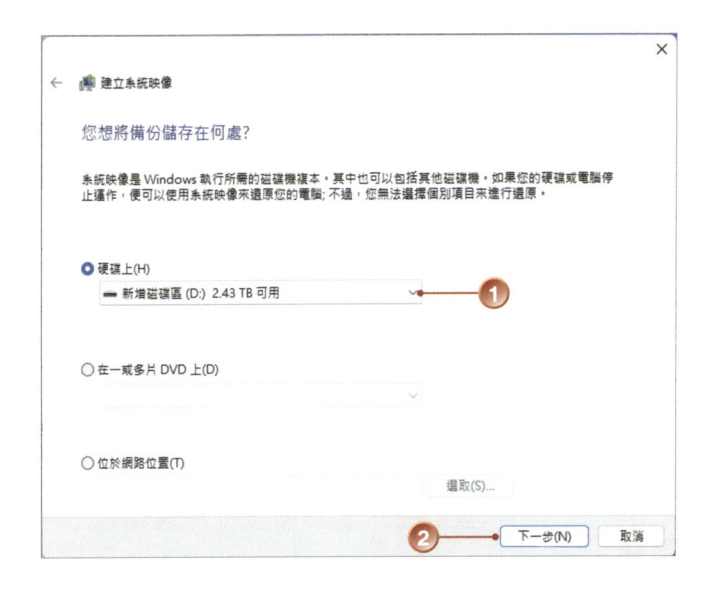

[圖示：建立系統映像視窗 — 您想將備份儲存在何處？]

- 硬碟上(H)
  - 新增磁碟區 (D:) 2.43 TB 可用 ①
- 在一或多片 DVD 上(D)
- 位於網路位置(T)

② 下一步(N)

> **說明**
> 建議使用外接式硬碟來做為備份的儲存位置，若選取的磁碟機位於要備份的相同實體磁碟，則無法達到備份之意義，因為如果該磁碟機故障，所有備份資料將有可能消失。請注意！要備份的磁碟機必須是 NTFS 格式才能儲存系統映像。

STEP**4** 確認備份設定的內容，按【開始備份】鈕。

[圖示：建立系統映像 — 確認您的備份設定]

備份位置：
　新增磁碟區 (D:)
備份最多會需要 329 GB 的磁碟空間。

將備份下列磁碟機：
- EFI 系統磁碟分割
- OS (C:) (系統)
- Windows 修復環境 (系統)

開始備份(S)

12　系統修復與管理

■ 12-9

> **說明**
>
> 電腦中若有多個硬碟,會先出現選項讓您勾選需備份的磁碟機,標示「系統」的磁碟會自動被勾選,而且無法取消。

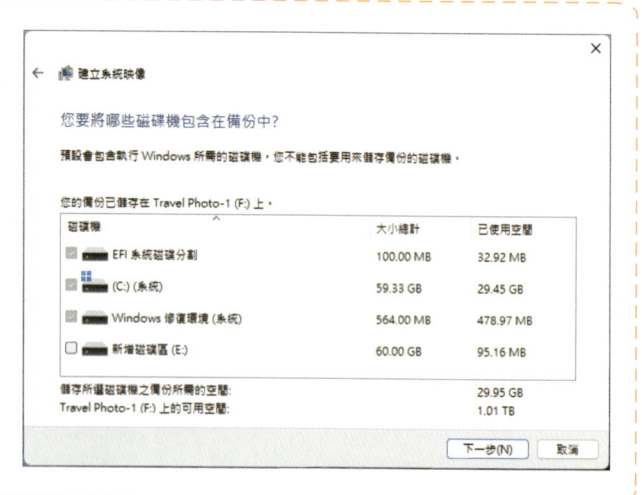

STEP **5** 出現備份進度提示,備份完成按【關閉】鈕完成備份的工作。接著會出現提示,問您是否要建立系統修復光碟,按【是】會開啟 建立系統修復光碟 視窗,此部分請參考 12-2-3 小節的操作,再此先按【否】鈕。

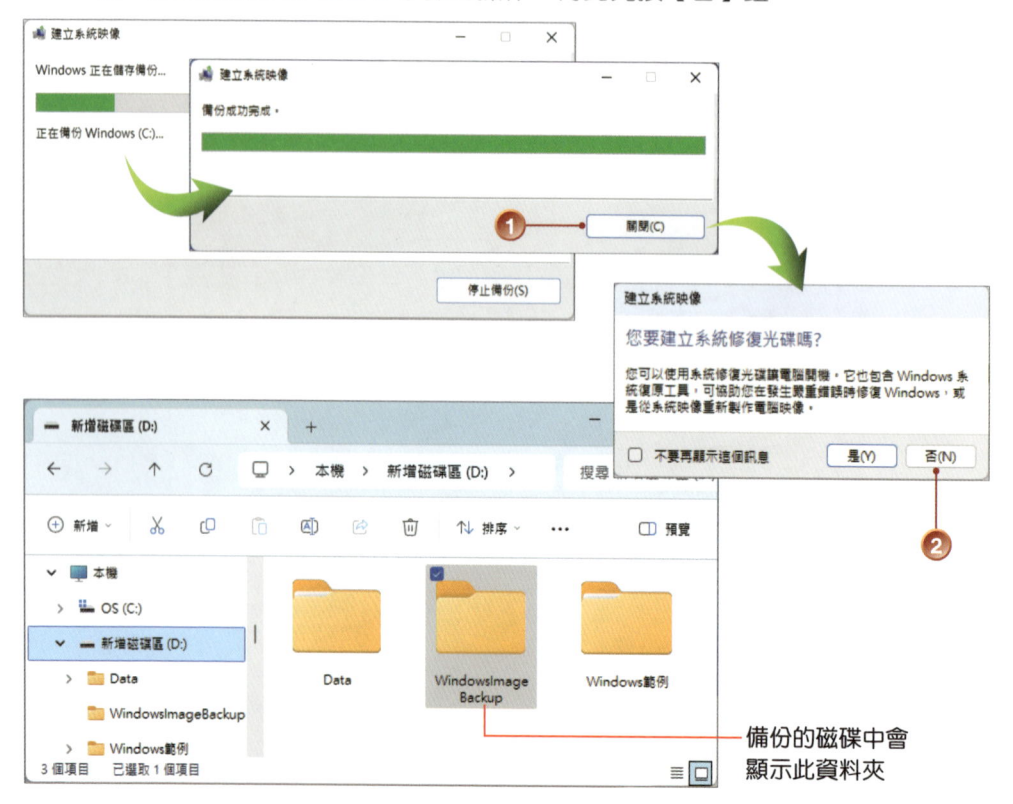

備份的磁碟中會顯示此資料夾

說明
- 要建立系統映像的硬碟除了是 NTFS 格式外，儲存備份資料的硬碟必須為「基本磁碟」。您也可以備份「動態磁碟」，不過必須將電腦上的所有「動態磁碟」都備份。
- 建議使用者至少每半年建立一份新的 系統映像。如果您的電腦有多個磁碟分割，則應該在設定電腦之後，立即執行系統映像備份，備份應包含所有磁碟分割上的所有檔案和程式。將備份映像儲存在外接式硬碟或未安裝 Windows 的磁碟分割上，以備系統硬碟損壞時可用。

12-2-2 以系統映像修復電腦

當電腦出現問題，例如：中毒、資料毀損、運作不順暢…等情況時，即可使用上一小節所建立的「系統映像」，將電腦還原到上次備份的狀態。以下示範如何復原儲存在外接式硬碟中的備份，無論原本是備份在 DVD 或硬碟，還原的方法皆相同。

說明
電腦運作不順暢時，可以嘗試進入 工作管理員 視窗，關閉一些在背景執行的應用程式，或是將不正常運作的應用程式關閉，有關 工作管理員 的詳細介紹，請參閱線上教學課程的介紹。

STEP**1** 請先連接在前一小節中所存有 系統映像 資料的外接式硬碟或光碟片。

STEP**2** 進入 設定 > 系統 > 復原 畫面，點選 進階啟動 下的【立即重新啟動】鈕。

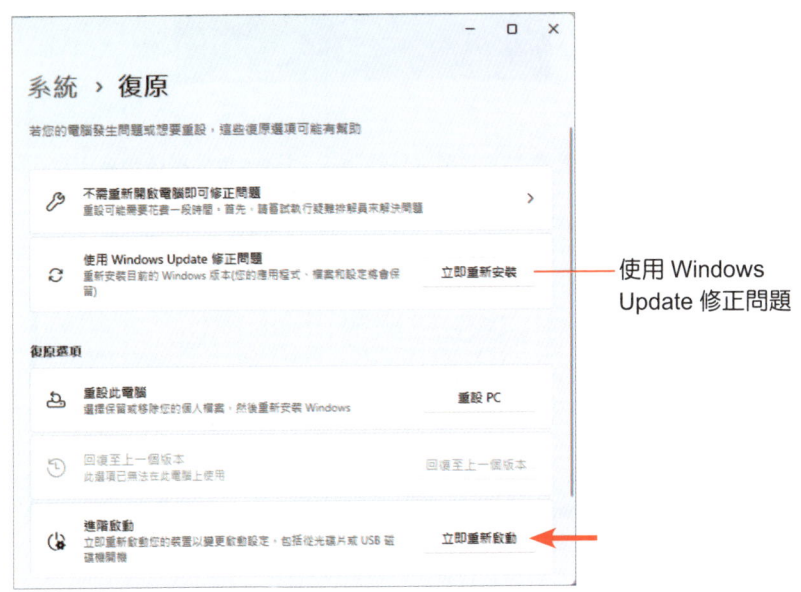

STEP3 出現確認畫面，按【立即重新啟動】鈕。

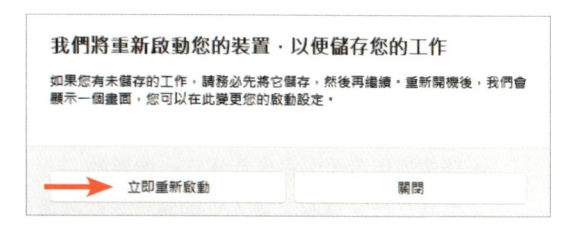

STEP4 重新啟動電腦，接著顯示如圖的畫面，點選 疑難排解，再點選 進階選項。

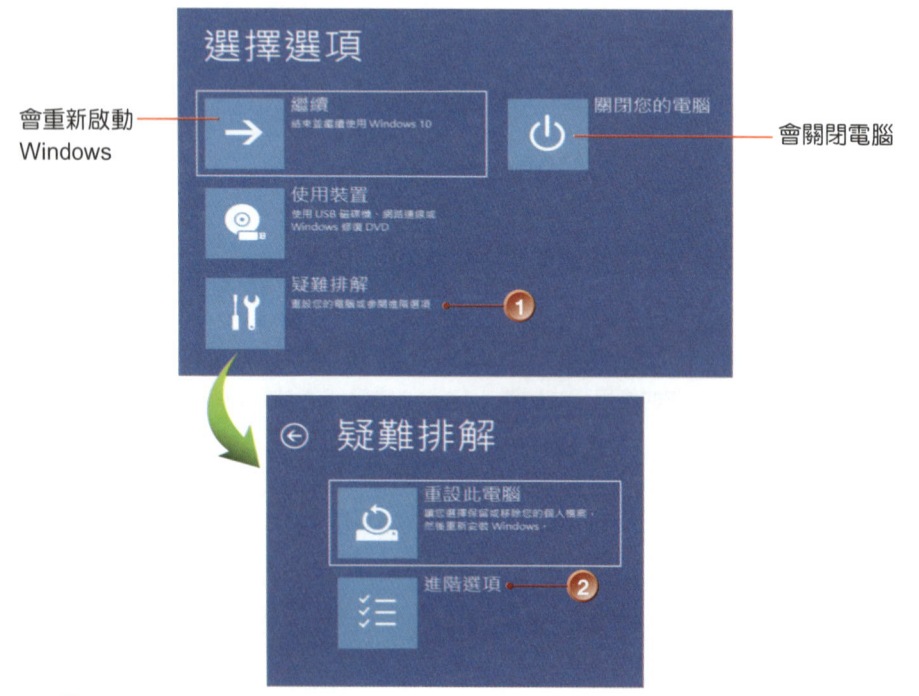

會重新啟動 Windows ①

會關閉電腦

②

說明

按住 [Shift] 鍵再點選 開啟/關閉 ⏻ 的 重新啟動，重開機後也會出現 選擇選項 的畫面。

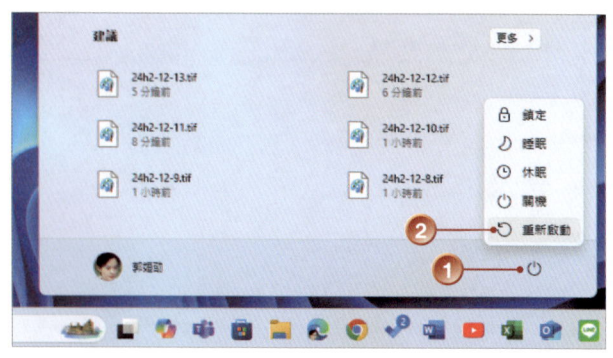

12-12

STEP 5 在 **進階選項** 畫面中，有關於系統還原和修復的功能選項，請點選 **系統映像修復** 項目。

STEP 6 出現正在準備系統映像修復的畫面。

> **說明**
> 若有多個本機登入帳號，此時會出現選擇使用者帳戶的畫面，請選擇系統管理員的帳戶並輸入密碼，才能進行到下個步驟。

STEP 7 進入 **重新製作電腦映像** 精靈，點選 **使用最新可用的系統映像** 項目，系統會自動偵測，按【下一步】鈕。

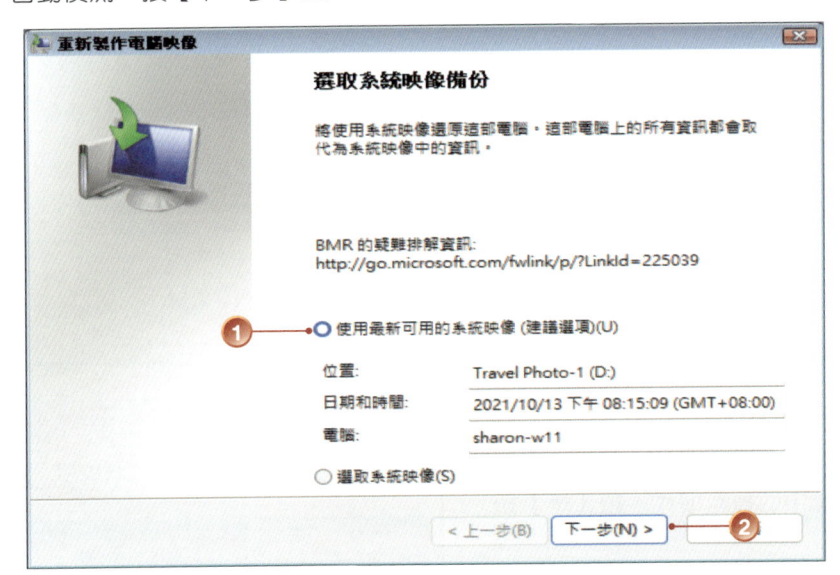

12-13

STEP8 由於本外接硬碟只有一個分割區，因此 **格式化並重新分割磁碟** 核取方塊沒有作用，按【下一步】鈕。

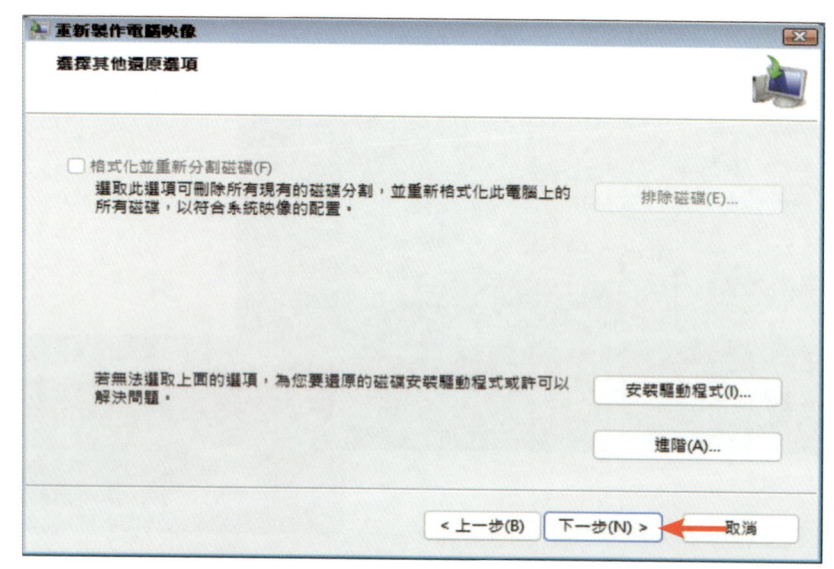

STEP9 確認系統映像還原資訊，按【完成】鈕。

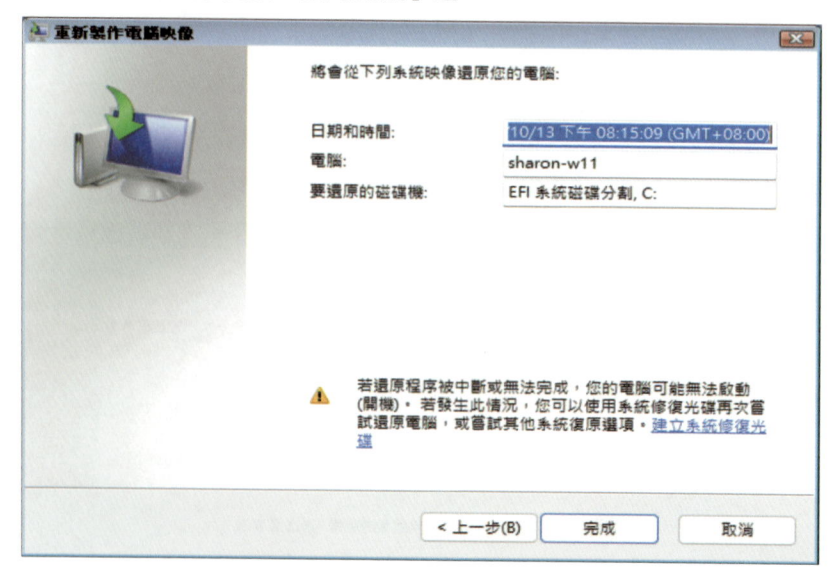

STEP10 出現警告訊息，告知要還原的磁碟機的所有資料，都會被系統映像中的資料取代，按【是】鈕。

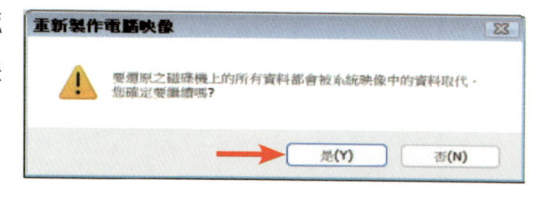

12-14

STEP 11 系統開始執行還原的動作，完成還原作業後，重新啟動電腦，即可正常使用 Windows。

> **說明**
> 「系統映像」只支援完整的系統還原，無法個別選擇想還原的項目。

12-2-3 建立系統修復光碟

如果電腦發生嚴重錯誤導致無法開機時，不管是系統還原或系統映像都沒辦法解決了，因為開不了機，這時候可以使用「系統修復光碟」來讓電腦開機，它同時也包含了 Windows 系統復原工具，可以協助修復 Windows，或是從系統映像還原電腦。因此，為了防患未然，最好在電腦正常運作時，先建立好修復光碟（需要光碟機裝置）。在 12-2-1 小節建立完系統映像時，也會詢問是否建立修復光碟，若當時並未製作，事後可依以下步驟建立：

STEP 1 在 控制台 > 系統及安全性 > 備份與還原（Windows 7）視窗點選 建立系統修復光碟 項目。(參考 12-8 頁步驟 1-2 的圖）

STEP 2 開啟 建立系統修復光碟 視窗，將空白光碟片放入光碟機中，按【建立光碟】鈕，開始建立。

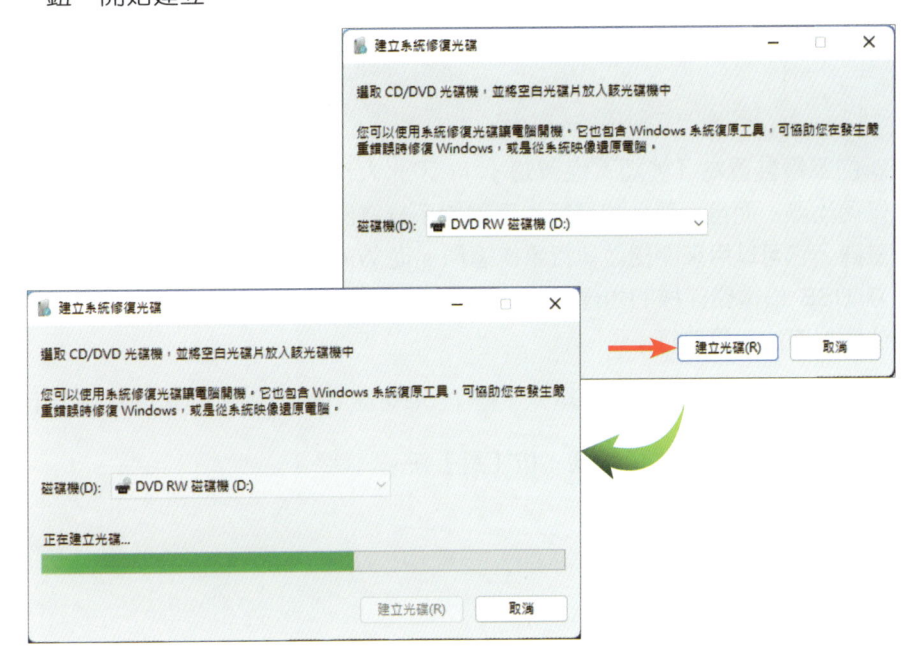

■ 12-15

STEP3 建立完成,並提示您在光碟上標示「修復光碟 Windows 11」,按【關閉】鈕,再按【確定】鈕。

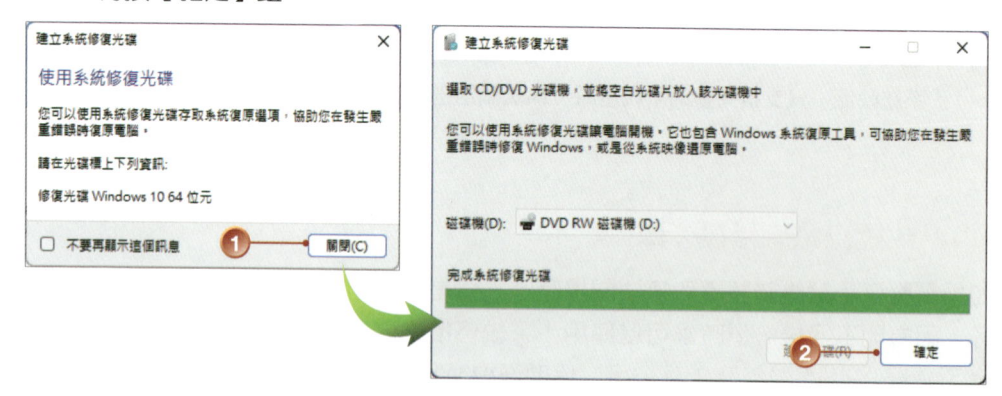

日後若不幸發生無法開機的情形時,就可以將此系統修復光碟插入 CD 或 DVD 光碟機,再重新啟動電腦,當出現提示時,選擇從系統修復光碟啟動電腦即可。

說明
- 電腦若要以 CD 或 DVD 啟動,必須變更電腦的 BIOS 設定。
- 近幾年的電腦在購置時,光碟機已非標準配備,因此「建立系統修復光碟」的操作已逐漸被「建立 USB 修復磁碟」所取代,請參考下一小節的操作。

12-2-4 建立 USB 修復磁碟機

現在新的筆電裝置為了強調「輕薄短小」,因此大都沒有內建光碟機,當然就無法使用修復光碟,而且大部分的原廠也不附贈系統還原光碟了!這時候可以改用 USB 修復磁碟,它可以用來開機並執行系統還原。從 Windows 8.1 開始,提供了一個可以建立 USB 修復磁碟機的內建工具,您只需要準備適當容量大小的 USB 磁碟機。然後依照以下的步驟執行:

STEP1 在 工作列 的 搜尋 方塊中鍵入「修」,即可從清單中點選 修復磁碟機 項目。

STEP2 出現 使用者帳戶控制 視窗,按【是】鈕。

STEP3 開啟 **修復磁碟機** 視窗，預設會勾選 **將系統檔備份到修復磁碟機** 核取方塊，按【下一步】鈕。

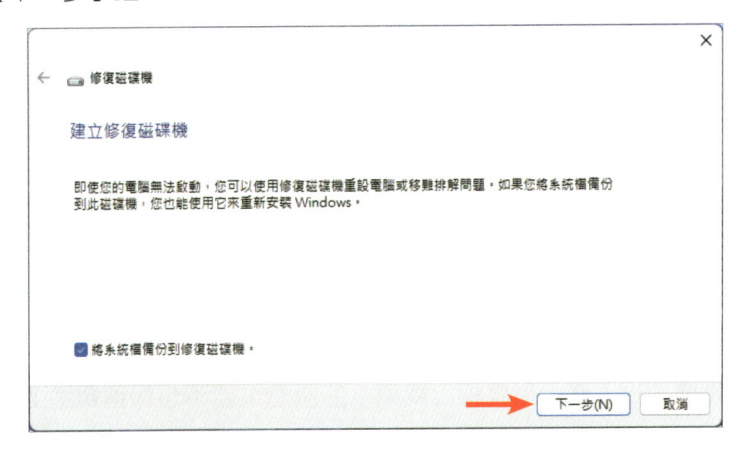

STEP **4** 開始掃描，稍待一會，顯示所需的磁碟大小，將至少大於此數值的 USB 磁碟機插入電腦並點選，按【下一步】鈕。

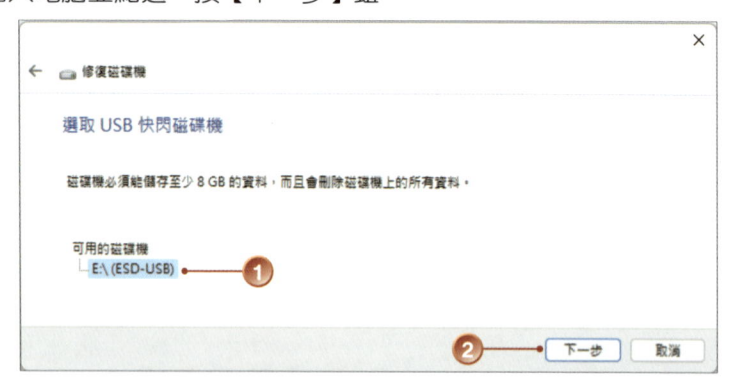

STEP **5** 出現警告訊息，確認後按【建立】鈕。

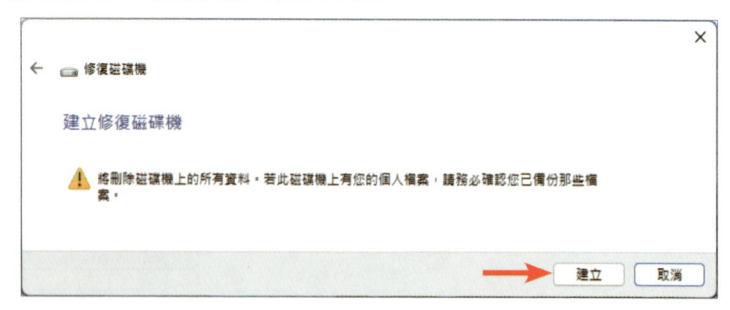

STEP **6** 復原映像和必要的修復工具都會複製到 USB 磁碟機，這需要一些時間，時間長短視您的電腦和復原映像大小而定。

STEP **7** 完成後會出現「修復磁碟機已就緒」的訊息，若不想保留電腦上修復磁碟分割的所有資料，可以刪除後釋放磁碟空間，此時請按 刪除修復磁碟分割，再按【刪除】鈕；否則按【完成】鈕。

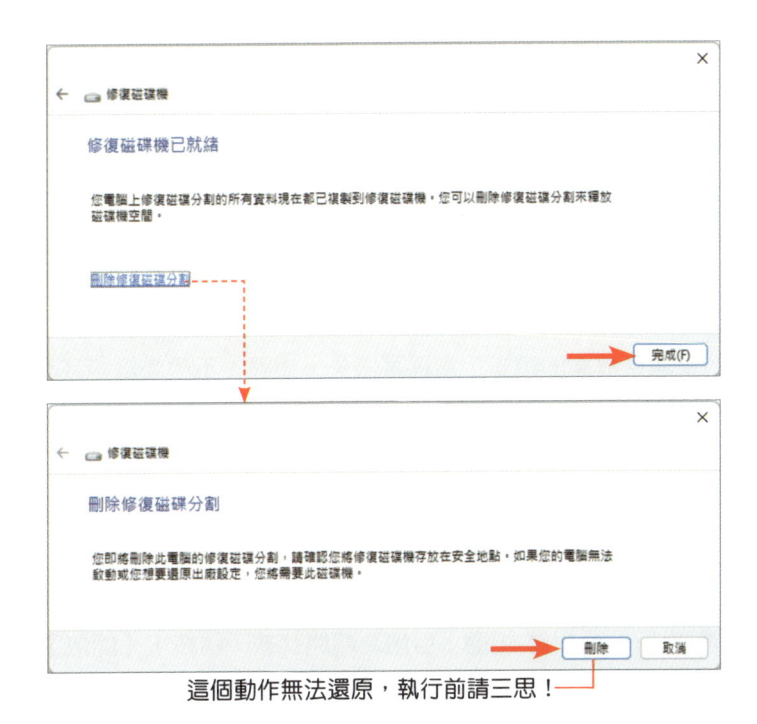

[圖示:修復磁碟機已就緒視窗,點選「完成(F)」]

[圖示:刪除修復磁碟分割視窗,點選「刪除」]

這個動作無法還原,執行前請三思!

STEP**8** 請將 USB 磁碟退出,存放在安全的位置,並且不要將它用來儲存其他檔案或資料。

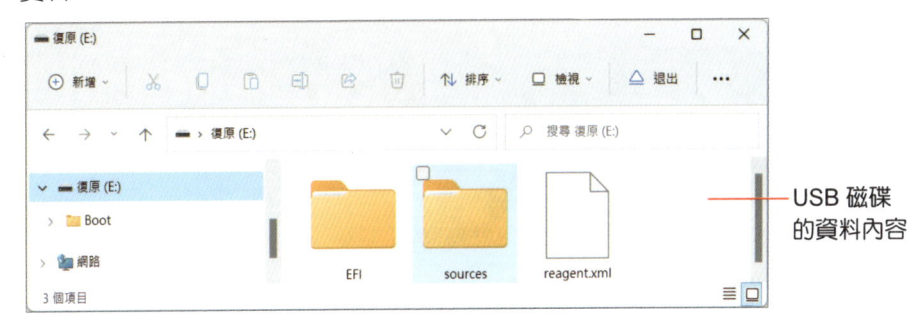

[圖示:復原 (E:) 磁碟內容,包含 Boot、EFI、sources 資料夾及 reagent.xml] — USB 磁碟的資料內容

說明

- 建立修復磁碟機會清除 USB 磁碟機上儲存的所有資料,因此建立之前,請先確定已將所有重要資料轉移到其他儲存裝置。
- 電腦若有隨附可用來重新整理或重設電腦的復原映像,會儲存在電腦的專用修復磁碟分割上,此時就可建立 USB 修復磁碟機。
- 這個修復隨身碟只能用於修復原來的硬碟,無法用來還原其他硬碟。如果刪除了原來存於電腦修復磁碟分割上的內容,那麼更要好好保存這個修復隨身碟。若弄丟了,開不了機,得送回原廠處理,可就得不償失了!

■ 12-19

12-3. 檔案歷程記錄

不管是建立系統還原點或系統映像備份，都是針對整個系統或磁碟機來作備份的作業。使用 檔案歷程記錄 可以定時的將重要文件的各種版本儲存下來，如果有一天文件目前的版本損毀或想回到先前的版本，就可以透過這個功能還原。

12-3-1　啟用檔案歷程記錄

檔案歷程記錄 會儲存檔案的複本，當檔案遺失、損毀、不小心刪錯或誤改檔案內容時，便可以還原存放在備份區域的前一個版本檔案。檔案歷程記錄 的功能預設是關閉的，啟動以後，會自動將本機中的 媒體櫃、桌面、連絡人、我的最愛…等資料夾中的檔案進行備份，您可以視需要增刪資料夾，也可以選取區域網路電腦中的共用檔案。

STEP 1 開啟 控制台，點選 系統及安全性 > 使用檔案歷程記錄來儲存檔案的備份副本，開啟 檔案歷程記錄 視窗，目前為關閉狀態，請按下【開啟】鈕。

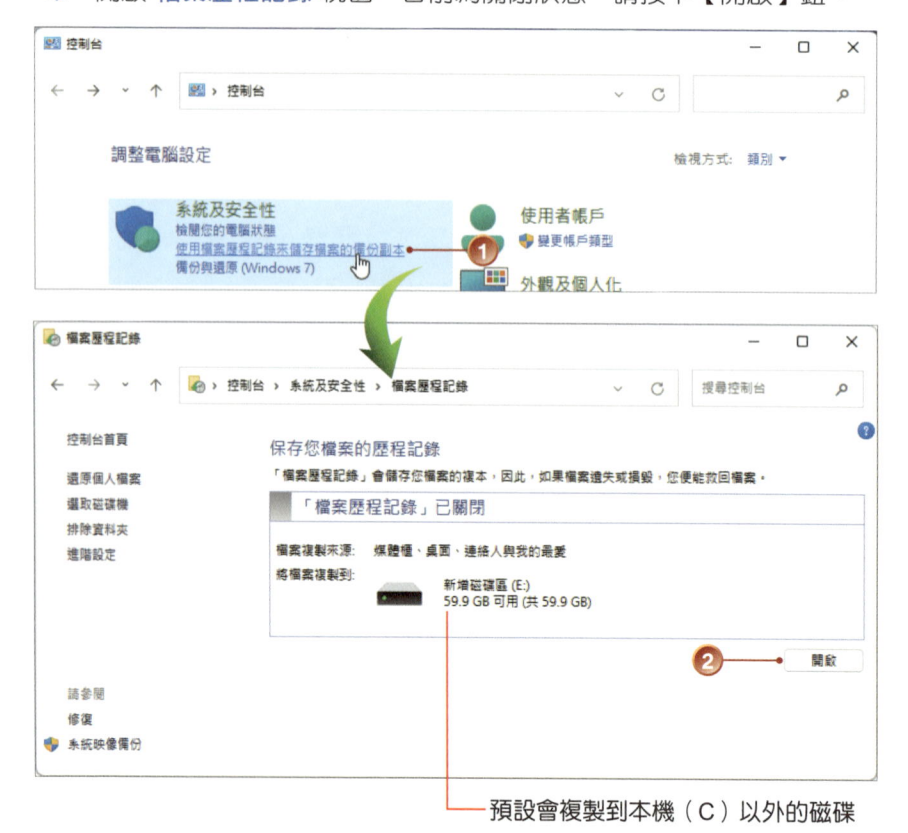

STEP**2** 開啟此功能後，可以點選左側功能列中的 **選取磁碟機**，重新指定要儲存備份的磁碟機，若要儲存在外接磁碟機，請先連接裝置，指定後按【確定】鈕。

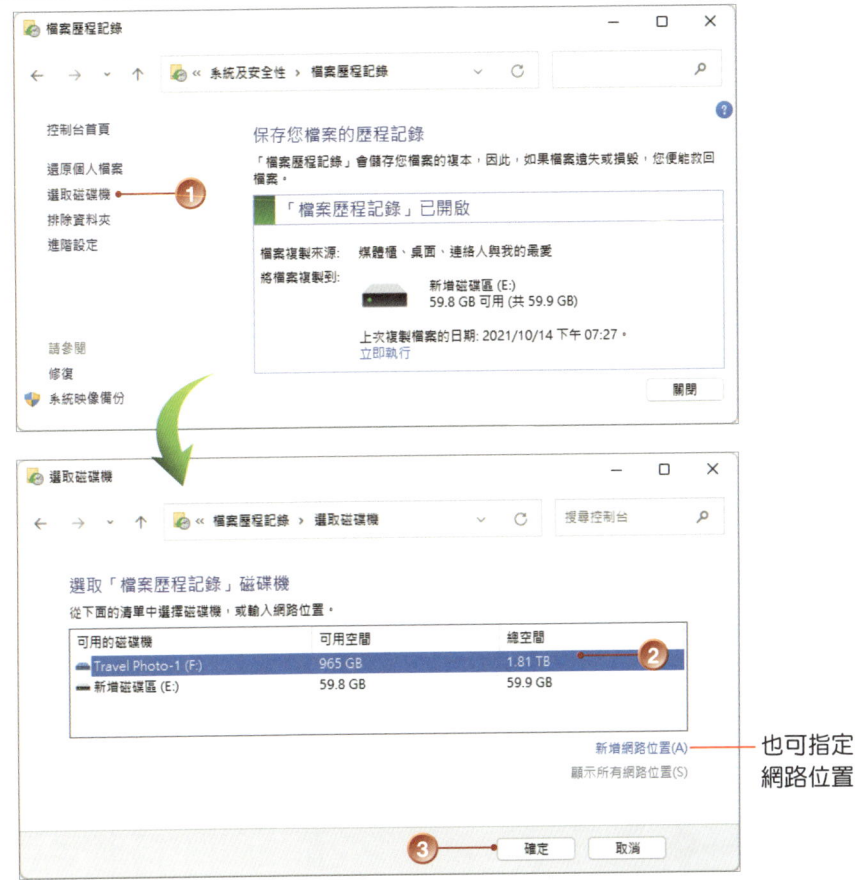

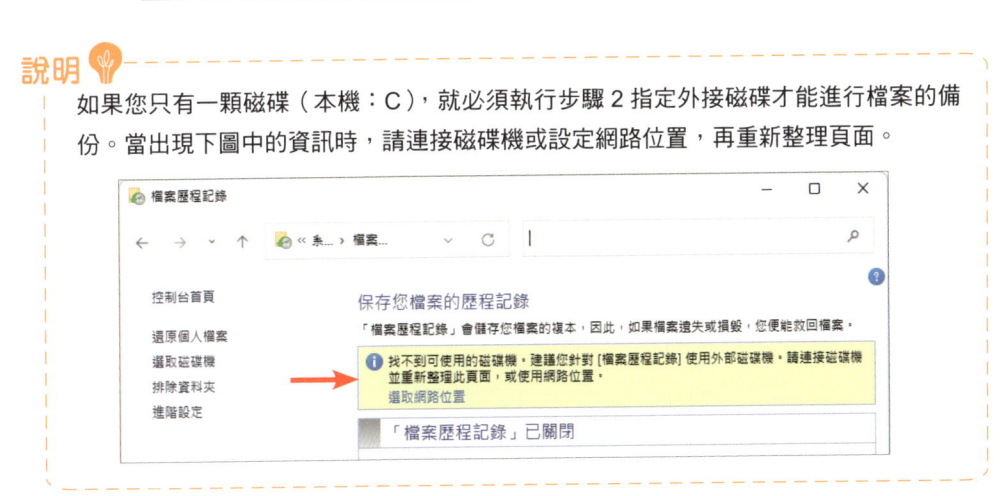

也可指定網路位置

> **說明**
> 如果您只有一顆磁碟（本機：C），就必須執行步驟 2 指定外接磁碟才能進行檔案的備份。當出現下圖中的資訊時，請連接磁碟機或設定網路位置，再重新整理頁面。

12-21

STEP 3 點選 進階設定，指定儲存檔案複本的頻率，以及要保存這些版本多久的時間，預設是 每小時 儲存且 永久 保存，請視需要變更後，按【儲存變更】鈕。

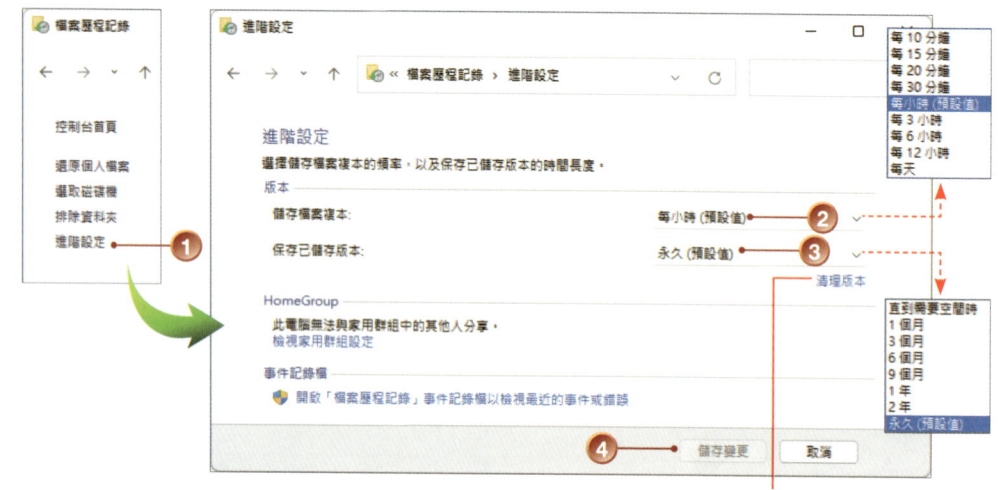

STEP 4 若有資料夾不想備份，請點選 排除資料夾 選項，開啟 排除資料夾 視窗，按【新增】鈕。

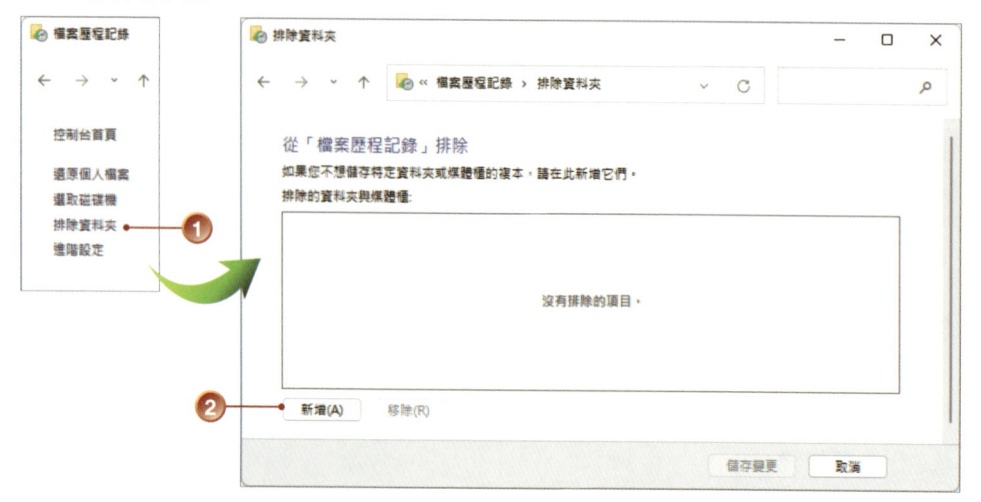

STEP 5 點選要排除的資料夾，例如：音樂，按【選擇資料夾】鈕（可重複此步驟選取），再按【儲存變更】鈕。

12-22

STEP**6** 回到 **檔案歷程記錄** 視窗，會立即進行備份，並顯示所選磁碟的空間及上次備份的時間，視需要可按 **立即執行**。按【關閉】鈕離開視窗。

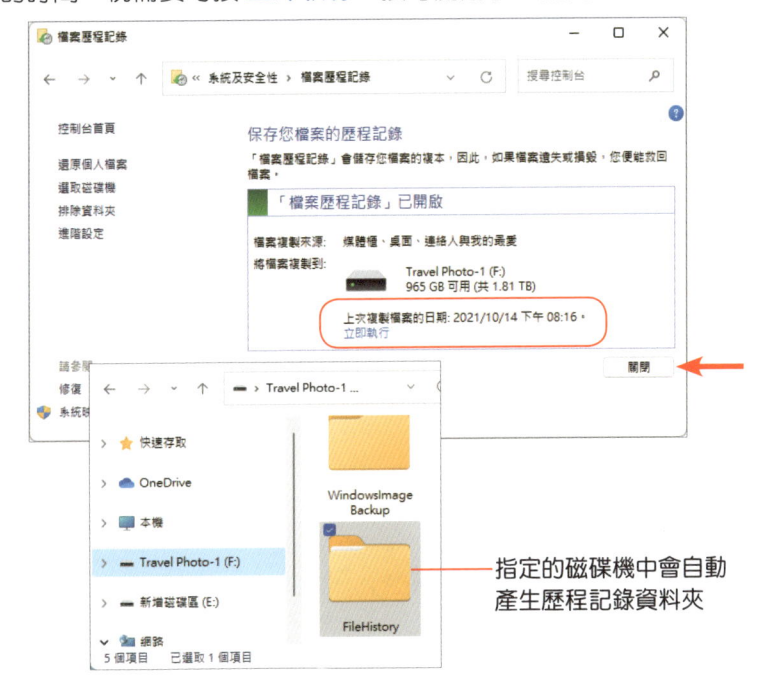

指定的磁碟機中會自動產生歷程記錄資料夾

■ 12-23

STEP**7** 若要新增資料夾到檔案歷程記錄中進行備份,可在該資料夾上按右鍵執行 **顯示其他選項** 指令,再選擇 **加入至媒體櫃 > 建立新媒體櫃** 指令。

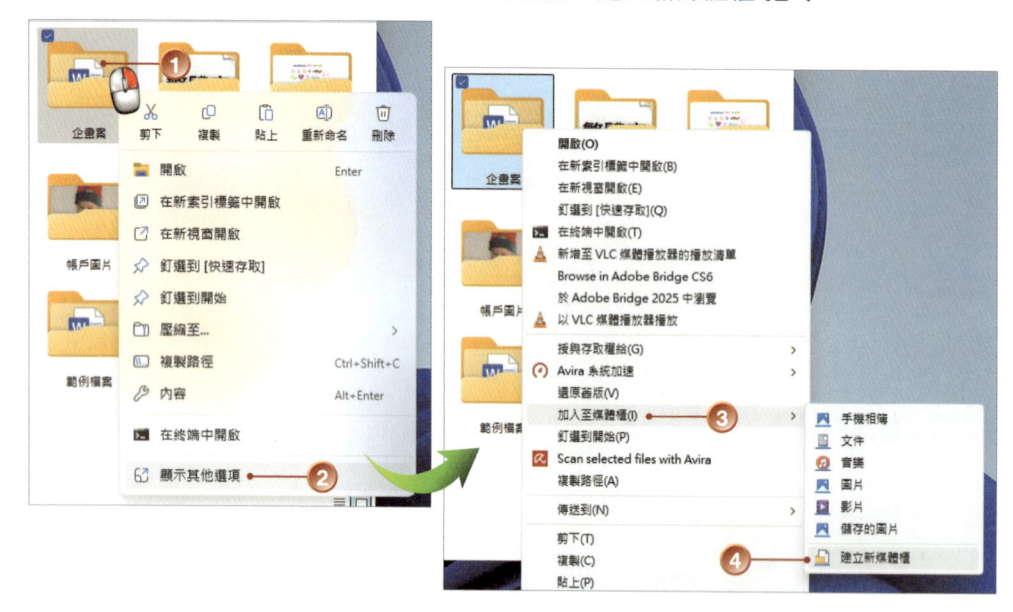

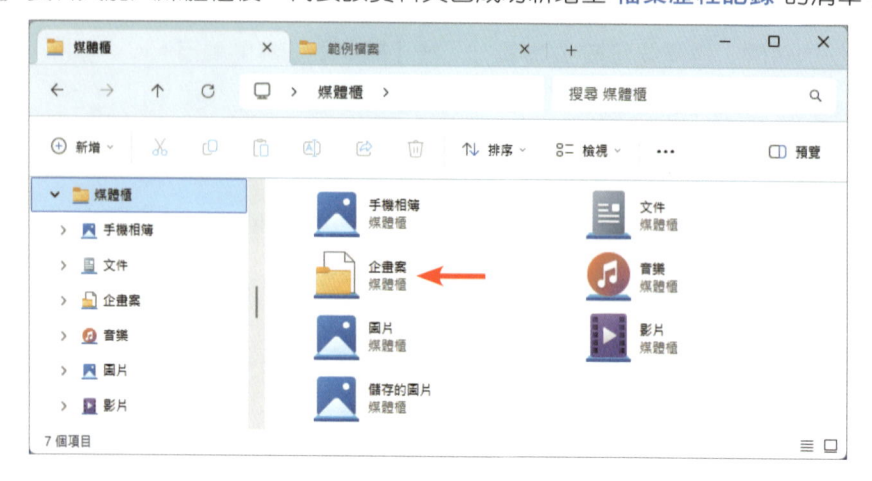

STEP**8** 資料夾加入媒體櫃後,代表該資料夾已成功新增至 **檔案歷程記錄** 的清單中。

12-24

12-3-2 檢視版本歷程記錄並還原

下圖是目前在電腦中所開啟的文件內容,其存放在「企劃案」資料夾中,中間經過多次編輯後,系統已自動儲存幾種版本,目前為最新的版本,檢視完請關閉。以下將示範如何檢視這份檔案的版本歷程,並選擇還原到前面的版本:

STEP 1 在 **搜尋** 欄位輸入「檔案歷程記錄」,按 **開啟**。

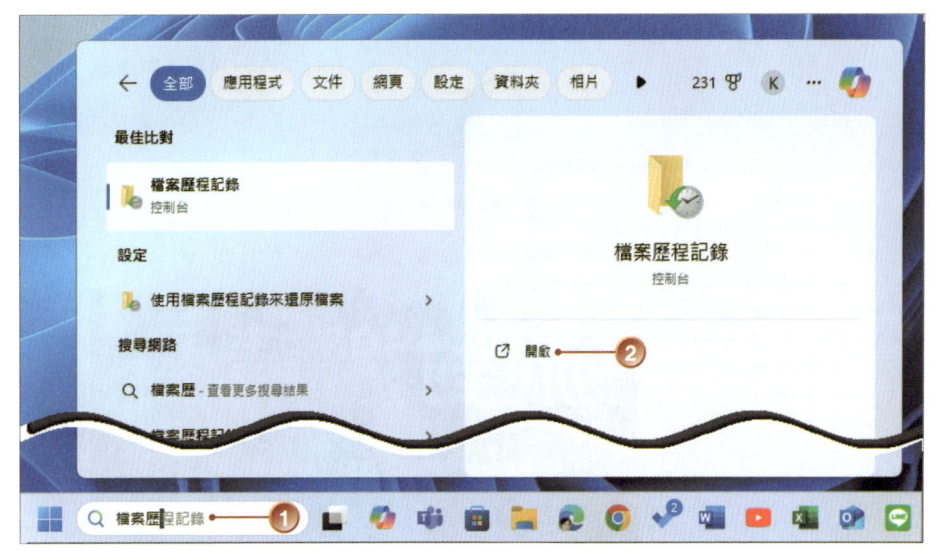

12-25

STEP 2 開啟 檔案歷程記錄 視窗，點選 還原個人檔案 開啟 首頁 - 檔案歷程記錄 視窗，快按二下「企劃案」資料夾。

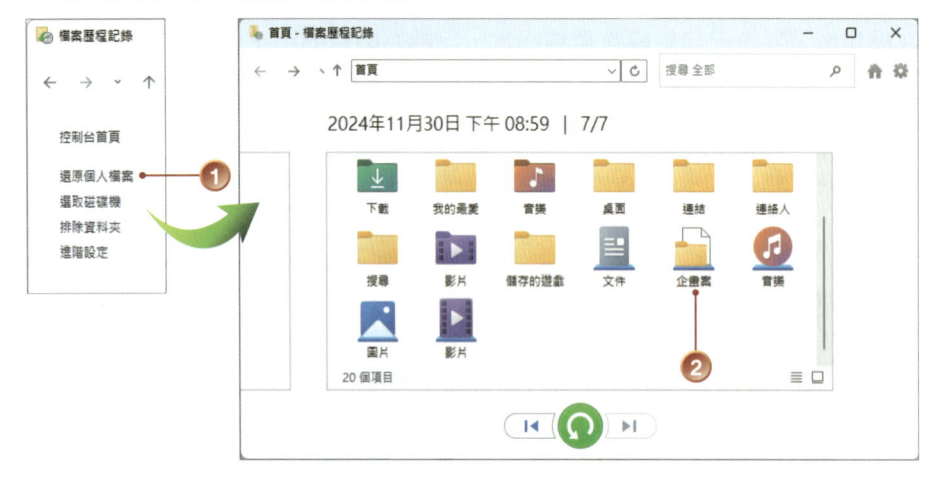

STEP 3 在要檢視的檔案上快按二下，檢視內容。

共有 4 個版本

目前最新的版本

STEP**4** 點選 **上一個版本** 和 **下一個版本** 來檢視不同時間點的內容，如果決定要還原到哪個版本，可按下 **還原至原始位置**。

上一個版本 ── 還原至原始位置 ── 下一個版本

STEP**5** 出現訊息方塊，視需要點選所要的項目，完成還原的工作。

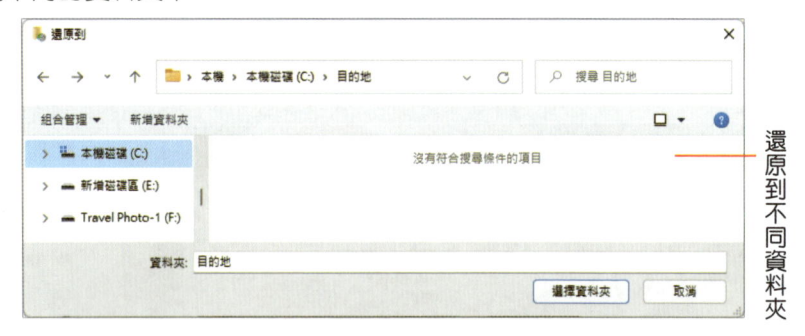

STEP 6 如果希望將檔案還原到不同的資料夾，也就是會保留原始位置的檔案，請點選右上角的 選項 ⚙ 鈕（參考下圖），於清單中點選 還原到 指令，即可儲存到不同的資料夾中。

→ 還原到不同資料夾

STEP 7 點選 首頁 🏠 鈕，會顯示所有備份資料夾，若想一次復原個人檔案中，所有或部分備份資料夾中的內容，請於找到要還原的時間點後，點選該資料夾，再按 還原至原始位置。

STEP 8 按 關閉 ❌ 鈕即可離開視窗。

12-28

12-4. 重設 Windows 作業系統

前面介紹了利用所建立的「系統還原點」，可以回復到某個時間點的系統狀態。如果是系統中毒或毀損，當有「系統映像檔」時可以試著還原備份；若是電腦開不了機，趕快利用「修復光碟」或「USB 修復隨身碟」開機，再來進行「系統映像還原」。Windows 中還提供了重設電腦和進階啟動…等多種不同的方式，可以讓電腦還原至剛安裝作業系統時的全新狀態，或是進入「安全模式」排解疑難問題。

> **說明**
> - 如果您的 Windows 11 作業系統是自行購買安裝的，使用此功能時，請先備妥原始的 Windows 光碟或 USB 開機磁碟，因為重設的過程中可能會使用到。
> - 若您是免費升級到 Windows 11 作業系統，重設電腦不需要安裝光碟，但是將無法回復到升級前的版本。

12-4-1 使用疑難排解員

由於 **重設電腦** 通常會需要不少的時間，因此，可以先嘗試執行 **疑難排解員** 來看看能否解決問題，若仍無法排除問題，才執行重設動作。在 **設定 > 系統 > 疑難排解** 頁面中，選取想執行的排解類型，預設會在執行前詢問。

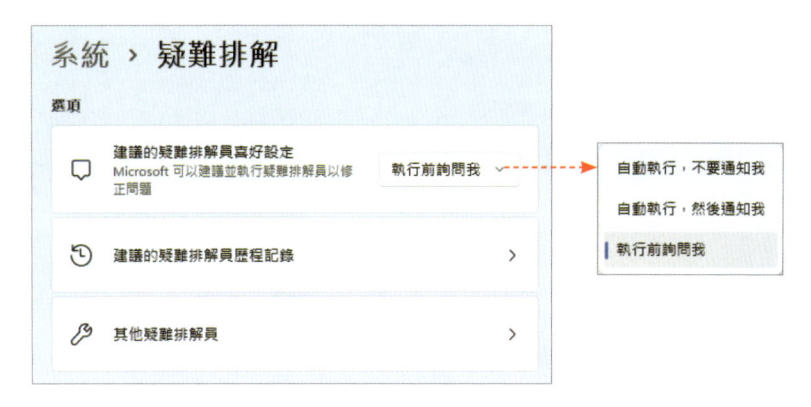

點選 **建議的疑難排解員歷程記錄**，會顯示您的裝置曾經執行過的疑難排解建議。**其他疑難排解員** 中會列出最常使用及其他的疑難排解，若有類似的情形，可按【執行】鈕執行。

接下頁

■ 12-29

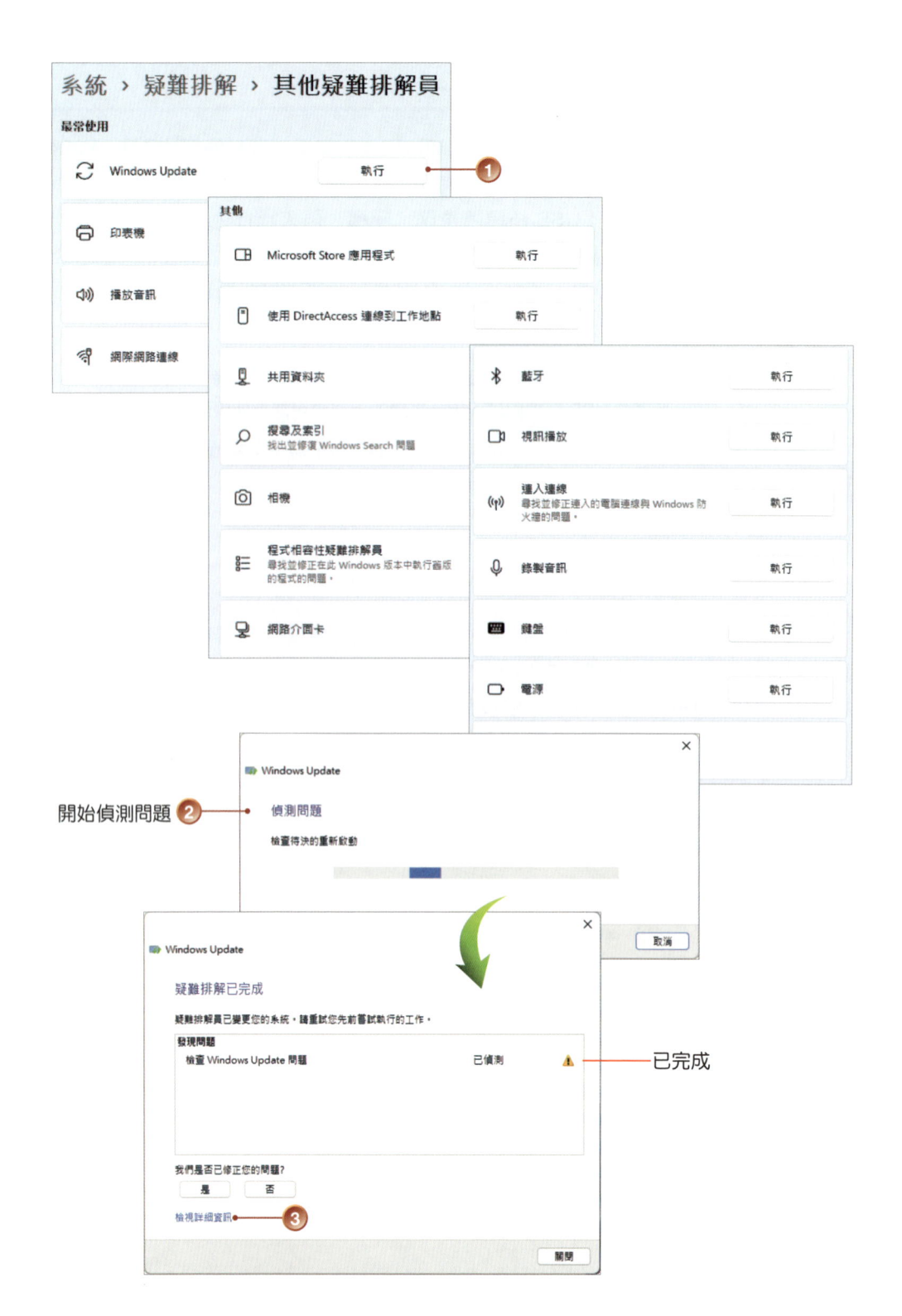

系統 > 疑難排解 > 其他疑難排解員

最常使用

- Windows Update — 執行 ①

其他

- 印表機
- 播放音訊
- 網際網路連線
- Microsoft Store 應用程式 — 執行
- 使用 DirectAccess 連線到工作地點 — 執行
- 共用資料夾
- 搜尋及索引 — 找出並修復 Windows Search 問題
- 相機
- 程式相容性疑難排解員 — 尋找並修正在此 Windows 版本中執行舊版的程式的問題。
- 網路介面卡
- 藍牙 — 執行
- 視訊播放 — 執行
- 連入連線 — 尋找並修正連入的電腦連線與 Windows 防火牆的問題。 — 執行
- 錄製音訊 — 執行
- 鍵盤 — 執行
- 電源 — 執行

Windows Update

開始偵測問題 ②

偵測問題

檢查待決的重新啟動

取消

Windows Update

疑難排解已完成

疑難排解員已變更您的系統。請重試您先前嘗試執行的工作。

發現問題

| 檢查 Windows Update 問題 | 已偵測 | ⚠ | — 已完成 |

我們是否已修正您的問題？

是　否

檢視詳細資訊 ③

關閉

■ 12-30

檢視詳細報告

12-4-2 保留個人檔案重新整理電腦

重設電腦 的功能會重新安裝 Windows，還會移除此電腦未隨附的所有應用程式與程式，包括從網站或 DVD 安裝的應用程式，以及自行從 Microsoft Store 下載的應用程式都會被移除，並將設定變更回預設值，在過程中您可以選擇是否保留個人檔案。當您的電腦運作不正常時，如果前面小節介紹的方法仍無法解決，可以試著重設電腦，並選擇保留檔案。

> **說明**
> 重設電腦 會從現有的 Windows 文件重新安裝 Windows，也就是說，此工具將使用 Windows 中已經存在的檔案來執行 Windows 的全新安裝，重設後請執行 Windows Update 更新系統。

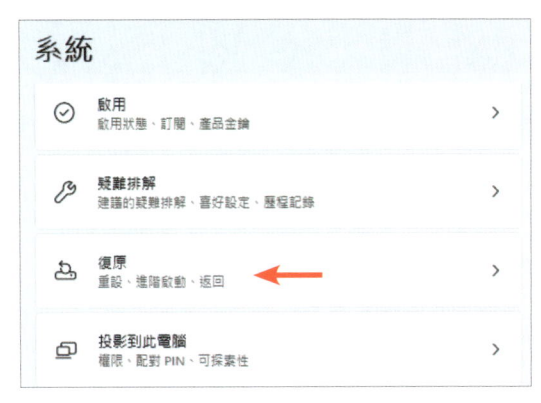

STEP 1 進入 設定 > 系統 畫面，選擇 復原。

12-31

STEP2 頁面中所顯示的內容，會根據電腦安裝 Windows 的方式而異，在 **重設此電腦** 區段中點選【重設 PC】鈕。

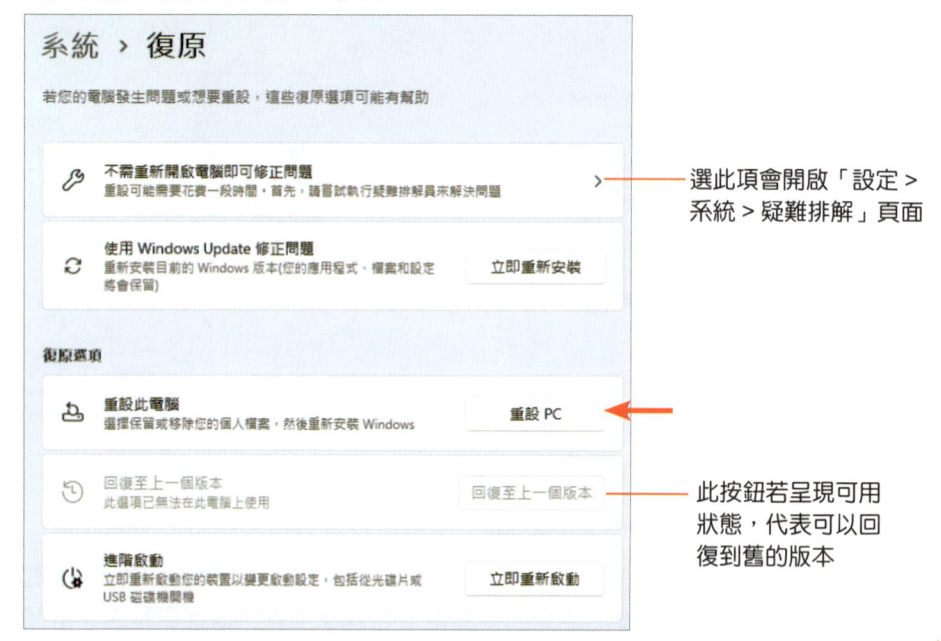

　　　　　　　　　　　　　　　　　　　　　　　　選此項會開啟「設定 >
　　　　　　　　　　　　　　　　　　　　　　　　系統 > 疑難排解」頁面

　　　　　　　　　　　　　　　　　　　　　　　　此按鈕若呈現可用
　　　　　　　　　　　　　　　　　　　　　　　　狀態，代表可以回
　　　　　　　　　　　　　　　　　　　　　　　　復到舊的版本

STEP3 出現 **重設此電腦** 的畫面，此處選擇 **保留我的檔案**。

STEP4 選擇重新安裝 Windows 的方式，此處選擇 **本機重新安裝**。

■ 12-32

> **說明**
> 建議您，只在具有足夠快速的網路連線狀況下，才使用 雲端下載 選項；選擇此選項，會從 Microsoft 網站下載 Windows 11 的副本，並重新安裝或重設 Windows 11。不過，雲端下載 選項不會下載並安裝最新版本的 Windows 11，而是安裝電腦中原來 Windows 11 的相同版本，因此記得要再執行 Windows Update 更新。

STEP 5 出現 其他設定 的畫面，按【下一步】鈕。

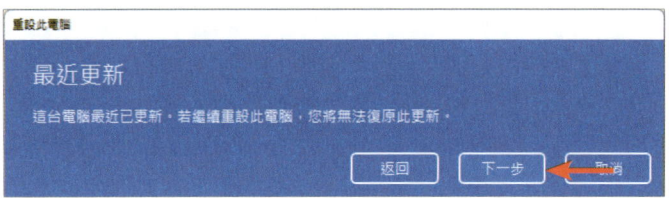

可變更設定

STEP 6 若電腦最近更新過，會出現以下訊息，按【下一步】鈕。

12-33

STEP **7** 出現訊息告知重設將會保留個人檔案,並移除所有應用程式與程式,且電腦將重新開機。按 **檢視將會移除的應用程式** 超連結。

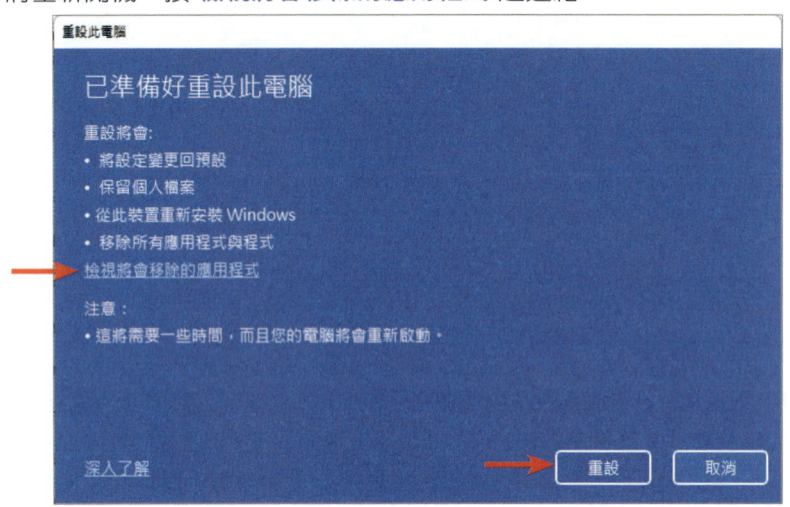

STEP **8** 顯示需要從網路或安裝光碟重新安裝的應用程式清單,此清單將會在重設電腦後,儲存在 **桌面**。按【返回】鈕。

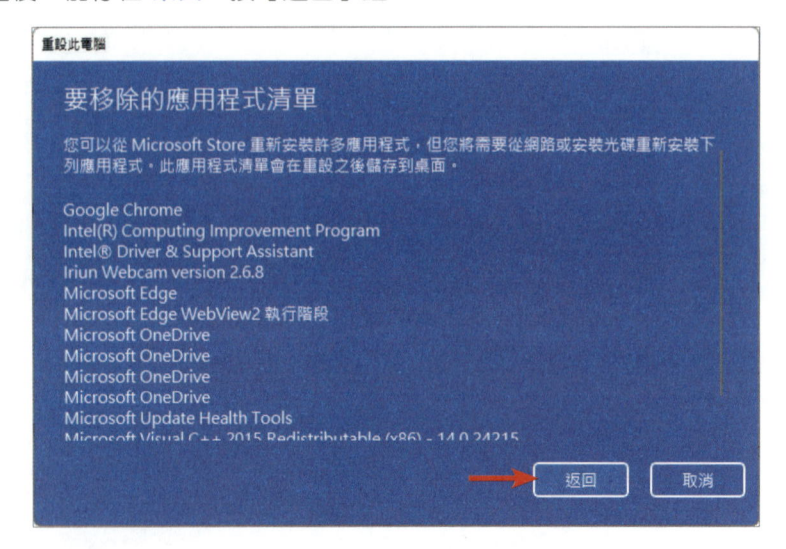

STEP **9** 回到步驟 7 的畫面,按【重設】鈕。

STEP **10** 電腦會重新啟動,開始準備重新安裝。

■ 12-34

STEP 11 整理完畢並重新啟動後,電腦會重新執行安裝作業,安裝完在桌面會看到一個名為「已移除的應用程式 .html」的檔案,在重新整理電腦的過程中,所有被移除的應用程式名稱將會記錄在此,請視需要重新安裝。

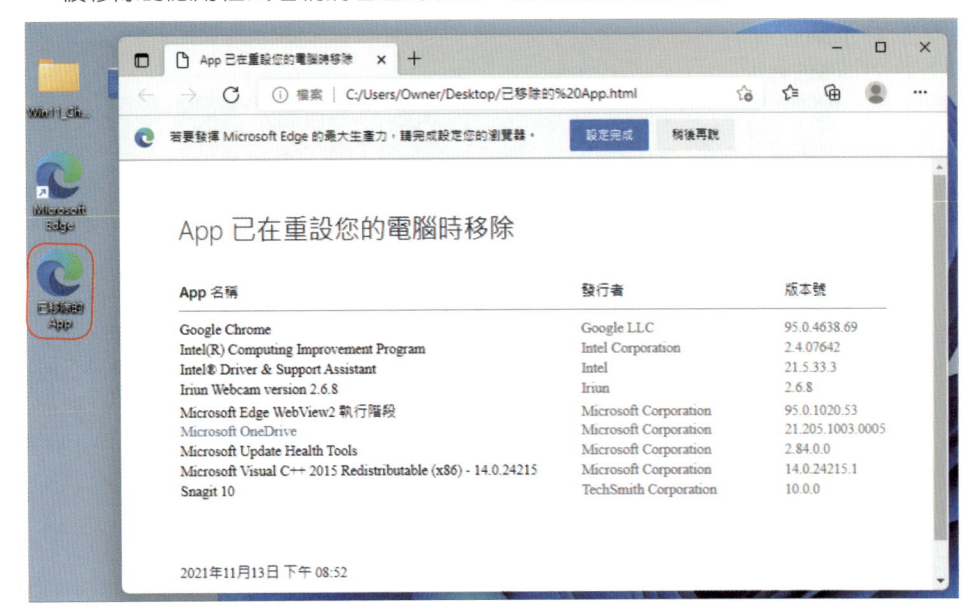

12-4-3 還原為原始安裝的全新系統

前面小節在 **重設電腦** 時,選擇了保留個人檔案,如果想將電腦轉手他人或要重新開始,那麼在重設時可以選擇 **移除所有項目**,讓電腦變成一個全新、像剛出廠的作業系統。這種做法與重新安裝不一樣的地方,在於過程中不需要再另外做設定,只要執行重設電腦後,就會自動完成所有的步驟。

> **說明**
> 執行重設電腦後,會將系統所在硬碟中的所有資料完全刪除,所以在執行前,請確認所有的資料已經備份到安全的地方,以避免重要的個人資料或檔案遺失。

STEP 1 參考 12-4-2 小節的步驟 1-3,**選擇選項** 請選 **移除所有項目**(參考 12-33 頁步驟 3 的圖)。

STEP 2 選擇如何重新安裝 Windows(參考 12-33 頁步驟 4 的圖)。

STEP 3 出現 **其他設定** 頁面,目前的設定會移除應用程式和檔案,若要改變設定,可以按 **變更設定** 超連結(參考 12-33 頁步驟 5 的圖)。

STEP 4 若開啟 是否清除資料？ 選項，會移除檔案並清理磁碟機，這會花費許多時間；若改選擇下載並重新安裝 Windows，也會耗費不少時間（視網速而定）。請視需要選擇 是 或 否，設定完按【確認】鈕回到 其他設定 頁面。按【下一步】鈕。

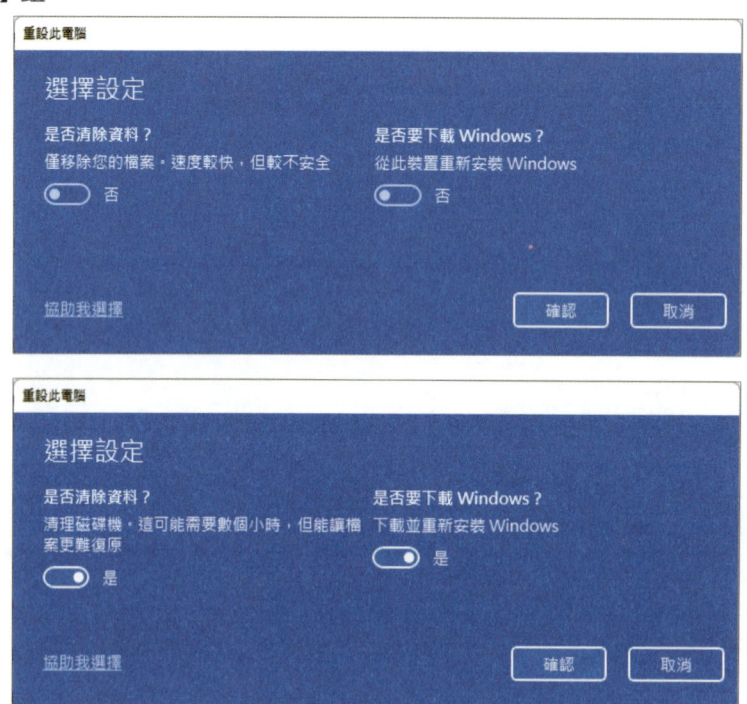

說明

如果電腦重設後，仍然是自己使用，關閉清除資料項目，可以花較少的時間完成重新安裝。如果電腦準備轉交給其他人使用，建議您開啟此項目，避免接續使用此電腦的人，利用一些資料救援軟體，將已被刪除的資料重新找回。

STEP 5 準備重設電腦了，提醒您重設將移除所有個人檔案及使用者帳戶、對設定所做的任何變更以及所有應用程式，確認資料已備份妥當，點選【重設】鈕。

STEP 6 開始重新啟動電腦，經過一段時間後，接下來就會顯示安裝程序的相關步驟，依序完成後，就會得到一個全新的作業系統。

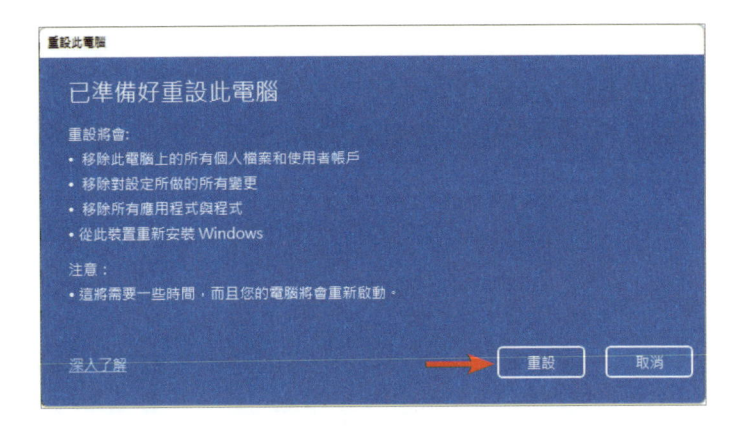

12-4-4 Windows 的進階啟動選項

當電腦系統在操作過程中發生一些狀況時,例如:刪除檔案時出現「無法刪除,有其他人或其他程式正在使用」;或是系統不穩定,出現自動重開機,甚至藍屏或黑屏…等情形而無法啟動;電腦安裝了來源不明的軟體,導致無法上網或出現錯誤…,這時我們需要進入「安全模式」來進行故障排除或修復。

「安全模式」是一種特別的操作模式,主要用來進行系統除錯,或是驗證電腦軟硬體的一種方式。這種模式可以讓電腦在最基本、有限的狀態中啟動,許多非核心的程式並不會運作,只會載入執行 Windows 時所需的基本檔案、設定和驅動程式。當電腦老是發生問題時,就可以進入「安全模式」尋找解決方案。

STEP**1** 參考 12-2-2 小節的步驟 2-4,點選 **啟動設定** (參考 12-13 頁的圖)。

STEP**2** 在 **啟動設定** 畫面中,提示您重新啟動後可以變更哪些 Windows 選項,其中即包含安全模式,按【重新啟動】鈕。

STEP3 電腦會重新開機,開機後顯示如下圖的 啟動設定 選項。在此選單中,必須使用數字鍵或功能鍵來選擇所要的選項,無法以滑鼠操作。按 F10 可跳到下一頁。視需要按下 4 到 6 的按鍵選擇要啟動哪一種「安全模式」,例如:按下 4 。

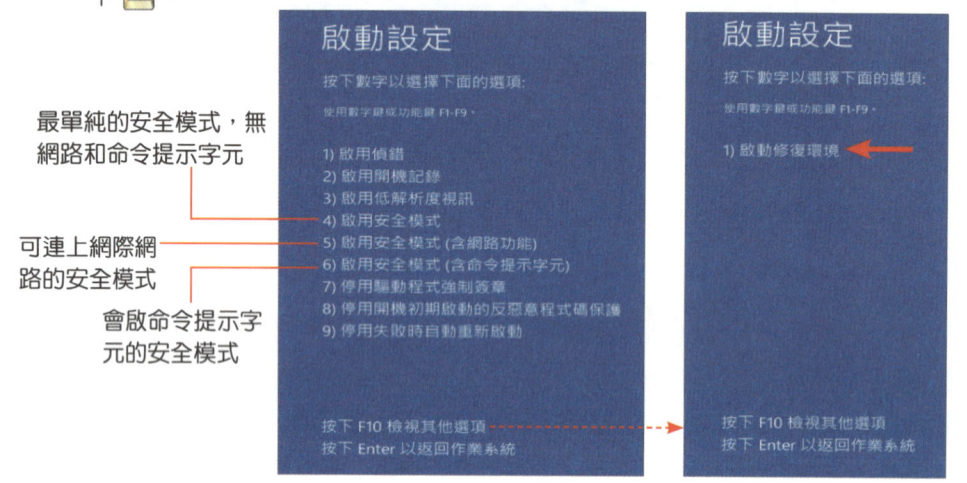

最單純的安全模式,無網路和命令提示字元

可連上網際網路的安全模式

會啟命令提示字元的安全模式

啟動設定

按下數字以選擇下面的選項:
使用數字鍵或功能鍵 F1-F9。

1) 啟用偵錯
2) 啟用開機記錄
3) 啟用低解析度視訊
4) 啟用安全模式
5) 啟用安全模式 (含網路功能)
6) 啟用安全模式 (含命令提示字元)
7) 停用驅動程式強制簽章
8) 停用開機初期啟動的反惡意程式碼保護
9) 停用失敗時自動重新啟動

按下 F10 檢視其他選項
按下 Enter 以返回作業系統

啟動設定

按下數字以選擇下面的選項:
使用數字鍵或功能鍵 F1-F9。

1) 啟動修復環境

按下 F10 檢視其他選項
按下 Enter 以返回作業系統

STEP4 電腦會重新啟動,登入後以安全模式進入 Windows 11,畫面四個角落有「安全模式」的提示,可以開始進行排解電腦問題的程序。要離開安全模式時,只需依正常關機程序執行即可。

安全模式

說明
在 Windows 的設計中,只要連續三次都無法正常開機,就會自動進入修復模式。

12-38

Chapter 13

探究 Windows 的虛擬世界

「虛擬光碟機、虛擬硬碟或建立虛擬作業系統」早期是在伺服器環境才支援的工具,現在單機作業的使用者就可享用這些豐富的資源,而且可以輕鬆設定。

13-1. Windows 的虛擬光碟機

隨身攜帶輕薄短小的行動裝置是一種趨勢，這些裝置大都沒有內建光碟機，如果需要使用光碟機來閱覽某些內容，而又不想隨時帶著一個外接光碟機，這時候可以使用 Windows 所內建的「虛擬光碟軟體」，讓使用者直接安裝使用。

13-1-1 掛接虛擬光碟機

要使用 Windows 內建的虛擬光碟機，使用者必須先將原始的光碟片燒錄成映像檔「.ISO」格式（也稱作「鏡像檔」），並將其複製或連接到您要使用的電腦中，然後針對此映像檔執行「掛載」的動作，就可以像使用一般光碟機的方式來讀取光碟片的內容。我們以「Office」軟體的「.ISO」檔案為例，說明如下：

STEP 1 開啟 檔案總管，選取該映像檔案，工具列上自動出現 掛接 指令，點選即可完成掛載的程序（也可在 ISO 檔案上按右鍵選擇 掛接）。

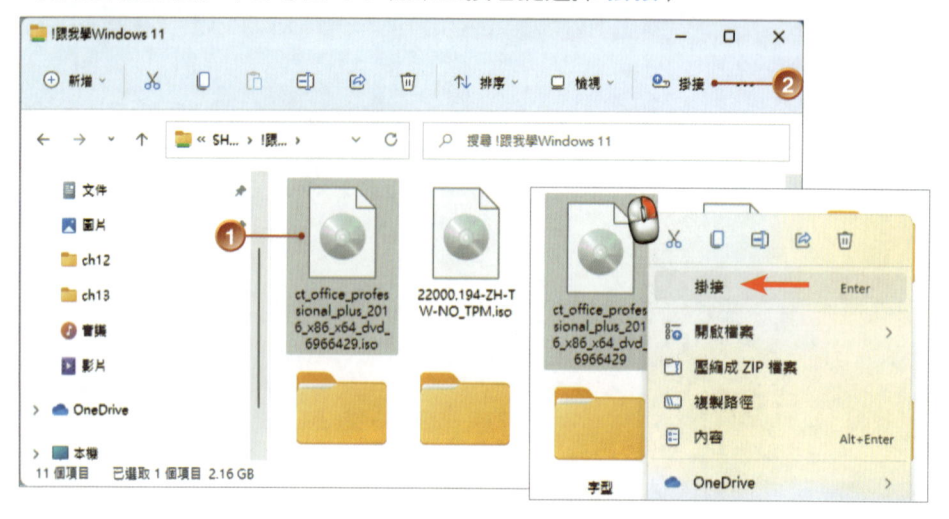

STEP 2 出現安全性警告，按【開啟】鈕。

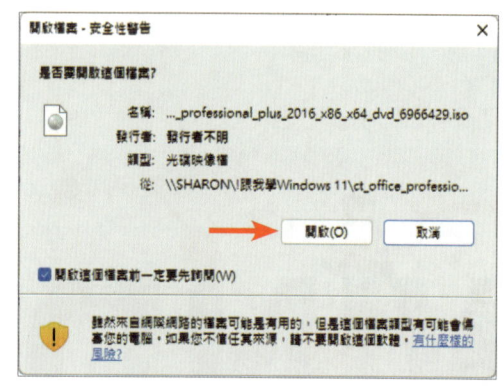

STEP 3　**瀏覽窗格** 中會出現光碟機項目，點選此光碟機，就會看到光碟的內容。

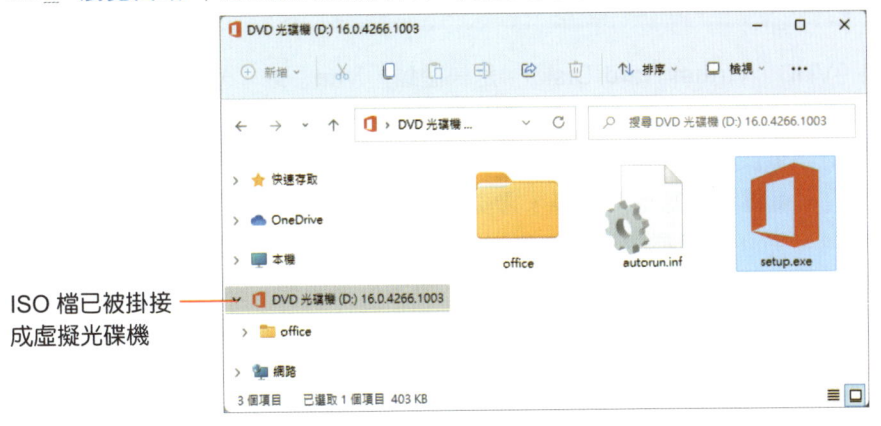

ISO 檔已被掛接成虛擬光碟機

STEP 4　在光碟的內容中快按二下「exe」執行檔，即可進入安裝程序。

> **說明**
> 網路上提供許多將光碟片內容或檔案（資料夾）燒錄成 ISO 格式的免費軟體，例如：BurnAware、ISO Burner、ISO Recorder、ISO Creator 、UltraISO、ImgBum、Folder2Iso…等，可視需要下載。

13-1-2 卸除虛擬光碟機

如果不想在電腦中繼續使用虛擬光碟機，可以在 **檔案總管** 中進行以下的操作：

STEP 1　開啟 **檔案總管**，選取虛擬光碟機，執行 **退出** 指令完成卸除的作業。也可在虛擬光碟機上按右鍵選擇 **退出**。

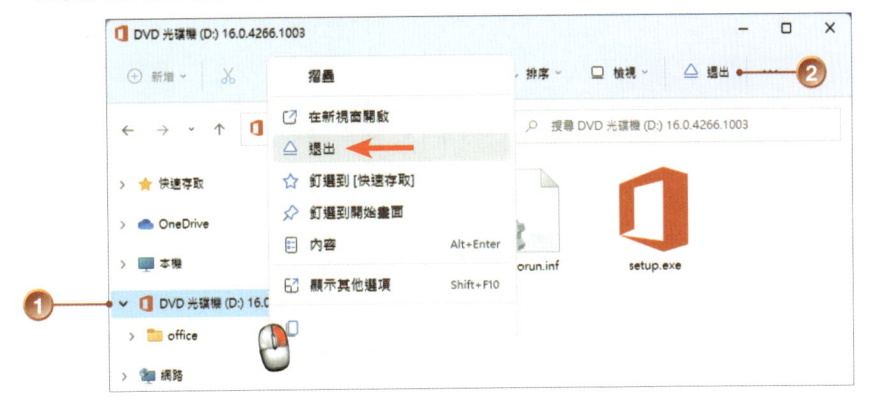

STEP 2　光碟機會從 **瀏覽窗格** 中消失，但是原來的映像檔仍會保留在硬碟中。

13-3

13-2. Windows 的虛擬硬碟 VHD

「虛擬硬碟（VHD，Virtual Hard Disk）」是一個以「.vhd」或「.vhdx」為副檔名的檔案，可以用來存儲包括文件、圖片、影片等各種類型的檔案，也可用於安裝作業系統，其功能類似於實體硬碟。使用「虛擬硬碟」功能，不需要重新分割磁碟區，可以直接建立一個檔案作為虛擬硬碟，這樣就不會因為需要重新分割磁區而產生資料遺失的風險。另外，因為使用虛擬硬碟，未來將更容易執行資料的「備份與還原」，使用者只需要複製這個虛擬硬碟的檔案，就等於複製裡面的所有資料夾與檔案了。

13-2-1 建立虛擬硬碟

在著手建立虛擬硬碟之前，要先澄清一個觀念：此處所指的虛擬硬碟並不是利用 RAM 來模擬磁碟區，而是實際使用硬碟中的一個檔案（「VHD 檔案」），經過格式化之後成為「虛擬硬碟」。

STEP 1 開啟 檔案總管 視窗，先新增一個資料夾，例如：VHD_DOC。

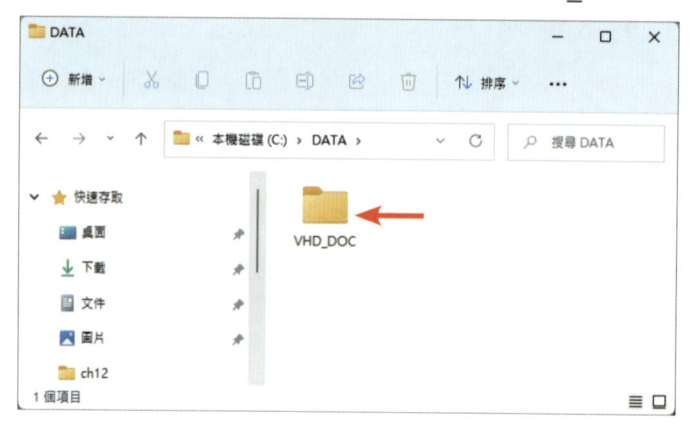

STEP 2 在 開始 鈕按右鍵，或執行 + X 組合鍵開啟選單，點選 磁碟管理 指令。

STEP 3 開啟 磁碟管理 視窗，不選擇任何磁碟，執行 動作 > 建立 VHD 指令。

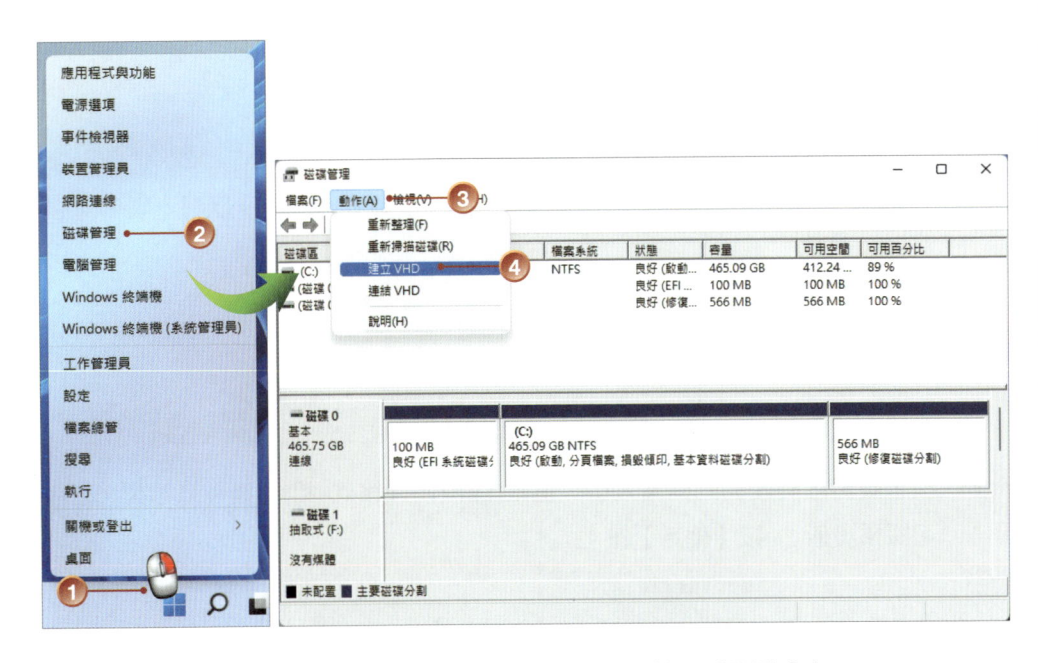

STEP 4 開啟 建立並連結虛擬硬碟 視窗，在 位置 右側按下【瀏覽】鈕。

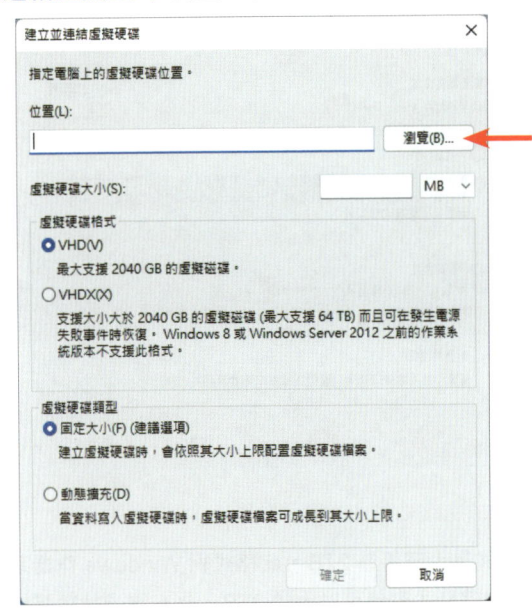

STEP 5 開啟 瀏覽虛擬磁碟檔案 視窗，選擇步驟 1 所新增的資料夾並開啟，再輸入檔案名稱，例如：sample，按【存檔】鈕。

接下頁 ➡

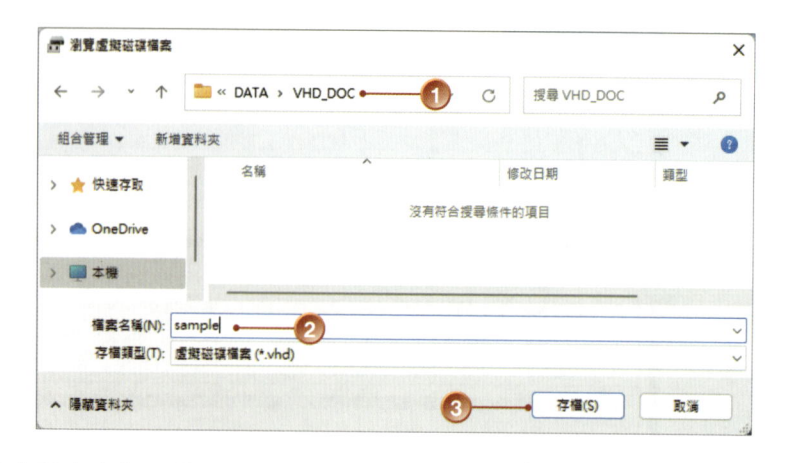

STEP**6** 接著設定虛擬硬碟的檔案大小，指定 虛擬硬碟格式 和 虛擬硬碟類型（二者可採預設值），按【確定】鈕。

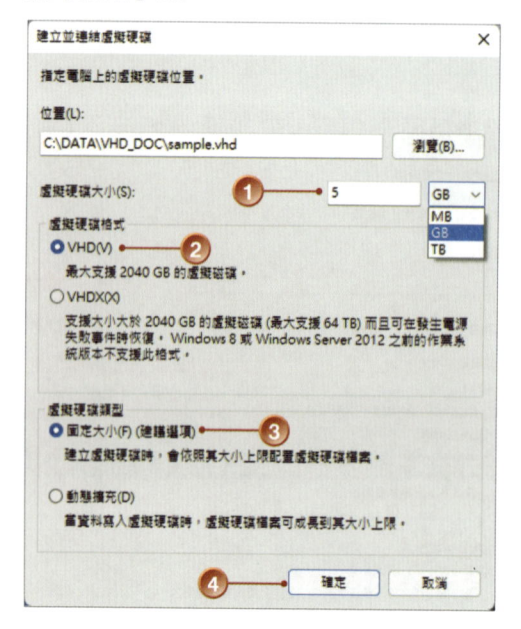

說明
- VHD 虛擬硬碟格式最大容量為 2TB，此格式對 Windows 作業系統版本的兼容性較好；VHDX 虛擬硬碟格式容量可以大於 2TB，具有電源故障彈性，且性能更好，但是僅能夠在 Windows 8 之後的系統使用。
- 虛擬硬碟類型 設定為 固定大小，比較容易管理磁碟空間；若設定為 動態擴充，將會隨著虛擬硬碟中的資料大小擴充虛擬硬碟容量，但是效能比較低一些，如果選擇「VHDX」格式就建議選 動態擴充。

STEP 7 回到 **磁碟管理** 視窗，開始建立及連結虛擬硬碟，所需時間視虛擬硬碟的大小而定。建立完成後，在 **磁碟管理** 視窗中可以看到剛才所建立的磁碟，並顯示為「未初始化」。將滑鼠指到此磁碟上，按右鍵點選 **初始化磁碟** 指令。

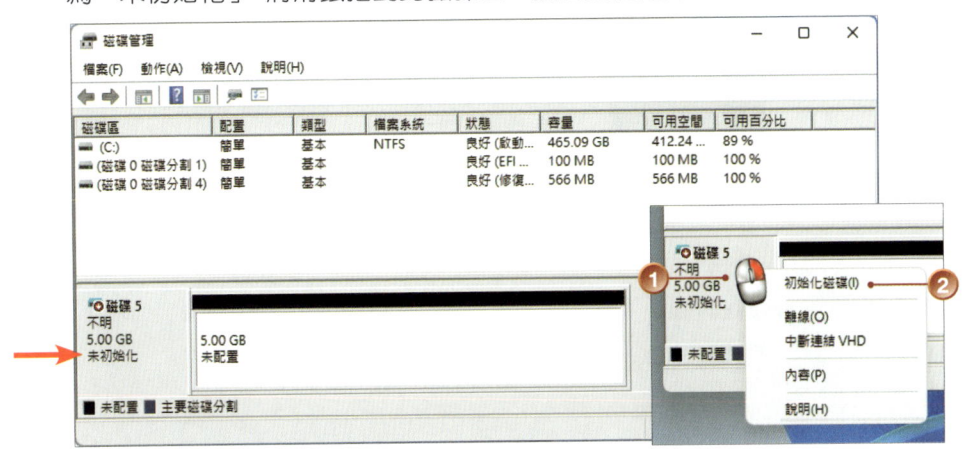

STEP 8 開啟 **初始化磁碟** 視窗，採預設的 MBR (主開機記錄) 的磁碟分割樣式，按【確定】鈕。

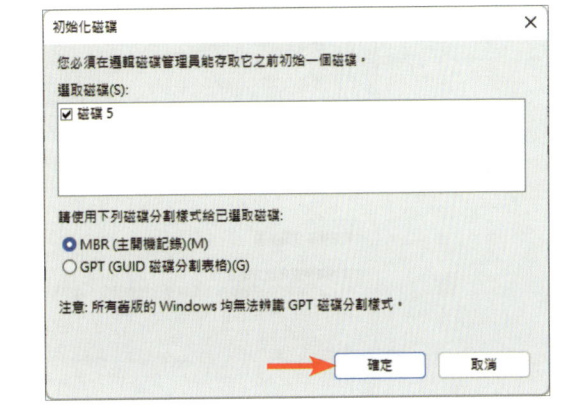

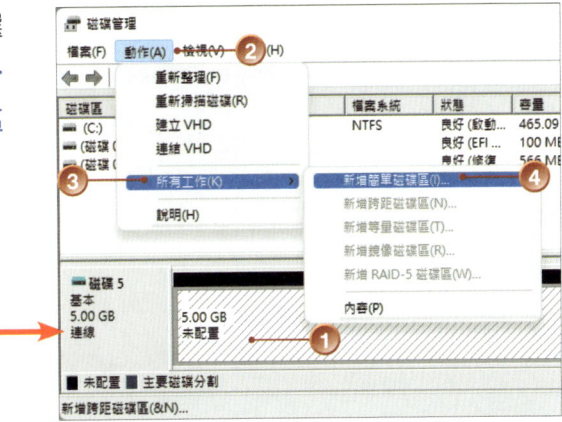

STEP 9 磁碟已顯示為「連線」，請選取此磁碟機後，執行 **動作 > 所有工作 > 新增簡單磁碟區** 指令。

STEP**10** 出現 **新增簡單磁碟區精靈**，請依顯示的畫面執行磁碟格式化作業（可採預設值），即可完成建立虛擬硬碟的操作。

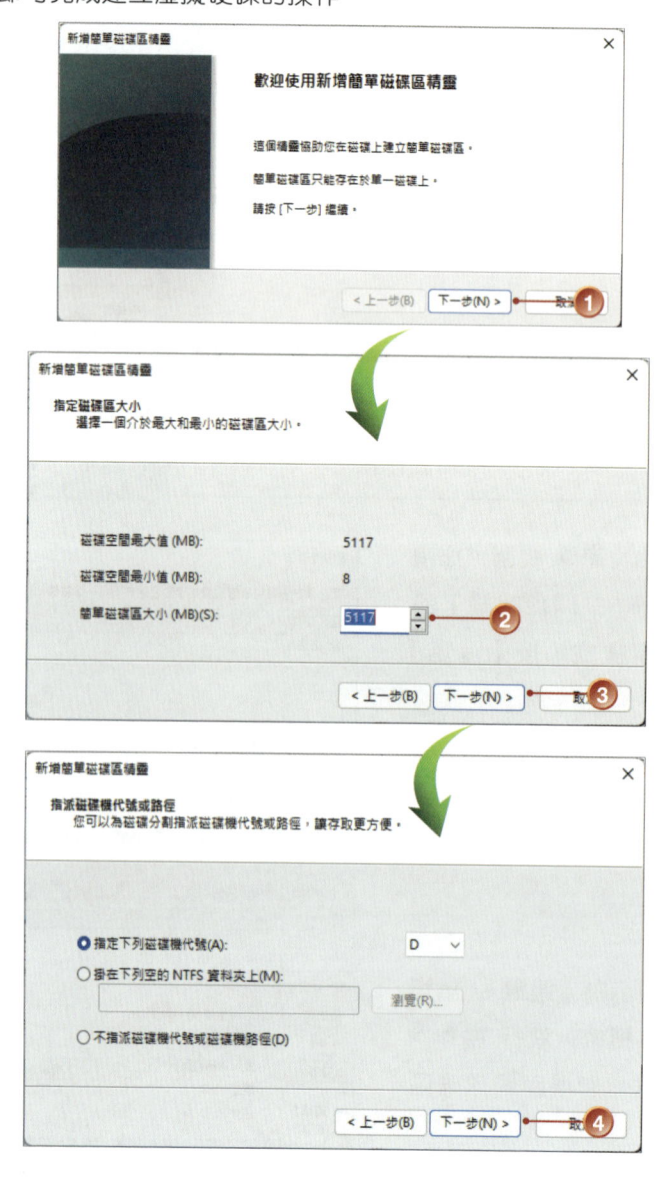

■ 13-8

可更名磁區標籤

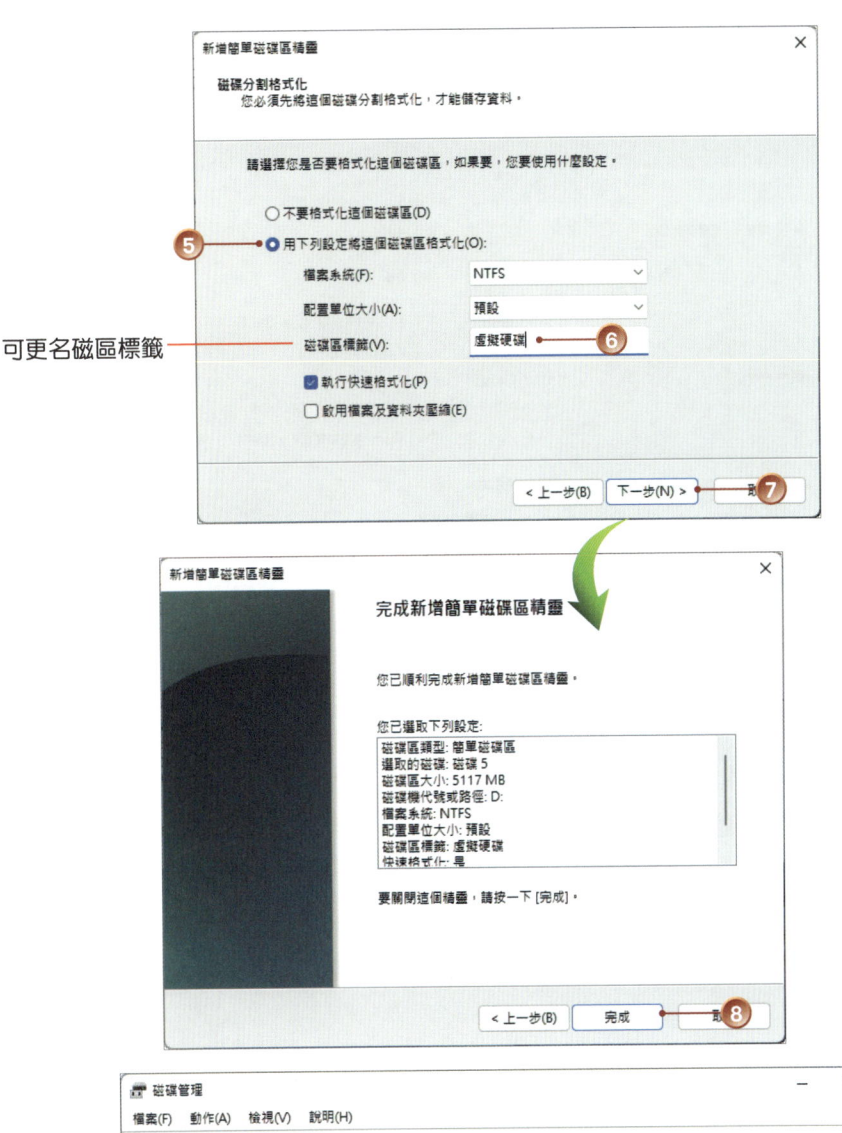

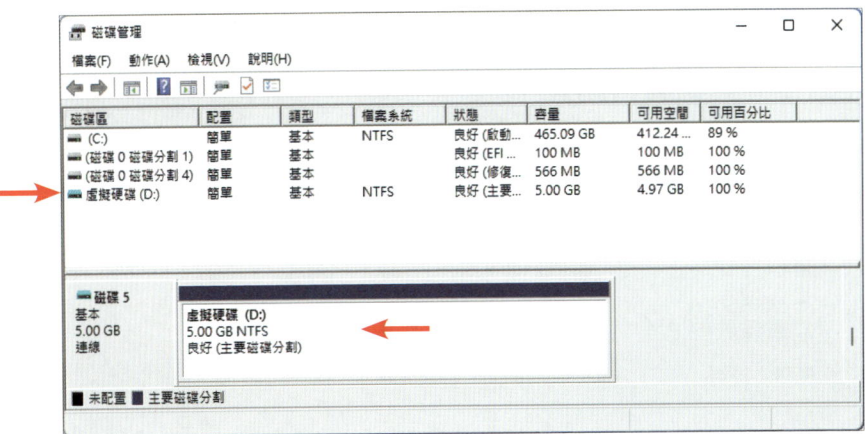

STEP 11 自動開啟 **檔案總管**，可以看到新增的虛擬磁碟（D:），也可以在指定的資料夾路徑「C:/DATA/ VHD_DOC」中看到剛剛所建立的 VHD 檔「sample.vhd」。

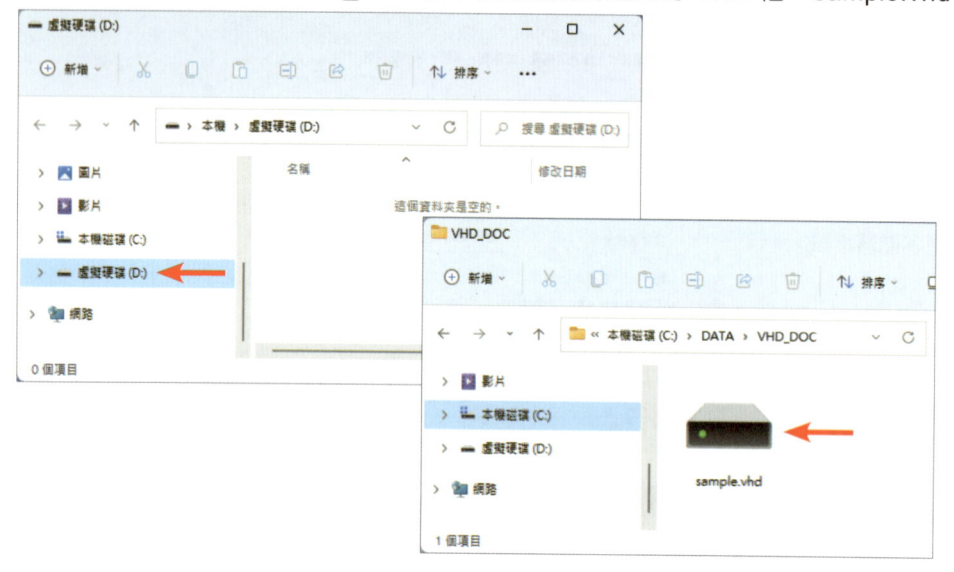

13-2-2 掛載與卸除虛擬硬碟

虛擬硬碟建立好之後，可以將資料檔案儲存在該硬碟（D:）中，或進行不同作業系統的安裝作業。當您想將此虛擬硬碟中的資料內容，完整的複製或搬移到其他 Windows 8（含）以上的電腦時，只要將此 VHD 檔案複製後進行掛載即可。

> **說明**
> 此 VHD 檔案必須經由「掛載（連結）」後，才能讀取儲存在其中的檔案內容。

存放在 VHD 中的內容

■ 13-10

掛載虛擬硬碟

STEP1 請先將 VHD 檔案複製到目的電腦中。

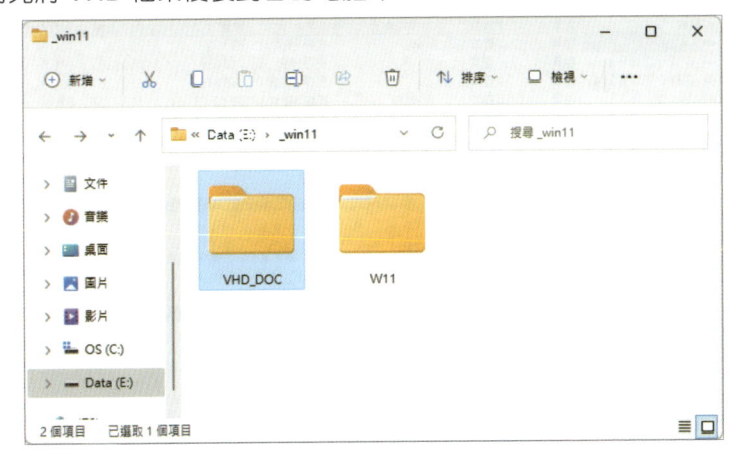

STEP2 在桌面按 🪟 + X 組合鍵，於選單中點選 **磁碟管理** 指令，開啟 **磁碟管理** 視窗，執行 **動作 > 連結 VHD** 指令。

STEP3 出現 **連結虛擬硬碟** 視窗，在 **位置** 右側按下【瀏覽】鈕選取 VHD（sample.vhd）檔案，按【確定】鈕。

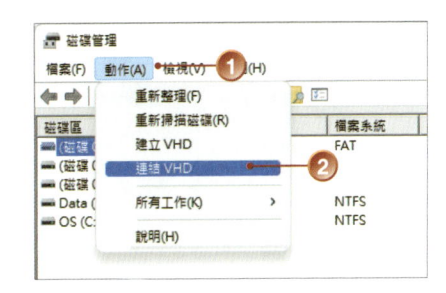

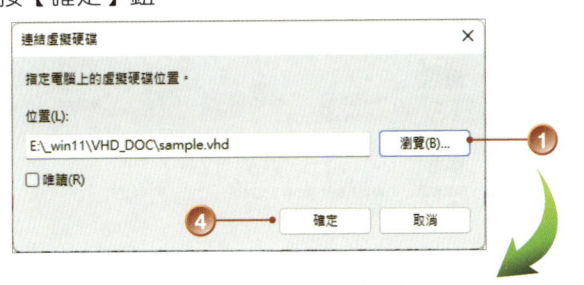

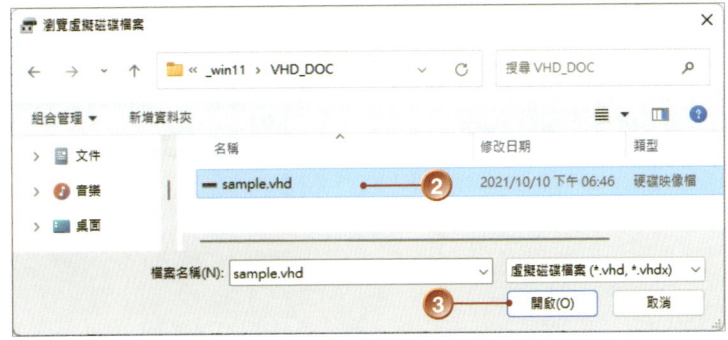

接下頁 ➡

掛載成功

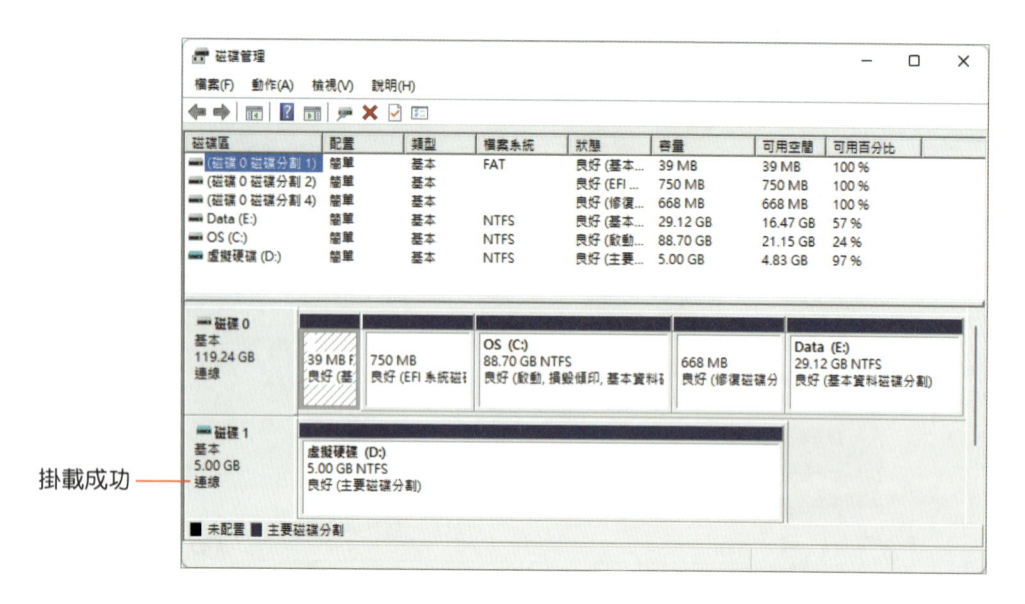

STEP**4** **檔案總管** 中出現掛載的虛擬硬碟，可以開始進行存取或編輯其中的檔案。

存於此硬碟中的資料

說明

完成掛載動作後，磁碟若顯示為「離線」，可在該磁碟上按右鍵執行 連線 指令。

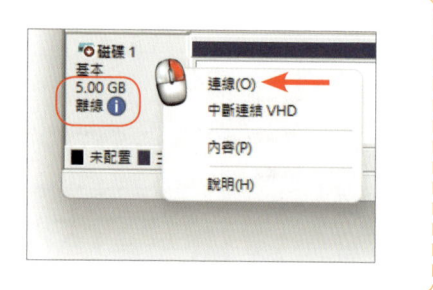

13-12

卸除虛擬硬碟

當您不需要再使用虛擬硬碟的所有資料時，可以直接刪除此 VHD 檔案，以釋放所有硬碟空間。如果只是暫時用不到，可參考下列步驟卸除虛擬硬碟，日後需要使用時，可以再重新掛載到系統中：

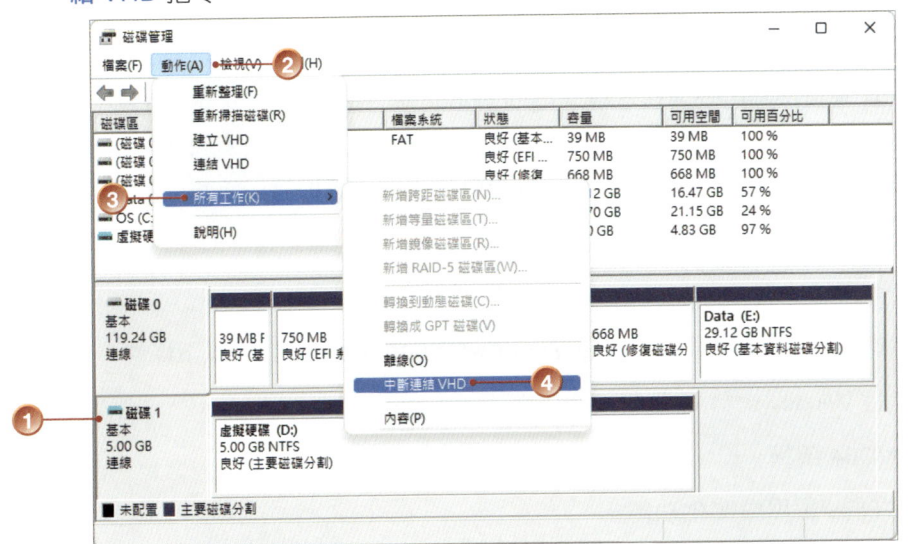

STEP**1** 開啟 **磁碟管理** 視窗，選取所要的虛擬磁碟，執行 **動作 > 所有工作 > 中斷連結 VHD** 指令。

STEP**2** 出現 **中斷連結虛擬硬碟** 視窗，確認無誤後，按【確定】鈕，卸除虛擬硬碟。

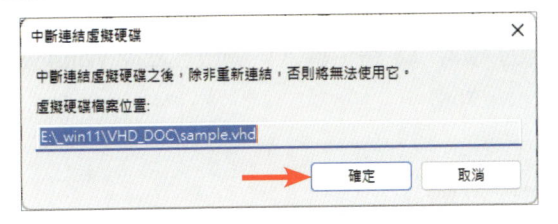

13-3. 使用 Windows Sandbox

Sandbox（沙盒 或 沙箱）是一種安全機制，可以為執行某個不確定應用程式提供一個隔離的環境，通常用於測試一些來源不可靠、具有破壞性或無法判定程式意圖的程式提供實驗之用。沙箱 屬於虛擬化的一種，沙箱 中的所有動作對作業系統不會造成任何損失。每當 Windows Sandbox 開始執行時，都會重新建立一個乾淨的作業系統環境，一旦應用程式結束運作時，沙箱環境內所有的資料皆會被清空，因此不會對使用者的裝置產生任何影響，可以提供應用程式一次性執行的安全環境。

Sandbox 會直接利用安裝在本機環境的 Windows 作業系統，來複製另一份副本使用。當使用者開啟 Windows Sandbox 時，系統會建立一份快照儲存到硬碟。下次想要使用 Windows Sandbox 時，系統會直接從硬碟讀取該份快照，再配置到記憶體空間中執行，不需再重新啟動。

基本需求

根據微軟釋出的資料顯示，要執行 Windows Sandbox 必須具備以下條件：

- 執行 Windows 11 專業版或企業版
- AMD64 架構
- 在 BIOS 啟用虛擬化功能
- 至少搭配 4GB 記憶體、1GB 的可用硬碟空間
- 至少 2 核心 CPU

STEP.1 點選 工作列 上的 搜尋 鈕，鍵入「開啟或關閉 Windows 功能」，點選 開啟或關閉 Windows 功能。

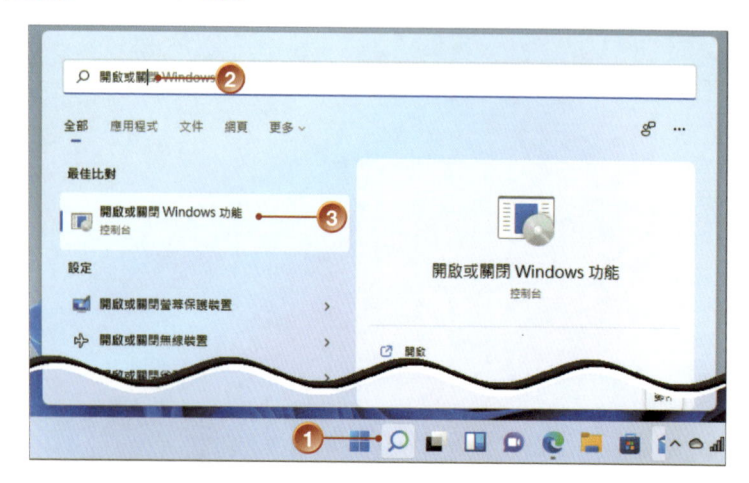

STEP**2** 開啟 Windows 功能 視窗，找到 Windows 沙箱 項目並核選，按【確定】鈕。

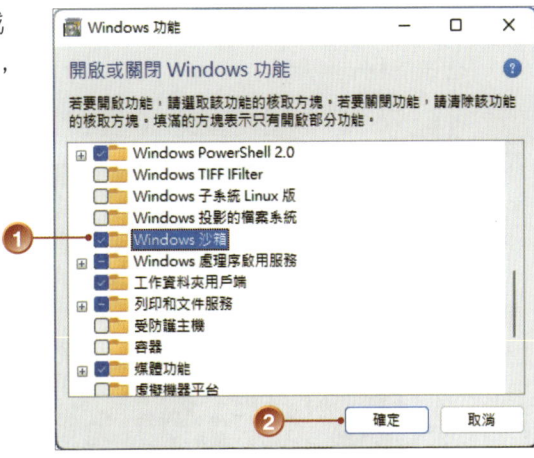

STEP**3** 出現需重新啟動的訊息，按【立即重新啟動】鈕。

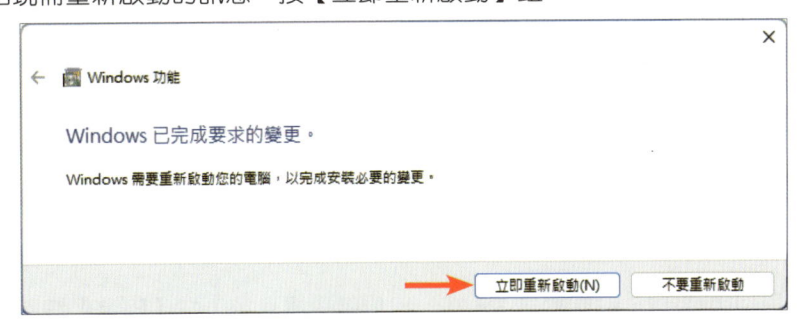

STEP**4** 重新啟動電腦後，在 搜尋 方塊中鍵入「sand」關鍵字，再從顯示的清單點選 Windows Sandbox。

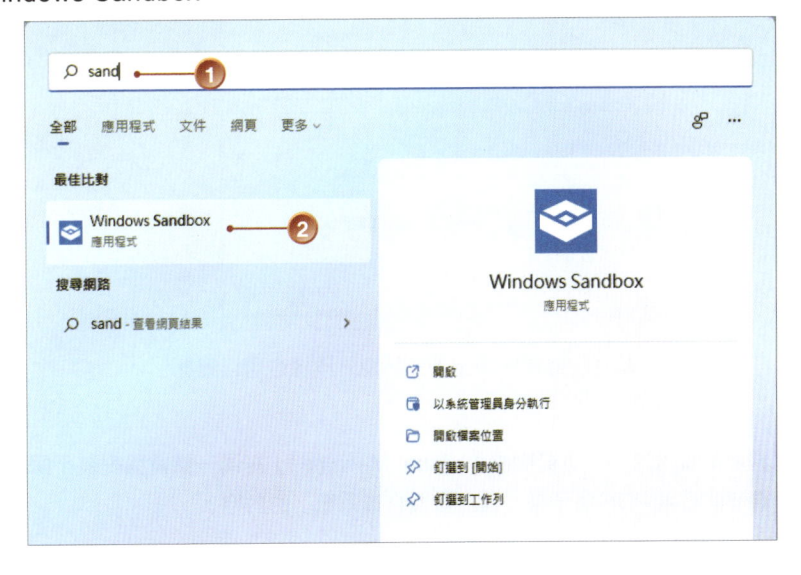

STEP 5 首次啟動會花一點時間，開啟 Windows 沙箱 視窗後，可以開始在其中執行想做的程式測試。

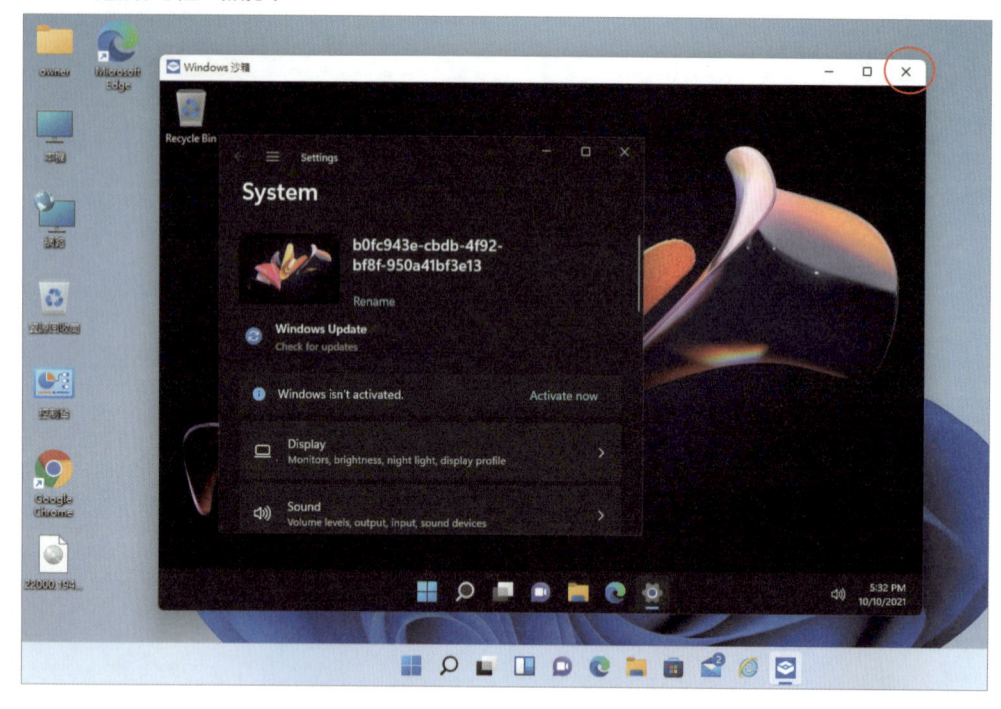

STEP 6 不再使用時請按 關閉視窗 ❌ 鈕，出現確認訊息後，按【確定】鈕即可離開。

執行關機程序會出現的訊息，同樣也可以離開

> **說明**
> 如何利用系統內建的「虛擬機器（Virtual Machine）」在同一部電腦安裝不同的作業系統，請參閱書附 PDF 電子書「建立虛擬作業系統」的內容。

■ 13-16

跟我學 Windows 11 輕鬆操作、高效應用必備技

作　　者：志凌資訊　郭姮劭
企劃編輯：江佳慧
文字編輯：江雅鈴
設計裝幀：張寶莉
發 行 人：廖文良

發 行 所：碁峰資訊股份有限公司
地　　址：台北市南港區三重路 66 號 7 樓之 6
電　　話：(02)2788-2408
傳　　真：(02)8192-4333
網　　站：www.gotop.com.tw
書　　號：ACA028100
版　　次：2025 年 05 月初版
建議售價：NT$580

國家圖書館出版品預行編目資料

跟我學 Windows 11 輕鬆操作、高效應用必備技 / 郭姮劭著. --
初版. -- 臺北市：碁峰資訊, 2025.05
　　面；　公分
ISBN 978-626-425-078-8(平裝)

1.CST：WINDOWS(電腦程式)　2.CST：作業系統

312.53　　　　　　　　　　　　　　　　　114005209

商標聲明：本書所引用之國內外公司各商標、商品名稱、網站畫面，其權利分屬合法註冊公司所有，絕無侵權之意，特此聲明。

版權聲明：本著作物內容僅授權合法持有本書之讀者學習所用，非經本書作者或碁峰資訊股份有限公司正式授權，不得以任何形式複製、抄襲、轉載或透過網路散佈其內容。
版權所有‧翻印必究

本書是根據寫作當時的資料撰寫而成，日後若因資料更新導致與書籍內容有所差異，敬請見諒。若是軟、硬體問題，請您直接與軟、硬體廠商聯絡。